综合布线技术教程

禹禄君　金富秋　编著

北京邮电大学出版社
·北京·

内 容 简 介

全书共分9章，紧密结合当今综合布线技术的发展，系统地介绍了综合布线系统的基本概念，常用布线器材，综合布线系统工程设计、施工、测试、验收和文档整理，以及作为设计重要组成部分的概预算和工程招投标与监理等内容，并结合典型的综合布线实例进行具体分析。在内容组织上将综合布线系统基础知识，设计、施工验收规范与实际操作相结合；读者可在边学边操作中掌握综合布线系统基础知识和布线技能，具有很强的实用性和可操作性。本书适合作为计算机、通信、自动控制和建筑等专业的本科、高职教材或培训教材以及上述领域的工程技术设计、施工、监理等人员的工具书。

图书在版编目(CIP)数据

综合布线技术教程/禹禄君，金富秋编著. —北京：北京邮电大学出版社，2008(2010.7 重印)
ISBN 978-7-5635-1874-6

Ⅰ.综…　Ⅱ.①禹…②金…　Ⅲ.计算机网络—布线—技术—教材　Ⅳ.TP393.03

中国版本图书馆 CIP 数据核字(2008)第 182309 号

书　　名：综合布线技术教程
作　　者：禹禄君　金富秋
责任编辑：王志宇
出版发行：北京邮电大学出版社
社　　址：北京市海淀区西土城路 10 号(邮编：100876)
发 行 部：电话：010-62282185　传真：010-62283578
E-mail：publish@bupt.edu.cn
经　　销：各地新华书店
印　　刷：北京忠信诚胶印厂
开　　本：787 mm×1 092 mm　1/16
印　　张：20.5
字　　数：506 千字
印　　数：3 001—5 000 册
版　　次：2008 年 12 月第 1 版　2010 年 7 月第 2 次印刷

ISBN 978-7-5635-1874-6　　定　价：35.00 元

前　言

21 世纪是知识经济时代，随着 Internet 技术的飞速发展和在世界范围内的迅速普及，电子商务、电子政务、网络医疗、远程教育、网上娱乐等新的网络应用更是将各个行业各个阶层的人们都拉入到了网络应用的行列。信息已经渗透到了人们工作、生活、娱乐的方方面面，建筑物的服务功能也随之不断增加。作为建筑技术与电子信息技术相结合产物的智能建筑，已经成为 21 世纪房地产投资开发的主导方向。

综合布线概念起源于 20 世纪 80 年代初美国的智能建筑，首次从分散式布线改变到结构化综合布线，解决了过去建筑物内各种布线系统彼此独立、互不兼容的问题，产生了巨大变革和飞跃。综合布线系统以建筑物为平台，采用高质量的标准缆线和相关连接器件，在建筑物内组成标准、灵活、开放的信息传输通道，并与外部网络相连接。如今，综合布线作为一个系统工程已经成为现代化智能大楼、智能园区不可缺少的基础设施。为了适应智能建筑技术和综合布线系统技术不断发展的需要，国家建设部于 2006 年 12 月 29 日发布了第 536 号公告，批准《智能建筑设计标准》为国家标准，编号 GB/T 50314—2006，自 2007 年 7 月 1 日起实施。又于 2007 年 4 月 6 日发布了第 619 号和第 620 号公告，内容分别是：批准《综合布线系统工程设计规范》为国家标准，编号 GB 50311—2007，自 2007 年 10 月 1 日起实施；批准《综合布线系统工程验收规范》为国家标准，编号 GB 50312—2007，自 2007 年 10 月 1 日起实施。这两个标准是在进行广泛的市场调查并展开多项专题研究的基础上，认真总结原规范执行过程中的经验和教训，加以补充、完善和修改，广泛吸取了国内有关单位和专家的意见。同时，参考了国内外相关标准规定的内容。本书以新标准为准绳组织编写，考虑到工程管理的需要，将综合布线工程招投标、监理和概预算知识也编入书中。

本书在编写思路上，遵循“基础知识—方案设计—安装施工—测试—验收鉴定”的思路，以综合布线的国内最新标准和国际标准为依据，根据国内实际的使用情况，全面剖析用 3 类、超 5 类、6 类对绞电缆和室内光缆、室外光缆等构成的各种综合布线系统的设计、施工、测试、验收和文档整理等内容，并结合典型的综合布线实例进行具体实践分析。为了使读者明确学习的重点、难点，特在每章前面指明了学习要点项目（包括教学提示、重点内容、难点内容），每章后给出了详细的实训指导，并针对学习要点提出了若干复习思考题附于每章后面，以便学员结合题目思考练习。全书共分 9 章，内容安排如下。

第 1 章介绍综合布线系统的概念、组成、特点，国内外主要综合布线标准，智能建筑、智能园区概念和智能园区中的信息设施系统以及语音、数据等业务在综合布线系统上的实现等。

第 2 章重点介绍了当今综合布线系统工程中常用的对绞电缆、光缆及其连接器件、线管、线槽、桥架和机柜等的规格型号、电气性能、使用特性等。

第 3 章讲述综合布线系统的结构、分级与组成、设计指标及具体设计，详细讲述了组成综合布线系统的配线子系统、干线子系统、建筑群子系统、工作区、设备间、进线间等的设计方法、步骤和用料的统计计算，以及电气保护、屏蔽保护、接地和防火设计等。

第 4 章介绍综合布线工程施工技术，具体介绍了工程的施工步骤、施工前准备、开箱验货等，详细讲述了管槽施工、终端盒预设、机柜安装、缆线敷设、缆线终接等的施工方法、要点及技术。

第 5 章讲述综合布线工程的电缆布线测试和光缆布线测试，包括验证测试和认证测试的标准、模式、参数与方法以及故障定位和处理技术，并介绍了常用测试仪的操作使用方法。

第 6 章讲述综合布线工程的验收和鉴定方法，具体叙述了验收方式、标准、项目及内容和要求以及系统鉴定与工程竣工文档整理等。

第 7 章为综合布线工程设计，主要介绍了综合布线工程设计的原则、要求和设计步骤、施工图设计及设计文档的编制和设计样例。

第 8 章为综合布线工程概预算，主要介绍了概预算的定义，建设工程定额、费用定额内容，综合布线工程概预算文件的组成和编制方法，综合布线工程工程量计算规则和通信管道单项工程施工图设计预算实例。

第 9 章为综合布线工程管理。详细讲述了综合布线工程招投标和工程监理。内容包括：招投标概念、招标方式、招投标程序、招投标文件的编制、开标、评标及合同签订，综合布线工程监理的职责、机构组成及其与建设单位、承建商之间的关系，各监理阶段的工作内容及监理要点，监理大纲、监理规划、监理细则、监理总结和监理月报的编写和监理方法、监理实施过程等。

本书由禹禄君、金富秋编著，作者力求在书中突出知识性、实用性和可操作性，优化构建教材内容；坚持实用技术与工程实践相结合的原则，加强实际应用知识的讲述，充分体现职业技术教育特色；本书层次清楚、概念准确、深入浅出，图文并茂，既注重技术“先进”，又突出实用和实践环节，并配以案例教学；书中所有案例或紧贴工程实践或直接来自工程实践，有很强的针对性和实用性，使学员学得懂、用得上、能掌握。在本书的编写过程中，得到了具有丰富实践经验的网络综合布线工程师蒋建君和长沙通信职业技术学院领导及张炯、李儒银等同行的大力支持，在此一并表示感谢。

由于作者水平有限，不足之处难免，请读者指正。

编 者

目　　录

第1章 综合布线系统基础

【教学提示】

综合布线系统作为智能建筑中必不可少的基础设施，是智能建筑中的“信息高速公路”，与智能建筑形成不可分割的整体，为智能建筑的主人或用户服务。

综合布线系统的设计与实施是一项系统工程，它是建筑、通信、计算机和监控等方面的先进技术相互融合的产物。通过本章的学习，要求掌握智能建筑概念，综合布线系统的概念、组成、特点和常用布线标准，理解综合布线系统在智能建筑中的作用。

【重点内容】

智能建筑概念，综合布线系统概念、组成和特点，国内外主要综合布线标准。

【难点内容】

智能建筑概念、综合布线系统组成以及电信间的配置。

1.1 智能园区中的信息设施系统

随着人类社会的不断进步和科学技术的飞速发展，尤其是 Internet 技术的发展，人类社会已经迈入了智能型信息社会，国民经济信息化，信息数字化、全球化，设备智能化已经成为知识经济时代的主要特征。信息已经渗透到了人们工作、生活、娱乐的方方面面，建筑物的服务功能不断增加。为了规范智能建筑工程的设计，提高智能建筑工程的设计质量，中华人民共和国颁布了智能建筑国家标准 GB/T 50314—2006《智能建筑设计标准》，自 2007 年 7 月 1 日起实施。标准指出：智能建筑工程的设计，应贯彻国家关于节能、环保等方针政策，做到技术先进、经济合理、实用可靠。智能建筑的智能化系统设计，应以增强建筑物的科技功能和提升建筑物的应用价值为目标，以建筑物的功能类别、管理需求及建设投资为依据，具有可扩性、开放性和灵活性。

1.1.1 智能建筑、智能园区概念

1. 智能建筑概念

智能建筑（Intelligent Building，IB）是指以建筑物为平台，兼备信息设施系统、信息化应用系统、建筑设备管理系统、公共安全系统等，集结构、系统、服务、管理及其优化组合为一体，向人们提供安全、高效、便捷、节能、环保、健康的建筑环境。

(1) 信息设施系统（Information Technology System Infrastructure，ITSI）

信息设施系统是指为了确保建筑物与外部信息通信网的互联及信息畅通，对语音、数

据、图像和多媒体等各类信息予以接收、交换、传输、存储、检索和显示等进行综合处理的多种类信息设备系统加以组合，提供实现建筑物业务及管理等应用功能的信息通信基础设施。

(2) 信息化应用系统(Information Technology Application System，ITAS)

信息化应用系统是指以建筑物信息设施系统和建筑设备管理系统等为基础，为满足建筑物各类业务和管理功能的多种类信息设备与应用软件而组合的系统。信息化应用系统应提供快捷、有效的业务信息运行的功能，宜包括工作业务应用系统、物业运营管理系统、公共服务管理系统、公众信息服务系统、智能卡应用系统和信息网络安全管理系统等其他业务功能所需要的应用系统。

(3) 建筑设备管理系统(Building Management System，BMS)

建筑设备管理系统是指对建筑设备监控系统和公共安全系统等实施综合管理的系统。建筑设备管理系统应具有对建筑机电设备测量、监视和控制的功能，确保各类设备系统运行稳定、安全和可靠并达到节能和环保的管理要求。

(4) 公共安全系统(Public Security System，PSS)

公共安全系统是指为维护公共安全，综合运用现代科学技术，以应对危害社会安全的各类突发事件而构建的技术防范系统或保障体系。公共安全系统能够应对火灾、非法侵入、自然灾害、重大安全事故和公共卫生事故等危害人们生命财产安全的各种突发事件，建立起应急及长效的技术防范保障体系。宜包括火灾自动报警系统、安全技术防范系统和应急联动系统等。

智能建筑是建筑技术与电子信息技术相结合的产物，是当代用信息技术改造传统建筑产业本身，带动产业优化升级与产业结构调整最典型、最具体、最直接的体现形式，已成为21世纪房地产投资开发的主导方向。世界上最早的智能建筑诞生于20世纪80年代中期的美国。智能建筑在我国的发展历史不太长，起步于20世纪80年代末，一般认为1990年竣工的“北京发展大厦”是我国的第一栋智能建筑，因为它从1989年建造开始就有了明确的智能化目的。90年代中期，随着改革开放和经济建设的迅速发展，在我国广阔的土地上掀起了房地产热浪，市场的需求和有关方面的热炒为我国智能建筑注入了巨大的活力和动力，其迅猛发展的势头令世人瞩目。我国有影响的智能建筑是1997年建成的上海博物馆和1999年建成的上海金茂大厦。金茂大厦作为我国智能建筑的代表工程，号称中国第一、亚洲第二、世界第三。楼高420.5 m；占地面积23 611 m^2，建筑面积289 000 m^2，地面88层，地下3层；3～50层为办公区，53～87层为酒店区，1～6层为裙房部分，拥有79部电梯。金茂大厦包括结构化布线系统、计算机网络系统、楼宇自动化系统、数字程控交换系统、保安监视系统、自动消防系统和通信网络系统、停车场管理系统、智能卡和物业管理系统。金茂大厦共设计了18 800个信息点，其中2 600个光纤到桌面。

2. 智能园区概念

通常，人们将单栋建筑物建成为综合型智能化大楼，其基本框架是将楼宇自动化(Building Automation，BA)、通信自动化(Communication Antomation，CA)和办公自动化(Office Antomation，OA)三个子系统结合成一个完整的整体，系统的技术发展趋势是向系统集成化、管理综合化和多元化的方向发展，使建筑物成为现代化办公和生活的理想场所。

智能建筑从单幢大楼转向成片开发，形成位置相对集中的特定功能建筑群体，称之为智能园区。智能园区除具备智能大楼的所有功能外，还有系统更大、结构更复杂的特点，可采用智能建筑集成管理系统(IBMS)对园区中所有的建筑物进行全面、综合的管理。

1.1.2　智能园区中的信息设施系统

智能园区中的信息设施系统应为建筑物的使用者和管理者创造良好的信息应用环境。包括通信接入系统、电话交换系统、信息网络系统、综合布线系统、有线电视及卫星电视接收系统、室内移动通信覆盖系统、卫星通信系统、广播系统、会议系统、信息导引及发布系统、时钟系统和其他相关的信息通信系统。

1. 通信接入系统

通信接入系统应根据用户信息通信业务的需求，将建筑物外部的公用通信网或专用通信网的接入系统引入建筑物内。

2. 电话交换系统

电话交换系统宜采用本地电信业务经营者所提供的虚拟交换方式、配置远端模块或设置独立的综合业务数字程控用户交换机系统等方式，提供建筑物内电话、传真等通信业务。

园区电话系统通常采用语音接入网形式进入局端交换机，对于其中有内部电话通信要求的团体，常采用电信局提供的分组虚拟交换方式实现。这种方式不仅可以实现方便的内部电话，而且分机号纳入本机外线号中，使用更方便，可靠性更高，用户无须进行设备维护。布线方法即为常用的从用户终端接线盒经分线盒到达交接箱（或楼栋配线间配线架），再经园区主干与局端设备相连，如图 1-1(a)所示。

此外，也有采用小型用户程控交换机管理方式的。小型用户程控交换机通过外线接入公用电话交换网中本地电话网的端局上，小型用户程控交换机上的用户除了可以内部相互通信外，还可以通过端局与公用网上的用户通话。

小型用户程控交换机的基本结构如图 1-1(b)所示，智能小区中电话系统的安装包括小型用户程控交换机的安装和电话布线系统的安装。小型用户程控交换机安装在电话交换机房，电话布线系统包括从电话局来的外线布线和连接分级用户的内线布线。内外电话布线系统进入电话交换机房后，终接到电话配线架，再用跳线连接到用户电话交换机。外线一般由建筑物的地下层进入，再通过弱点竖井引入电信机房，内部布线纳入建筑物的综合布线系统。

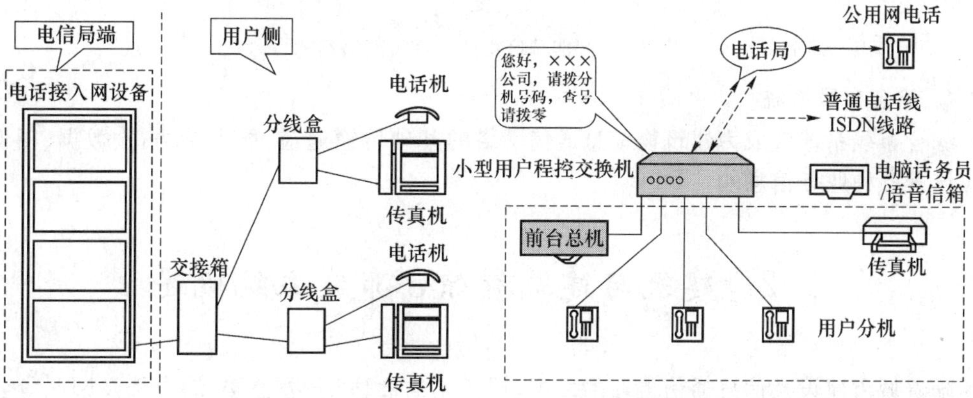

(a) 分组虚拟交换方式　　(b) 小型用户程控交换机方式

图 1-1　智能园区中的电话网络结构

3. 信息网络系统

信息网络系统应以满足各类网络业务信息传输与交换的高速、稳定、实用和安全为规划与设计的原则，宜采用以太网等交换技术和相应的网络结构方式，按业务需求规划 2 层或 3 层的网络结构，系统桌面用户接入宜根据需要选择配置 10/100/1 000 Mbit/s 的信息端口。

随着我国宽带智能小区建设速度的加快，越来越多的运营商开始采用 FTTB+LAN 的方式，即采用以太网技术+综合布线技术来构建小区宽带网络。

以太网接入通常采用以太交换机将多个局域网网段连接起来形成更大的局域网。以太网交换机能在端口之间建立多个不同的点对点专用通道，它采用带宽独占模式，大大降低了网络发生拥塞的可能性，显著提高网络的传输效率。还使用虚拟局域网 VLAN 技术，可根据用户的要求将网络划分成若干较小的独立子网，隔离广播风暴，提高网络的效率和安全性。

通常，园区以太接入网由 3 级设备组成，如图 1-2 所示。小区交换机具有 3 层交换功能，主要实现网间路由，连接上层 IP 城域网和楼栋交换机以及各种服务器。楼栋交换机由若干台带多个光接口的交换机组成，主要汇接楼层交换机的数据流量，以节省上级楼栋交换机的端口数。楼层交换机直接连接用户。

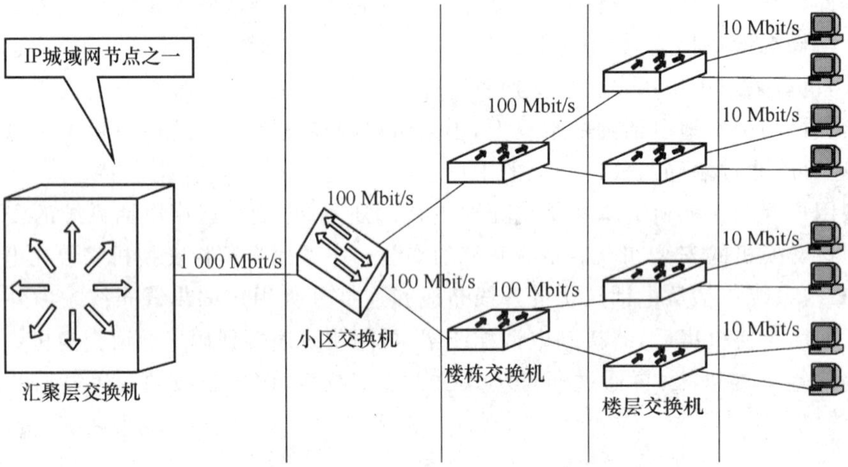

图 1-2 智能园区中的计算机网络结构

4. 综合布线系统

综合布线系统应成为建筑物信息通信网络的基础传输通道，能支持语音、数据、图像和多媒体等各种业务信息的传输。

1.2 建筑与建筑群综合布线系统概述

随着城市建设及信息通信事业的发展，现代化的商住楼、办公楼、综合楼及园区等各类民用建筑及工业建筑对满足信息服务的要求已成为城市建设的发展趋势。为了配合现代化城镇信息通信网向数字化方向发展，规范建筑与建筑群的语音、数据、图像及多媒体业务综合网络建设，国家于 2007 年 4 月 6 日颁布了中华人民共和国国家标准，《综合布线系统工程设计规范》GB 50311—2007 和《综合布线系统工程验收规范》GB 50312—2007，自 2007 年 10 月 1 日起执行。

1.2.1　基本概念

布线系统(Cabling System，CS)是指由能够支持信息电子设备相连的各种缆线、跳线、接插软线和连接器件组成的系统。

综合布线系统(Generic Cabling System，GCS)作为智能化建筑的重要组成部分，提供信息传输的高速通道，是保证建筑物内和建筑物之间优质高效服务的基础设施之一，是建筑物内部用户与外界沟通的主要渠道。通过这种系统一方面实现了网络内部和外部的信息沟通，另一方面为网络以后的改造、扩充、维护提供了便利条件。

综合布线系统涉及的内容广泛，但就目前的情况看，使用最为广泛的布线工程在实施上往往遵循结构化布线系统(Structured Cabling System，SCS)标准。通常所说的综合布线系统也是指结构化布线系统，但实际上，结构化布线系统有别于综合布线系统，它仅限于语音和计算机网络的布线。

1.2.2　综合布线系统组成

综合布线系统以一套单一的配线系统，综合通信网络、信息网络及控制网络，可以使相互间的信号实现互联互通。综合布线系统采用开放式星型网络拓扑结构，能支持语音、数据、图像、多媒体业务等信息的传递。建筑与建筑群综合布线系统结构如图 1-3 所示，从设计的角度分为 7 个部分。

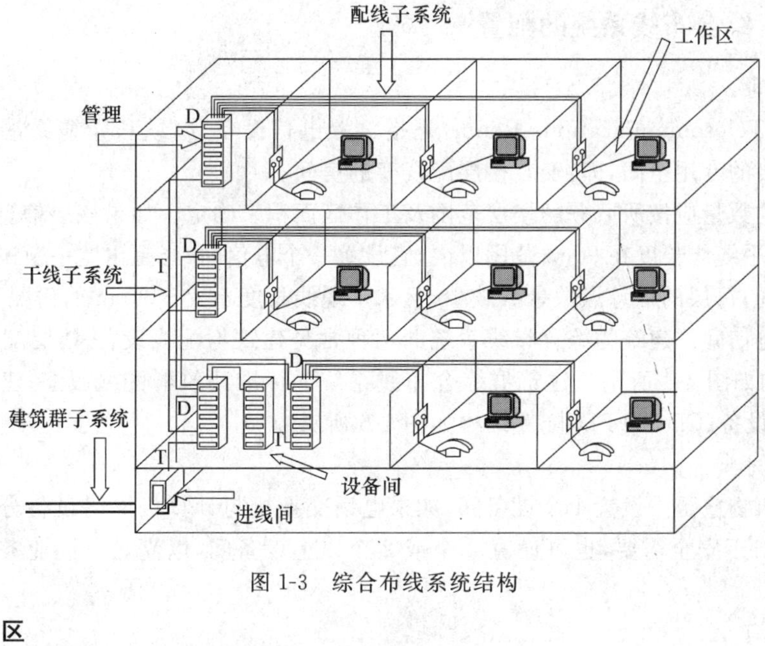

图 1-3　综合布线系统结构

1. 工作区

工作区是一个独立的需要设置终端设备(TE)的区域。工作区由配线子系统的信息插座模块(TO)延伸到终端设备处的连接缆线及适配器组成。

2. 配线子系统

配线子系统是指由工作区用的信息插座模块、信息插座模块至楼层配线设备(FD)的配线电缆或光缆、楼层配线设备及设备缆线和跳线等组成的系统。

3. 干线子系统

干线子系统是指由设备间至电信间的干线电缆和光缆、安装在设备间的建筑物配线设备(BD)及设备缆线和跳线组成的系统。缆线的两端分别终接于设备间和电信间的配线架上。

4. 建筑群子系统

建筑群子系统是将一座建筑物中的缆线延伸到另一座建筑物的布线部分,由建筑群配线设备(CD)、建筑物之间的干线电缆或光缆、设备缆线、跳线等组成。

5. 设备间

设备间是在每幢建筑物的适当地点进行网络管理和信息交换的场地。对于综合布线系统工程而言,设备间主要安装建筑物配线设备。电话交换机、计算机主机设备及入口设施也可与配线设备安装在一起。

6. 进线间

进线间是建筑物外部通信和信息管线的入口部位,并可作为入口设施和建筑群配线设备的安装场地。

7. 管理

管理是对工作区、电信间、设备间、进线间的配线设备、缆线、信息插座模块等设施按一定的模式进行标识和记录。

1.2.3 综合布线系统的配置

1. 电信间

电信间(Telecommunications Room)是指放置电信设备、电缆和光缆终端配线设备并进行缆线交接的专用空间,即:安装楼层配线架的房间。

电信间的数量应按所服务的楼层范围及工作区面积来确定。如果该层信息点数量不大于 400 个,水平缆线长度在 90 m 范围以内,宜设置一个电信间;当超出这一范围时宜设两个或多个电信间;每层的信息点数量数较少,且水平缆线长度不大于 90 m 的情况下,宜几个楼层合设一个电信间。建筑物综合布线系统的两种常见建筑物配线设备-楼层配线设备(BD-FD)配置结构如图 1-4 所示。建筑群综合布线系统的标准建筑群配线设备-建筑物配线设备-楼层配线设备(CD-BD-FD)配置结构如图 1-5 所示。

2. 设备间

每幢建筑物应至少设置 1 个设备间,如果电话交换机与计算机网络设备分别安装在不同的场地或出于安全需要,也可设置 2 个或 2 个以上设备间,以满足不同业务的设备安装需要。

3. 进线间

每栋建筑物宜设置 1 个进线间,一般位于地下层,外线宜从两个不同的路由引入进线间,有利于与外部管道沟通。进线间与建筑物红外线范围内的人井或手井采用管道或通道的方式互连。

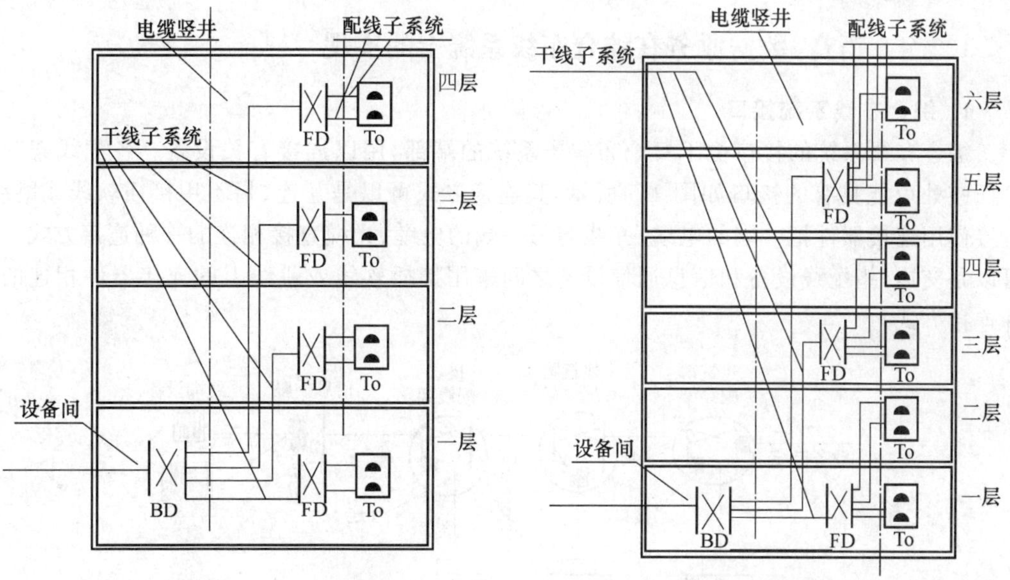

(a) 建筑物标准FD-BD结构　　(b) 共用楼层配线架FD-BD结构

图 1-4　建筑物综合布线系统常见配置结构

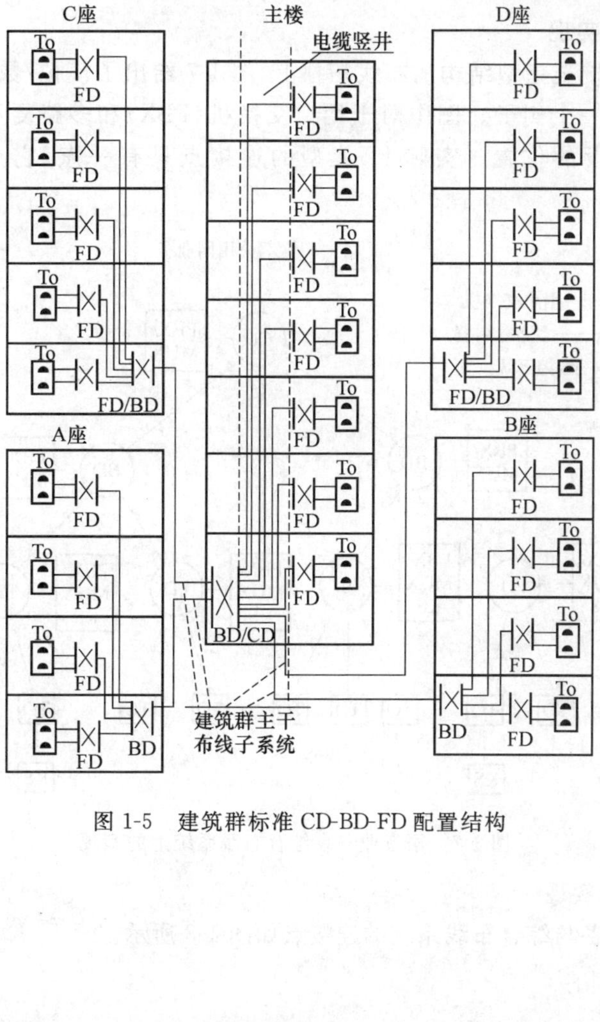

图 1-5　建筑群标准 CD-BD-FD 配置结构

1.2.4 语音、数据业务在综合布线系统上的实现

1. 综合布线系统接口

综合布线系统的接口位于每个布线子系统的端部,用以连接有关设备。各配线架和信息插座处可能具有的接口如图 1-6 所示,其连接方式可以是互连(指不用接插软线或跳线,直接使用连接器件把一端的电缆、光缆与另一端的电缆、光缆直接相连的一种连接方式),也可以是交连(指配线设备和信息通信设备之间采用接插软线或跳线上的连接器件相连的一种连接方式)。

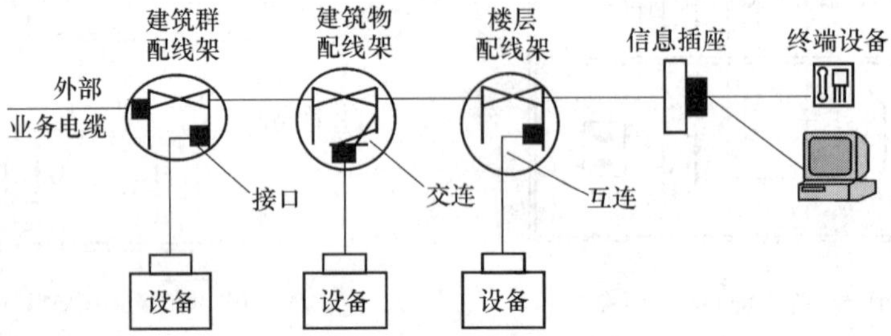

图 1-6 综合布线系统接口

2. 语音业务的实现

语音业务可连接至星型结构的布线拓扑上,图 1-7 给出了模拟/数字语音业务怎样接入综合布线系统的一个例子。图中对于用户交换机(PBX)和多路复用器(MUX)所标的位置,是它可以装设的位置。实际上,典型的连接点只有一点,它更可能处于系统的高端。

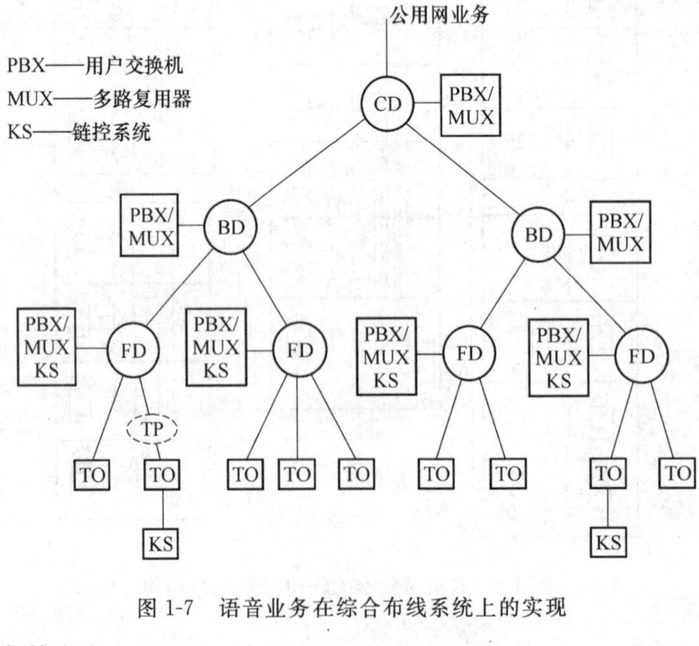

图 1-7 语音业务在综合布线系统上的实现

3. 数据业务的实现

计算机网络设备与综合布线系统的连接点如图 1-8 所示。

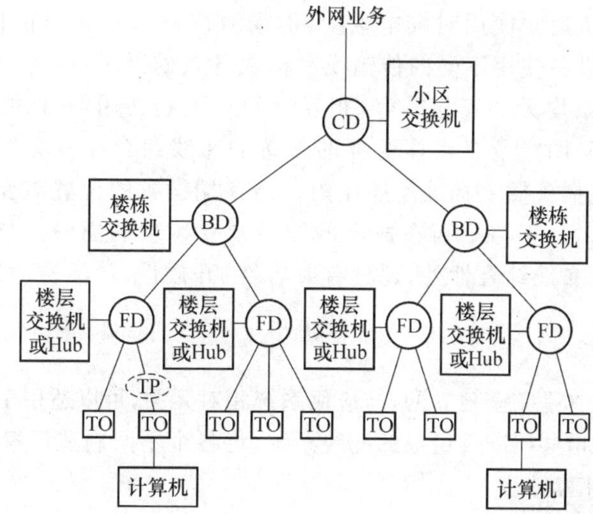

图 1-8　数据业务在综合布线系统上的实现

4. 语音、数据业务的实现

智能建筑中，语音、数据终端设备和网络设备与综合布线系统相连接的总体结构如图 1-9 所示。

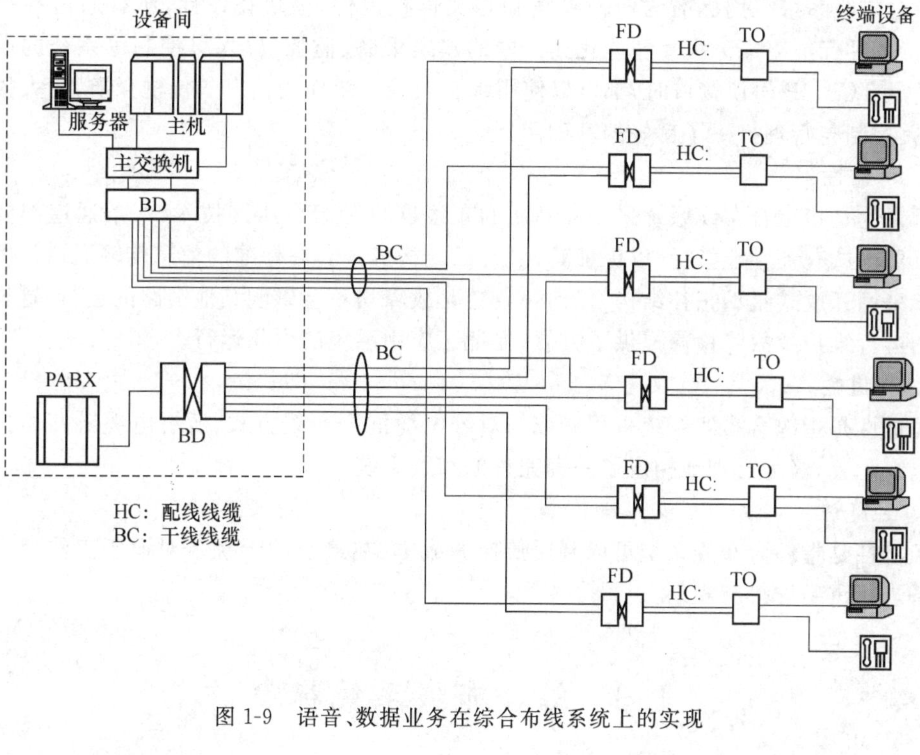

图 1-9　语音、数据业务在综合布线系统上的实现

1.2.5　综合布线系统特点

综合布线系统的发展与城市建设及工业企业的通信事业发展密切相关。在过去，设计大楼内的语音及数据业务线路时，常使用各种不同的传输线、配线插座和连接器件。

例如:用户电话交换机通常使用对绞电话线,而局域网(LAN)则可能使用对绞电缆或同轴电缆,这些不同的设备使用不同的传输线来构成各自的网络;同时,连接这些不同布线的插头、插座及配线架均无法互相兼容,相互之间达不到共用的目的。在综合布线系统中,将所有语音、数据、图像及多媒体业务的设备的布线组合在一套标准的布线系统上,并且将各种设备终端插头插入标准的插座内。当终端设备的位置需要变动时,只需做一些简单的跳线管理即可,不需要再布放新的缆线及安装新的插座。与传统布线相比较,综合布线系统除具有布线综合性外,还具有兼容性、开放性、灵活性、可靠性、先进性和经济性等特点。

1. 兼容性

所谓兼容性是指它是完全独立的,与应用系统相对无关,可以适用于多种应用系统。综合布线系统使用一套由共用配件组成的配线系统,将各个不同制造厂家的各类设备综合在一起同时工作,均可相互兼容。

2. 开放性

开放性是指综合布线系统采用开放式体系结构,可以作为各种不同工业产品标准的基准。综合布线系统的每个分支子系统都是相对独立的单元,对每个分支单元系统的改动都不影响其他子系统。

3. 灵活性

综合布线系统采用标准的传输缆线和相关连接硬件,模块化设计,所有通道都是通用的,支持各种标准终端。大楼智能化建设中的建筑设备、监控、出入口控制等系统的设备在提供满足 TCP/IP 协议接口时,都可以使用综合布线系统作为信息的传输介质,为大楼的集中监测、控制与管理打下了良好的基础。

4. 可靠性

可靠性是指综合布线系统采用高品质的布线器材和组合压接技术,每条通道都要采用专用仪器测试有关性能指标,以保证其性能,以此构成一套高标准的信息传输通道。综合布线系统采用开放式星型拓扑结构,任何一条链路故障均不会影响其他链路的运行,这样就为链路的运行维护及故障检修提供了方便,保证了应用系统的可靠运行。

5. 先进性

先进性是指综合布线系统采用光缆与对绞电缆混合布线方式,所有电缆链路均按 8 芯对绞电缆配置,极为合理地构成了一套完整的布线系统。

6. 经济性

经济性是指综合布线系统可以利用最低的成本、在最小的干扰下对设于工作地点的终端设备进行重新安排与规划。

1.3 综合布线系统标准

布线标准是布线系统产品设计、制造、安装和维护中所应遵循的基本原则。不仅对消费者而且对生产厂商和布线施工人员都十分重要。生产厂商必须十分清楚如何设计和制造符合布线系统标准的产品,布线施工人员需要掌握符合综合布线系统标准的各种施工技术和测试方法。

世界上有许多标准化组织致力于综合布线系统标准的开发。其中，国际标准化组织(ISO)的职责是保证所有普遍性的标准得到所有成员国的一致认可。在欧洲，有欧洲标准化委员会(CENELEC)；在北美洲，有 4 个标准化组织为北美市场开发或推行布线系统标准，即：美国国家标准化协会(ANSI，于 1918 年在美国成立)、电子工业协会(EIA，建立于 1924 年)、电信工业协会(TIA，是一家由 ANSI 授权的单独组织)和 CSA 国际(源自加拿大标准协会，成立于 1919 年，是一家非营利的独立组织，其任务是开发标准，并在各种 ISO 委员会中代表加拿大)。

1991 年 TIA 和 EIA 颁布了商用建筑通信布线标准第一版，称之为 ANSI/TIA/EIA-568，简称 TIA/EIA-568。随后不断修订，于 1995 年发布了 TIA/EIA-568-A，又在 1999 年秋发布了该标准的增补版，称之为 TIA/EIA-568-A.5。之后，于 2002 年 6 月又发布了整个标准的全新增补版，TIA/EIA-568-B。

现行国际、国内综合布线系统设计、施工、测试、验收主要参考标准和规范有：

(1) ANSI/TIA/EIA-568-A/B(CSA T529-95)商业大楼通信布线标准；

(2) ANSI/TIA/EIA-607(CSA T527)商业大楼布线接地保护连接需求；

(3) ANSI/TIA/EIA-606(CSA T528)商业大楼通信基础设施管理标准；

(4) ANSI/TIA/EIA 568-AI 传播时延和时延差规范；

(5) ANSI/TIA/EIA 570-A 智能住宅电信布线标准；

(6) ISO/IEC 11801:2002 国际标准化组织/国际电工委员会的《建筑物信息技术类布线标准》；

(7) GB 50311—2007 中华人民共和国国家标准的《综合布线系统工程设计规范》；

(8) GB 50312—2007 中华人民共和国国家标准的《综合布线系统工程验收规范》。

1.4　本章实训

1. 实训目的

通过参观施工现场等实践，区分系统中的不同部分，了解综合布线系统所用的设备及其为用户提供的服务业务。如有条件，可参观当地一座智能化的建筑，了解综合布线系统目前所能实现的功能。

2. 实训内容

(1) 参观访问一个采用综合布线系统构建的校园网或企业网。

(2) 根据参观情况，画出该网络的系统布线示意图。

3. 实训过程

(1) 参观访问一个采用综合布线系统构建的校园网或企业网。

① 在老师或技术人员的带领下，先了解该网络的基本情况，包括建筑物的面积、层数、功能用途、建筑物的结构、信息点的布置、数量等。

② 参观建筑物的设备间，并记录设备间所用设备的名称和规格，注意各设备之间的连

接情况，观察各设备和连接线上是否有相应的标志；了解设备间的环境状况。

③ 参观电信间的环境、面积和设备配置。看是否设置有配线架，如果有，请注意配线架的规格和标志；分析该布线系统中设备间和电信间是分开设置还是二者合用。

④ 观察干线子系统是采用何种方式进行敷设的。了解缆线的类型、规格和数量。

⑤ 观察配线子系统的走线路由。了解配线子系统所选用的介质类型、规格和数量，并观察其布线方式。

⑥ 观察工作区的面积、信息插座的配置数量、类型、高度和缆线的布线方式。

(2) 画出该网络的系统布线示意图。

① 在参观、做记录的基础上，画出该网络的布线结构示意图。

② 在图中标明所用设备的型号、名称、数量，各布线子系统选用介质的类型及数量。

③ 画出该系统与公用网络的连接情况。

4. 实训总结

(1) 根据分析观察结果，判断该布线系统的组成部分。

(2) 以分组的方式讨论该布线系统的设计特点，并指出其中的优点和不足。

(3) 判断该建筑是否为智能建筑。

思考与练习

一、填空题

1. 从设计的角度，综合布线系统一般分为________、________、________、________、________、________、________ 7 个部分。

2. 工作区由配线子系统的信息插座模块延伸到终端设备处的________和________组成。

3. 配线子系统是指由________、________、________和________等组成的系统。

4. 建筑群子系统是________的布线部分。

5. ________是在每幢建筑物的适当地点进行网络管理和信息交换的场地。

6. ________是建筑物外部通信和信息管线的入口部位，并可作为入口设施和建筑群配线设备的安装场地。

7. ________是对工作区、电信间、设备间、进线间的配线设备、缆线、信息插座模块等设施按一定的模式进行标识和记录。

二、选择题(答案可能不止一个)

1. 综合布线系统的接口位于每个布线子系统的端部，用以连接有关设备。其连接方式包括________。

A. 互连　　B. 串连　　C. 并联　　D. 交连

2. 综合布线系统中直接与用户终端设备相连的部分是________。

A. 工作区　　B. 配线子系统　　C. 干线子系统　　D. 管理

3. 综合布线系统中用于连接两幢建筑物的子系统是________。

A. 配线子系统　　B. 干线子系统　　C. 进线子系统　　D. 建筑群子系统

4. 综合布线系统中用于连接楼层配线设备和建筑物配线设备的子系统是________。

A. 工作区　　B. 配线子系统　　C. 干线子系统　　D. 建筑群子系统

5. 综合布线系统中用于连接信息插座与楼层配线设备的子系统是________。

A. 工作区　　B. 配线子系统　　C. 干线子系统　　D. 管理

三、判断题

1. 布线标准不仅对消费者重要，而且对生产厂商和布线施工人员也十分重要。（　　）
2. 干线子系统只能用光缆作传输介质。（　　）
3. 电信间不一定在每一楼层都要设置。（　　）
4. 设备间和电信间必须单独设置。（　　）
5. 结构化布线有别于综合布线，仅包括语音和计算机网络的布线。（　　）

四、名词解释

1. 智能建筑
2. 布线系统
3. 工作区
4. 管理

五、简答题

1. 智能建筑由哪些系统构成？
2. 简述综合布线系统在智能建筑中的作用。
3. 综合布线系统由哪几个部分组成？简述之。
4. 电信间该如何配置？
5. 综合布线系统与传统布线相比，具有哪些特点？

第2章 综合布线系统器材

【教学提示】

通过第1章的学习，我们已经知道，综合布线系统由7个部分组成，分布于建筑物的不同位置，各自起着非常重要的作用。那么构成这些部分的部件又是什么呢？本章将做具体叙述。它们主要由传输介质、连接硬件、管槽和机柜等组成，即由对绞电缆、光缆、信息插座、配线架、机柜(架)、线管、线槽、桥架等部件组成。在工程设计过程中，设计人员应该根据具体情况进行合理选择、配置，以满足用户的需求。

【重点内容】

电缆、光缆的规格种类和性能，配线架的种类、功能及作用，线槽、线管、桥架、机柜的规格及选用。

【难点内容】

电缆、光缆的性能，各种器材的选用。

2.1 缆 线

缆线(Cable)是综合布线系统的重要组成部分，包括电缆(又叫铜缆)和光缆两大类。综合布线用电缆主要是对绞电缆，在国际布线标准中，称为平衡电缆(Balanced Cable)。

按使用环境的不同，缆线可以分为室外缆线和室内缆线两种。室外缆线的外护套作了加强处理，具有较高的抗拉、抗磨性能和防水性能，可以满足室外环境的使用要求，常用于建筑群之间的布线。室内缆线则不具备上述的特殊性能，只能用于室内一般情况的布线。

按使用场合的不同，缆线又可以分为建筑物主干缆线、建筑群主干缆线、水平缆线、CP缆线和设备缆线等多种。

建筑群主干缆线(Campus Backbone Cable)是指用于建筑群内连接建筑群配线架(CD)与建筑物配线架(BD)的电缆、光缆。

建筑物主干缆线(Building Backbone Cable)是指建筑物配线设备至楼层配线设备(FD)以及建筑物内楼层配线设备之间相连接的缆线。包括主干电缆和主干光缆两种。

水平缆线(Horizontal Cable)即配线缆线，是指楼层配线设备到信息点(TO)之间的连接缆线。

永久水平缆线(Fixed Herizontal Cable)是指楼层配线设备到集合点(CP)的连接缆线，

如果链路中不存在 CP 点，则为直接连至信息点的连接缆线。

CP 缆线（CP Cable）是指连接集合点至信息点的缆线。

信息点（Telecommunications Outle，TO），是指用于各类电缆或光缆终接的信息插座模块。

设备缆线（Equipment Cable）是指通信设备或网络设备连接到配线设备的电缆和光缆。

2.1.1　对绞电缆

对绞（Twisted Pairs，TP）电缆是综合布线系统工程中最常使用的一种传输介质。由一对或多对按一定绞距反时针方向相互缠绕在一起的金属导体线对（pair）包裹绝缘护套层构成。电缆护套可以保护其中的导体线对免遭机械损伤和其他有害物质的损坏，也能提高电缆的物理性能和电气性能。电缆内部的铜芯线对采用两两相绞的绞线技术，可以抵消相邻线对之间的电磁干扰和减少串音。

1. 对绞电缆分类

(1) 按电缆的性能高低分，EIA/TIA 和 ISO/IEC 分别为对绞电缆定义了 7 种不同质量的型号标准，其对应情况如表 2-1 所示。

表 2-1　常用对绞电缆分类标准

TIA/EIA	ISO/IEC	规定最大带宽	备　注
CAT1	A 类	100 kHz	主要用于 80 年代初之前的语音传输，不用于数据传输
CAT2	B 类	4 MHz	用于语音传输和最高传输速率 4 Mbit/s 的数据传输
CAT3	C 类	16 MHz	用于语音传输及最高传输速率 10 Mbit/s 的数据传输
CAT4	.	20 MHz	用于语音传输和最高传输速率 16 Mbit/s 的数据传输
CAT5	D 类	100 MHz	用于语音传输和最高传输速率 100 Mbit/s 的数据传输
CAT5e	E 类	100 MHz	目前使用范围较广，在 1 000 Base-T 的铜缆系统中采用 5 级（PAM-5）编码，可达 125 Mbit/s 的标称速率
CAT6	F 类	250 MHz	用于语音传输和最高传输速率为 1 000 Mbit/s 的数据传输
CAT7	G 类	600 MHz	为屏蔽电缆，用于语音传输和最高传输速率为 1 000 Mbit/s 的数据传输

注：在 TIA/EIA 568 B. 2-10 标准中还规定了 6A 类（增强 6 类）布线系统支持的传输带宽为 500 MHz。

(2) 按对绞电缆包缠得是否有金属屏蔽层分，对绞电缆可以分为屏蔽对绞电缆和非屏蔽对绞电缆两种。

① 屏蔽对绞电缆

屏蔽对绞电缆（Screened Twisted Pairs Cable）是指带有总屏蔽/每线对均有屏蔽物的对绞电缆。具有防止外来电磁干扰和防止向外辐射电磁波的优点，但也有重量重、体积大、价格贵和不易施工等缺点。

屏蔽对绞电缆的命名，通常采用 ISO/IEC 11801 中推荐的统一命名方法。如图 2-1 所示，对于屏蔽对绞电缆，根据防护的要求可以分为 F/UTP（电缆金属箔屏蔽）、U/FTP（线对金属箔屏蔽）、SF/UTP（电缆金属编织丝网加金属箔屏蔽）、S/FTP（电缆金属编织丝网屏蔽加上线对金属箔屏蔽)几种结构。

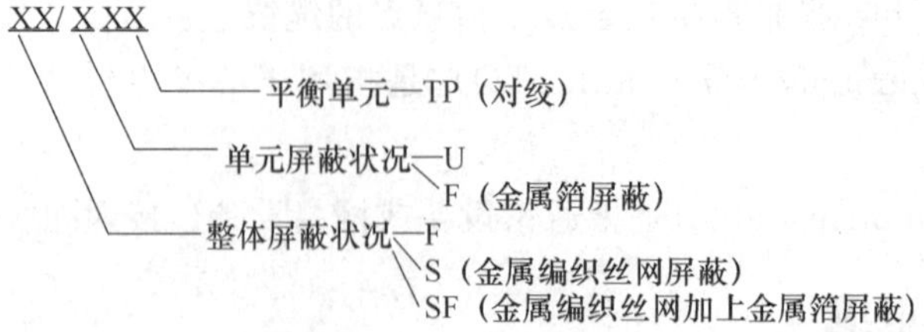

图 2-1　电缆命名方法

如图 2-2 所示,为 3 种屏蔽对绞电缆结构。

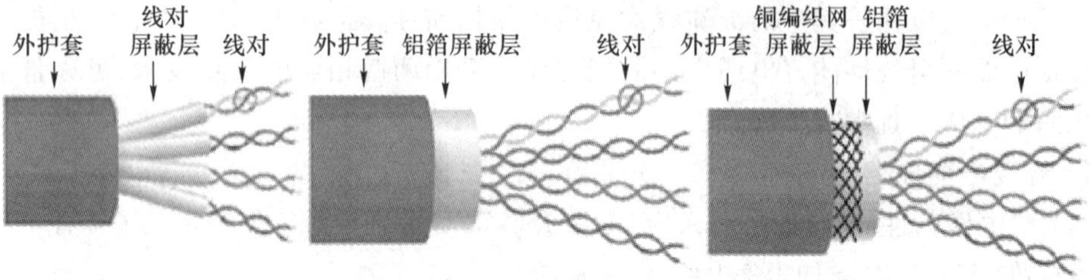

(a) U/FTP　　(b) F/UTP　　(c) SF/UTP

图 2-2　屏蔽对绞电缆结构

不同的屏蔽电缆会产生不同的屏蔽效果。一般认为,金属箔对高频、金属编织丝网对低频的电磁屏蔽效果较佳。如果采用双重绝缘(SF/UTP 和 S/FTP),则屏蔽效果更为理想,可以同时抵御线对之间和来自外部的电磁辐射干扰,减少线对之间及线对对外部的电磁辐射干扰。因此,屏蔽布线工程有多种形式的电缆可以选择,但为了保证良好屏蔽,电缆的屏蔽层与屏蔽连接器件之间必须做好 360°的连接。

② 非屏蔽对绞电缆

非屏蔽对绞电缆(Unscreened Twisted Pairs Cable,UTP 电缆)是指不带任何屏蔽物的对绞电缆。具有重量轻、体积小、弹性好和价格便宜等优点,但抗外界电磁干扰的性能较差,不能满足电磁兼容(EMC)规定的要求。同时这种电缆在传输信息时易向外辐射泄漏,安全性较差,在党政军和金融等重要部门的工程中不宜采用。

常用超 5 类 4 对非屏蔽对绞电缆的构造和外型如图 2-3 所示,4 对 100 ΩUTP 电缆采用 24AWG(直径为 0.511 mm)的实心铜导线,以氟化乙烯做绝缘材料。线对颜色编码依次为蓝色、橙色、绿色和棕色。

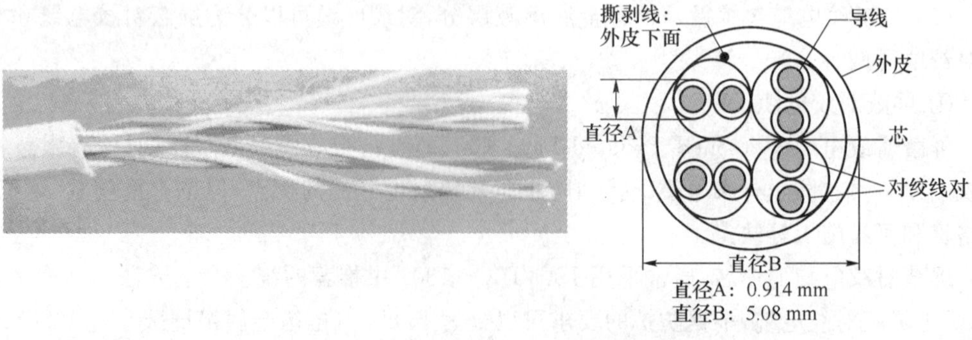

图 2-3　超 5 类 4 对 UTP 电缆及其结构示意图

此外，不同色类的线对其缠绕密度也不相同，在同一条对绞电缆的 4 对线中，橙色线对的绞距长度最小(因而缠绕密度最大)，绿色线对次之，棕色线对再次之，而蓝色线对缠绕得相对稀一些。当然，这种差别绝不会太大，误差范围为 0.5 %左右(例如：在 137 英尺长的对绞电缆中，橙色线对约长 145 英尺，绿色线对约长 143 英尺，棕色线对约长 142 英尺，而蓝色线对约长 141 英尺)。

在一般的干线敷设中，由于用缆量较大，经常使用 25 对(大对数)UTP 电缆，如图 2-4 所示，每个线对都有不同的颜色编码，用于区分线对。25 对线一般分为 5 组，分别对应白色、红色、黑色、黄色和紫色 5 个组色，每组有 5 个线对，分别对应蓝色、橙色、绿色、棕色和灰色。为便于区分，线对中一根导线的颜色为线对的颜色加组色的条纹，另一根导线的颜色是以组色为底色加线对颜色的条纹。因此，25 对线的颜色依次为白蓝/蓝白、白橙/橙白、白绿/绿白、白棕/棕白，白灰/灰白、红蓝/蓝红、红橙/橙红、红绿/绿红、红棕/棕红，红灰/灰红……

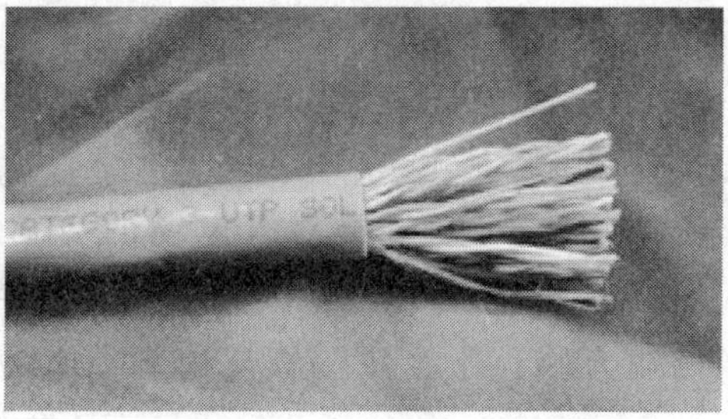

图 2-4　3 类 25 对 UTP 电缆

2. 对绞电缆标注

电缆中导线的规格单位是 AWG(American Wire Gauge)，指美国线规。这个参数主要提供了电缆导线横截面直径、单位长度导线的重量以及单位长度导线的直流电阻等方面的数据。这对于大致了解综合布线工程所用电缆的布线特征是十分有用的，通过电缆直径可以粗略地估计其布线所用管槽的大小，而单位长度电缆的重量可以帮助我们确定相应布线结构的强度。布线中常用电缆导线规格及其对应的相关参数如表 2-2 所示，AWG 的值越小，代表的导线直径越大。

表 2-2　常用导线的美国线规(AWG)和中国线规(CWG)数据

线规号	美国线规(AWG)						中国线规(CWG)	
	直径		重量		直流电阻		截面积/mm²	直径/mm
	英寸	mm	磅/1 000 英尺	kg/km	欧姆/1 000 英尺	Ω/km		
26	0.015 9	0.404	0.765	1.140	41.0	135	0.129	0.404
25	0.017 9	0.455	0.970	1.440	32.4	106	0.162	0.455
24	0.020 1	0.511	1.220	1.820	25.7	84.2	0.206	0.511
23	0.022 6	0.574	1.550	2.310	20.3	66.6	0.258	0.574
22	0.025 3	0.643	1.940	2.890	16.2	53.2	0.326	0.643

通常在对绞电缆的外皮上，大约每隔两英尺可以看到类似"AMP NETCONNECT CATEGORY 5e CABLE E130341300 24AWG CM/MP(UL) VERFIED TO CATEGORY 5e 0000300FT"这样的标注，含义如下。

AMP NETCONNECT CATEGORY 5e CABLE：说明这是 AMP 公司生产的 CAT 5e 类对绞电缆。

E130341300：代表其产品编号。

24AWG：指该电缆的导线粗细、直流电阻等参数符合 24AWG 所规定的值。

CM/MP(UL)：说明该电缆符合 UL(保险者实验室)认证。其中 CM/MP 标识的是 NEC 耐火等级(通用级)。

VERFIED TO CATEGORY 5e：表明该电缆经 UL 测试，符合 CAT 5e 类要求。

0000300FT：为电缆长度标记，指出纸箱中或卷轴上还剩 300 英尺电缆，该信息可以帮助安装技术人员确定电缆长度。

3. 布线常用对绞电缆

在目前的综合布线工程中，广泛使用超 5 类和 6 类对绞电缆。3 类与 5 类的布线系统只应用于语音主干布线的大对数电缆及相关配线设备。

6 类对绞电缆的导体线规不同于超 5 类对绞电缆的 24AWG，而多采用 23AWG。另外，6 类电缆为了改善其性能，采用了和超 5 类电缆不同的结构。通常在线对间填充有圆形、片形或十字星形的填充物。十字星形填充的 6 类电缆结构(即骨架结构)如图 2-5 所示，在电缆中建一个十字交叉中心，把 4 个对绞线对分成不同的信号区，可以降低电缆传输过程中的损耗，提高电缆的衰减串音比(ACR)，同时电缆中线对的绞合密度增加可以增强抑制串音(Cross Talk)的能力，而电缆中的塑料十字骨架还可以在安装和使用的过程中准确地固定导线的位置，这种位置的固定可以很好的降低回波损耗(Return Loss)对传输的影响。因此，6 类对绞电缆的电气性能指标和超 5 类对绞电缆相比，有了很大的提高。

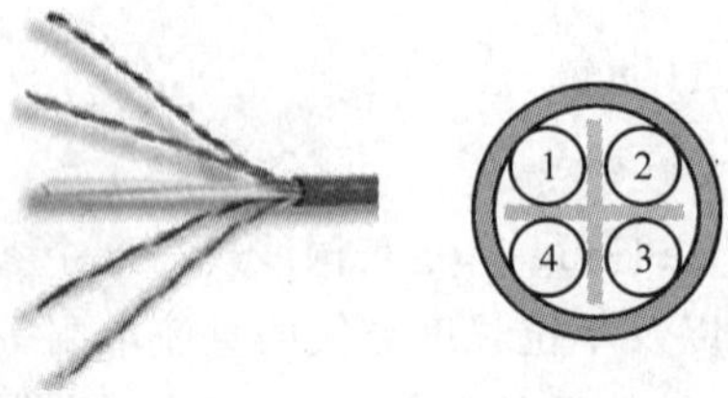

图 2-5　6 类 4 对 UTP 电缆及其结构示意图

4. 对绞电缆的选择

影响对绞电缆性能的因素较多，在选取对绞电缆时，除考虑其种类和规格外，还应注意下列事项：

(1) 从外观上看，对绞电缆的外护套上应当印有清晰的字迹，用于说明电缆的规格、遵循的标准等；

(2) 切开对绞电缆的外护套，应当看出其中每个线对的缠绕密度是不同的，因而在同一段对绞电缆中各线对的长度应是不同的；

(3) 通常规格较高的对绞电缆的缠绕密度较高，即：CAT 6 类高于 CAT5e 类，而 CAT 7 类对绞电缆则为屏蔽对绞电缆；

(4) 注意对绞电缆线芯的硬度，观看其外表是否具有一定的自然弯曲，通常这种弯曲是更易于现场布线施工的。因为多次对一条线芯硬度较高的对绞电缆进行弯折试验可能会大大增加其串音和衰减值，同时还可能改变其回波损耗特性；

(5) 注意对绞电缆的粗细是否与外套上所列印的 AWG 值相同，以及线芯的直径是否均匀且符合标准；

(6) 注意对绞电缆的阻燃特性是否与电缆外护套上打印的规格一致，这些关系到环境保护的新特征也是选取对绞电缆的重要参考指标；

(7) 向生产厂商索取电缆的有关参数，并与标准进行对比，了解布线产品的生产标准，以确保其性能。

2.1.2　光缆

光缆(Optical Cable)是指由单芯或多芯光纤构成的缆线。光纤是光导纤维的简称，其结构如图 2-6(a)所示，自内向外依次为纤芯、包层和涂覆层。纤芯是光的传导部分，包层的作用是将光封闭在纤芯内，纤芯和包层的材料都是玻璃，纤芯的折射率高，包层的折射率低，这样可以把光封闭在纤芯内不断反射向前传输。因此，纤芯和包层是不可分离的，合起来组成裸光纤，光纤的光学特性、传输特性主要由它们决定。涂覆层是光纤的第一层保护，由一层或几层聚合物构成，在光纤制造过程中涂覆到光纤上，在光纤受到外界震动时保护光纤的光学性能和物理性能，还可以隔离外界水气的侵蚀，并提高光纤的柔韧性。纤芯很小，为几个到几十个微米，包层的外径一般为 125 μm。常见的 62.5/125 μm 多模光纤，是指光纤纤芯的外径是 62.5 μm，加上包层后外径是 125 μm。而单模光纤的纤芯外径通常是 4～10 μm，包层的外径依然是 125 μm。

涂覆层很薄，在其外面套塑，称为二次涂覆，套塑的材料大都采用尼龙、聚乙烯或聚丙烯等塑料。套塑后的光纤(称为芯线)还不能在工程中使用，必须把若干根光纤疏松地置于特制的塑料绑带或铝皮内，再涂覆塑料或用钢带铠装，加上外护套后才成光缆，其典型结构如图 2-6(b)所示。

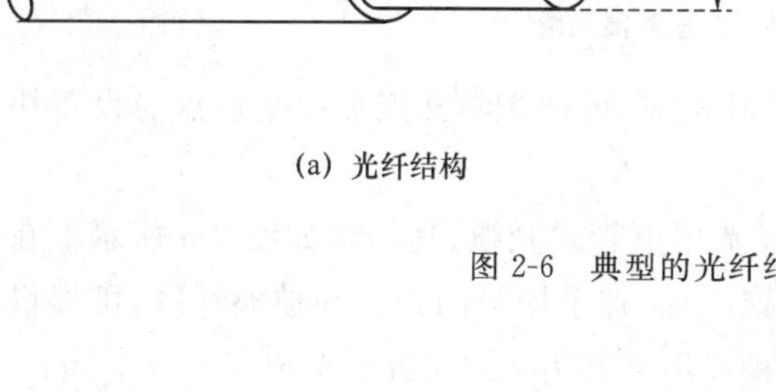

(a) 光纤结构

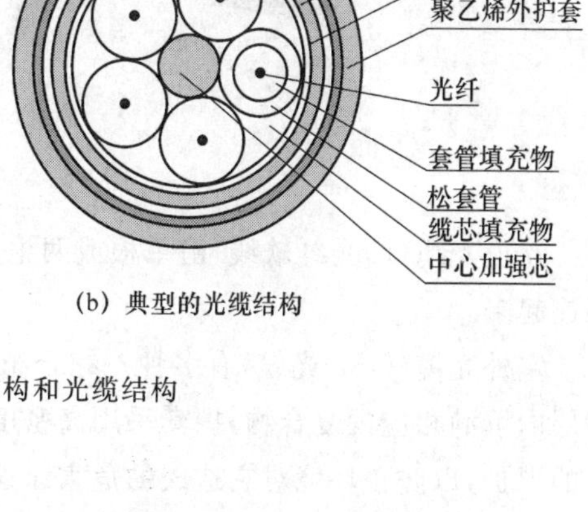

(b) 典型的光缆结构

图 2-6　典型的光纤结构和光缆结构

1. 综合布线常用光缆种类

(1) 按光在光纤中的传输模式分类

按光在光纤中的传输模式来分，光缆可分为单模光缆和多模光缆两种。多模光缆可以传输多种模式的光，但由于其模间色散较大，限制了传输距离，一般只有几千米，但又由于多模光纤的纤芯较单模光纤粗，具有较强的集光能力和抗弯曲能力，特别适合于多接头的短距离应用，一般采用 LED(发光二极管)作光源，工作波长为 850 nm 或 1 300 nm。单模光缆只能传输一种模式的光，其模间色散很小，适用于远程通信，但其色度色散起主要作用，因此，单模光缆对光源的谱宽和稳定性有较高的要求，即谱宽要窄，稳定性要好。常采用激光作光源，工作波长为 1 310 nm 或 1 550 nm。

(2) 按纤芯到包层的折射率变化情况分类

按纤芯到包层的折射率变化情况来分，光缆可以分为突变型和渐变型两种。所谓突变型，是指光纤纤芯到包层的折射率是跃变的。单模光纤常为突变型光纤(也叫均匀光纤)，纤芯和包层的折射率都是一个常数，但纤芯的折射率高于包层的折射率，在纤芯和包层的交界面处折射率呈阶梯型变化。所谓渐变型，是指光纤纤芯到包层的折射率是逐渐变化的，即光纤纤芯的折射率随着半径的增加按一定规律(近似抛物线)减小，到纤芯和包层的交界处变为包层的折射率。多模光纤常为渐变型光纤(也叫非均匀光纤)。

62.5/125 μm 渐变型多模光缆是综合布线系统工程推荐使用的光缆，8.3/125 μm 突变型单模光缆常用于传输距离大于 2 km 的建筑群子系统布线。

(3) 按应用环境分类

按光缆的应用环境来分，光缆有室外光缆和室内光缆两类。室内光缆又分为建筑物光缆(LGBC)和互连光缆(光纤软线)两种。

建筑物光缆是由 2、4、6、12、24 或 36 根带缓冲层的多模光纤构成的，12 芯建筑物光缆的结构如图 2-7 所示。在光纤数目不足 12 根时，每根光纤围绕光缆的中心加强筋排列，并填入芳纶纱线层，最外面是 PVC 护套管，纱线作为光缆的补充加强材料。

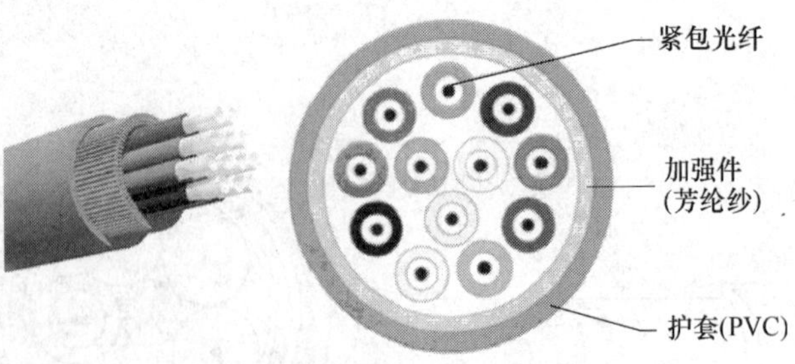

图 2-7　室内 12 芯多模光缆

互连光缆(即光纤软线)由单根或两根光纤构成，可把光学互连点或交连点与设备快速互连起来。

室外光缆(OSP 光缆)有多种。综合布线常用束管式光缆，其结构如图 2-8 所示。在保护层内填满相应的复合物，护套采用高密度聚乙烯，加上增强的钢丝和玻璃纤维，可提供额外的保护，以防止环境对它造成的危害。这种光缆主要用于建筑群子系统。

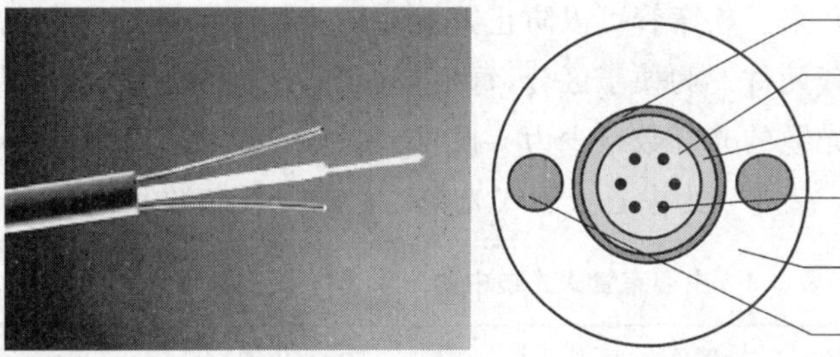

图 2-8　室外 6 芯中心束管式多模光缆

室外光缆的性能与周围环境的变化有关。首先是与温度的变化密切相关，光纤在各种环境下可承受的温度范围如下：

储存/运输时　　　－50～＋70 ℃

施工敷设时　　　－30～＋70 ℃

维护运行时　　　－40～＋70 ℃

光缆对核辐射的防护性能也是衡量光缆环境性能的一项技术指标。当光缆受到核辐射时，将使光纤玻璃结构发生缺陷性改变，从而使光纤损耗变大。

光缆环境性能的另一个重要内容是防雷。雷击对光缆的破坏作用主要来自两个方面。

一是雷电击中具有金属加强件的光缆时，强大的雷电峰值电流通过金属加强件转换为热能，产生的高温足以使金属熔融或穿孔，从而影响光纤传输性能。

二是雷电峰值电流在附近大地中流过时，土壤中产生巨大的热能使周围的水分迅速变成蒸汽而产生类似气锤的冲击力。这种冲击力会使光缆变形，破坏光纤性能。

(4) 按缆芯结构分类

按缆芯结构不同，光缆可分为束管式光缆、层绞式光缆、带式光缆、非金属光缆和可分支光缆等多种。一般 12 芯以下的光缆采用中心束管式结构，其工艺简单、成本低。层绞式光缆采用中心放置钢绞线或单根钢丝来增加强度，成缆芯数可达 144 芯，其最大优点是易于分叉。带式光缆的芯数可达上千芯，它是将 4～12 芯光纤排列成行，构成带式光纤单元，再将多个带式光纤单元按一定方式排列成缆。

此外，按敷设方式又把光缆分为架空光缆、管道光缆、地埋光缆和海底光缆等。

2. 中心束管式光缆

综合布线系统工程常用中心束管式光缆。其缆芯由装在塑料套管中的 1 束或最多 8 束光纤单元束构成，其物理结构截面如图 2-9 所示。塑料套管内填充有专用油膏，其主要作用是防水，减轻 OH^- 损耗，另外，在光纤受到剪切力时，这种填充专用油膏如同一个有弹性的固体；当光纤受到拉力时，该专用油膏又如同液体，允许光纤束在其中移动，能大大减小光纤的微弯曲损耗。

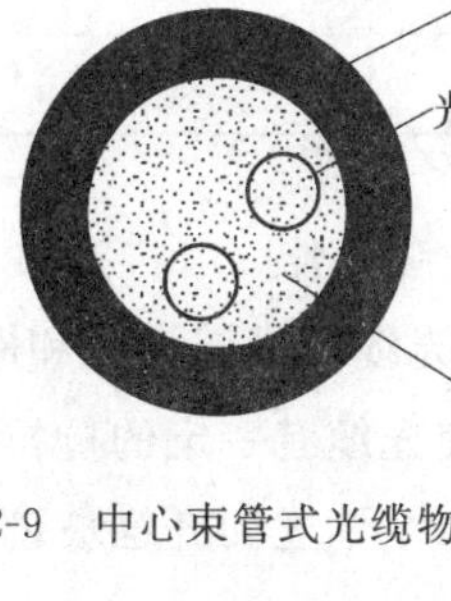

图 2-9　中心束管式光缆物理结构截面图

每束光纤单元是由松绞在一起的 4、6、8、10 或 12 (最多)根一次涂覆光纤外加松套管构成。松套管作为光缆中光纤的缓冲保护层，套管直径是光纤直径的几倍，使光纤可以在套管中自由活动，同时使光纤与光缆中的其他部分隔离开来。松套管可以防止因缓冲层收缩或扩张而引起的应力破坏，并且可以作为光缆中的承载元件。为便于区分，每根松套管和其中的每根光纤的涂层都标有颜色标注。中心束管式光缆的光纤数最少为 4 根，最多为 96 根。表 2-3 为中心束管式光缆中一束光纤的颜色编码。表 2-4 为中心束管式光缆的标准光纤芯数和色标。

表 2-3　中心束管式光缆中的一束光纤颜色编码

光纤号(蓝色束中的)	颜色	光纤号(橙色束中的)	颜色
1	蓝	7	红
2	橙	8	黑
3	绿	9	黄
4	棕	10	紫
5	灰	11	自然白/蓝虚线
6	白	12	自然白/橙虚线

表 2-4　中心束管式光缆中的标准光纤芯数和色标

光缆中的光纤数目	束数	分配给光纤束的光纤							
		蓝束	橙束	绿束	棕束	灰束	白束	红束	黑束
4	1	4							
6	1	6							
8	1	8							
12	1	12							
16	2	8	8						
20	2	12	8						
24	2	12	12						
36	3	12	12	12					
48	4	12	12	12	12				
60	5	12	12	12	12	12			
72	6	12	12	12	12	12	12		
84	7	12	12	12	12	12	12	12	
96	8	12	12	12	12	12	12	12	12

3. 光缆加强元件

为了提高光缆的机械强度和刚性，光缆通常包含一个或几个加强元件。当光缆被牵引时，加强元件使光缆有一定的抗拉强度，同时还对光缆起一定的支持和保护作用，光缆的加强元件有芳纶纱、钢丝和纤维玻璃棒 3 种。

4. 光缆护套

光缆护套是光缆的外围部件，为非金属元件，其作用是将其他的光缆部件加固在一起，有效保护光缆中的光纤，使光纤在运输、施工及运行维护期间不会遭受损坏，并能保持其优良的传输性能。光缆护套应采用耐磨性能优越的高密度聚乙烯护套。这种护套有三大好处：

(1) 抗磨损能力强，从而施工简便省时；

(2) 摩擦系数小，在管道中能拉放较长的距离，从而减少光纤的接头数；

(3) 抗化学腐蚀能力强，对于酸性土壤和石油污染都有很强的抵抗能力，从而延长光纤的使用寿命。

5. 光缆的选择

光缆的选用除了考虑光纤芯数和光纤种类之外，还要根据光缆的使用环境来选择光缆的外护套。

(1) 户外用光缆直埋时，宜选用铠装光缆。架空时，可选用带两根或多根加强筋的黑色塑料外护套光缆；

(2) 选用建筑物光缆时应注意其阻燃、毒和烟的特性。一般在管道中或强制通风处可选用阻燃但有烟的类型；暴露的环境中应选用阻燃、无毒和无烟的类型；楼内垂直布缆时，可选用层绞式光缆；而水平布线时，可选用可分支光缆；

(3) 传输距离在 2 km 以内的，可选用多模光缆，超过 2 km 可用中继或选用单模光缆。

2.2　连接器件

综合布线所使用的连接器件(Connecting Hardware)是用于连接电缆线对和光纤的一个器件或一组器件。布线系统常用连接器件有配线架、信息插座、跳线和接插软线等。

1. 配线架

配线架是在设备间和电信间，用作对绞电缆或光缆终接的装置。配线架是综合布线系统灵活性的集中体现。通过配线架，提供各子系统间相互连接的手段，使整个布线系统与其连接的设备或器件构成一个有机的整体。调整配线架上的跳线则可安排或重新安排缆线路由、从而使传输线路能够延伸到建筑物内部的各个工作区。

配线架有多种不同的分类方式，通常是按照配线架安装位置的不同，分为建筑群配线架、建筑物配线架和楼层配线架。

建筑群配线架(Campus Distributor，CD)，是指终接建筑群主干缆线的配线设备。

建筑物配线架(Building Distributor，BD)，是指用于建筑物主干缆线或建筑群主干缆线终接的配线设备。

楼层配线架(Floor Distributor，FD)，是指用于终接配线缆线和其他布线子系统缆线的配线设备。

配线架还常根据其终接缆线的不同，分为电缆配线架和光纤配线架两种。

电缆配线架，是指用于对绞电缆终接和电缆路由调配的装置。

光纤配线架，是指用于光缆终接和光纤路由调配的装置。

2. 信息插座

信息插座是指用于对绞电缆或光缆终接，并通过接插软线连接终端设备的装置。

多用户信息插座（Muiti-user Telecommunications Outlet）是指若干信息插座模块的组合。

3. 跳线（Jumper）

跳线是指带或不带连接器件的电缆线对与带连接器件的光纤，用于配线设备之间进行连接。

4. 接插软线（Patch Cord）

接插软线是一段一端或两端带有连接器件的软电缆或软光缆。

不同的缆线需要使用不同的连接器件来进行缆线的终接。

2.2.1 对绞电缆连接器件

对绞电缆的连接器件主要有电缆信息插座（简称信息插座）、电缆配线架（简称配线架）和电缆跳线或接插软线等。通常配线电缆的一端终接在电信间的配线架上，再通过电缆跳线连至干线子系统（对语音）或通过接插软线连至交换机（对数据）。另一端终接于信息插座的 8 位通用信息模块上，再通过接插软线连至终端设备。

1. 电缆信息插座

电缆信息插座由信息模块、面板及底盒组成。

（1）面板

国内一般使用 86 规格（即 86 mm×86 mm）的面板，就面板上设置的信息口数而言，有单口和双口之分；就信息插座安装完工后，面板表面与安装体表面的平行度而言，有平口和斜口（45°）两种结构；就面板的安装方式而言，有嵌入式（也叫暗装）和桌面式（也叫明装）两种。常见电缆信息插座面板如图 2-10 所示。

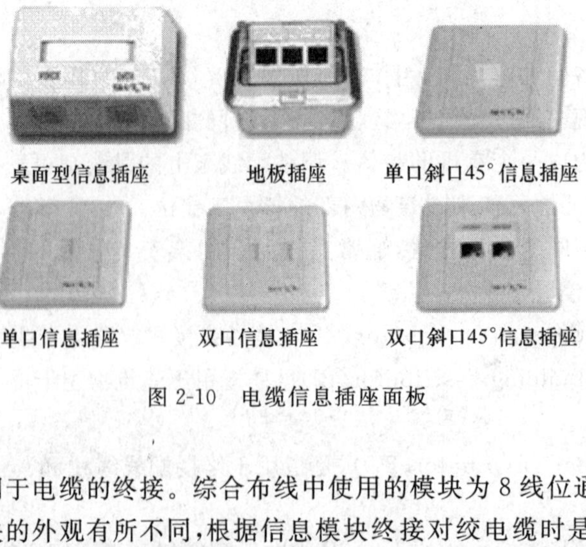

图 2-10 电缆信息插座面板

（2）信息模块

信息模块一直用于电缆的终接。综合布线中使用的模块为 8 线位通用信息模块。不同厂家生产的信息模块的外观有所不同，根据信息模块终接对绞电缆时是否需要使用打线工具的不同,将信息模块分为打线式信息模块和免打线式信息模块两种。常见 UTP 电缆信息模块如图 2-11 所示。

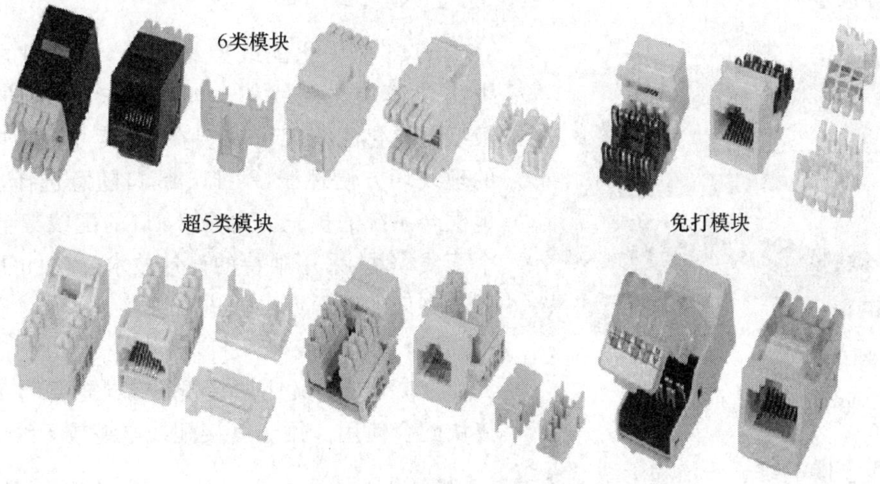

图 2-11　UTP 电缆信息模块

除 UTP 电缆信息模块外,还有屏蔽式信息模块,如图 2-12 所示。

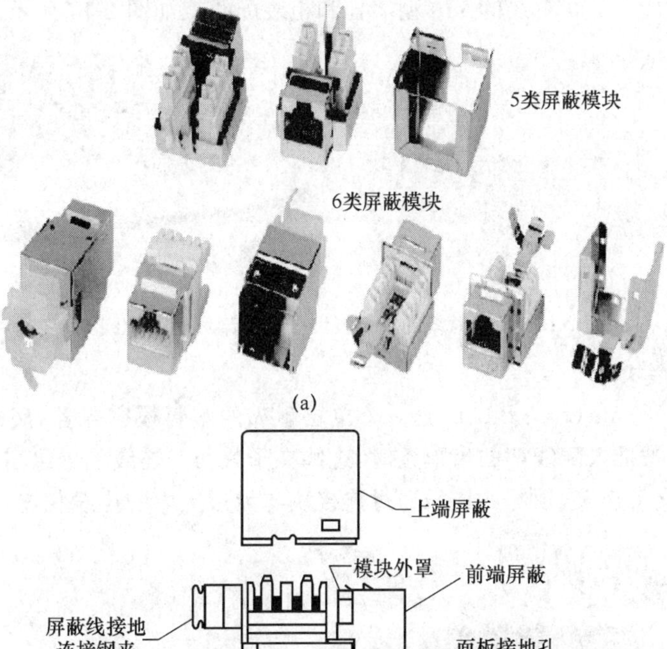

(a)

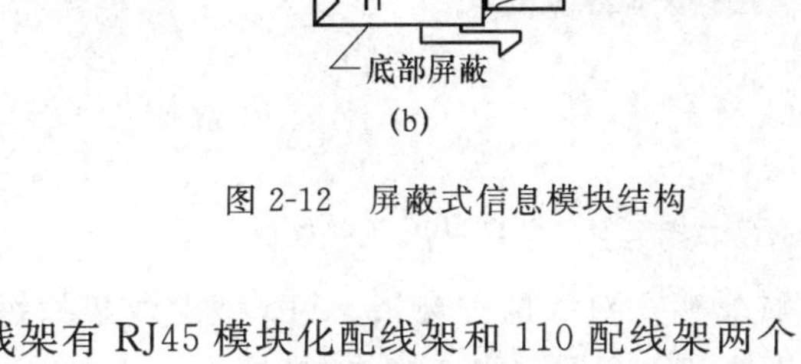

(b)

图 2-12　屏蔽式信息模块结构

2. 电缆配线架

常见的电缆配线架有 RJ45 模块化配线架和 110 配线架两个系列。一般都与理线环或理线架搭配在一起使用。

(1) RJ-45 模块化配线架

RJ-45 模块化配线架又称为数据配线架，用于终接配线电缆和通过接插软线连接交换机等网络设备。

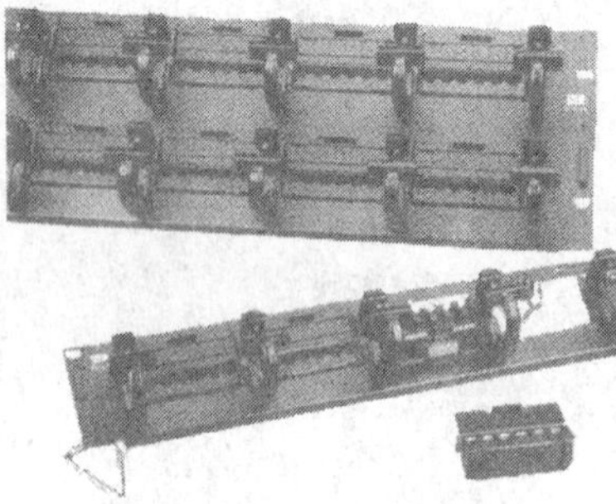

图 2-13　模块化配线架

RJ45 模块化配线架结构简单，常用的有超 5 类、6 类模块化配线架。如图 2-13 所示的这种面板型模块化配线架可安装在 19 英寸机柜内，自带的理线环方便理线，24 口、48 口随意选择，可灵活地配合系统的扩充。每个 24 口的配线架上装有 4 个配线模块，采用独特的设计技术，模块可取下，方便从支架的前面或后面进行终接。

(2) 110 配线架

110 配线架又叫语音配线架，需要和 110C 连接块配合使用。用于终接配线电缆或干线电缆，并通过跳线连接配线子系统和干线子系统。

110 配线架是由高分子合成阻燃材料压模而成的塑料件，它的上面装有若干齿形条，每行最多可终接 25 对线。对绞电缆的每根线放入齿形条的槽缝里，利用冲压工具就可以把线压入 110C 连接块上。100 对线的 110 型墙挂和柜装配线架如图 2-14 所示。

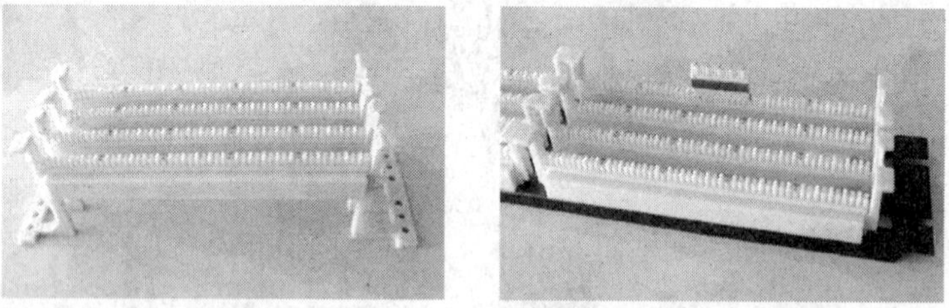

图 2-14　100 对线的 110 型墙挂配线架和柜装配线架

(3) 110C 连接块

110C 连接块(Connecting Block)是一个单层耐火的塑料模密封器，底部为熔锡快速接线夹子，当连接块被推入配线架的齿形条时，这些夹子就切开连线的绝缘层建立起连接。连接块的顶部用于交叉连接，顶部的连线通过连接块与齿形条内的连线相连，如图 2-15 所示。

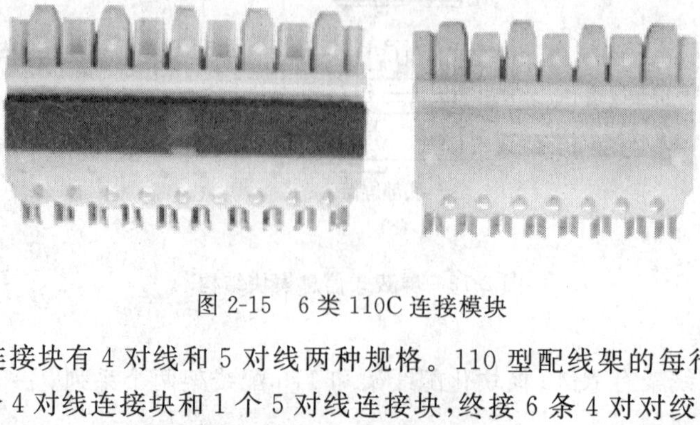

图 2-15　6 类 110C 连接模块

常用 110C 连接块有 4 对线和 5 对线两种规格。110 型配线架的每行(25 对线的齿形条)可以使用 5 个 4 对线连接块和 1 个 5 对线连接块，终接 6 条 4 对对绞电缆，最后一对线通常不用。110C 连接块与 110 配线架的组装如图 2-16 所示。

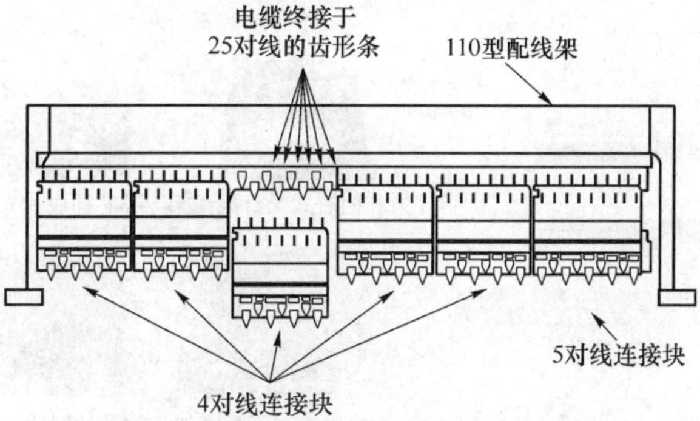

图 2-16　110 配线架和 110C 连接块的组装

(4) 理线架

理线架如图 2-17 所示，作为配线架的附件，其主要功能是让机柜里的缆线更加整齐，更加规范，更便于管理，使整个布线系统整洁美观。

图 2-17　理线架

3. 电缆接插软线

电缆接插软线是一段两端做好水晶头的软性电缆，RJ45 接插软线用于配线架到交换机和信息插座到计算机网卡的连接。

2.2.2　光缆连接器件

在综合布线工程中，要形成一条光纤链路，除了光缆外，还需要各种不同的连接部件，其中主要包括光纤配线架、光纤连接器、光纤适配器、光纤跳线/尾纤和光纤插座等。

1. 光纤配线架(ODF)

光纤配线架是光缆与光通信设备之间的配线连接部件，用于光纤通信系统中光缆的终接和光纤的分配，具有光缆的固定、保护和接地，光缆纤芯与尾纤的熔接，光路的调配，冗余光纤及尾纤的存贮管理等功能。

根据安装方式的不同，光纤配线架有机柜(架)式光纤配线架和壁挂式光纤配线架等类型。适用于不同芯数光缆与各种规格的光纤活动连接器的连接。

机柜式光纤配线架可以安装于 19″标准机柜内。如图 2-18 所示的机柜式光纤配线架采用抽屉式设计，1U 高度(1U＝44.45 mm)，操作方便。内部提供光纤熔接托盘，充足的盘纤空间保证光缆的弯曲半径。两侧设有定位栓，利于简便安装。背部设有 4 个光缆进口，能够简便地安装连接各种不同种类的光缆。独立可更换式前板设计，灵活地匹配各种适配器；可以实现在 1U 高度上的 6～24 口的应用。

墙挂式光纤配线架适用光纤系统的分纤配线，如图 2-19 所示。内部提供进线光缆的盘纤空间，同时也提供了出线光缆的盘纤空间。可以保证光缆的最小盘纤半径，适用于 ST、

SC、LC 型适配器。安装灵活方便，门和箱体采用分体安装，特别适合如电信间这样的空间狭小场所使用。

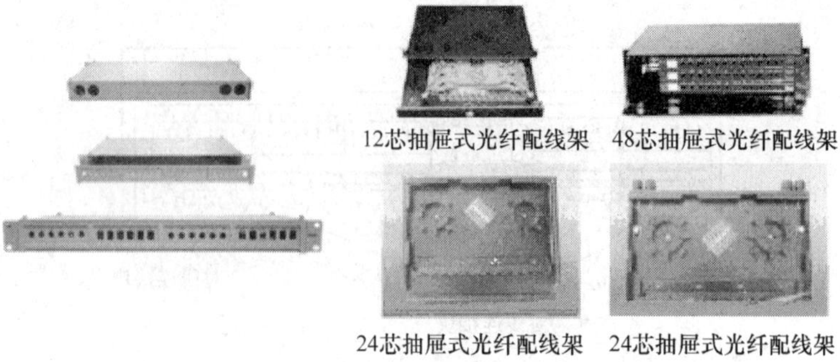

图 2-18 19″机柜光纤配线架外观和内部结构

图 2-19 墙挂式光纤配线架

2. 光纤连接器

光纤连接器用于制作光纤连接头(底端光纤)。光纤连接器按连接头结构的不同可分为 FC、SC、ST、LC、D4、DIN、MU、MT 等各种型式；按光纤端面形状的不同可分为 FC(对接端面是平面)、PC(对接端面呈球面)和 APC(对接端面的中央部分呈球面，但其他部分呈斜面，使端面与光纤轴线的夹角小于 90°，以增加接触面积)三种类型；按光纤芯数多少还有单芯、多芯(如 MT-RJ)光纤连接器之分。

(1) 传统光纤连接器

传统主流的光纤连接器品种是 FC 型(螺纹连接式)、SC 型(直插式)和 ST 型(卡扣式)3 种，它们的共同特点是都有直径为 2.5 mm 的陶瓷插针，如图 2-20 所示。

图 2-20 ST、FC、SC 型光纤连接器

其中，ST 型光纤连接器的外壳呈圆形，紧固方式为卡扣式。其中的陶瓷插针端面多采用 PC 或 APC 研磨方式。

FC 型光纤连接器的外壳呈圆形，其外部加强采用金属套，紧固方式为螺丝扣。陶瓷插针的对接端面采用平面接触(FC)方式。

SC 型光纤连接器的外壳呈方形，紧固方式为插拔销闩式。其中的陶瓷插针端面多采用 PC 或 APC 方式。

(2) 小型化(SFF)光纤连接器

小型化光纤连接器是为了满足用户对连接器小型化、高密度连接的使用要求而研发出来的,它压缩了光纤配线架所需要的空间,使其占有的空间只相当传统 ST 型和 SC 型连接器的一半,已经越来越受到用户的喜爱,大有取代传统光纤连接器的趋势,是光纤连接器的发展方向。目前最主要的 SFF 光纤连接器有 4 种类型,即:美国朗讯公司开发的 LC 型光纤连接器、日本 NTT 公司开发的 MU 型光纤连接器、美国 Tyco Electronics 和 Siecor 公司联合开发的 MT-RJ 型光纤连接器和 3COM 公司开发的 VF-45 型光纤连接器,其外形如图 2-21 所示。

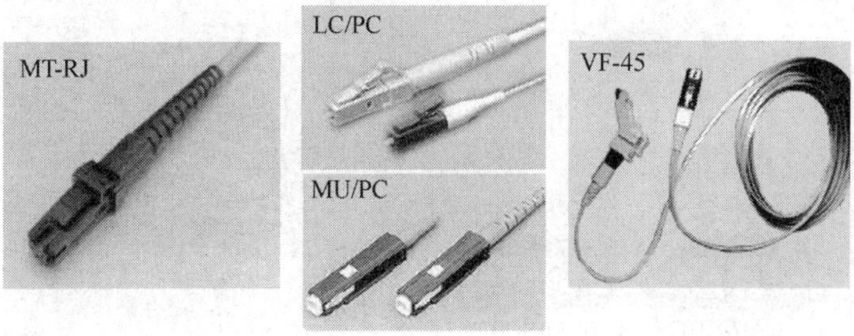

图 2-21　小型化(SFF)光纤连接器

3. 光纤适配器(Optical Fibre Connector)

光纤适配器又称光耦合器,是将两对或一对光纤连接器件进行连接的器件。用于连接已成端的光纤或尾纤,是实现光纤活动连接的重要器件之一。它通过尺寸精密的开口套管在适配器内部实现了光纤连接器的精密对准连接,保证两个连接器之间有一个低的连接损耗。

综合布线中常用的光纤适配器有 ST、SC 和 FC 耦合器等,如图 2-22 所示。

图 2-22　光纤适配器

4. 光纤跳线和光纤尾纤

光纤跳线是两端带有光纤连接器的光纤软线,又称为互连光缆,有单芯和双芯、多模和单模之分。单模光纤跳线为黄色,多模光纤跳线为橘红色。光纤跳线主要用于光纤配线架到交换机光口或光电转换器之间、光纤插座到计算机的连接,根据需要,光纤跳线两端的连接器可以是同类型的,也可以是不同类型的,其长度一般在 5 m 以内。

光纤尾纤的一端是光纤,另一端是光纤连接器。用于采用光纤熔接法制作光缆成端。事实上,一条光纤跳线剪断后,就成了两条光纤尾纤。

常见光纤跳线和光纤尾纤如图 2-23 所示。

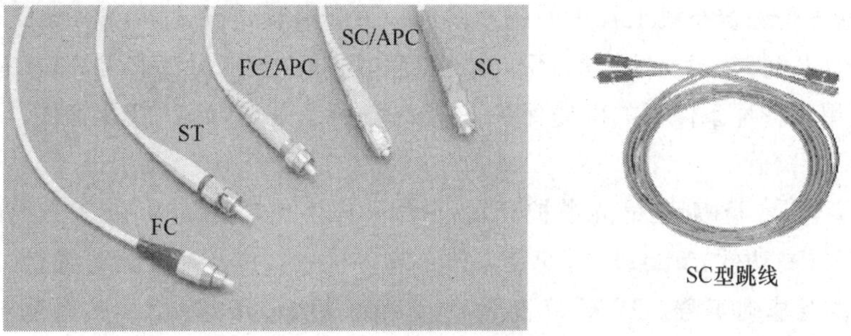

图 2-23　光纤跳线和光纤尾纤

5. 光纤插座

光纤到桌面时，需要安装光纤插座，光纤插座是一个带光纤适配器的光纤面板。图2-24所示为部分光纤插座面板的外观。

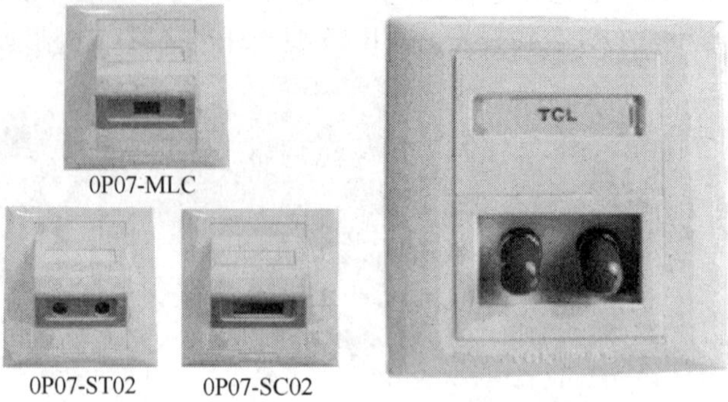

图 2-24　光纤插座面板

2.3　管　槽

线管、线槽是构建综合布线系统缆线通道的元素，用于隐藏、保护和引导缆线，是综合布线系统工程中必不可少的基础设施。

2.3.1　线管

线管是指圆形的缆线支撑保护材料，用于构建缆线的敷设通道。在综合布线系统中使用的线管主要有塑料管和金属管（钢管）两种。一般要求线管具有一定的抗压强度，可明敷于墙外或暗敷于混凝土内；具有耐一般酸碱腐蚀的能力，可防虫蛀、鼠咬；具有阻燃性，能避免火势蔓延；表面光滑、壁厚均匀。

1. 塑料管

塑料管是由树脂、稳定剂、润滑剂及添加剂配制挤塑成型的。目前用于综合布线缆线保护的塑料管主要有：聚氯乙烯（PVC-U）管、PVC 蜂窝管、双壁波纹管、子管、铝塑复合管和硅芯管等。

（1）聚氯乙烯（PVC-U）管

聚氯乙烯管是综合布线工程中使用最多的一种塑料管，管长通常为 4 m、5.5 m 或 6 m，具有优异的耐酸、耐碱、耐腐蚀性能，耐外压强度和耐冲击强度等都非常高，具有优异的电气绝缘性能，适用于各种条件下的电缆保护。图 2-25 所示是 PVC-U 管及管件。

（2）PVC 蜂窝管

PVC 蜂窝管是一种新型的光缆护套管，采用一体多孔蜂窝结构，便于光缆的穿入、隔离及保护。具有提高功效、节约成本、安装方便可靠等优点。广泛用于光纤通信、有线电视、多媒体数据传输等基础工程。PVC 蜂窝管有 3 孔、4 孔、5 孔、6 孔、7 孔等规格，如图 2-26 所示。

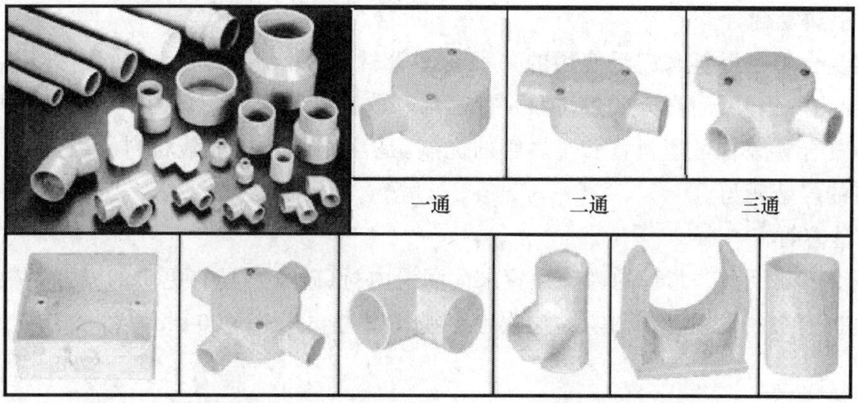

图 2-25　PVC-U 管及管件

(3) 双壁波纹管

如图 2-27 所示，双壁波纹管是一种内壁光滑、外壁呈波纹状并具密封胶圈的新颖塑料管。由于外壁波纹，增加了管子本身的惯性距，提高了管材的刚性和承压能力，同时赋予了管子一定的纵向柔性。

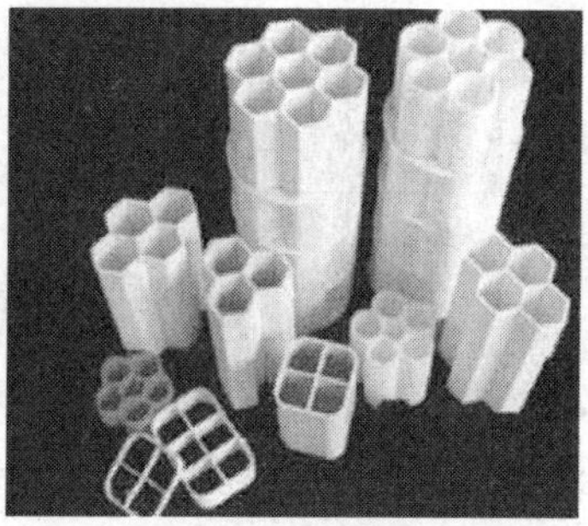

图 2-26　PVC 蜂窝管

PVC 双壁波纹管结构先进，除具有普通塑料管的耐腐蚀、绝缘、内壁光滑、使用寿命长等优点外，还具有以下独特的技术性能：

① 刚性大，耐压强度高于同等规格的普通光身塑料管；

② 重量是同规格普通塑料管的一半，从而方便施工，减轻工人的劳动强度；

③ 密封好，在地下水位高的地方使用更能显示其优越性；

④ 波纹结构能加强管道对土壤的抵抗力，便于连续敷设在凹凸不平的地面上；

⑤ 工程造价比普通塑料管降低 1/3。

(4) 子管

子管如图 2-28 所示，小口径，管材质软，适用于光缆的保护。当光、电缆同槽敷设时，光缆一定要穿放在子管中。

图 2-27　双壁波纹管

图 2-28　子管

(5) 铝塑复合管

铝塑复合管是近年来广泛使用的一种新型管材，如图 2-29 所示，它的内外层均为聚乙烯，中间层为薄铝管，用高分子热熔胶将聚乙烯和薄铝管粘合，经高温高压、拉拔形成 5 层结构。铝塑复合管综合了塑料管和金属管的优点，是性能良好的屏蔽材料。因此常用作综合布线通道的屏蔽管道。

(6) 硅芯管

如图 2-30 所示，硅芯管的内壁预置永久润滑内衬(硅胶)，具有更小的摩擦系数，用于采用吹光缆技术布放光缆，敷管快速，一次性穿缆长度为 500～2 000 m。

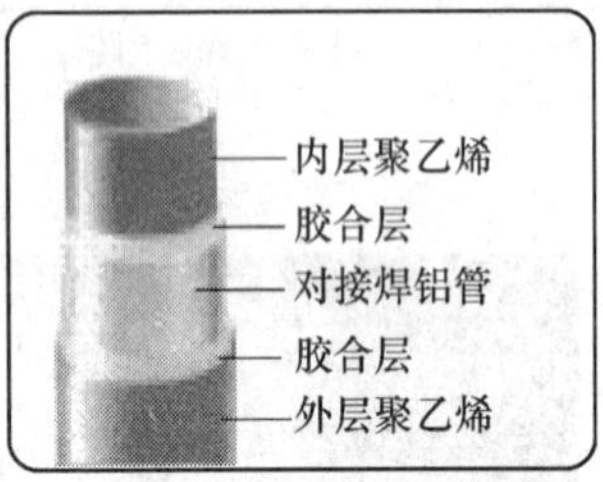

图 2-29　铝塑复合管

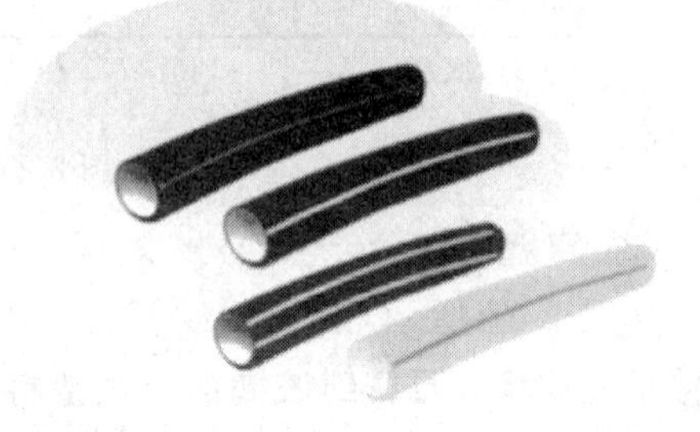

图 2-30　硅芯管

2. 金属管

金属管(钢管)具有屏蔽电磁干扰能力强、机械强度高、密封性能好、抗弯、抗压和抗拉性能好等优点，但抗腐蚀能力差，施工难度大。为了提高其抗腐蚀能力，内外表面全部采用镀锌处理，要求表面光滑无毛刺，防止在施工过程中划伤缆线。

钢管按壁厚不同分为普通钢管(水压实验压力为 2.5 MPa)、加厚钢管(水压实验压力为 3 MPa)和薄壁钢管(水压实验压力为 2 MPa)3 种。

普通钢管和加厚钢管统称为水管，具有较大的承压能力，在综合布线系统中主要用在房屋底层。

薄壁钢管简称薄管或电管，因为管壁较薄，承受压力不能太大，常用于建筑物天花板内外部受力较小的暗敷管路。

布线工程中常用的金属管有 D16、D20、D25、D32、D40、D50、D63 等规格，如图 2-31 所示为部分金属管及管件。

(a) 金属管　(b) 螺纹接头　(c) 直接头　(d) 金属弯头

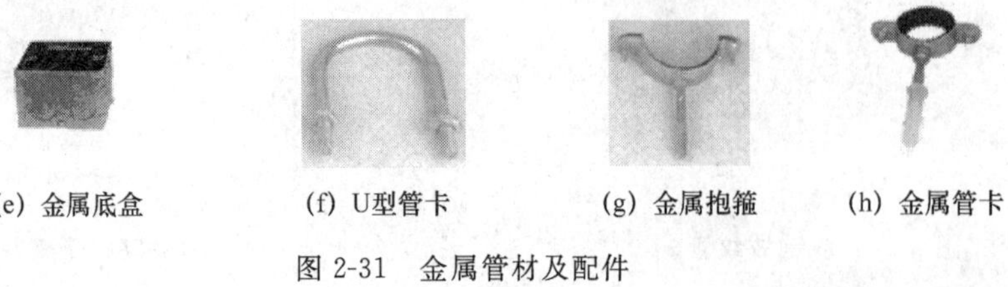

(e) 金属底盒　(f) U型管卡　(g) 金属抱箍　(h) 金属管卡

图 2-31　金属管材及配件

此外,还有一种较软的金属管,叫做软管(俗称蛇皮管),供弯曲的地方使用。

3. 线管的选择

选择布线用管材时应根据具体要求,以满足需要和经济性为原则,主要考虑机械(抗压、抗拉伸或抗剪切)性能、抗腐拒变的能力、电磁屏蔽特性、布线规模、敷设路径、现场加工是否方便及环保特性等因素。

(1) 所谓机械强度并不是指线管的坚硬度,因为有时会采用软管来进行敷设。

(2) 在一些较潮湿甚至是过酸或过碱性的环境中敷设管道,应首先考虑抗腐蚀能力。这种情况下 PVC 管往往更加适应,当然还应注意选用合适的防水抗酸碱性密封涂料。

(3) 对于在强电磁干扰的空间中布线,比如机场、医院、微波站等,金属管就明显地占有优势,因为金属管道能提供更好的屏蔽,外界的电磁场及其突变既不会干扰管道内的缆线,内部缆线的电磁场也不会对外界形成污染。

(4) 布线规模决定了缆线束的口径,必须根据实际需要,分别选用不同口径的布线线管。选用塑料管材是因为它抗腐拒变、难以降解,但另一方面这种材料又是"白色污染"之源。另外,PVC 管和布线缆线在生产中需加入一定比例的氟和氯,因而在发生火灾或爆炸等灾害时,某些 PVC 管和缆线燃烧所释放出的有害气体往往比火灾污染更严重。

2.3.2 线槽

通常,线槽是指方形(非圆形)的缆线支撑保护材料。线槽有金属线槽和 PVC 线槽两种。金属线槽又称槽式桥架,塑料线槽是综合布线工程中明敷管槽时广泛使用的一种材料。它是一种带盖板的、封闭式的通道材料,盖板和槽体通过卡槽合紧。从型号上讲,有 PVC-20 系列、PVC-25 系列、PVC-30 系列、PVC-40 系列、PVC-60 系列等。常用 PVC 线槽及连接件如图 2-32 所示。

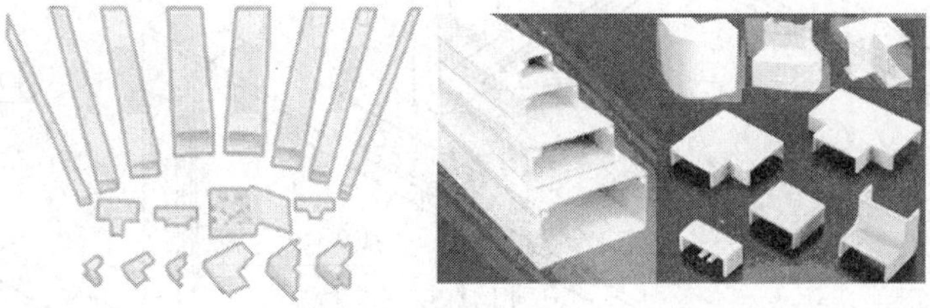

图 2-32　PVC 线槽及连接件

2.3.3 桥架

由于建筑物内多种管线平行交叉,空间有限,特别是大型写字楼、金融商厦、酒店、场馆等建筑,信息点密集,在竖井和天棚吊顶内广泛采用桥架。桥架作为承载各种缆线敷设的载体,能提供不同走向的布线通道,弱电系统的各种缆线分类布放在桥架内。为了防止电磁辐射干扰(EMC),应考虑桥架的封闭性。

桥架有槽式、托盘式、梯级式等结构,由支架、托臂和安装附件等组成。选型时应注意桥架的所有零部件是否符合系列化、通用化、标准化的成套要求。

建筑物内桥架可以独立架设，也可以附设在各种建筑物和廊柱上，应体现结构简单、造型美观、配置灵活和维修方便等特点。全部零件均需进行镀锌或喷塑处理，安装在建筑物外露天的桥架，如果是在邻近海边或属于腐蚀区，则必须考虑防腐处理，使其具有防腐、耐潮等特性。

1. 槽式桥架

槽式桥架是全封闭的缆线桥架，对于屏蔽干扰严重环境中的电缆防护有较好的效果。适用于室内外和需要屏蔽的场所。图 2-33 所示为槽式桥架及配件，图 2-34 所示为槽式桥架空间布置示意图。

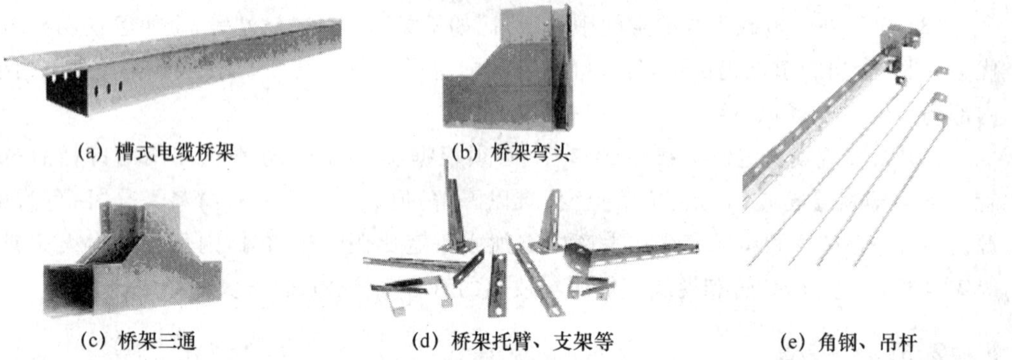

(a) 槽式电缆桥架　(b) 桥架弯头　(c) 桥架三通　(d) 桥架托臂、支架等　(e) 角钢、吊杆

图 2-33　槽式桥架及配件

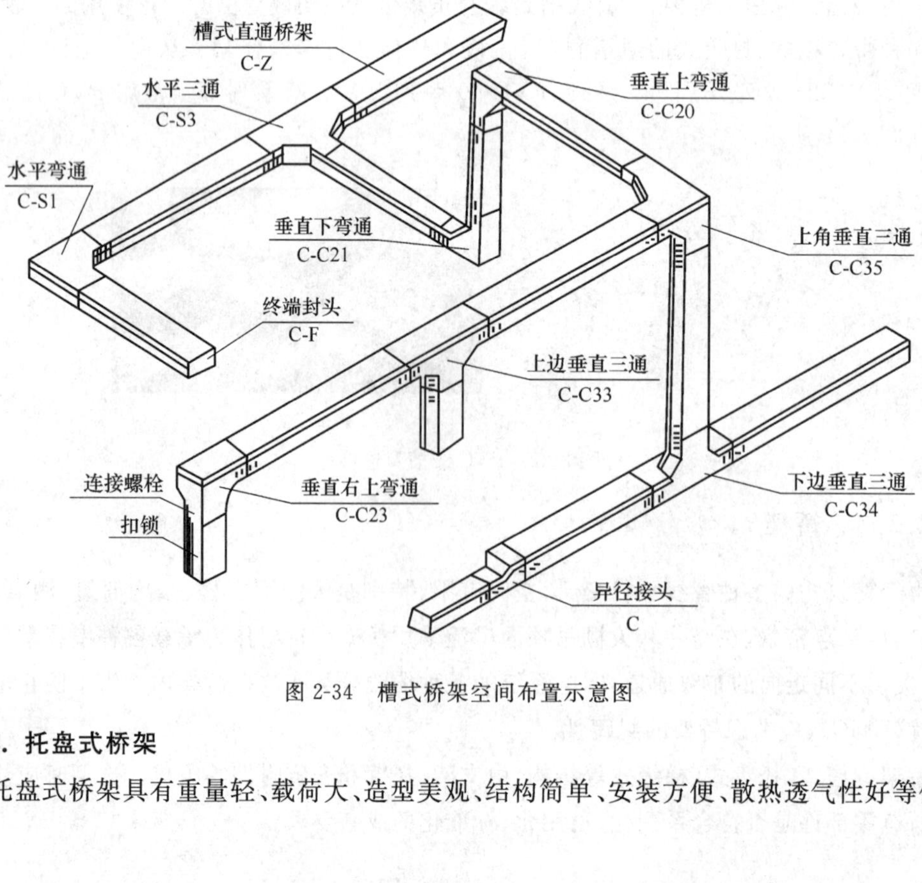

图 2-34　槽式桥架空间布置示意图

2. 托盘式桥架

托盘式桥架具有重量轻、载荷大、造型美观、结构简单、安装方便、散热透气性好等优点，

适用于地下层、吊顶内等场所。图 2-35 所示为托盘式桥架空间布置示意图。

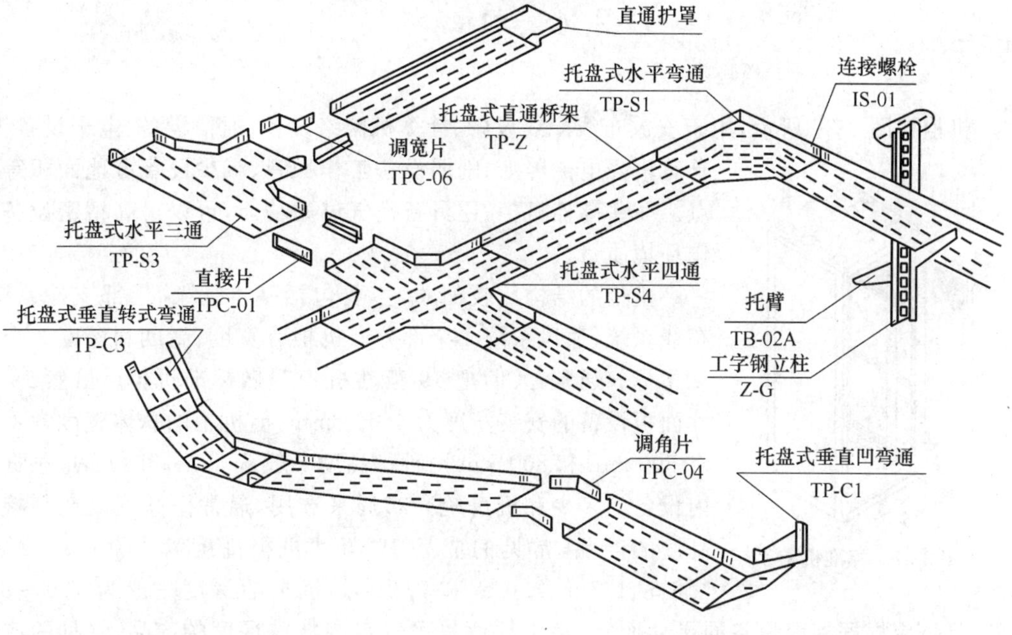

图 2-35　托盘式桥架空间布置示意图

3. 梯级式桥架

梯级式桥架具有重量轻、成本低、造型别致、通风散热好等特点。用于直径较大的电缆的敷设,适用于地下层、竖井、活动地板下和设备间的缆线敷设。图 2-36 所示为梯级式桥架空间布置示意图。

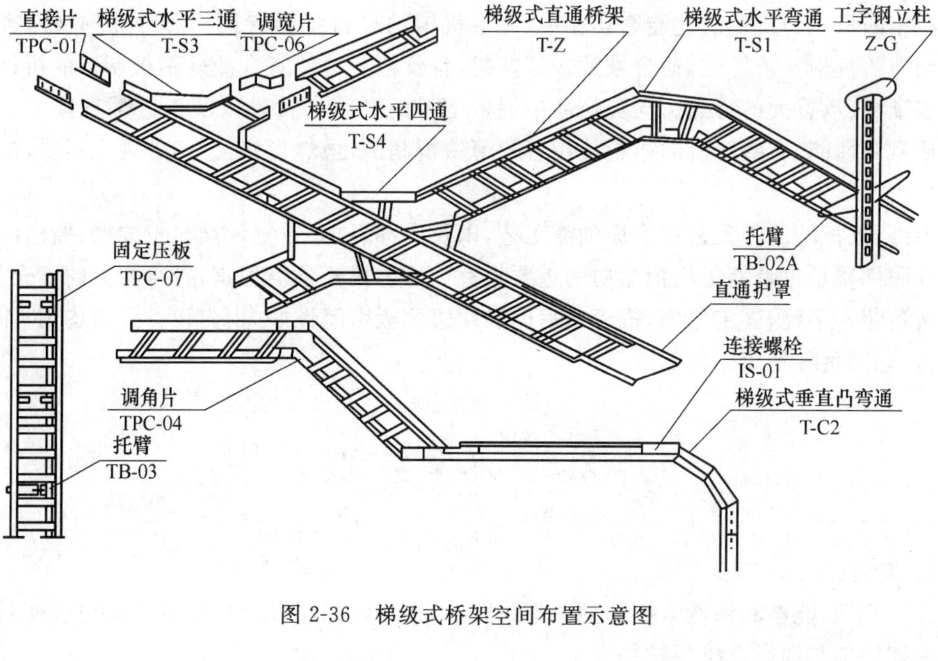

图 2-36　梯级式桥架空间布置示意图

2.4 机 柜

机柜如图 2-37 所示，用于安放布线配线设备、计算机网络设备、通信设备、电子设备等，具有增强电磁屏蔽、削弱设备工作噪音、减少设备占地面积等优点。一些高档机柜，还具备空气过滤功能，可以提高精密设备工作环境质量。

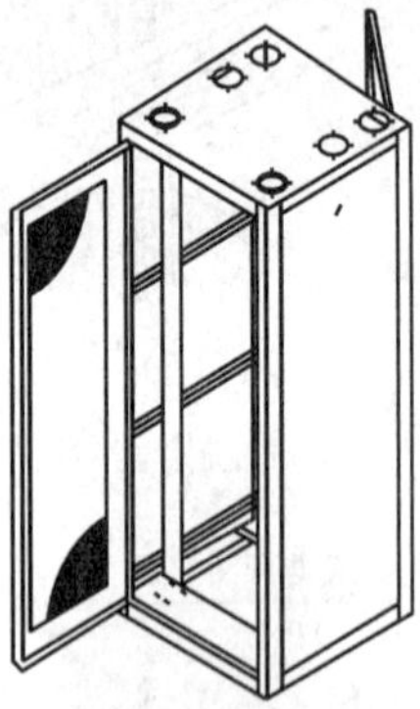
图 2-37 标准机柜

机柜的结构比较简单，主要包括基本框架、内部支撑系统、布线系统、通风系统 4 个部分。机柜有宽度、高度和深度 3 个常规指标。通常，人们把 19 英寸机柜叫做标准机柜。虽然 19 英寸面板设备的安装宽度为 465.1 mm，但机柜的总体宽度常见的有 600 mm 和 800 mm 两种。高度一般从 0.7～2.4 m，应根据柜内设备的多少和机房统一布局来选用，通常厂商可以定制特殊高度的产品，常见的成品 19 英寸机柜高度为 1.0 m、1.2 m、1.6 m、1.8 m、2.0 m 和 2.2 m。机柜的深度一般为 400～800 mm，具体应根据柜内设备的尺寸而定，通常厂商也可以定制特殊深度的产品，常见的成品 19 英寸机柜的深度为 500 mm、600 mm和 800 mm。

19 英寸标准机柜内设备安装所占高度用一个特殊单位“U”表示，1 U＝44.45 mm。机柜一般都是按 nU 的规格制造的。多少个“U”的机柜表示能容纳多少个“U”的配线设备或网络设备。如 24 口配线架高度为 1U 单位，普通型 24 口交换机的高度也是 1U 单位。通常，47 U 机柜的高度为 2.2 m，42 U 机柜的高度为 2.0 m，37 U 机柜的高度为 1.8 m，18 U 机柜的高度为 1.0 m。

机柜的材质与机柜的性能密切相关，制造机柜的材料主要有铝材和冷轧钢板两种。用铝材制造的机柜比较轻便，适合堆放轻型器材，且价格相对便宜。冷轧钢板制造的机柜具有机械强度高、承重大的特点。同类产品中钢板用料的厚薄和质量以及工艺都直接关系到产品的质量和性能，有些廉价的机柜使用普通薄铁板制造，虽然价格便宜，外观也不错，但性能相差较大。

另外，机柜的制作工艺和表面油漆工艺，以及内部隔板、导轨、滑轨、走线槽、插座的精细程度和附件质量也是衡量机柜品质的重要指标。好的机柜不但稳重，符合主流的安全规范，而且设备装入平稳、固定稳固，机柜前后门和两边侧板密闭性好，柜内设备受力均匀，而且配件丰富，能满足各种应用的需要。

2.5 本章实训

1. 实训目的

通过实训，能够利用所掌握的相关理论知识，在布线系统设计中科学合理地选择缆线和相关的连接件与缆线支撑保护件。

2. 实训内容

(1) 通过市场调研、上网和图书馆查询资料，进一步加深理解本章所学知识；

(2) 通过对校园网的调研，了解传输介质、网络连接设备和相关连接硬件在布线系统中的应用；

(3) 完成市场调查报告。

3. 实训过程

(1) 在教师指导下，用 1 周的时间，通过各种途径，对对绞电缆、光缆、各种连接件(配线架、信息插座、接插软线等)、机柜等的功能、性能、相关技术参数和主流产品进行详细的了解，并完成调查报告。

(2) 由教师组织学生参观校园网，并请校园网工作人员为学生开展相关的专题讲座，使学生进一步理解：在布线系统设计中应如何科学合理地选择布线器材。

4. 实训总结

(1) 教师组织学生就现有的一个综合布线系统所使用的布线器材进行分析和总结。

(2) 教师组织学生为一个假设的系统选择相关的布线器材。

思考与练习

一、填空题

1. 在对绞电缆内，不同线对具有不同的扭绞长度，这样可以________串音。

2. 对绞电缆的每个线对都有颜色编码，以易于区分和连接。4 对对绞电缆的 4 种颜色编码依次为________、________、________和________。

3. 对绞电缆按其包缠得是否有金属屏蔽层，可以分为________和________两大类。在目前的综合布线系统中，除了某些特殊场合，通常都采用________。

4. 超 5 类对绞电缆的传输频率为________，6 类对绞电缆支持的带宽为________，7 类对绞电缆支持的带宽可以高达________。

5. 6 类电缆和超 5 类电缆的结构不同，同时，导体线规也不同于超 5 类电缆的________，而多采用________。

6. 光纤由 3 部分组成，即：________、________和________。

7. 按传输模式分类，光缆可以分为________和________两类。

8. 19 英寸标准机柜中，设备安装所占高度用一个特殊单位"U"表示，1 U=________。

9. 室外光缆主要适用于综合布线系统中的________子系统。这类光缆主要有________、________和________ 3 种。

10. 光纤配线架具有________、________、________和________等功能。

二、选择题(答案可能不止一个)

1. 对绞电缆的每个线对都有颜色编码，4 对对绞电缆的四种颜色编码是________。

A. 蓝色、橙色、绿色和紫色　　B. 蓝色、红色、绿色和棕色

C. 蓝色、橙色、绿色和棕色　　D. 白色、橙色、绿色和棕色

2. 光缆是数据传输中最有效的一种传输介质，它有________优点。
   A. 频带较宽　　B. 电磁绝缘性能好
   C. 衰减较小　　D. 无中继段长
3. 在目前的网络布线方面，主要有两种布线系统在应用，即________。
   A. 4 类布线系统　　B. 5 类布线系统
   C. 超 5 类布线系统　　D. 6 类布线系统
4. 信息插座在综合布线系统中主要用于连接________。
   A. 工作区与配线子系统　　B. 配线子系统与管理子系统
   C. 工作区与管理子系统　　D. 管理子系统与干线子系统
5. 光纤配线架具有的基本功能有________。
   A. 固定功能　　B. 熔接功能
   C. 调配功能　　D. 存储功能
6. ________为封闭式结构，适用于无天花板且电磁干扰比较严重的布线环境，但对系统扩充、修改和维护比较困难。
   A. 梯级式桥架　　B. 槽式桥架
   C. 托盘式桥架　　D. PVC 线槽
7. ________光纤连接器的中心是一个陶瓷套管，外壳呈圆形，紧固方式为卡扣式。
   A. ST 型　　B. SC 型
   C. FC 型　　D. LC 型
8. 42U 机柜的高度为________m。
   A. 1.8　　B. 2.0
   C. 2.2　　D. 2.4
9. ________用于配线架到交换设备和信息插座到计算机的连接。
   A. 接插软线　　B. 跳线
   C. 110C 连接块　　D. 尾纤
10. 常见的 62.5/125 μm 多模光纤中的 62.5 μm 指的是________。
   A. 纤芯外径　　B. 包层外径
   C. 包层厚度　　D. 涂覆层厚度
11. ________用于终接对绞电缆和干线电缆，并通过跳线连接水平子系统和干线子系统。
   A. 模块化配线架　　B. 110 配线架
   C. 110 C 连接块　　D. ODF
12. 标准机柜是指________。
   A. 2 m 高的机柜　　B. 1.8 m 高的机柜
   C. 18 英寸机柜　　D. 19 英寸机柜

三、判断题

1. 6 类布线系统与超 5 类布线系统相比，带宽从 100 MHz 增加到 200 MHz。（　）

2. 在对绞电缆中，除每两根具有绝缘层的铜导线按一定密度反时针方向互相绞缠在一起组成线对外，线对与线对之间也按一定密度反时针方向扭绞在一起。（　）

3. 线管的机械强度是指线管的坚硬度。（　）

4. 对绞电缆就是 UTP 电缆。（　）

5. 在综合布线系统设计过程中，对缆线和相关连接硬件的选择正确与否、其质量的好坏和设计是否合理，直接影响到布线系统的可靠性和稳定性。（　）

四、名词解释

1. AWG
2. 裸光纤
3. 线管
4. 线槽
5. 桥架

五、简答题

1. 对绞电缆有哪几类，各有什么优缺点？
2. 光缆主要有哪些类型？应如何选用？
3. 试比较对绞电缆和光缆的优缺点。
4. 连接件的作用是什么？它有哪些类型？
5. 选用布线用线管、线槽和桥架时，应考虑哪些问题？
6. 机柜有什么作用？功能如何？

第3章 综合布线系统设计

【教学提示】

本章作为综合布线系统工程设计的基础，主要讨论综合布线系统结构、系统分级与组成、缆线长度限值、系统性能设计指标；工作区、配线子系统、干线子系统、建筑群子系统、管理、设备间和进线间设计；以及电气、屏蔽、防火和接地系统设计等内容。通过本章的学习，要求掌握综合布线系统结构、系统分级、缆线长度限值和7个子系统设计方法以及接地系统设计，理解综合布线系统性能指标的含义。

【重点内容】

综合布线系统结构、系统分级与组成、缆线长度限值与各子系统设计。

【难点内容】

综合布线系统性能指标和配线、干线、建筑群子系统及管理设计。

3.1 综合布线系统设计基础

3.1.1 综合布线系统结构

综合布线系统结构为开放式星型拓扑结构(即分层星型拓扑结构)，如图3-1所示，电缆、光缆安装在两个相邻层次的配线架之间，配线架可以设置在设备间或电信间中，电缆、光缆应该根据条件敷设在管道、电缆沟、电缆竖井、线槽、桥架、暗管等通道中，其设计和安装均应符合国家有关电气标准的规定；且允许将不同配线架的功能组合在一个配线架中。综合布线系统的这种结构能够支持语音、数据、图像、多媒体业务等信息的传递，该结构下的每个分支子系统都是相对独立的单元，每个分支单元系统的改动都不会影响其他子系统。只要改变结点连接，就可使网络在星型、总线型、环型等各种类型间进行转换。

1. 综合布线系统基本构成

综合布线系统的基本构成如图3-2所示，配线子系统中可以设置集合点(CP点)，也可以不设置集合点。

2. 3个布线子系统构成

综合布线系统的3个布线子系统构成如图3-3所示，虚线表示BD与BD之间，FD与FD之间可以设置主干缆线；建筑物FD可以经过主干缆线直接连至CD，TO也可以经过水平缆线直接连至BD。

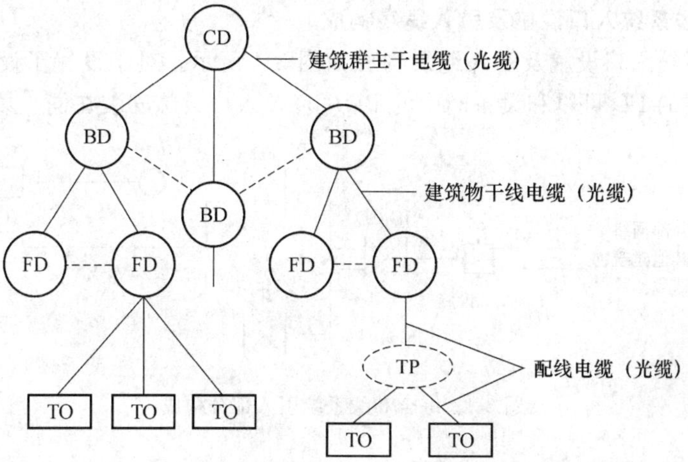

图 3-1　综合布线系统分层星型拓扑结构

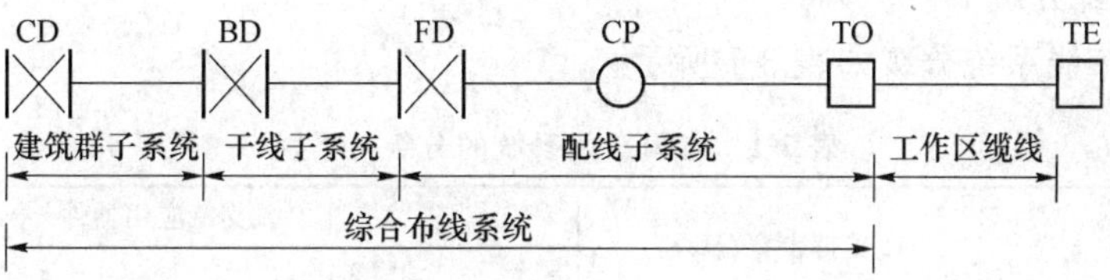

图 3-2　综合布线系统基本构成

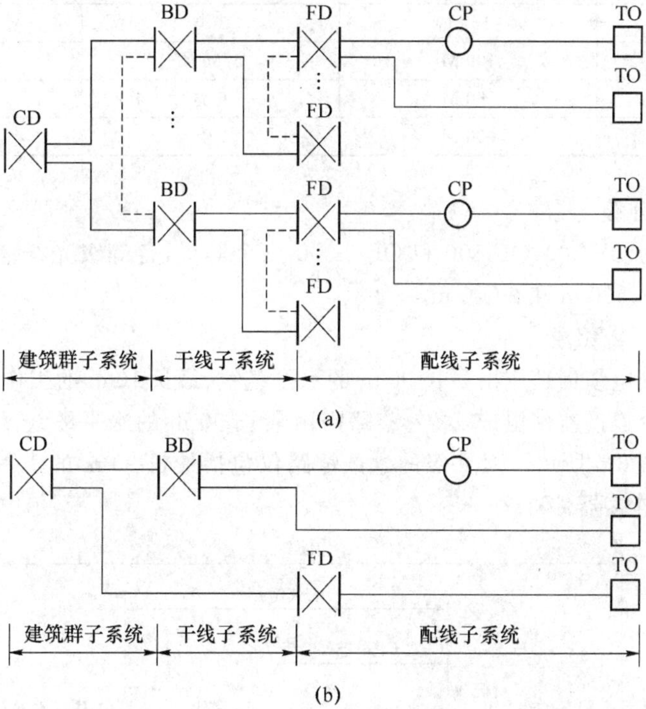

图 3-3　3 个布线子系统构成

3. 综合布线系统入口设施及引入缆线构成

综合布线系统入口设施及引入缆线构成如图 3-4 所示。对于设置了设备间的建筑物，设备间所在楼层的 FD 可以和设备间中的 BD/CD 及入口设施安装在同一场地。

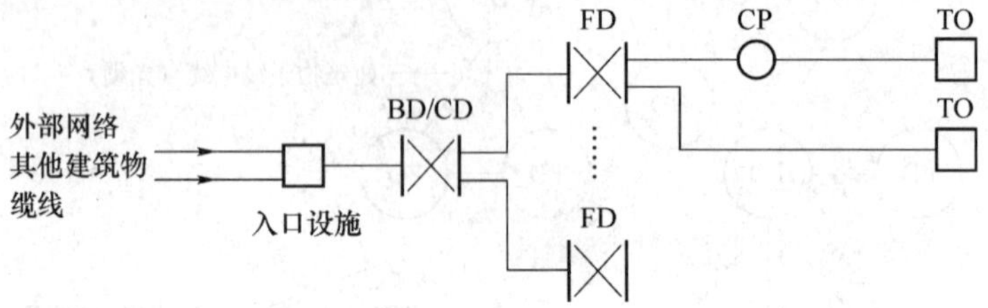

图 3-4　综合布线系统引入部分构成

3.1.2　综合布线系统分级与组成

1. 电缆系统分级

综合电缆布线系统分级如表 3-1 所示。

表 3-1　电缆布线系统的分级与类别

系统分级	支持带宽/Hz	支持应用器件	
		电缆	连接硬件
A	100 k		
B	1 M		
C	16 M	3 类	3 类
D	100 M	5/5e 类	5/5e 类
E	250 M	6 类	6 类
F	600 M	7 类	7 类

2. 光纤信道分级

光纤信道分为 OF-300、OF-500 和 OF-2 000 三个等级，各等级光纤信道支持的应用长度不应小于 300 m、500 m 和 2 000 m。

3. 电缆布线系统组成

综合布线系统电缆信道应由最长 90 m 的水平缆线、最长 10 m 的工作区缆线、跳线和设备缆线及最多 4 个连接器件组成，永久链路则由最长 90 m 的水平缆线及 3 个连接器件组成。连接方式如图 3-5 所示。但 F 级的永久链路仅包括最长 90 m 的水平缆线和 2 个连接器件(不包括 CP 连接器件)。

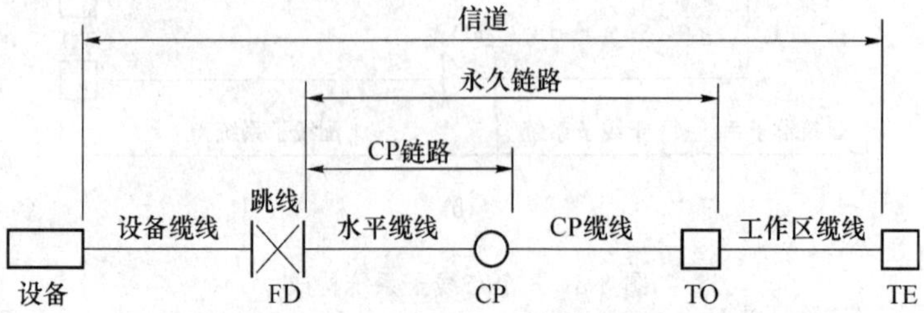

图 3-5　电缆布线系统信道、永久链路组成

4. 光纤信道构成

在光缆布线系统中，水平光缆和主干光缆可以经过电信间的光纤配线设备上的光跳线连接，如图 3-6(a)所示；也可以经过电信间的终接（熔接或机械连接）构成，如图 3-6(b)所示，FD 只设光纤之间的连接点；水平光缆还可以经过电信间直接连至大楼设备间光配线设备构成，如图 3-6(c)所示，FD 安装于电信间，只作为光缆路径的场合。

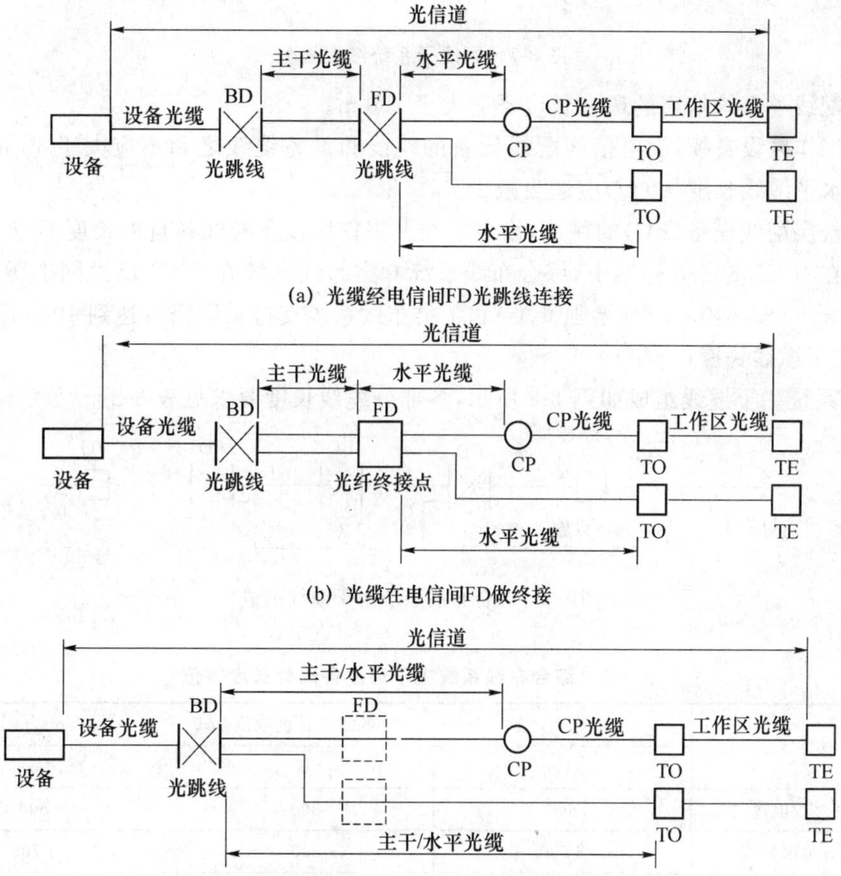

(a) 光缆经电信间FD光跳线连接

(b) 光缆在电信间FD做终接

(c) 光缆经电信间FD直接连至设备间BD

图 3-6 光纤信道构成

5. 设备与公用数据网互通

当工作区用户终端设备或某区域网络设备需直接与公用数据网进行互通时，宜将光缆从工作区直接布放至电信入口设施的光配线设备。

3.1.3 综合布线系统缆线长度

1. 信道总长度

综合布线系统水平缆线与建筑物主干缆线及建筑群主干缆线之和所构成的信道总长度不应大于 2 000 m。

2. 配线子系统缆线长度

综合布线系统配线子系统缆线划分如图 3-7 所示。各缆线长度限值如下。

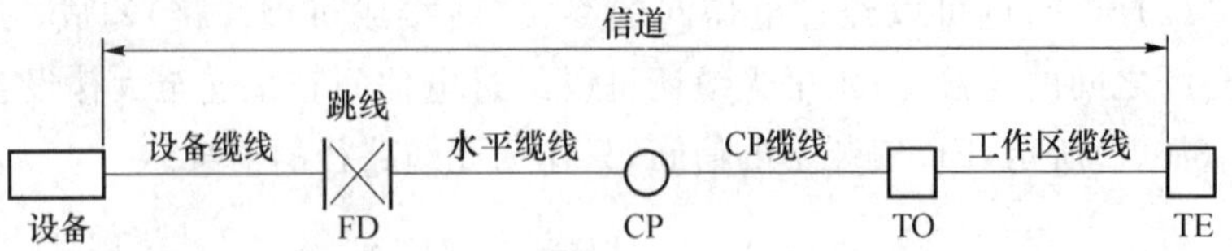

图 3-7　配线子系统缆线划分

(1) 配线子系统信道的最大长度不应大于 100 m。

(2) 工作区设备缆线、电信间配线设备的跳线和设备缆线之和不应大于 10 m，当大于 10 m 时，水平缆线长度(90 m)应适当减少。

(3) 楼层配线设备(FD)的跳线、设备缆线及工作区设备缆线各自的长度不应大于 5 m。

(4) 在 IEEE 802.3 标准中，综合布线系统 6 类布线系统在 10 G 以太网中所支持的长度应不大于 55 m，但 6 A 类(增强 6 类)和 7 类布线系统支持长度仍可达到 100 m。

3. 主干缆线长度

布线系统主干缆线组成如图 3-8 所示，各部分缆线长度要求见表 3-2。

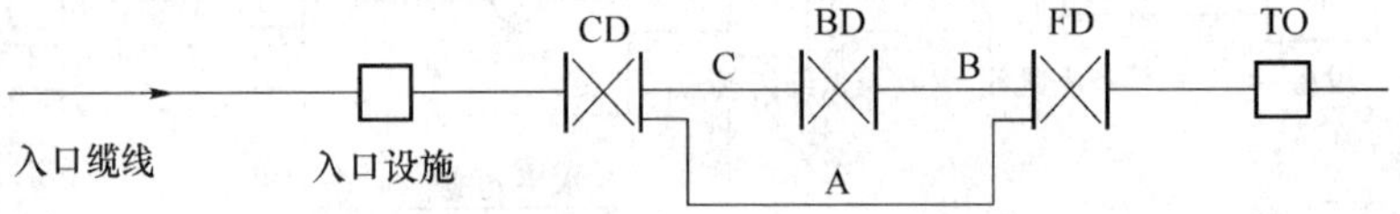

图 3-8　综合布线系统主干缆线组成

表 3-2　综合布线系统主干缆线各部分长度限值

缆线类型	各线段长度限值/m		
	A	B	C
100 Ω 对绞电缆	800	300	500
62.5 μm 多模光缆	2 000	300	1 700
50 μm 多模光缆	2 000	300	1 700
单模光缆	3 000	300	2 700

注：① 当 B 距离小于最大值时，C 为对绞电缆的距离可相应增加，但 A 的总长度不能大于 800 m。

② 表中 100 Ω 对绞电缆作为语音的传输介质。

③ 单模光缆(光纤)的传输距离在主干链路时允许达 60 km，但超出了综合布线的范围。

④ 在总距离中可以包括入口设施至 CD 之间的缆线长度。

⑤ 建筑群与建筑物配线设备所设置的跳线长度不应大于 20 m，如超过 20 m 时主干长度应相应减少。

⑥ 建筑群与建筑物配线设备连至设备的缆线不应大于 30 m，如超过 30 m 时主干长度应相应减少。

⑦ 建筑物或建筑群配线设备之间(FD 与 BD、FD 与 CD、BD 与 CD 之间)组成的信道出现 4 个连接器件时，主干缆线的长度不应小于 15 m。

3.1.4　综合布线系统性能指标

综合布线系统性能指标是指综合布线系统相对独立的信道、链路和布线产品的技术指标。信道、链路的性能是由缆线、相关连接器件和连接点工艺决定的。只有选择合格的缆线和相关连接器件,经过精心的设计和符合工艺要求的安装施工才能达到系统性能指标的要求。

1. 电缆布线系统性能指标

在布线工程的安装设计中,综合布线系统产品的技术指标主要考虑缆线结构、直径、材料、承受拉力、弯曲半径等机械性能指标。布线系统信道及链路的具体指标项目包括衰减或插入损耗(IL)、近端串音、衰减串音比(ACR)、等电平远端串音(ELFEXT)、近端串音功率和(PSNEXT)、衰减串音比功率和(PSACR)、等电平远端串音功率和(PSELFEXT)、回波损耗(RL)、时延、时延偏差等。

(1) 衰减(Attenuation)或插入损耗(Insertion Loss,IL)

衰减是沿链路的信号损失度量。当信号在信道中传输时,不可避免地会损失掉一部分能量,称之为衰减,如图 3-9 所示,衰减用 dB 来度量。

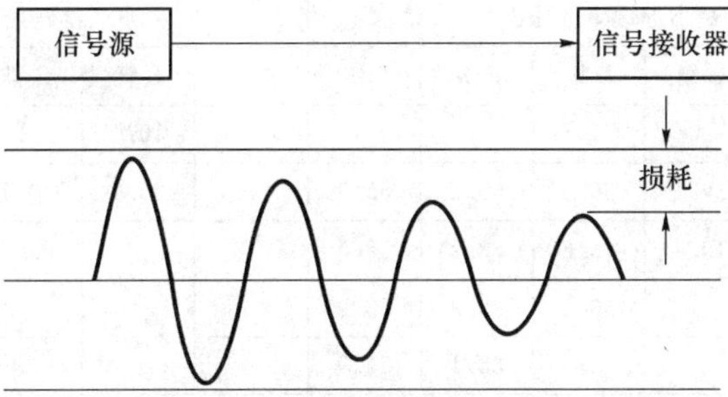

图 3-9　信号衰减示意图

布线系统信道、永久链路的最大插入损耗值应符合表 3-3 的规定。

表 3-3　布线系统信道、永久链路的最大插入损耗值

频率/MHz	信道最大插入损耗/dB						永久链路最大插入损耗/dB					
	A 级	B 级	C 级	D 级	E 级	F 级	A 级	B 级	C 级	D 级	E 级	F 级
0.1	16.0	5.5					16.0	5.5				
1		5.8	4.2	4.0	4.0	4.0		5.8	4.0	4.0	4.0	4.0
16			14.4	9.1	8.3	8.1			12.2	7.7	7.1	6.9
100				24.0	21.7	20.8				20.4	18.5	17.7
250					35.9	33.8					30.7	28.8
600						54.6						46.6

(2) 近端串音(Near End Cross Talk,NEXT)

串音是沿链路的信号耦合度量。当我们在对绞电缆的一对线上发送信号时,将会在另一对相邻的线上收到信号,这种现象叫做串音。

串音分近端串音(NEXT)和远端串音(FEXT)两种。近端串音是指处于缆线一侧的某发送线对的信号对同侧的其他相邻线对所造成的信号耦合,如图 3-10 所示。

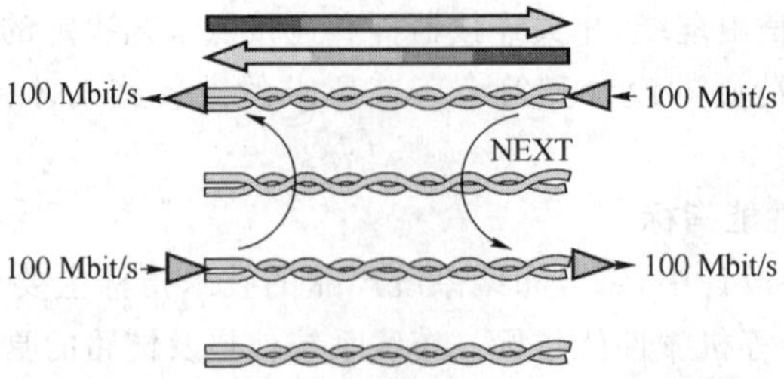

图 3-10　近端串音

近端串音用近端串音损耗值来度量。高的近端串音值意味着只有很少的能量从发送信号线对耦合到同一电缆的其他线对中,也就是耦合过来的信号损耗大。布线系统信道、永久链路的最小近端串音值应符合表 3-4 的规定。

表 3-4　布线系统信道、永久链路的最小近端串音值

频率/MHz	信道最小近端串音/dB						永久链路最小近端串音/dB					
	A 级	B 级	C 级	D 级	E 级	F 级	A 级	B 级	C 级	D 级	E 级	F 级
0.1	27.0	40.0					27.0	40.0				
1		25.0	39.1	60.0	65.0	65.0		25.0	40.1	60.0	65.0	65.0
16			19.4	43.6	53.2	65.0			21.1	45.2	54.6	65.0
100				30.1	39.9	62.9				32.3	41.8	65.0
250					33.1	56.9					35.3	60.4
600						51.2						54.7

(3) 衰减串音比(Attenuation to Crosstalk Ratio,ACR)

衰减串音比是指在同一频率下,信道的 NEXT 与插入损耗分贝值之间的差值,它是确定带宽的一种方法。计算公式为

$$ACR=NEXT-IL$$

线对与线对之间的衰减串音比(ACR)只应用于布线系统的 D、E、F 级,布线系统信道、永久链路的最小 ACR 值应符合表 3-5 的规定。

表 3-5　布线系统信道、永久链路的最小衰减串音比

频率/MHz	信道最小衰减串音比/dB			永久链路最小衰减串音比/dB		
	D 级	E 级	F 级	D 级	E 级	F 级
1	56.0	61.0	61.0	56.0	61.0	61.0
16	34.5	44.9	56.9	37.5	47.5	58.1
100	6.1	18.2	42.1	11.9	23.3	47.3
250		−2.8	23.1		4.7	31.6
600			−3.4			8.1

(4) 等电平远端串音(Equal Level Far End Cross Talk,ELFEXT)

远端串音是从信号发出的另一端(远端)测得的串音值。等电平远端串音是指某线对的

远端串音损耗与该信道/链路的信号插入损耗之差，如图 3-11 所示。也称为远端 ACR。计算公式为

$$ELFEXT = FEXT - IL$$

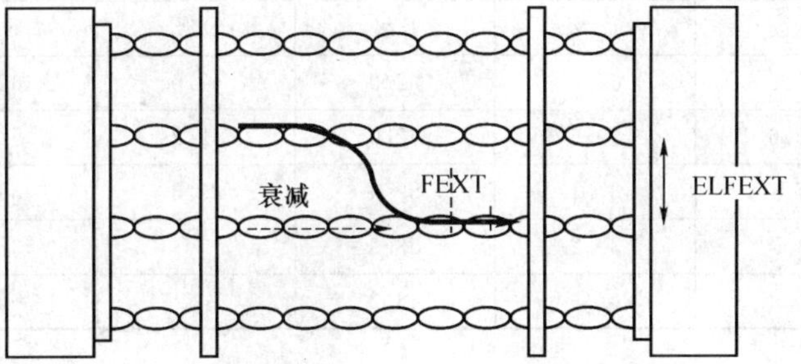

图 3-11　等电平远端串音

布线系统信道和永久链路的线对之间的最小等电平远端串音(ELFEXT)值应符合表 3-6 的规定。

表 3-6　布线系统信道、永久链路的最小等电平远端串音值

频率/MHz	信道最小等电平远端串音/dB			永久链路最小等电平远端串音/dB		
	D 级	E 级	F 级	D 级	E 级	F 级
1	57.4	63.3	65.0	58.6	64.2	65.0
16	33.3	39.2	57.5	34.5	40.1	59.3
100	17.4	23.3	44.4	18.6	24.2	46.0
250		15.3	37.8		16.2	39.2
600			31.3			32.6

(5) 近端串音功率和(Power Sum NEXT，PSNEXT)

近端串音是指一对发送信号的线对对被测线对在近端产生的信号耦合，实际上，在 4 对对绞电缆中，若其他 3 个线对都发送信号的话，这 3 个线对都会对被测线对产生串音。因此在 4 对对绞电缆中，3 个发送信号的线对向另一相邻线对所产生的总近端串音就称之为近端串音功率和，如图 3-12 所示。

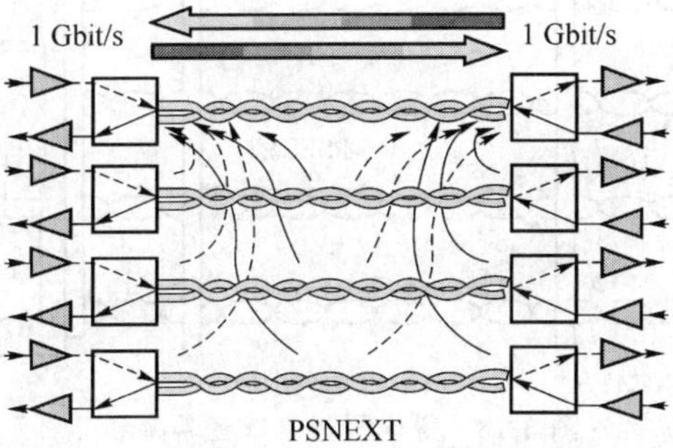

图 3-12　近端串音功率和

近端串音功率和(PSNEXT)只应用于布线系统的 D、E、F 级，布线系统信道、永久链路

的最小 PSNEXT 值应符合表 3-7 的规定。

表 3-7 布线系统信道、永久链路的最小近端串音功率和值

频率/MHz	信道最小近端串音功率和/dB			永久链路最小近端串音功率和/dB		
	D 级	E 级	F 级	D 级	E 级	F 级
1	57.0	62.0	62.0	57.0	62.0	62.0
16	40.6	50.6	62.0	42.2	52.2	62.0
100	27.1	37.1	59.9	29.3	39.3	62.0
250		30.2	53.9		32.7	57.4
600			48.2			51.7

(6) 衰减串音比功率和(PSACR)

衰减串音比功率和为近端串音功率和与插入损耗值之间的差值。布线系统信道、永久链路的衰减串音比功率和(PSACR)值应符合表 3-8 的规定。

表 3-8 布线系统信道、永久链路的最小 PSACR 值

频率/MHz	信道最小衰减串音比功率和/dB			永久链路最小衰减串音比功率和/dB		
	D 级	E 级	F 级	D 级	E 级	F 级
1	53.0	58.0	58.0	53.0	58.0	58.0
16	31.5	42.3	53.9	34.5	45.1	55.1
100	3.1	15.4	39.1	8.9	20.8	44.3
250		−5.8	20.1		2.0	28.6
600			−6.4			5.1

(7) 等电平远端串音功率和(PSELFEXT)

和近端串音功率和一样,等电平远端串音功率和是几个同时传输信号的线对在相邻线对上形成的等电平远端串音的总和。如图 3-13 所示,就 4 对 UTP 电缆而言,它组合了其他 3 个线对对另一对线的等电平远端串音值。

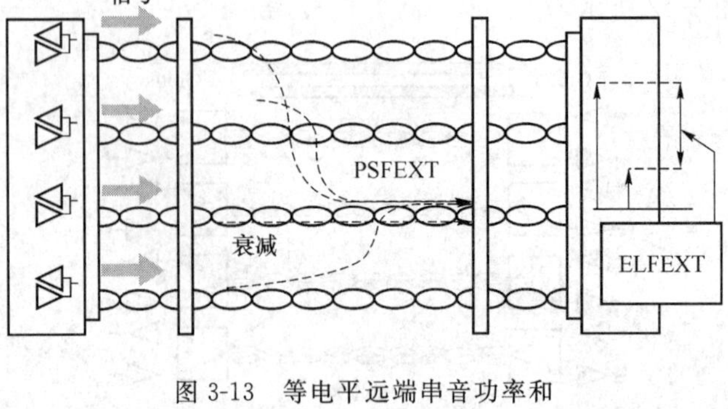

图 3-13 等电平远端串音功率和

布线系统信道、永久链路的最小 PSELFEXT 值应符合表 3-9 的规定。

表 3-9　布线系统信道、永久链路的最小 PSELFEXT 值

频率/MHz	信道最小 PSELFEXT 值/dB			永久链路最小 PSELFEXT 值/dB		
	D 级	E 级	F 级	D 级	E 级	F 级
1	55.6	61.2	62.0	58.6	64.2	65.0
16	31.5	37.2	56.3	34.5	40.1	59.3
100	15.6	21.2	43.0	18.6	24.2	46.0
250		13.2	36.2		16.2	39.2
600			29.6			32.6

(8) 回波损耗(RL)

回波损耗是衡量信道阻抗一致性的参数。如果信道所用缆线和相关连接器件的阻抗不匹配，就会产生信号反射，如图 3-14 所示，被反射到发送端的一部分信号会形成干扰，导致信号失真，这就会降低综合布线系统的传输性能。回波损耗通常发生在接头和插座处，在高速全双工网络中此参数非常重要。

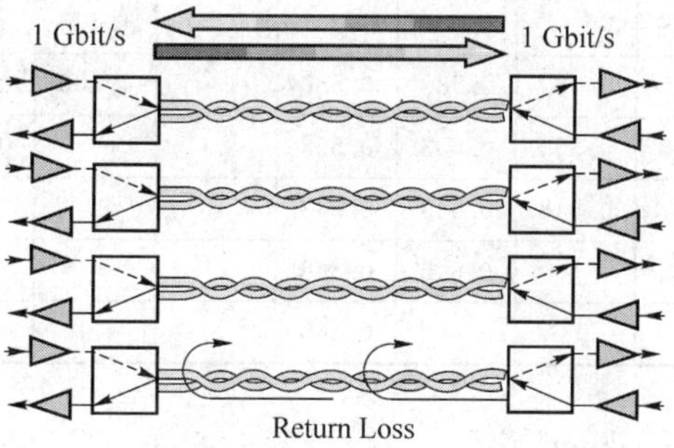

图 3-14　回波损耗

回波损耗只在布线系统中的 C、D、E、F 级采用，在布线链路的两端均应符合回波损耗值的要求，布线系统信道的最小回波损耗值应符合表 3-10 的规定。

表 3-10　布线系统信道、永久链路最小回波损耗值

频率/MHz	信道最小回波损耗/dB				永久链路最小回波损耗/dB			
	C 级	D 级	E 级	F 级	C 级	D 级	E 级	F 级
1	15.0	17.0	19.0	19.0	15.0	19.0	21.0	21.0
16	15.0	17.0	18.0	18.0	15.0	19.0	20.0	20.0
100		10.0	12.0	12.0		12.0	14.0	14.0
250			8.0	8.0			10.0	10.0
600				8.0				10.0

(9) 传播时延(Propagation Delay)

传播时延是指信号在电缆线对中从发送端传播到接收端所需要的时间。它是衡量信号传播快慢的物理量，单位是纳秒(ns)。传播时延随电缆长度的增加而增加。在 4 对 UTP 电缆中，由于各线对的长度不同，因此，各线对的传播时延会有差别。可能的情况如

图 3-15 所示。

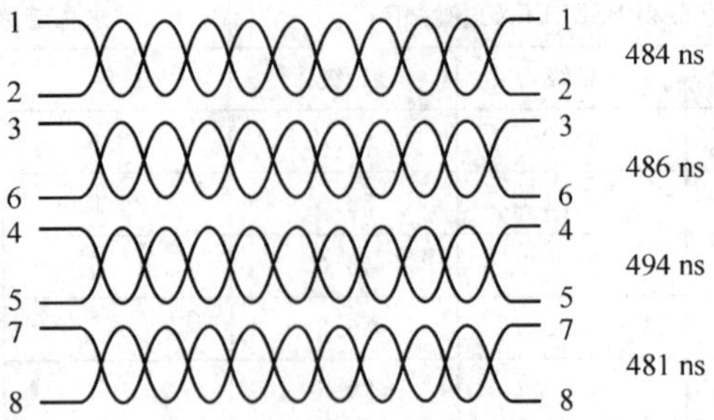

图 3-15　传输时延

布线系统信道、永久链路的最大传播时延应符合表 3-11 的规定。

表 3-11　布线系统信道、永久链路最大传播时延

频率/MHz	信道最大传播时延/μs						永久链路最大传播时延/μs					
	A 级	B 级	C 级	D 级	E 级	F 级	A 级	B 级	C 级	D 级	E 级	F 级
0.1	20.000	5.000					19.400	4.400				
1		5.000	0.580	0.580	0.580	0.580		4.400	0.521	0.521	0.521	0.521
16			0.553	0.553	0.553	0.553			0.496	0.496	0.496	0.496
100				0.548	0.548	0.548				0.491	0.491	0.491
250					0.546	0.546					0.490	0.490
600						0.545						0.489

(10) 时延偏差(Delay Skew)

时延偏差是指同一 UTP 电缆中,传播速度最快的线对和传播速度最慢的线对之间的传播时延之差。它以同一电缆中传播时延最小的线对的时延值作为参考,其余线对与参考线对都有时延差值。最大的时延差值就是电缆的时延偏差。布线系统信道、永久链路的最大传播时延偏差应符合表 3-12 的规定。

表 3-12　布线系统信道、永久链路的最大时延偏差

等级	频率/MHz	信道最大时延偏差/μs	永久链路最大时延偏差/μs
A	f=0.1		
B	0.1≤f≤1		
C	1≤f≤16	0.050	0.044
D	1≤f≤100	0.050	0.044
E	1≤f≤250	0.050	0.044
F	1≤f<600	0.030	0.026

(11) 直流环路电阻(DC.)

布线系统信道、永久链路的最大直流环路电阻(DC.)应符合表 3-13 的规定。

表 3-13　布线系统信道、永久链路最大直流环路电阻

信道最大直流环路电阻/Ω						永久链路最大直流环路电阻/Ω					
A 级	B 级	C 级	D 级	E 级	F 级	A 级	B 级	C 级	D 级	E 级	F 级
560	170	40	25	25	25	530	140	34	21	21	21

2. 光纤信道系统指标

(1) 信道衰减

各等级光纤信道的衰减值应符合表 3-14 的规定。

表 3-14　信道衰减值

信道	多模		单模	
	850 nm	1 300 nm	1 310 nm	1 550 nm
OF-300 衰减/dB	2.55	1.95	1.80	1.80
0F-500 衰减/dB	3.25	2.25	2.00	2.00
OF-2000 衰减/dB	8.50	4.50	3.50	3.50

(2) 最大光缆衰减

光缆标称的波长，每千米的最大衰减值应符合表 3-15 的规定。

表 3-15　最大光缆衰减值

项目	OM1、OM2 及 OM3 多模		0S1 单模	
波长/nm	850	1 300	1 310	1 550
衰减/$dB \cdot km^{-1}$	3.5	1.5	1.0	1.0

3.2　工作区设计

1. 设计概述

工作区由配线子系统的信息插座延伸到终端设备的连接电缆及适配器组成。工作区的终端设备可以是电话、计算机、电视机，也可以是检测仪表、测量传感器等。每个工作区的服务面积，应按不同的应用功能确定。

2. 连接硬件

应用系统的终端设备与配线子系统的信息插座之间连接的最简单方法是用接插软线(跳线)。如电话机、传真机可用两端带连接插头(RJ11/RJ45)的对绞电缆直接插到信息插座上。而有些终端设备由于插头、插座不匹配或者缆线阻抗不匹配，亦或信号类型不匹配，不能直接插到信息插座上，需要选择适当的适配器才能连接到信息插座上。

工作区适配器的选用宜符合下列规定。

① 设备的连接插座应与连接电缆的插头匹配，不同的插座与插头之间应加装适配器。

② 在连接使用信号的数模转换，光、电转换，数据传输速率转换等相应的装置时，采用

适配器。

③ 对于网络规程的兼容，采用协议转换适配器。

④ 各种不同的终端设备或适配器均安装在工作区的适当位置，并应考虑现场的电源与接地。

接插软线（跳线）既可以订购，也可以现场压接。对于数据通信来说，一个电缆信道需要两条跳线，一条用于从配线架到交换机的连接，一条用于从信息插座到计算机的连接。

现场压接跳线时，RJ45 头的需求量一般按下述方法计算：

$$m=n\times4+n\times4\times15\%$$

其中，m 表示 RJ45 的总需求量，n 表示数据信息点的总量，15%表示富余量。

3.3 配线子系统设计

3.3.1 设计概述

配线子系统由工作区用的信息插座、信息插座至楼层配线设备的配线电缆或光缆、楼层配线设备和跳线组成。进行配线子系统设计，一般需要按下列步骤进行。

第一步：进行信息插座设计，确定信息插座的类型、规格和数量。

第二步：进行配线路由设计，确定配线子系统路由和配线布线方法。

第三步：进行配线缆线设计，确定配线子系统缆线的类型和数量。

第四步：进行配线的支撑系统设计，确定配线管、槽及其支撑、固定部件的类型和数量。

第五步：进行楼层配线设备设计，确定楼层配线设备的类型、规格和数量。

第六步：列出全部材料清单。

3.3.2 信息插座设计

信息插座是工作区终端设备与配线子系统连接的接口，要根据工程提出的近期和远期终端设备的设置要求、用户性质、网络构成及实际需要，确定建筑物各层信息点的数量及其位置。每个工作区信息插座模块（电、光）的数量不宜少于 2 个，并满足各种业务的需求。一般新建的建筑物采用嵌入式信息插座，而已有的建筑物采用明装式信息插座或嵌入式信息插座。

1. 确定信息插座的类型和规格

确定信息插座的类型和规格时，应考虑以下因素。

(1) 工作区信息点为电端口时，应采用 8 位模块通用信息插座(RJ45)，以支持不同的终端设备接入。

(2) 工作区信息点为光端口时，宜采用 SFF 小型光纤连接器件及适配器。

(3) 底盒数量应以信息插座盒面板设置的开口数确定，每一个底盒支持安装的信息点数量不宜大于 2 个。

(4) 光纤插座模块安装的底盒大小应充分考虑到配线光缆（2 芯或 4 芯）终接处的光缆盘留空间，并满足光缆对弯曲半径的要求。

(5) 安装在地面上的信息插座应防水和抗压。

2. 确定信息插座的数量

(1) 8 位通用信息模块的数量与电端口信息点的数量相同。

(2) 信息插座面板的数量=8 位通用信息模块数÷信息插座面板的开口数。

(3) 信息插座底盒的数量=信息插座面板的数量。

(4) 光纤插座光纤适配器数=光端口数=光纤信息点数×2(因每个光纤信息点需配 2 芯光纤)。

(5) 光纤插座面板数=光纤插座光纤适配器数÷光纤插座面板的光口数。

(6) 光纤插座底盒数=光纤插座面板数。

3.3.3　配线路由设计

配线子系统的范围比较分散,遍及整栋智能建筑的每一个楼层、每一个房间。设计配线子系统路由,通常要根据建筑图纸,并由用户、设计人员到现场实地勘查,按照建筑物的结构、用途来确定配线子系统缆线路由方案。安装在墙面或柱子上的信息插座底盒、多用户信息插座盒及集合点配线箱体的底部离地面的高度宜为 300 mm。配线布线可以在天花板(或吊顶)内、地板(楼板)下或旧建筑物墙面上、地板上进行。下面分别讨论。

1. 在天花板内

在天花板(或吊顶)内布线,主要采用槽道和管道相结合的布线方法,槽道安装在吊顶内或悬挂在天花板上,管道暗敷在墙壁内或墙柱中。如图 3-16 所示,在天花板内,槽道利用悬吊件挂放,以减轻吊顶负荷,配线缆线从电信间经主槽道和分支槽道到达各个房间,再经过房间内的暗敷管道至安装在墙壁或墙柱上的信息插座,并终结于此处的信息插座上。这种布线法通常用在大型建筑物或布线系统非常复杂而需要有额外支撑物的场合。

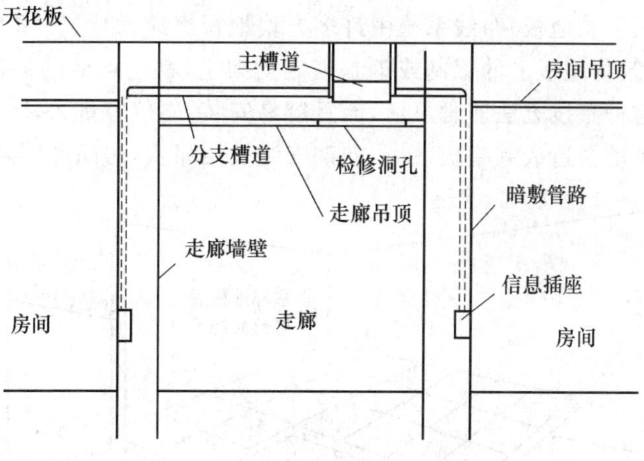

图 3-16　吊顶内线槽方式

吊顶内线槽的路由通常是走廊等公共部位的吊顶。该方式的布线施工只要赶在走廊吊顶之前即可,不仅减少布线工时,还有利于已穿缆线的保护,也不影响房内装修,且因走廊一般处于建筑物的中间位置,布线的平均距离最短,还能节约缆线费用,提高综合布线系统的整体性能(线越短传输的品质越高)。但要尽量避免线槽进入房间,否则不仅费线,而且影响房间装修，不利于日后的维护。

2. 在地板下

在地板下布线，可以使用地板下槽道布线法、高架地板布线法和地板下管道布线法等。

(1) 地板下槽道布线法

地板下槽道布线系统由一系列PVC线槽或桥架组成，如图3-17所示。这是一种安全的布线方法，其优点在于：对电缆提供很好的机械保护，减少电气干扰，提高安全性、隐蔽性，保持地板外观完好，减少安全风险。其缺点有：费用高、结构复杂、增加地板重量等。

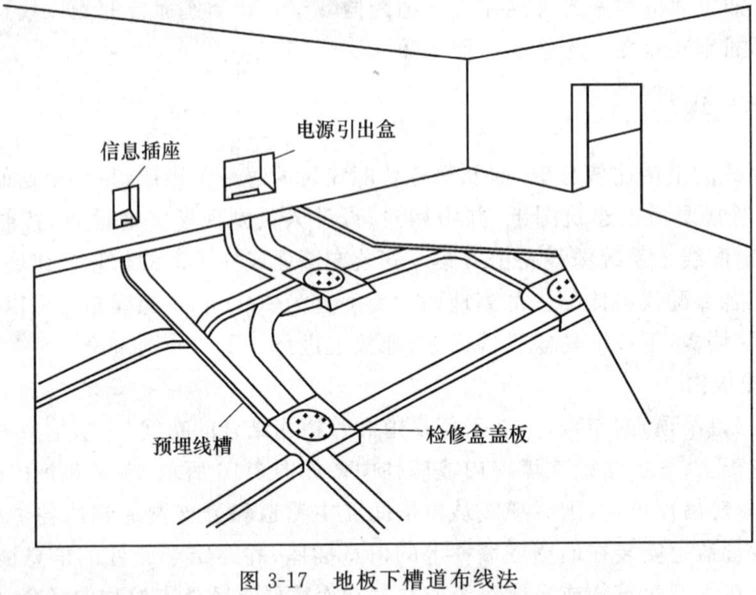

图3-17 地板下槽道布线法

(2) 高架地板布线法

高架地板(也叫活动地板)布线系统由许多方块地板组成，如图3-18所示。这些活动地板搁置于固定在建筑物地板上的铝制或钢制锁定支架上，都是可活动的，以便维护、检修或敷设、拆除缆线。这种布线方法非常灵活，而且容易安装，不仅容量大，防火也方便。其缺点是：在活动地板上走动会造成共鸣板效应，初期安装费用昂贵，房间高度降低等。

图3-18 高架地板布线法

(3) 地板下管道布线法

地板下管道布线系统由一系列密封在混凝土里的 PVC 管道或金属管道组成，如图 3-19所示。这些管道从电信间向信息插座的位置辐射。该布线系统适用于有相对稳定位置的建筑物，如百货公司、银行和小型医院。其主要优点是初期安装费用低，缺点是灵活性很差。

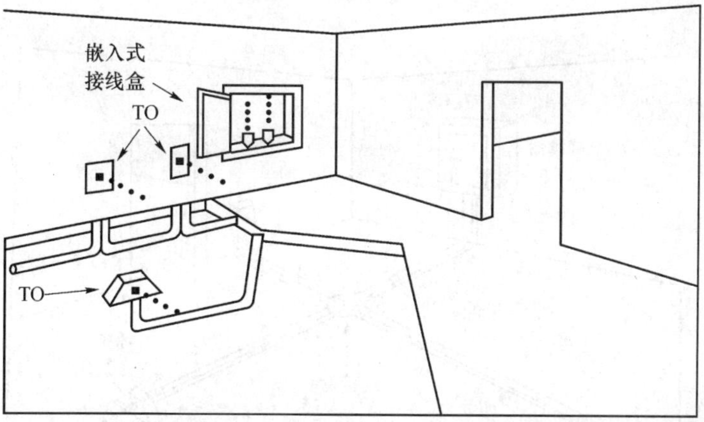

图 3-19 地板下管道布线法

3. 在旧(或翻新)的建筑物墙面上

对于旧建筑物，为了不损坏其结构，不影响其美观，常采用护壁板电缆槽道布线法。

护壁板电缆槽道布线系统是由沿建筑物墙壁表面敷设的 PVC 线槽及其配套连接件组成，如图 3-20 所示。这种布线结构有利于布放电缆，通常用于墙上装有较多信息插座的小楼层区。电缆槽道的前面盖板是活动的，可以移走。插座可以安装在沿槽道的任何位置上。如果电力电缆和通信电缆同槽敷设，电力电缆和通信电缆须用接地的金属隔板隔开。

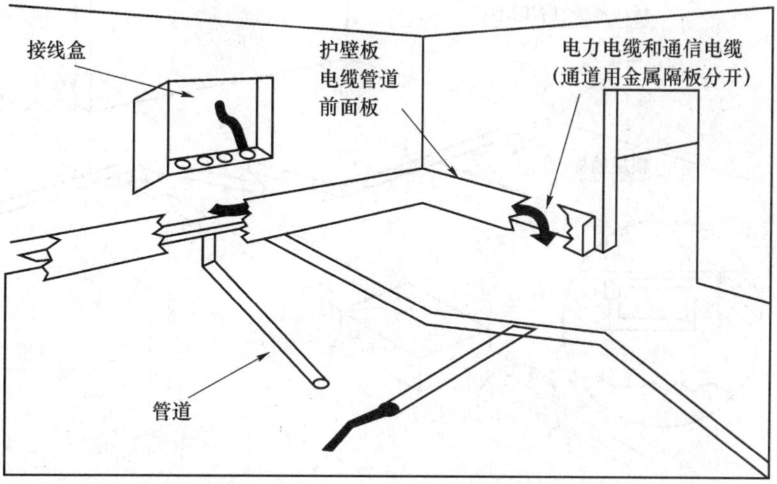

图 3-20 护壁板电缆槽道布线法

4. 在旧(或翻新)的建筑物地板上

在旧或翻新的建筑物地板上,常采用地板导管布线法。

地板导管布线系统如图 3-21 所示,将金属或 PVC 导管沿地板表面敷设。电缆被装在导管内,导管又固定在地板上,而盖板紧固在导管基座上。地板导管布线法具有快速和容易安装的优点,适用于通行量不大的区域(如各个办公室)。一般不要在过道或主楼层区使用这种布线方法。

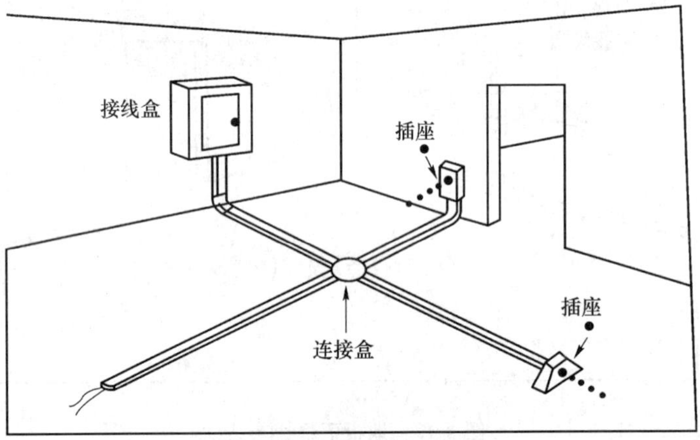

图 3-21　地板导管布线法

对于建筑结构较好,楼层净空较高的建筑物,可考虑在新增吊顶内敷设缆线,有困难时,也可以采用地面线槽布线法,如图 3-22 所示,在原有地板表面加铺不小于 7 cm 厚的垫层,将线槽铺放在垫层中,由于垫层厚度较小,不会减少太多的净空高度,对生活和工作影响不大。

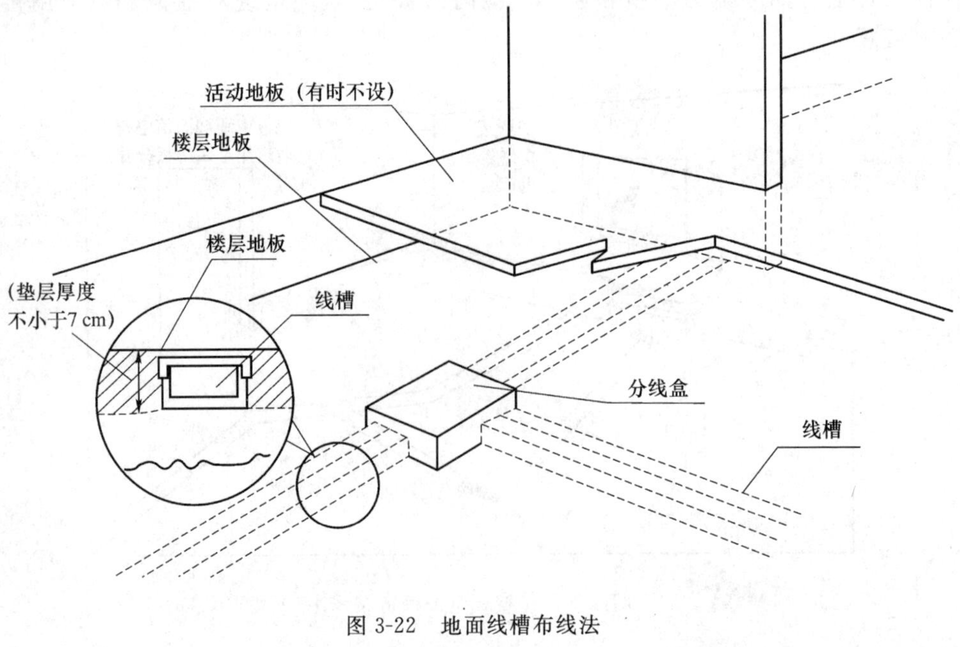

图 3-22　地面线槽布线法

5. 开放型办公室布线系统

对于办公楼、综合楼等商用建筑物或公共区域大开间(指由办公用具或可移动的隔断代替建筑墙面构成的分隔式办公环境)等场地,由于其使用对象数量的不确定性和流动性等因素,宜按开放办公室综合布线系统要求进行设计,为此,可以采用多用户信息插座方案和集合点方案。

(1) 多用户信息插座方案

多用户信息插座方案是将多个信息插座组合在一起,安装在吊顶墙体或柱子等建筑物固定位置上,然后用接插软线沿隔断、墙壁或墙柱而下,接到终端设备上。如图 3-23 所示。这种布线方案主要针对重组非常频繁的开放型办公环境而设。

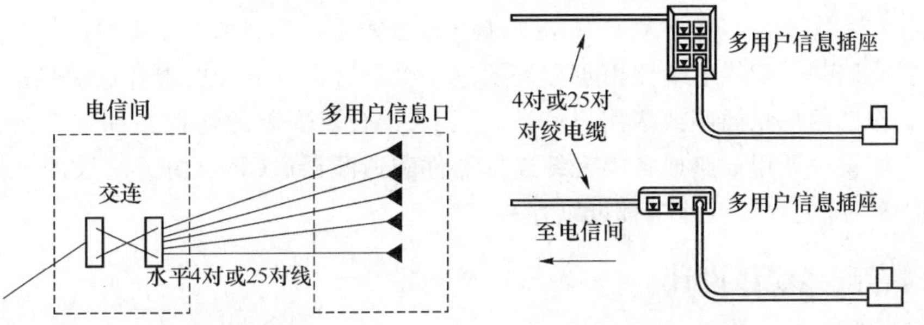

(a) 多用户信息插座连接原理图　　(b) 多用户信息插座直接连接工作区终端

图 3-23　多用户信息插座方案

每一个多用户信息插座包括适当的备用量在内,宜能支持 12 个工作区所需的 8 位模块通用插座;各段缆线长度可按表 3-16 选用,也可按下式计算:

$$C=(102-H)/1.2$$

$$W=C-5$$

式中:$C=W+D$ 为工作区电缆、电信间跳线和设备电缆的长度之和;D 为电信间跳线和设备电缆的总长度;W 为工作区电缆的最大长度,且 $W\leqslant 22$ m;H 为水平电缆的长度。

表 3-16　各段缆线长度限值

电缆总长度/m	水平布线电缆 H/m	工作区电缆 W/m	电信间跳线和设备电缆 D/m
100	90	5	5
99	85	9	5
98	80	13	5
97	25	17	5
97	70	22	5

注:计算公式 $C=(102-H)/1.2$ 是针对 24 号线规(24AWG)的非屏蔽和屏蔽布线而言,如应用于 26 号线规(26AWG)的屏蔽布线系统,公式应为 $C=(102-H)/1.5$。

(2) 集合点方案

集合点是配线布线中的一个互连点,它将配线电缆延长至单独的工作区。在集合点和信息插座之间敷设很短的配线电缆,服务于专用区域。集合点方案如图 3-24 所示。这种布线方案主要针对那些需要偶尔进行重组的办公场合。

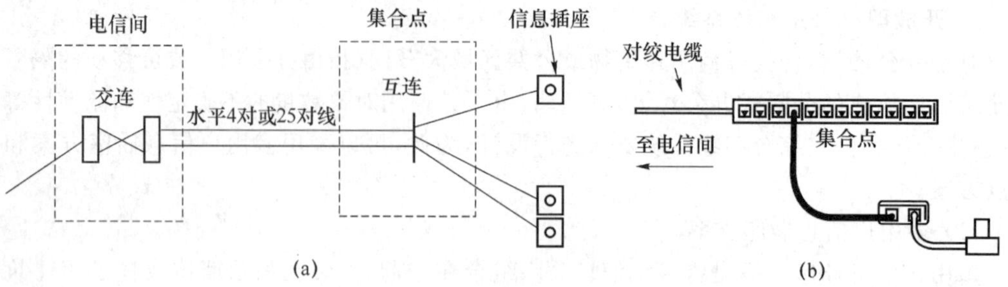

图 3-24 集合点方案

采用集合点时，集合点应安装在吊顶墙体或柱子等建筑物固定位置上，集合点配线设备与 FD 之间水平缆线的长度应大于 15 m。集合点配线设备容量宜以满足 12 个工作区信息点需求设置。同一个配线电缆路由不允许超过一个集合点(CP)；从集合点引出的 CP 缆线应终接于工作区的信息插座或多用户信息插座上；集合点安装的连接器件应选用卡接式配线模块或 8 位模块通用插座或各类光纤连接器件和适配器。CP 点由无跳线的连接器件组成，在电缆与光缆的永久链路中都可以存在。

3.3.4 配线缆线设计

1. 确定配线缆线的类型

选择配线子系统的缆线，要根据建筑物内具体信息点的类型、容量、带宽和传输速率来确定。在配线子系统中推荐语音采用超 5 类、6 类 4 对对绞电缆；数据采用超 5 类、6 类、7 类 4 对对绞电缆或光缆，推荐采用的室内光缆型号为：62.5/125 μm、50/125 μm 多模光缆和 8.3/125 μm 单模光缆。

配线应留有扩展余地。从电信间至每一个工作区的水平光缆宜按 2 芯光缆配置。当光纤至工作区域满足用户群或大客户使用时，光纤芯数至少应有 2 芯备份，按 4 芯水平光缆配置。

在配线布线中，配线电缆的最大长度为 90 m，如图 3-25(a)所示。在该模型中没有画出可能的集合点，根据实际需要，可以在楼层配线架(FD)与信息插座之间设置一个集合点。

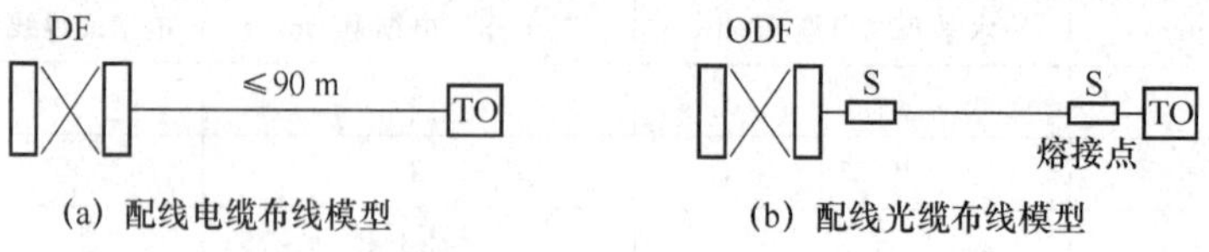

图 3-25 配线布线模型

配线光缆布线模型如图 3-25(b)所示，在该模型中链路的每端各有一个熔接点和一个连接点。

2. 计算配线电缆用量

(1) 确定平均电缆长度

按可能采用的电缆路由计算平均电缆长度：

$$L=(F+N)/2\times1.1+6$$

式中，F 为最远的信息插座离楼层配线架的路由长度；N 为最近的信息插座离楼层配线架的路由长度。6 m 为终接容差。L 单位为米。

(2) 计算总电缆用量

$$配线电缆总量:W=L\times n$$

(3) 订购电缆

4 对对绞电缆一般以箱为单位成箱订购，每箱电缆的长度通常是 305 m。

每箱可用电缆数＝每箱电缆长度÷平均电缆长度

须订购的电缆箱数＝信息点总数÷每箱可用电缆数

例 3-1 已知某综合布线系统共有电端口信息点 140 个，平均电缆长度为 24 m，试计算需订购的电缆数量(箱数)。

解 每箱可用电缆数＝305÷24＝12.7 (只能取整数 12)

须订购的电缆箱数＝140÷12＝11.7 (应订 12 箱)

3.3.5 支撑系统设计

配线子系统缆线宜穿管或沿桥架敷设。敷设暗管宜采用钢管或阻燃硬质 PVC 管。

1. 配线管、槽规格的确定

综合布线系统的配线子系统的缆线类型包括大对数屏蔽与非屏蔽电缆(25 对、50 对、100 对)，4 对对绞屏蔽与非屏蔽电缆(5e 类、6 类、7 类)及光缆(2～24 芯)等。尤其是 6 类与屏蔽缆线因构成的方式较复杂，众多缆线的直径与硬度有较大的差异，在设计管线时应引起足够的重视。为了选择到合适大小的管槽，可以采用管径利用率和截面利用率的公式加以计算。

$$管径利用率=d/D$$

式中：d 为缆线总外径；D 为管道内径。

$$截面利用率=A_1/A$$

式中：A_1 为穿在管内的缆线总截面积，它等于每根缆线的截面积乘以缆线根数；A 为管子的内截面积。

为了保证水平电缆的传输性能及成束缆线在电缆线槽中或弯角处布放时不会产生溢出的现象，管槽大小的选择应符合下列要求：

(1) 管内穿大对数电缆或 4 芯以上光缆时，直线管道的管径利用率应为 50%～60%，弯管道的管径利用率应为 40%～50%；

(2) 暗管布放 4 对对绞电缆或 4 芯以下光缆时，管道的截面利用率应为 25%～30%；

线槽的截面利用率应为 30%～50%。

常用管槽容纳的缆线数见表 3-17。

表 3-17　管槽容纳缆线速查表

铁管容纳缆线数量						
规格	3 类 4 对	超 5 类 4 对				
G15	2	2				
G20	4	3				
G25	6	6				
G32	11	10				
线槽容纳缆线数量						
线槽规格	3 类 4 对	超 5 类 4 对	3 类 25 对	3 类 50 对	3 类 100 对	超 5 类 25 对
25×25	8	7	1	0	0	0
25×50	17	15	3	1	0	2
75×25	27	24	5	3	1	3
50×50	36	32	7	4	2	5
50×100	74	66	16	10	5	12
100×100	150	134	33	22	11	25
75×150	169	151	38	25	13	28
100×200	301	269	68	45	23	52
150×150	339	303	77	51	27	58

2. 确定配线管、槽的数量

可以参照配线电缆长度的计算方法，来确定配线管、槽的数量。

3. 确定配线管、槽支撑部件的型号和数量

线管的固定部件主要有管卡，线槽的支撑部件主要有吊杆和拖臂等。

3.3.6　楼层配线设备设计

在电信间里，需要通过配线设备把计算机网络设备和语音干线连接到永久安装的水平缆线上。根据配线子系统缆线类型的不同，综合布线系统的配线设备有电缆配线设备和光缆配线设备两种。进行楼层配线设备的设计，应遵循以下原则。

(1) 连接至电信间的每一根水平电缆/光缆应终接于相应的配线模块，配线模块与缆线容量要相适应。具体来说，1 根 4 对对绞电缆应全部固定终接在 1 个 8 位模块通用插座上。不允许将 1 根 4 对对绞电缆终接在 2 个或 2 个以上 8 位模块通用插座上。配线模块可按以下原则选择。

① 多线对端子配线模块可以选用 4 对或 5 对卡接模块，每个卡接模块应卡接 1 根 4 对对绞电缆。一般 100 对卡接端子容量的模块可卡接 24 根(采用 4 对卡接模块)或卡接 20 根(采用 5 对卡接模块)4 对对绞电缆。

② 25 对端子配线模块可卡接 1 根 25 对大对数电缆或 6 根 4 对对绞电缆。

③ 回线式配线模块(8 回线或 10 回线)可卡接 2 根 4 对对绞电缆或 8/10 回线。布线中使用的回线式配线模块的卡接端子可以为连通型或断开型。一般在 CP 处选用连通型，在需要加装过压过流保护器时采用断开型。

④ 光纤连接器件每个单工端口应支持1芯光纤的连接，双工端口则支持2芯光纤的连接。

(2) 电信间FD与电话交换配线及计算机网络设备之间的连接方式应符合下列要求。

① 电话交换配线的连接方式如图3-26所示。

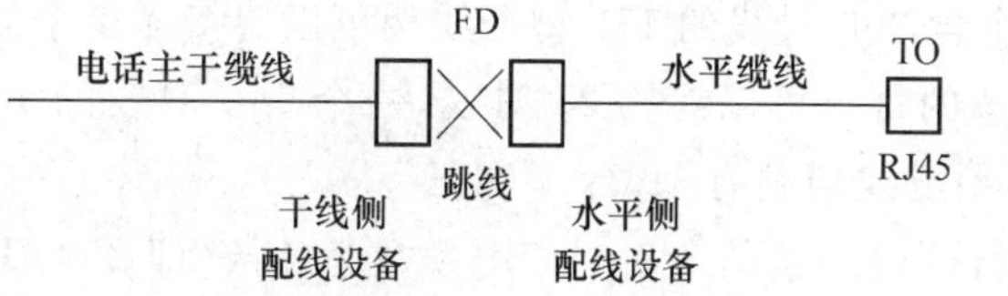

图3-26 电话系统连接方式

② 计算机网络设备的连接方式如图3-27所示。

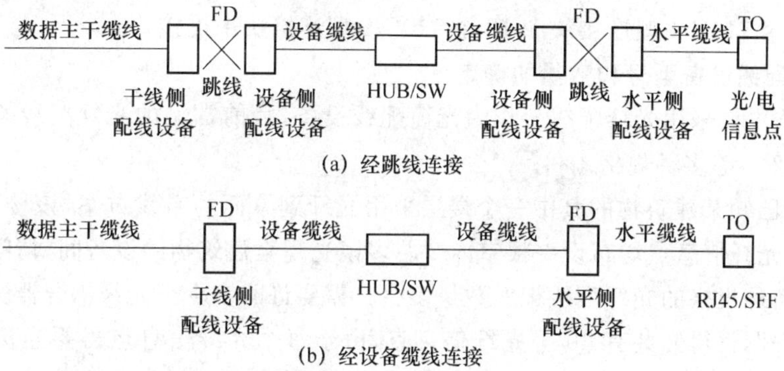

图3-27 数据系统连接方式

(3) 电信间FD主干侧各类配线模块应按电话交换机、计算机网络的构成及主干电缆/光缆的所需容量要求及模块类型和规格的选用进行配置。

(4) 电信间FD采用的设备缆线和各类跳线宜按计算机网络设备的使用端口容量和电话交换机的实装容量、业务的实际需求或信息点总数的比例进行配置，比例范围为25％～50％。

(5) 为保证传输质量，配线设备连接的跳线宜选用产业化制造的电、光各类跳线，在电话应用时宜选用双芯对绞电缆。

(6) FD、BD、CD配线设备应采用8位模块通用插座或卡接式配线模块(多对、25对及回线型卡接模块)和光纤连接器件及光纤适配器(单工或双工的ST、SC或SFF光纤连接器件及适配器)。

1. 模块化配线架型号和数量的确定

在电信间中，数据点的缆线一般是通过模块化配线架进行管理的，模块化配线架有12口、24口、48口等规格，应根据数据信息点的多少进行配备。

例3-2 已知某幢建筑物的某楼层的计算机网络信息点数为100个，且全部汇接到电信间，那么在电信间中应安装何种规格的模块化配线架？数量多少？

解 根据题目得知汇接到电信间的总信息点为100个，因此电信间的模块化配线架应提供不少于100个RJ45接口。如果选用24口的模块化配线架，则电信间终接配线电缆需要的配线架个数应为5个(100/24=4.2,向上取整应为5个)。

2. 语音配线架型号和数量的确定

在电信间中,语音点的缆线一般是通过110型配线架进行管理的。110型配线架需要使用4和5对线的连接块。

例3-3 计算一个含300对线的110型配线架可以终接多少个4对对绞电缆?

解 110型配线架的每行可以终接25对线,一个100对线的110型配线架共有4行,一个300对线的110型配线架共有12行。

110型配线架每行可以终接的4对对绞电缆数为6条(即25/4取整)。

需要5个110C-4型连接块和1个110C-5型连接块来连接。

因此,一个300对线的110型配线架一共有可以终接的4对对绞电缆数为12×6=72条。

需要60个110C-4型连接块和12个110C-5型连接块来连接。

3. 光缆配线设备型号和数量的确定

光缆布线主要采用光纤配线架作为光缆配线设备,目前常见的光纤配线架有12口、24口、48口和72口等多种规格。

例3-4 已知某建筑物的其中一个楼层采用光纤到桌面的布线方案,该楼层共有40个光纤点,每个光纤信息点均布设一根室内2芯多模光缆至建筑物的设备间,请问设备间的机柜内应选用何种规格的光纤配线架?数量多少?需要订购多少个光纤耦合器?

解 根据题目得知共有40个光纤信息点,由于每个光纤信息点需要连接一根双芯光缆,因此设备间配备的光纤配线架应提供不少于80个光端口,考虑网络以后的扩展,可以选用3个24口的光纤配线架和1个12口的光纤配线架。光纤配线架配备的耦合器数量与需要连接的光纤芯数相等,即为80个。

3.4 干线子系统设计

3.4.1 设计概述

干线子系统提供建筑物主干的缆线路由,负责把各个电信间连接到设备间。干线子系统所需要的电缆总对数和光纤总芯数,应满足工程的实际需求,并留有适当的备份容量。主干缆线宜设置电缆与光缆,并互相作为备份路由。

干线子系统设计步骤如下。

第一步:进行干线子系统路由设计,确定干线路由和布线方法。

第二步:进行干线子系统缆线设计,确定每层楼的干线缆线类别和容量以及干线侧电信间、设备间配线设备的类型、规格和数量。

第三步:进行干线子系统的支撑系统设计,确定干线支撑、固定部件的类型和数量。

第四步:确定干线接合方法。

第五步:列出全部材料清单。

3.4.2　干线路由和布线方法

1. 干线路由

在大型建筑物内，都有开放型通道和封闭型通道（如：楼梯间、弱电间）。开放型通道通常是从建筑物的最低层到楼顶的一个开放空间，中间没有任何楼板隔开，如通风道、电梯通道等。弱电间是一连串上下对齐的小房间，每层楼都有一间。干线缆线路由应选择较短的安全的路由。

确定整座建筑物的干线通道和电信间的数目，主要依据所需服务的楼层空间分布来考虑。如果在给定楼层，所需服务的所有终端设备都在电信间的 75 m 范围之内，则采用单干线通道即可。凡不符合这一要求的，则要采用双干线通道，或者采用经分支电缆与电信间相连接的二级电信间。在同一层的若干电信间之间宜设置干线路由。

2. 干线布线方法

干线垂直通道穿过楼板时宜采用电缆竖井方式。也可以采用电缆孔、管道和桥架方式，电缆竖井的位置应上、下对齐。

（1）电缆竖井和电缆孔方式

干线通道中所用的电缆孔是很短的管道，如图 3-28 所示。通常用一根或数根外径 63～102 mm 的刚性金属管制成。在浇注混凝土地板时，将它们嵌入其中，金属管高出地面 25～50 mm。也可以直接在地板中预留一个大小适当的孔洞。电缆往往捆在钢绳上，而钢绳又固定到墙上已铆好的金属条上。

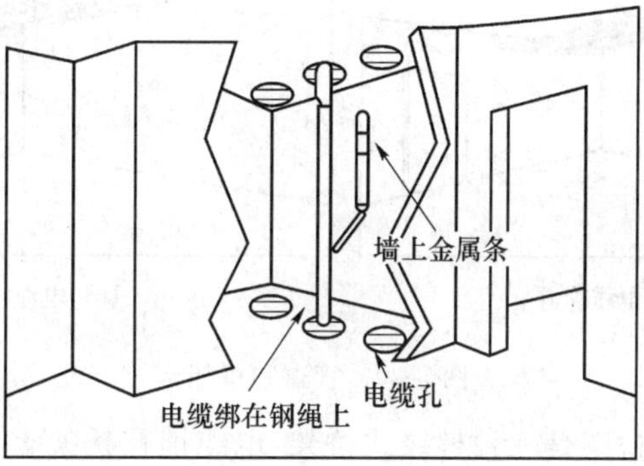

图 3-28　电缆孔

电缆竖井是指在每层楼楼板上开出的一些方孔，使电缆可以穿过它，从一个楼层伸到另一个楼层，如图 3-29 所示。电缆竖井的大小依据所穿缆线的数目而定，一般不小于 600 mm ×400 mm。与电缆孔方法一样，电缆也是捆在或箍在支撑用的钢绳上，钢绳靠墙上金属条或地板三角架固定住。电缆竖井比电缆孔灵活，可以让粗细不同的各种缆线以任何组合方式通过。

在电信间里，要将电缆孔或电缆竖井设置在靠近支持缆线的墙壁附近，但电缆孔或电缆竖井不应妨碍终接空间。

（2）管道和桥架

管道和桥架既可以安装在建筑物墙面上，供垂直干线缆线走线；也可以安装在吊顶内、天花板上，供水平干线缆线走线。在多层楼房中，经常需要使用干线电缆的横向通道才能将干线缆线从设备间连接到干线通道。

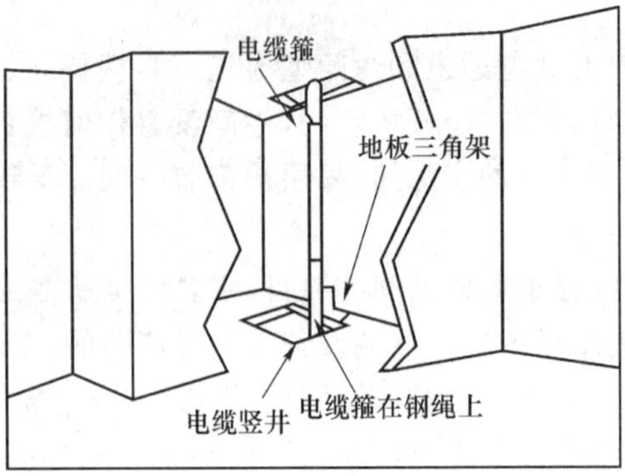

图 3-29 电缆竖井

如图 3-30(a)所示，在横向干线走线系统中，管道对电缆起机械保护作用。管道不仅有防火的优点，而且它提供的密封和坚固的空间使电缆可以安全地延伸到目的地。但是，管道很难重新布置，因而不太灵活，同时其造价较高。在建筑物设计阶段，必须进行周密的计划，以保证管道粗细合适。这种方法也适用于低矮而又宽阔的单层平面建筑物，如工矿企业的大型厂房、机场等。

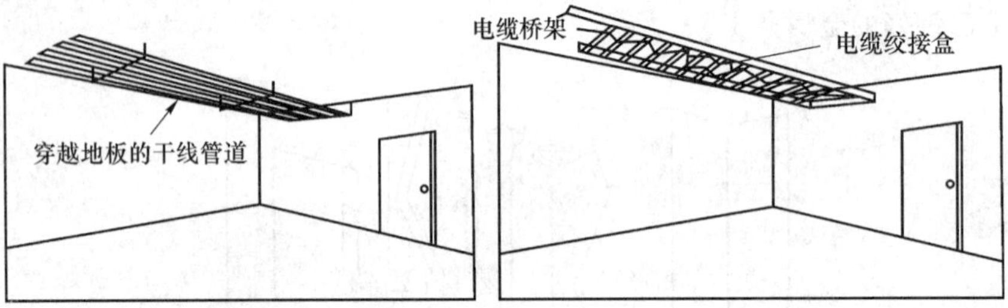

(a) 电缆管道 (b) 电缆桥架

图 3-30 管道和桥架

如图 3-30(b)所示的桥架是一种梯级式桥架，电缆铺在桥架上，由支撑件固定住。桥架方法最适合缆线数量很多的情况，待安装的缆线粗细和数量决定了桥架的尺寸。梯级式桥架非常便于安放缆线，没有缆线穿过管道的麻烦，但由于缆线外露，所以很难防火；从美观的角度看，一般不宜采用这种方法。

3.4.3 干线缆线设计

1. 确定每层楼的干线缆线类别

干线子系统可以使用的缆线主要有：100 ΩUTP 对绞电缆（大对数）、150 Ω 屏蔽对绞电缆、8.3/125 μm 单模光缆、62.5/125 μm 多模光缆。

如果电话交换机和计算机主机设置在建筑物内不同的设备间，宜采用不同的主干缆线来分别满足语音和数据的需要；对电话应用可采用 3 类大对数对绞电缆。

2. 确定每层楼的干线缆线容量

主干电缆和光缆所需的容量要求及配置应符合以下规定。

① 对语音业务,大对数主干电缆的对数应按每一个电话8位模块通用插座配置1对线,并在总需求线对的基础上至少预留约10%的备用线对。

② 对于数据业务应以集线器(HUB)或交换机(SW)群(按4个HUB或SW组成1群)或以每个HUB或SW设备设置1个主干端口配置。每1群网络设备或每4个网络设备宜考虑1个备份端口。主干端口为电端口时,应按4对线容量,为光端口时则按2芯光纤容量配置。

③ 当工作区至电信间的水平光缆延伸至设备间的光配线设备(BD/CD)时,主干光缆的容量应包括所延伸的水平光缆光纤的容量在内。

例如,建筑物的某一层共设置了200个信息点,计算机网络信息点与电话信息点各占50%,即各为100个。其配置如下。

(1) 电话部分

① FD水平侧配线模块按连接100根4对的水平电缆配置。

② 语音主干的总对数按水平电缆总对数的25%计,为100对线的需求;如考虑10%的备份线对,则语音主干电缆总对数需求量为110对。

③ FD干线侧配线模块可按卡接大对数主干电缆110对端子容量配置。

(2) 数据部分

① FD水平侧配线模块按连接100根4对的水平电缆配置。

② 数据主干缆线的配置可以参照下列方法进行。

a. 最少量配置:以每个交换机24个端口计,100个数据信息点需设置5个交换机;以每4个交换机为一群(96个端口),组成了2个交换机群;现以每个交换机群设置1个主干端口,并考虑1个备份端口的话,则2个交换机群需设4个主干端口。如果主干缆线采用对绞电缆,则每个主干端口需设4对线,因而线对的总需求量为16对;如果主干缆线采用光缆,且每个主干光端口按2芯光纤考虑,则所需光纤的芯数为8芯。

b. 最大量配置:同样以每个交换机24端口计,100个数据信息点需设置5个交换机;以每1个交换机(24个端口)设置1个主干端口,每4个交换机考虑1个备份端口的话,共需设置7个主干端口。如果主干缆线采用对绞电缆,则每个主干电端口需要4对线,因而线对的需求量为28对;如果主干缆线采用光缆,每个主干光端口按2芯光纤考虑,则光纤的需求量为14芯。

③ FD干线侧配线模块可根据主干电缆或主干光缆的总容量加以配置。

3.4.4 干线接合方法

干线子系统接合方法主要有点对点终接法和分支递减终接法。点对点终接是最简单、最直接的连接方法,即:干线子系统的每根电缆直接延伸到指定的电信间配线架。

1. 点对点终接法

点对点终接法如图3-31所示。首先要选择1根对绞电缆或光缆,其数量(电缆对数、光纤芯数)可以满足一个楼层的全部信息点的需要,而且这个楼层只需设一个电信间。然后从设备间引出这根缆线,经过干线通道,终接于该楼层的一个指定电信间内的连接硬件上。缆线到此为止，不再往别处延伸。

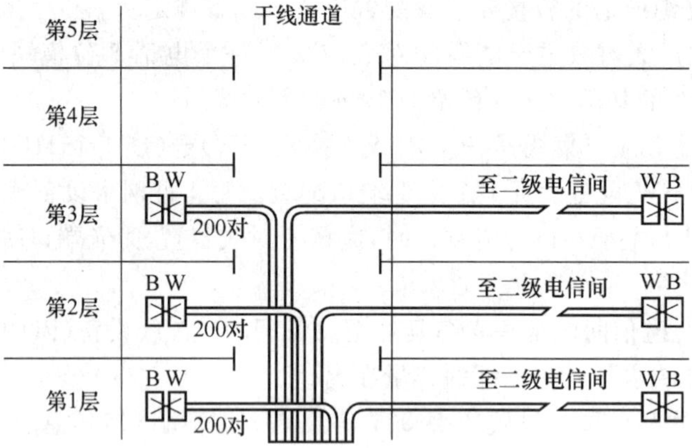

图 3-31　典型的点对点终接方法

在点对点终接方法中，各条干线缆线的长度各不相同(每根缆线的长度只要足以延伸到指定的电信间)，而且粗细也可能不同。在设计阶段，缆线的材料清单应反映出这一情况。此外，还要在施工图纸上详细说明哪根缆线接到哪一楼层的哪个电信间。

点对点终接方法的主要优点是可以在干线中采用较小、较轻、较灵活的缆线，不必使用昂贵的绞接盒。缺点是穿过设备间附近楼层的缆线数目较多。

2. 分支递减终接法

分支递减终接是指干线中的 1 根多对电缆或多芯光缆可以支持若干个电信间的通信，经过绞接盒后分出若干根小电缆或几芯光纤，它们再分别延伸到每个电信间，并终接于目的地的连接硬件上。

这种接合方法通常用于支持 5 个楼层的通信需要(以每 5 层为 1 组)。一根主干缆线向上延伸到中点(第 3 层)。安装人员在该楼层的电信间里装上一个绞接盒，然后用它把主干缆线与粗细合适的各根小缆线连接起来后再分别连往上两层楼和下两层楼。

典型的分支递减终接法如图 3-32 所示。

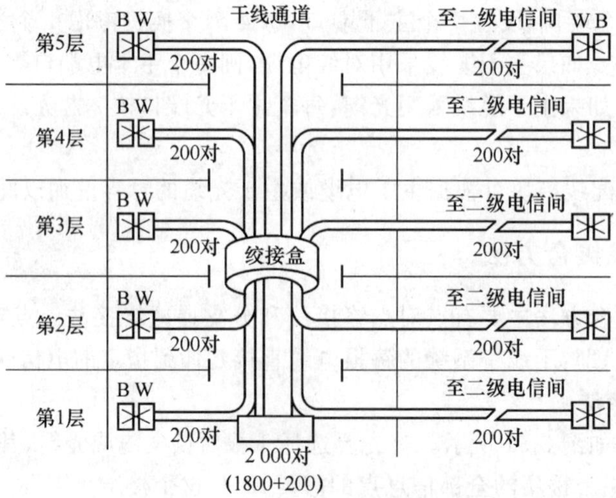

图 3-32　典型的分支递减终接方法

分支递减终接方法的优点是干线中的主干缆线总数较少，可以节省一些空间。在某些情况下，分支递减终接法的成本低于点对点终接方法。对一座建筑物来说，这两种接合方法中究竟哪一种最适宜，通常要根据缆线成本和所需的工程费用通盘来考虑。

3.5 建筑群子系统设计

1. 设计概述

建筑群子系统是为实现建筑物之间的相互连接，提供楼群之间相互通信的设施。由连接各建筑物之间的综合布线缆线、建筑群配线设备(CD)和跳线等组成。

CD宜安装在进线间或设备间，并可与入口设施或BD合用场地。CD配线设备内、外侧的容量应与建筑物内连接BD配线设备的建筑群主干缆线容量及建筑物外部引入的建筑物主干缆线容量相一致。

建筑群子系统的设计主要考虑布线路由选择、缆线选择、缆线布线方式等内容。建筑物之间的缆线宜采用地下管道或电缆沟的敷设方式，并应符合相关规范的规定。

建筑群干线电缆、光缆、公用网和专用网电缆、光缆进入建筑物时，都应设置引入设备，并在适当位置终接转换为室内电缆、光缆。引入设备还包括必要的保护装置以达到防雷击和接地的要求。引入设备宜单独设置房间，如条件合适也可以与BD和CD合设。引入设备的安装应符合相关规范的规定。

建筑群和建筑物的干线电缆、主干光缆布线的交接不应多于两次。即从楼层配线架(FD)到建筑群配线架(CD)之间只应通过一个建筑物配线架(BD)。

2. 设计步骤

(1) 了解敷设现场，确定建筑物的数量和整个建筑群大小；

(2) 确定建筑群缆线的入口位置；

(3) 确定各建筑物缆线的数量和终接位置；

(4) 确定主缆线路由和备用缆线路由；

(5) 确定缆线的类型和数量；

(6) 确定建筑群配线设备类型和数量；

(7) 画出最终的系统结构图；

(8) 画出挖沟详图，包括公用道路图和任何需要经审批才能动用的地区草图；

(9) 确定入口管道的规格、长度和类型；

(10) 列出建筑群子系统材料清单；

(11) 确定方案的材料(缆线和支持结构)成本；

(12) 确定方案的劳务量。

3. 建筑群子系统布线方法

建筑群子系统有架空、地埋和地下管道3种布线方法。

(1) 架空布线法

架空布线法通常只用于有现成电线杆、而且缆线的走线方式不是主要考虑因素的场合。

架空缆线通常穿入建筑物外墙上的 U 形钢保护套，然后向下（或向上）延伸，从电缆孔进入建筑物内部，如图 3-33 所示。建筑物到最近处的电线杆距离应小于 30 m。

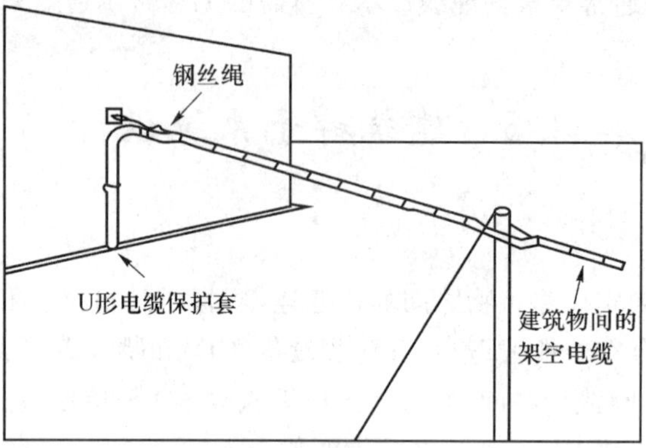

图 3-33　架空布线法

（2）地埋布线法

地埋布线法如图 3-34 所示，除了穿过基础墙的那部分缆线有导管保护外，缆线的其余部分都没有管道给予保护。基础墙的电缆孔应往外尽量延伸，达到不动土的地方，以免日后有人在墙边挖土时损坏缆线。直埋缆线通常应埋在距地面 0.6 m 以下的地方，或者按照有关的法规去做。如果在同一土沟里埋入了通信缆线和电力电缆，应设立明显的共用标志。

地埋布线法优于架空布线法，可以保持建筑物的外貌，但扩容或更换缆线时会破坏道路和建筑物的外貌，维护费较高。

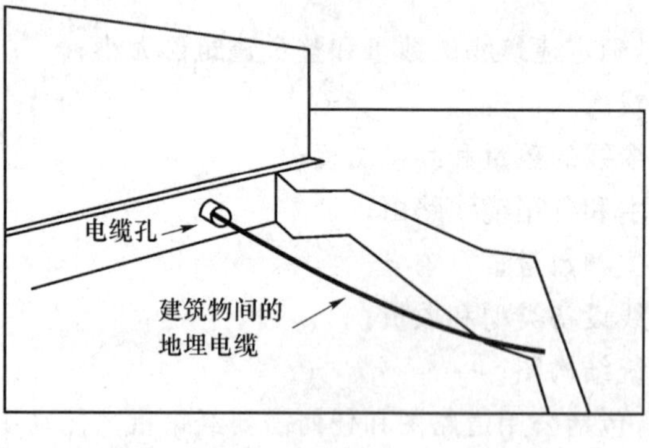

图 3-34　地埋布线法

（3）地下管道布线法

地下管道布线系统是由管道和手井组成的地下系统，它把建筑群中的各个建筑物进行互连。如图 3-35 所示的地下管道布线法给出了 1 根或多根管道通过基础墙进入建筑物内部的情况。由于管道是用耐腐蚀性的材料做成的，所以这种方法给缆线提供了最好的机械保护，使缆线受损而维修的机会减少到最低程度；它还能保持建筑物的原貌。

一般来说，埋设的管道起码要低于地面 0.6 m，或者应符合本地城管等部门有关法规规定的深度。安装时至少应埋设一个备用管道并放进 1 根拉线，供以后扩充之用。

在电源手井和通信手井合用的情况下(手井里有电力电缆),通信电缆切不要在手井里进行终接。通信管道和电力线管道之间的间距,要严格按照有关电气设计规范设计,最小间距为 0.3 m。如图 3-36 所示。

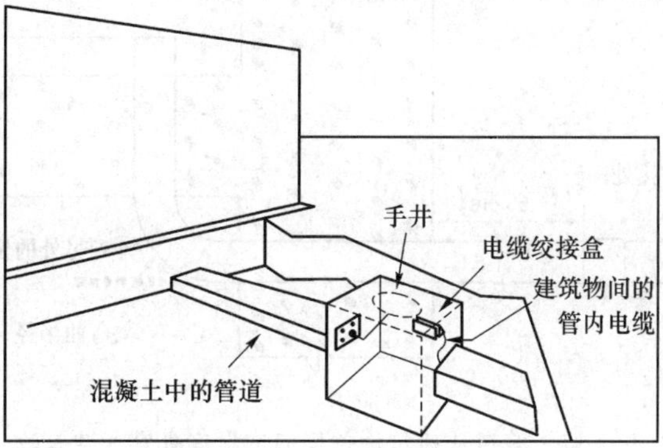

图 3-35　地下管道布线法

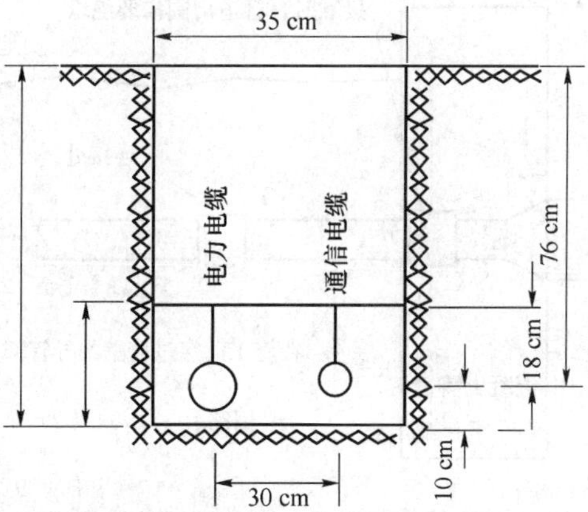

图 3-36　地沟断面图

设计时,要说明缆线管道和导管的规格及其设计参数,如弯曲半径、分线盒和建筑物终接要求。有关管道入口的常规做法是:

- 使用防腐材料;
- 在牵引点之间不应有两个 90°以上的弯管;
- 所有的弯管都是长弯道 L 形短管;
- 所有的端部要有较大口径,加上金属衬套和盖帽;
- 穿过地基墙的金属电缆孔必须延伸到未扰动地面,以防止出现应力;
- 不要把安放在私人住宅中的管道终接在电力电缆或电气装置使用的检修孔中。

管道从建筑物首层墙壁坡度处穿入建筑物的方法如图 3-37 所示。

当在分线盒内终接时,管道可加上金属衬套;当在建筑物内边墙终接时,管道有一个光滑喇叭状的结构,延伸到远程入口处。图 3-38 是管道与基础区的终接方法。

总之,以上讨论的 3 种布线方法既可以单独使用,也可以混合使用,视具体建筑群情况而定。在进行设计时,一定要采取灵活的思路,开阔的方法,既要考虑实用,又要考虑经济、美观，还要考虑维护方便。

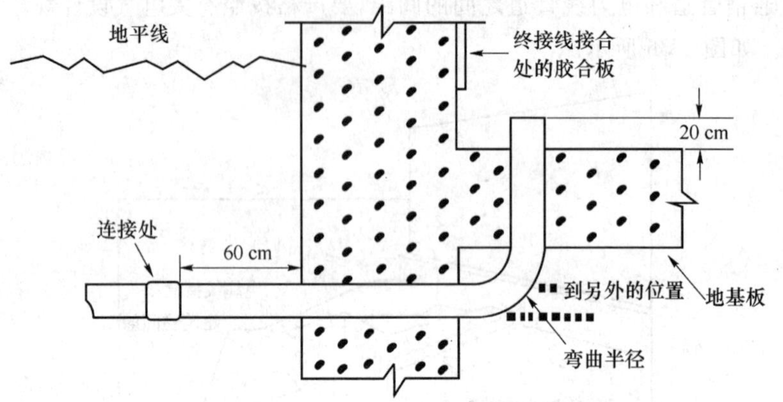

图 3-37　管道从建筑物首层墙壁坡度处穿入建筑物

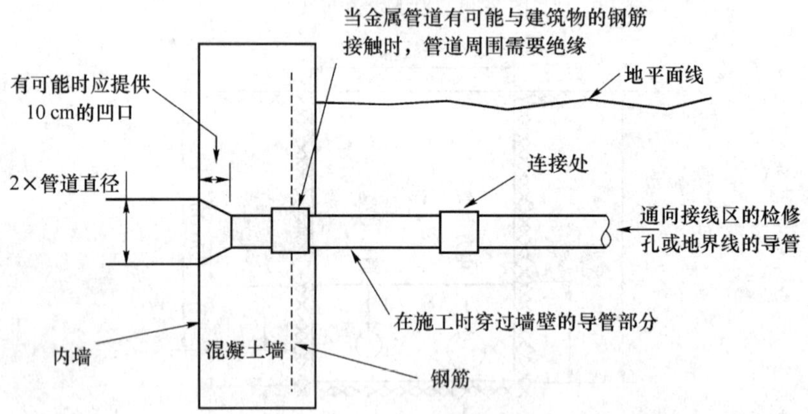

图 3-38　管道直通部分与基础区的终接方法

3.6　设备间设计

1. 设计概述

设备间是大楼的电话交换设备和计算机网络设备以及建筑物配线设备(BD)安装的地点，也是进行网络管理的场所。对综合布线工程设计而言，设备间主要安装总配线设备。当信息通信设施与配线设备分别设置时考虑到设备电缆有长度限制的要求，安装总配线架的设备间与安装电话交换机及计算机主机的设备间之间的距离不宜太远。

建筑物综合布线系统与外部配线网连接时，应遵循相应的接口标准要求。

2. 设备间的大小和位置

设备间的大小和位置应根据设备的数量、规模、网络构成等因素综合考虑确定。

首先，设备间内应有足够的设备安装空间，其使用面积不应小于 10 m^2，该面积不包括程控用户交换机、计算机网络设备等设施所需的面积在内。设备间梁下净高不应小于

2.5 m,采用外开双扇门,门宽不应小于 1.5 m。

一般来讲,一个 10 m^2 大小的设备间,大约能安装 5 个 19″的机柜。在机柜中安装电话大对数电缆多对卡接式模块(110 型配线架)、数据主干缆线配线设备模块,大约能支持总量为 6 000 个信息点所需(其中电话和数据信息点各占 50%)的建筑物配线设备安装空间。

此外,在选择设备间位置时,还要考虑以下因素。

(1) 设备间宜处于干线子系统的中间位置,并考虑主干缆线的传输距离与数量。

(2) 设备间宜尽可能靠近建筑物缆线竖井位置,有利于主干缆线的引入。

(3) 设备间的位置宜便于设备接地。

(4) 设备间应尽量远离高低压变配电、电机、X 射线、无线电发射等有干扰源存在的场地。

(5) 在地震区的区域内,设备安装应按规定进行抗震加固。

(6) 设备间的设备安装宜符合下列规定:

① 机架或机柜前面的净空不应小于 800 mm,后面的净空不应小于 600 mm;

②壁挂式配线设备底部离地面的高度不宜小于 300 mm。

3. 环境要求(装修要求)

设备间的环境设计应符合以下要求。

(1) 温度和湿度:设备间的室内温度应为 10～35 ℃,相对湿度应为 20%～80%,并应有良好的通风。

(2) 尘埃:设备间应防止有害气体(如氯、碳水化合物、硫化氢、氮氧化物、二氧化碳等)侵入,并应有良好的防尘措施,尘埃含量应符合表 3-18 的规定。

表 3-18　尘埃限值

尘埃颗粒的最大直径/μm	0.5	1	3	5
灰尘颗粒的最大浓度/粒子数 · m^{-3}	1.4×10^7	7×10^5	2.4×10^5	1.3×10^5

注:灰尘粒子应是不导电的,非铁磁性和非腐蚀性的。

(3) 照明:设备间内在距离地面 0.8 m 处,照度不应低于 200 Lx;应设置应急照明,在距离地面 0.8 m 处,照度不应低于 5 Lx。

(4) 噪声:设备间的噪声应小于 70 dB。

(5) 电磁场干扰:设备间无线电干扰场强,在 0.15～1 000 MHz 的频率范围内,噪声不大于 120 dB,设备间内磁场干扰场强,不大于 8 000 A/m(相当于 10 Oe)。

(6) 供电:设备间应提供不少于两个 220 V、10 A 带保护接地的单相电源插座,但不作为设备供电电源。设备间如果安装电信设备或其他信息网络设备时,设备供电应符合相应的设计要求。

设备间内的各种电力电缆应为耐燃铜芯屏蔽电缆。各电力电缆(如空调设备、电源设备的电缆等)与对绞电缆应尽量分开走线架布线。交叉时,应尽量以接近于垂直的角度交叉,并采取防延燃措施。

(7) 安全:设备间应根据设备的要求,采取完善的设备间安全措施,设防盗、防火装置。

(8) 地面:为方便表面敷设电缆线和电源线,设备间地面最好采用防静电活动地板,其系统电阻应为 1～10 Ω 之间。具体要求应符合 GR 6650—86《计算机房用地板技术条件》要求。

带有走线口的活动地板称为异形地板。其走线口应光滑，以防损伤缆线。

放置活动地板的设备间的建筑地面应平整、光滑、防潮、防尘。

(9) 墙面：设备间的墙面应选择不易产生灰尘和吸附尘埃的材料。目前大多数做法是在平滑的墙面上涂刷阻燃漆，或在平滑的墙面上覆盖耐火的胶合板。

(10)吊顶：为了吸噪和布置照明灯具，吊顶材料应满足防火要求。我国目前大多采用铝合金或轻钢作龙骨，安装吸音铝合金板、难燃铝塑板、喷塑石英板等。

(11) 隔断：根据设备间放置的设备需要和工作需要，可用玻璃将设备间隔成若干个房间。隔断可以选用防火铝合金或轻钢作龙骨，安装 10 mm 厚玻璃。

(12) 火灾报警及灭火设施：设备间应设置相应的火灾报警装置和灭火设施。

4. 电信间设计

电信间主要为安装楼层配线设备和楼层计算机网络设备(HUB 或 SW)的场地，并可考虑在该场地设置缆线竖井、等电位接地体、电源插座、UPS 配电箱等设施。在场地面积满足的情况下，也可设置建筑物诸如安防、消防、建筑设备监控系统、无线信号覆盖等系统的布缆线槽和功能模块的安装。如果综合布线系统与弱电系统设备合设于同一场地，从建筑的角度出发，称为弱电间。配线子系统和干线子系统的缆线在电信间的楼层配线架上进行终接。

电信间应与强电间分开设置，电信间内或其紧邻处应设置缆线竖井。

电信间的使用面积不应小于 5 m^2，也可根据工程中配线设备和网络设备的容量进行调整。

一般情况下，19″标准机柜尺寸通常为 600 mm(宽)×900 mm(深)×2 000 mm(高)，共有 42U 的安装空间。机柜内可安装光纤连接盘、RJ45(24 口)配线模块、多线对卡接模块(100 对)、理线架、计算机 HUB/SW 设备等。如果按建筑物每层电话和数据信息点各为 200 个考虑配置上述设备，大约需要有 2 个 19″(42U)的机柜空间，以此测算电信间面积至少应为 5 m^2(2.5 m×2.0 m)。

对于涉及布线系统设置内、外网或专用网时，19″机柜应分别设置，并在保持一定间距的情况下预测电信间的面积。

电信间的设备安装和电源要求与设备间相同。

电信间应采用外开丙级防火门，门宽大于 0.7 m。

电信间温、湿度按配线设备要求提出，如在机柜中安装计算机网络设备(HUB/SW)时，其环境应满足设备提出的要求，温度、湿度的保证措施由空调专业人员负责解决。

3.7 进线间设计

进线间一般提供给多家电信业务经营者使用，通常设于地下一层。进线间主要作为室外电缆和光缆引入楼内的成端与分支及光缆的盘长空间位置。对于光缆至大楼(FTTB)、至用户(FTTH)、至桌面(FTTO)的应用及容量日益增多的情形，进线间显得尤为重要。由于许多的商用建筑物地下一层环境条件已大大改善，因此，进线间中也可以安装配线设备和通信设施。在不具备设置单独进线间或大楼电缆和光缆数量及入口设施容量较小时，建筑物也可以在入口处采用挖地沟或使用较小的空间完成缆线的成端与盘长，入口设施则可安装在设备间，但宜单独设置场地，以便功能分区。

建筑群主干电缆和光缆、公用网和专用网电缆、光缆及天线馈线等室外缆线进入建筑物时，应在进线间成端转换成室内电缆、光缆，并在缆线的终端处可由多家电信业务经营者设置入口设施，入口设施中的配线设备应按引入的电、光缆容量配置。

电信业务经营者在进线间设置安装的入口配线设备应与 BD 或 CD 之间敷设相应的连接电缆、光缆实现路由互通。缆线类型与容量应与配线设备相一致。

进线间应满足缆线的敷设路由、成端位置及数量、光缆的盘长空间和缆线的弯曲半径、充气维护设备、配线设备安装所需要的场地空间和面积要求。

进线间的大小应按进线间的进局管道最终容量及入口设施的最终容量设计。同时应考虑满足多家电信业务经营者安装入口设施等设备的面积。

进线间宜靠近外墙和在地下设置，以便于缆线引入。进线间设计应符合下列规定。

(1) 进线间应防止渗水，宜设有抽排水装置。

(2) 进线间应与布线系统垂直竖井沟通。

(3) 进线间应采用相应防火级别的防火门，门向外开，宽度不小于 1 000 mm。

(4) 进线间应设置防有害气体措施和通风装置，排风量按每小时不小于 5 次容积计算。

(5) 与进线间无关的管道不宜通过。

(6) 进线间入口管道口所有布放缆线和空闲的管孔应采取防火材料封堵，做好防水处理。

(7) 进线间如安装配线设备和信息通信设施时，应符合设备安装设计的要求。

3.8　管理设计

3.8.1　设计概述

管理是对设备间、电信间、进线间和工作区的配线设备、缆线、信息点等设施按一定的模式进行标识和记录。管理的内容包括：管理方式、标识、色标、交叉连接等，这些内容的实施，将给今后的维护和管理带来很大的方便，有利于提高管理水平和工作效率。特别是较为复杂的综合布线系统，如采用计算机进行管理，其效果将十分明显。管理设计应符合下列规定。

(1) 综合布线系统工程宜采用计算机进行文档记录与保存，简单且规模较小的综合布线系统工程可按图纸资料等纸质文档进行管理，并做到记录准确、及时更新、便于查阅；文档资料应实现汉化。

(2) 综合布线的每一电缆、光缆、配线设备、终接点、接地装置、敷设管线等组成部分均应给定唯一的标识符，并设置标签。标识符应采用相同数量的字母和数字等标明。

(3) 电缆和光缆的两端均应标明相同的标识符。

(4) 设备间、电信间、进线间的配线设备宜采用统一的色标区别各类业务与用途的配线区。

(5) 所有标签应保持清晰、完整,并满足使用环境要求。

(6) 对于规模较大的布线系统工程,为提高布线工程维护水平与网络安全,宜采用电子配线设备对信息点或配线设备进行管理,以显示与记录配线设备的连接、使用及变更状况。

(7) 综合布线系统相关设施的工作状态信息应包括:设备和缆线的用途、使用部门、组成局域网的拓扑结构、传输信息速率、终端设备配置状况、占用器件编号、色标、链路与信道的功能和各项主要指标参数及完好状况、故障记录等,还应包括设备位置和缆线走向等内容。

(8) 管理系统的设计应使系统可在无须改变已有标识符和标签的情况下升级和扩充。

3.8.2　管理分级

综合布线系统工程的技术管理涉及综合布线系统的工作区、电信间、设备间、进线间、入口设施、缆线管道与传输介质、配线连接器件及接地等各方面,根据布线系统的复杂程度分为以下四级。

一级管理:针对单一电信间或设备间的系统。

二级管理:针对同一建筑物内多个电信间或设备间的系统。

三级管理:针对同一建筑群内多栋建筑物的系统,包括建筑物内部及外部系统。

四级管理:针对多个建筑群的系统。

3.8.3　管理方式

综合布线系统的管理方式是由构造交接场的硬件的地点、结构和类型决定的。交接场的结构取决于综合布线规模和选用的连接硬件。

1. 电缆管理

电缆的管理方式有单点管理和双点管理两种。单点管理位于设备间的交接设备或互连设备附近,通常线路不进行跳线管理,直接连至用户工作区,如图 3-39(a)所示,为单点管理单交接方式;或直接连至电信间的第二个交连区,如果没有电信间,第二个交连区可以放在用户房间的墙壁上,如图 3-39(b)所示,为单点管理双交接方式。

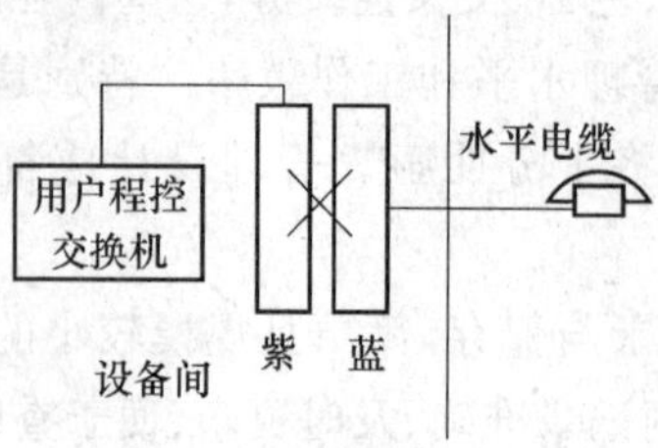

(a) 单点管理单交接

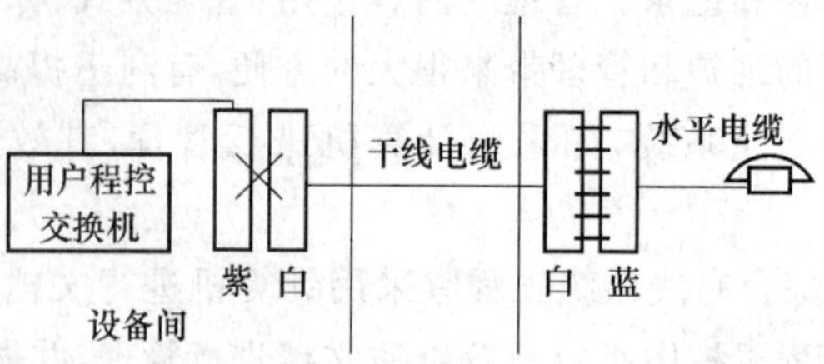

(b) 单点管理双交接

图 3-39　单点管理

双点管理除了在设备间里有一个管理点之外，在电信间或用户房间的墙壁上还有第二个可管理的交接区。双交接要经过二级交接设备。当综合布线规模较大且复杂时可以采用双点管理双交接方式，如图3-40所示。

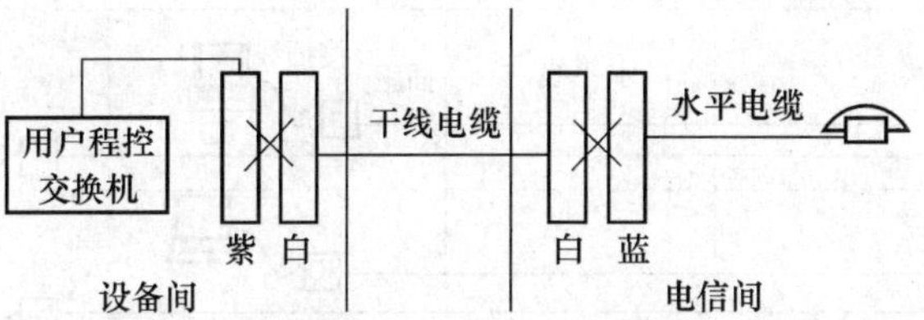

图3-40　双点管理双交接

若建筑物的规模大且结构复杂，还可以采用双点管理3交接方式，如图3-41所示；甚至双点管理4交接方式，如图3-42所示。

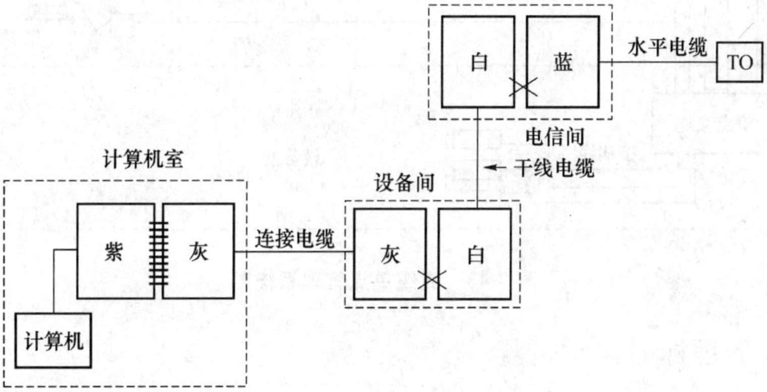

图3-41　双点管理3交接

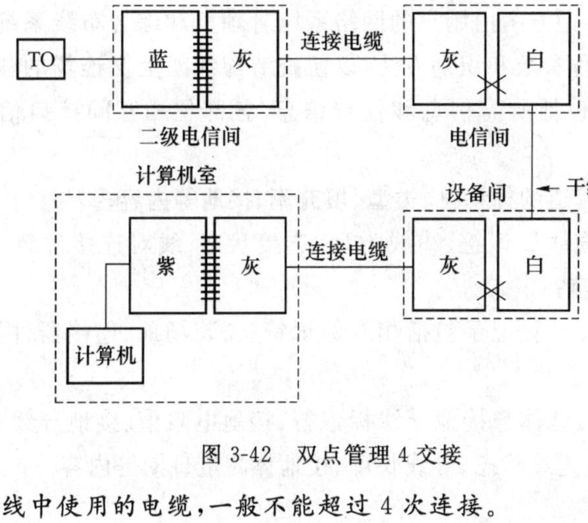

图3-42　双点管理4交接

注意：综合布线中使用的电缆，一般不能超过4次连接。

2. 光缆管理

光缆管理常采用单点管理方式。如图 3-43 所示,只由中央设备机房内单点进行管理。这种结构的优点是,便于集中管理,可以减少光缆及相关设备的管理维护费用。

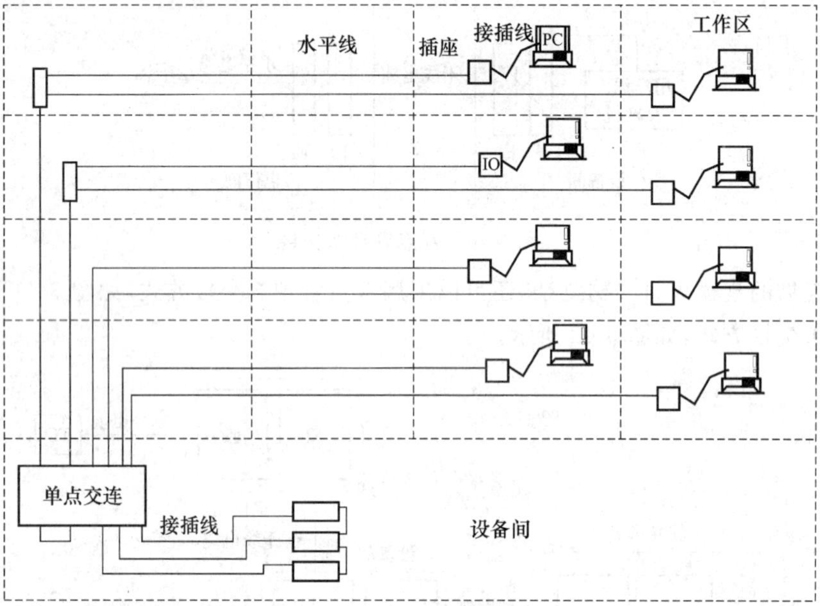

图 3-43　光缆单点管理系统图

3.8.4　管理标记

管理标记是综合布线系统的一个重要组成部分。综合布线系统应在需要管理的各个部位设置标签,表示相关的管理信息。标识符可由数字、英文字母、汉语拼音或其他字符组成,布线系统内各同类型的器件与缆线的标识符应具有同样特征(相同数量的字母和数字等)。

一般情况下,管理标记方案由用户的网络系统管理员和综合布线系统设计人员共同制定。标记方案应规定各种参数和识别方法,以便查清配线架上交连场的各条线路和终端设备的终接点。记录信息包括所需信息和任选信息,各部位相互间接口信息应统一。要求如下:

(1) 管线记录包括管道的标识符、类型、填充率、接地等内容;

(2) 缆线记录包括缆线标识符、缆线类型、连接状态、线对连接位置、缆线占用管道类型、缆线长度、接地等内容;

(3) 连接器件及连接位置记录包括相应标识符、安装场地、连接器件类型、连接器件位置、连接方式、接地等内容;

(4) 接地记录包括接地体与接地导线标识符、接地电阻值、接地导线类型、接地体安装位置、接地体与接地导线连接状态、导线长度、接地体测量日期等内容。

1. 电缆管理标记

综合布线系统的电缆管理通常使用电缆标记、插入标记和场标记 3 种标记。

(1) 电缆标记

电缆标记是塑料标牌或不干胶，可以系在电缆端头或直接贴到电缆表面。其尺寸和形状根据需要而定，在交连场安装和做标记之前，电缆的两端应标明相同的编号。以此来辨别电缆的来源和去处。例如，一根电缆从三楼的 311 房的第 1 个数据信息点拉至电信间，则该电缆的两端可以标记上“311-D1”这样的标记，其中“D”表示数据信息点。

(2) 插入标记

插入标记是硬纸片，用颜色块标识相应线对的卡接位置。对于 110 型配线架，可以插在两个水平齿形条之间的透明塑料夹内，对于模块化配线架，可以插在模块的缆线终接部位。

(3) 场标记

场标记又称为区域标记，是一种色标标记。在设备间、进线间、电信间的各种配线设备上，应用色标区分配线设备连接的缆线是干线电缆、配线电缆还是设备终接点；同时，还应采用标签表明终接区域、物理位置、编号、容量、规格等，以便维护人员在现场一目了然地加以识别。

场标记的背面是不干胶，可以贴在建筑物布线场的平整表面上。色标的规定及应用场合如图 3-44 所示。

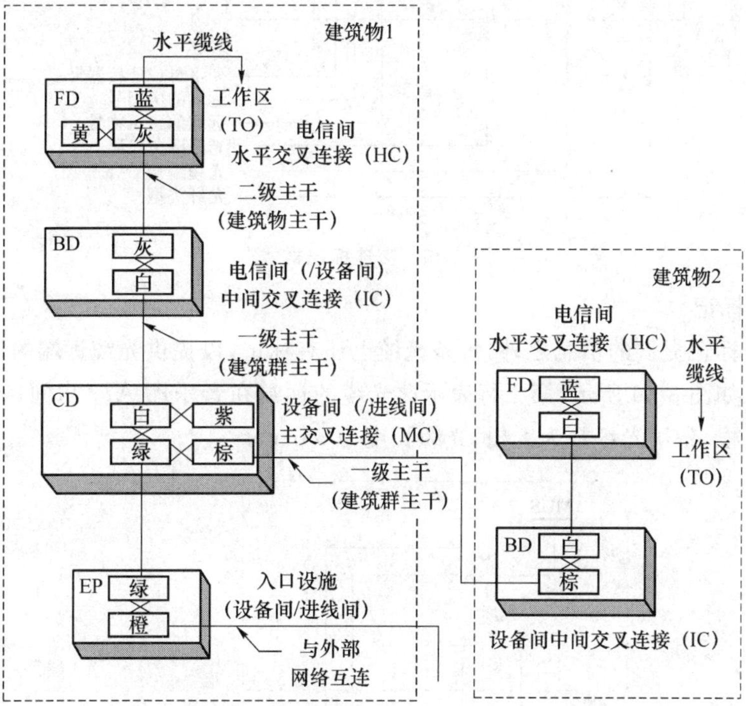

图 3-44　色标应用位置示意图

① 橙色——用于分界点，连接入口设施与外部网络的配续设备。

② 绿色——用于建筑物分界点，连接入口设施与建筑群的配线设备。

③ 紫色——用于与信息通信设施(PBX、计算机网络、传输等设备)连接的配线设备。

④ 白色——用于连接建筑物内主干缆线的配线设备(一级主干)。

⑤ 灰色——用于连接建筑物内主干缆线的配线设备(二级主干)。

⑥ 棕色——用于连接建筑群主干缆线的配线设备。

⑦ 蓝色——用于连接水平缆线的配线设备。

⑧ 黄色——用于报警、安全等其他线路。

⑨ 红色——预留备用。

2. 光缆管理标记

综合布线系统的光缆部分采用两种标记,即:光缆标记和交连标记。

(1) 交连标记

交连标记标在交连点,提供光纤远端的位置和光纤本身的说明(即:光纤识别码)。每个交连标记的编制方式如图 3-45 所示。

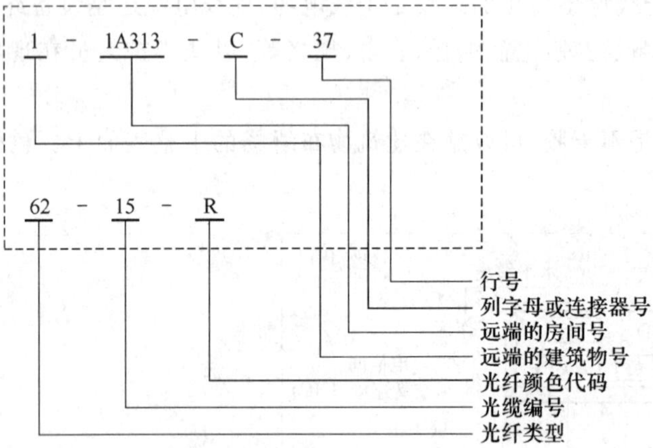

图 3-45 交连标记格式

(2) 光缆标记

除了交连标记提供的信息之外,每条光缆上还有标记,以提供光缆远端的位置和该光缆的特殊信息。如图 3-46 所示,第 1 行表示此光缆的远端在音乐厅 A77 房间;第 2 行表示启用光纤数为 6 根,备用光纤数为 2 根,光缆长度为 357 m。

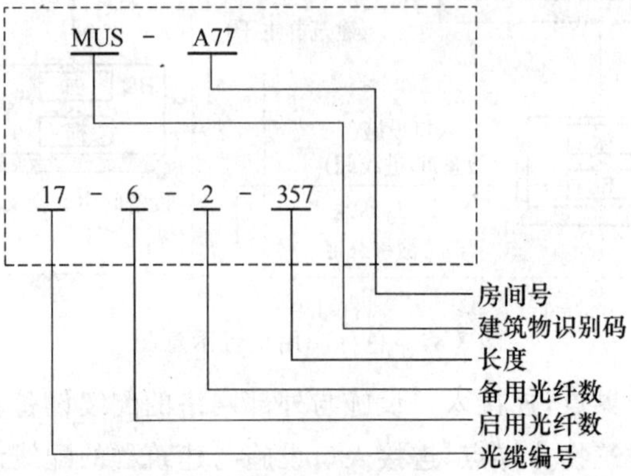

图 3-46 光缆标记格式

光缆管理除了利用标记来提供信息外，还应向用户提供一套永久性的记录。永久性记录应至少包括以下信息：

- 建筑物、房间和电信间的编号方法；
- 距离编号方法；
- 光缆编号方法；
- 各条光纤的测试结果和用途。

3.8.5 管理设计(交叉连接)

在每个配线区，实现线路管理的方式是在各色标区域之间按应用的要求，采用跳线连接。

设备间的主布线交连场把来自公用系统设备的线路连接到干线和建筑群子系统的输入线对。主布线场通常包括二至四个色场：白场、棕场、紫场和黄场。为便于线路管理和未来的扩充，应安排好交连场的位置和布局。理想的交连场结构应使插接线可以连接该场的任何两点。在小的交连场安装中，只要把不同颜色的场一个挨着一个安装在一起即可；在大的交连场安装中，因插接线长度有限，常需将一个较大的交连场一分为二，放在另一个交连场的两边。典型的配线方案如图 3-47 所示。

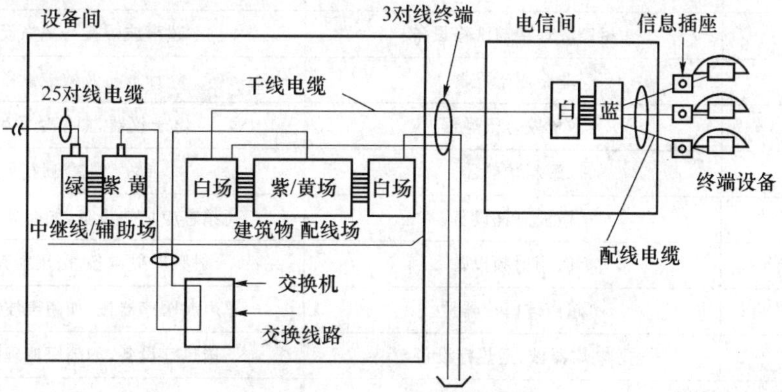

图 3-47　典型的配线方案

综合布线系统 6 个组成部分(除进线间外)电缆的典型连接及其色标，如图 3-48 所示。

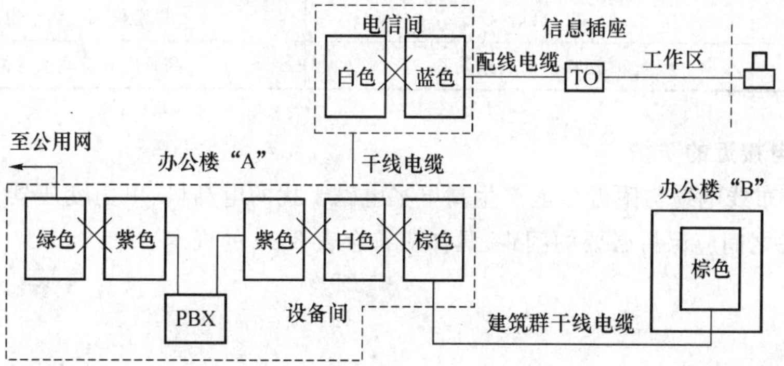

图 3-48　综合布线系统 6 个组成部分(电缆)的典型连接及其色标

3.9　电气保护、屏蔽保护、接地及防火设计

3.9.1　电气保护设计

电气保护是指通过对缆线、金属线槽、金属线管、机柜、设备等做适当的接地处理，以便使浪涌电流、感应电流顺畅地流入大地，从而达到保护系统安全，避免雷击及其他强感应电损坏设备，同时防止弱感应电流影响系统正常运行。

随着各种类型的电子信息系统在建筑物内的大量设置，各种干扰源将会影响到综合布线系统电缆的传输质量与安全。表 3-19 列出的射频应用设备又称为 ISM 设备，国际无线电干扰特别委员会(CISPR)推荐的和我国目前常用的 ISM 设备大致有 15 种。

表 3-19　CISPR 推荐设备及我国常见 ISM 设备一览表

序号	CISPR 推荐设备	我国常见 ISM 设备
1	塑料缝焊机	介质加热设备
2	微波加热器	微波炉
3	超声波焊接与洗涤设备	超声波焊接与洗涤设备
4	非金属干燥器	计算机及数控设备
5	木材胶合干燥器	电子仪器，如信号发生器
6	塑料预热器	超声波探测仪器
7	微波烹饪设备	高频感应加热设备，如高频熔炼炉等
8	医用射频设备	射频溅射设备、医用射频设备
9	超声波医疗器械	超声波医疗器械，如超声波诊断仪等
10	电灼器械、透热疗设备	透热疗设备，如超短波理疗机等
11	电火花设备	电火花设备
12	射频引弧弧焊机	射频引弧弧焊机
13	火花透热疗法设备	高频手术刀
14	摄谱仪	摄谱仪用等离子电源
15	塑料表面腐蚀设备	高频电火花真空检漏仪

1. 与强电接近的防护

(1) 综合布线电缆与附近可能产生高电平电磁干扰的电动机、电力变压器、射频应用设备等电器设备之间应保持必要的间距，具体应符合表 3-20 的规定。

表 3-20　综合布线电缆与电力电缆的间距

类别	与综合布线接近状况	最小净距/mm
380 V 电力电缆<2 kV · A	与缆线平行敷设	130
	有一方在接地的金属线槽或钢管中	70
	双方都在接地的金属线槽或钢管中①	10①
380 V 电力电缆 2～5 kV · A	与缆线平行敷设	300
	有一方在接地的金属线槽或钢管中	150
	双方都在接地的金属线槽或钢管中②	80
380 V 电力电缆>5 kV · A	与缆线平行敷设	600
	有一方在接地的金属线槽或钢管中	300
	双方都在接地的金属线槽或钢管中②	150

注：① 当 380 V 电力电缆<2 kV · A，双方都在接地的线槽中，且平行长度≤10 m 时，最小间距可为 10 mm。

② 双方都在接地的线槽中，系指两个不同的线槽，也可在同一线槽中用金属板隔开。

(2) 综合布线系统缆线与配电箱、变电室、电梯机房、空调机房之间的最小净距应符合表 3-21 的规定。

表 3-21　综合布线缆线与电气设备的最小净距

名称	最小净距/m	名称	最小净距/m
配电箱	1	电梯机房	2
变电室	2	空调机房	2

(3) 墙上敷设的综合布线缆线及管线与其他管线的间距应符合表 3-22 的规定。当墙壁电缆敷设高度超过 6 000 mm 时，与避雷引下线的交叉间距应按下式计算：

$$S \geqslant 0.05L$$

式中：S 为交叉间距；L 为交叉处避雷引下线距地面的高度。S、L 单位均为 mm。

表 3-22　综合布线缆线及管线与其他管线的间距

其他管线	平行净距/mm	垂直交叉净距/mm
避雷引下线	1 000	300
保护地线	50	20
给水管	150	20
压缩空气管	150	20
热力管(不包封)	500	500
热力管(包封)	300	300
煤气管	300	20

2. 室外电缆接入的电气防护

室外电缆进入建筑物时，通常在入口处经过一次转接进入室内。在转接处加上电气保护设备，以避免因电缆受到雷击、感应电势或与电力线接触而给用户设备带来的损坏。

建筑物电缆入口是建筑物内部与外界进行信息交流的进出口，是其他建筑物或当地电信部门延伸过来的缆线终接入口。建筑物电缆入口通常设置在进线间或设备间的墙上，如图 3-49 所示，室外电缆先进入一个阻燃接合箱，然后与保护装置的电缆线对相连接。装在墙上的网络接口装置再把保护装置的另一端电缆连接到干线子系统电缆。

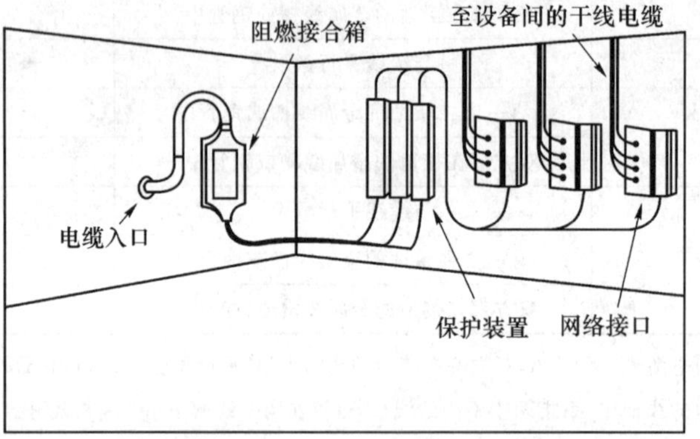

图 3-49　建筑物电缆入口区

电气保护装置(设备)主要分为过压保护和过流保护两种。

(1) 过压保护

综合布线系统中的过压保护一般是通过在电路中并联气体放电管保护器来实现的。气体放电管保护器的陶瓷外壳内密封有两个金属电极，其间有放电间隙，并充有惰性气体。当两个电极之间的电位差超过 250 V 交流电压或 700 V 雷电浪涌电压时，气体放电管开始导通并放电，从而保护与之相连的设备。

综合布线系统中对于低电压的防护，一般采用固态保护器，它的击穿电压为 60～90 V。一旦超过击穿电压，它可将过压引入大地，然后自动恢复回原状。固态保护器通过电子电路实现保护控制，因此比气体放电管保护器反应更快，使用寿命更长，但价格昂贵。

(2) 过流保护

综合布线系统中的过流保护一般是通过在电路中串联过流保护器来实现的。当线路出现过流时，过流保护器会自动切断电路，保护与之相连的设备。

在一般情况下，过流保护器的工作电流为 350～500 mA。综合布线系统中，电缆上出现的低电压也有可能产生大电流，从而损坏设备。在这种情形下，综合布线系统除了采用过压保护器之外，还应同时安装过流保护器，且应选用具有自恢复功能的过流保护器。

3.9.2　屏蔽保护设计

综合布线系统的屏蔽设计是出于两个方面的因素来考虑的，一方面是防止外界电磁波对综合布线系统的影响，另一方面是防止综合布线系统运行过程中在电缆内所产生的电磁波对环境的影响和可能造成的信息泄漏。

在选择综合布线系统缆线和配线设备时，应根据用户要求，并结合建筑物的环境条件选用相应的缆线和配线设备，或采取防护措施，并符合下列规定。

(1) 当综合布线区域内存在的电磁干扰场强低于 3 V/m 时，宜采用非屏蔽电缆和非屏蔽配线设备。

(2) 当综合布线区域内存在的电磁干扰场强高于 3 V/m 时，或用户对电磁兼容性有较高要求时，可采用屏蔽布线系统和光缆布线系统。

(3) 当综合布线路由上存在干扰源，且不能满足最小净距要求时，宜采用金属管线进行屏蔽，或采用屏蔽布线系统及光缆布线系统。

对于屏蔽系统，要想实现良好的屏蔽效果，综合布线系统必须实施全程屏蔽处理，即模块、缆线、配线架等全套设备均采用屏蔽产品。但全程屏蔽是很难达到的，因为其中的信息插口、跳线等很难做到全屏蔽，再加上屏蔽层的腐蚀、氧化破损等因素，因此，没有一个通道能真正做到全程屏蔽。同时，屏蔽电缆的屏蔽层对低频磁场的屏蔽效果较差，不能抵御诸如电动机等设备产生的低频干扰，所以采用屏蔽电缆也不能完全消除电磁干扰。

要实现良好的屏蔽还必须对屏蔽层进行接地处理，通过屏蔽层接地来使干扰电流经屏蔽层短路入地。可见，屏蔽系统的良好接地是十分重要的，否则不但不能减少干扰，反而会使干扰增大。因为当接地点安排不正确，接地电阻过大，接地电位不均衡时，会引起接地噪声，即在传输通道的某两点之间产生电位差，从而使金属屏蔽层上产生干扰电流，这时，屏蔽层本身就成了一个最大的干扰源，导致其性能远不如非屏蔽传输通道。因此，为保证屏蔽效果，必须对屏蔽层正确、可靠地接地。

对于有特殊保密要求的情况，如党政机关的重要部门、军队等，可以采取防止外界磁场干扰相同的系统屏蔽方式来实现。屏蔽系统使系统工作电流产生的电磁场在屏蔽层内转化为电流进入大地，在屏蔽系统之外就没有系统工作电流产生的电磁场影响，从而达到防止信息泄漏的目的。

目前屏蔽布线系统在电磁兼容方面的良好性能也正在为越来越多的用户所认可。在 2002 年 6 月发布的北美布线 TIA/EIA 568B 标准中屏蔽电缆和非屏蔽电缆同时被作为水平布线的推荐媒介，从而结束了北美没有屏蔽系统的历史。在中国，越来越多的用户，尤其是涉及保密和布线环境的电磁干扰较强的项目开始关注和使用屏蔽系统。

如果条件允许的话，采用光缆来进行整个系统的布线，可以不必采取任何的屏蔽措施，因为光纤传输既不受外界磁场的影响，也不产生电磁波。光缆系统具有优良的传输性能和抗干扰能力，是未来布线系统发展的方向。目前，如果工程投资大且工程质量要求高的项目，可以推荐使用光缆布线系统。

当建筑物在建或已建成但尚未投入使用时，为确定综合布线系统的选型，应测定建筑物周围环境的干扰场强度。对系统与其他干扰源之间的距离是否符合规范要求进行摸底，根据取得的数据和资料，用规范中规定的各项指标要求进行衡量，选择合适的器件和采取相应的措施。

3.9.3　接地系统设计

综合布线系统的接地遍布于系统的各个部分，虽然接地不是综合布线的主体，但在影响综合布线系统性能方面和安全性方面起着非常重要的作用。

1. 接地类型

综合布线系统中电信间、设备间内安装的设备、机柜、金属线管、桥架、防静电地板、以及从室外进入建筑物内的电缆等都需要进行接地处理，以保证设备的安全运行。根据接地作用的不同，接地类型主要有工作接地和保护接地两类。

(1) 工作接地

工作接地又分直流工作接地和交流工作接地两种。其中,直流工作接地也称为信号接地,是为了确保电子设备的电路具有稳定的零电位参考点而设置的接地。

交流工作接地是为了保证电力系统和电气设备达到正常工作要求而进行的接地,220/380 V 交流电源中性点的接地即为交流工作接地。

(2) 保护接地

保护接地可以细分为防雷保护接地、防静电保护接地和屏蔽接地等类型。

防雷保护接地是为了防止电气设备受到雷电的危害而进行的接地。通过接地装置将雷电产生的瞬间高电压泄放到大地中,保护设备的安全。

防静电保护接地是为了防止可能产生或聚集的静电电荷而对用电设备等所进行的接地。为了防止静电,设备间一般都敷设了防静电地板,地板的金属支撑架都应连接地线。

屏蔽接地是为了取得良好的屏蔽效果而进行的接地。屏蔽系统要求屏蔽电缆及屏蔽连接器件的屏蔽层都要连接地线。当屏蔽电缆或非屏蔽电缆敷设在桥架或金属管道中时,金属管道或桥架也要连接地线。

为保障人身安全、防止间接触电,还应将设备的外壳部分进行接地处理。通常情况下设备外壳是不带电的,但发生故障时可能造成电源的供电火线与外壳等导电金属部件短路时,这些金属部件或外壳就成了带电体,如果没有良好的接地,带电体和大地之间就会产生很高的电位差。如果人不小心触到这些带电的设备外壳,就会通过人身形成电流通路,产生触电危险。因此,必须将金属外壳和大地之间作良好的电气连接,使设备的外壳和大地等电位。

2. 接地要求

根据综合布线相关规范,接地要求如下。

(1) 在电信间、设备间及进线间应设置楼层或局部等电位接地端子板。

(2) 综合布线系统应采用共用接地的接地系统,如单独设置接地体时,接地电阻不应大于 4 Ω。如布线系统的接地系统中存在两个不同的接地体时,其接地电位差不应大于 1 V。

(3) 楼层安装的各个配线柜(架、箱)应采用适当截面的绝缘铜导线单独布线至就近的等电位接地装置,也可采用竖井内等电位接地铜排引到建筑物共用接地装置,铜导线的截面应符合设计要求,具体可参考表 3-23 确定。

(4) 综合布线的电缆采用桥架或钢管敷设时,桥架或钢管应保持连续的电气连接,并应有不少于两点的良好接地。

(5) 当缆线从建筑物外面进入建筑物时,电缆和光缆的金属护套或金属件应在入口处就近与等电位接地端子板连接。

表 3-23 接地导线选择表

名称	楼层配线设备至大楼共用接地体的距离	
	30 m	100 m
信息点的数量/个	75	>75 450
选用绝缘铜导线的截面/mm^2	6～16	16～50

3. 接地系统设计

综合布线系统作为智能建筑的重要组成部分和基础设施，其接地系统的好坏将直接影响到综合布线系统的运行质量，所以显得非常重要。

(1) 接地系统的结构组成

综合布线系统的接地系统结构包括设备接地线、接地干线、接地引入线和接地体 4 个部分，如图 3-50 所示。

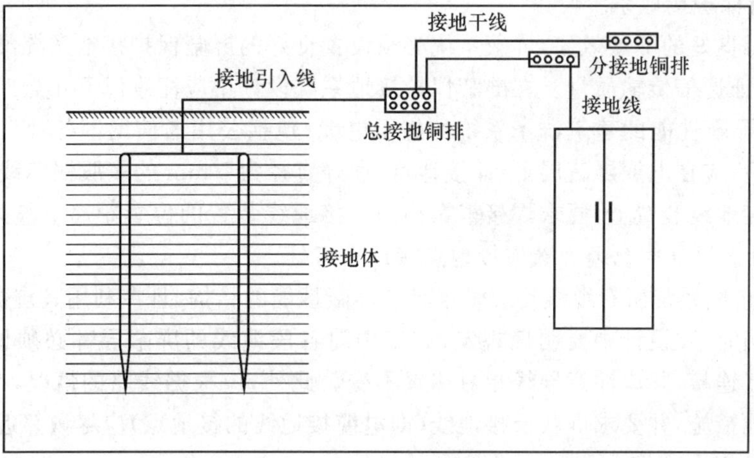

图 3-50　接地系统结构

① 接地线

接地线是指综合布线系统的各种设备与分接地铜排之间的连线，所有接地线均为铜质绝缘导线，两端均用合适的铜线铒连接。

② 接地干线

接地干线是指由总接地排引出至分接地排的导线，两端用铜线铒连接或焊接。在进行接地干线的设计时，应充分考虑建筑物的结构形式、建筑物的大小以及综合布线的路由与空间配置，并与综合布线干线电缆的敷设相协调。接地干线应安装在不受物理和机械损伤的保护处，建筑物内的水管及金属电缆屏蔽层不能作为接地干线使用。当建筑物中使用两个或多个垂直接地干线时，垂直接地干线之间每隔 3 层及顶层需用与接地干线等截面的绝缘导线相焊接。接地干线应为绝缘铜芯导线，最小截面积应不小于 16 mm^2。

③ 接地引入线

一般情况下，每栋建筑物都有一个总接地排，作为综合布线接地系统中接地干线及设备接地线的转接点，常设于进线间或设备间。

接地引入线指总接地排与接地体之间的连接线，一般采用镀锌扁钢。接地引入线应作绝缘防腐处理，在其出土部位应有防机械损伤措施，不宜与暖气管道同沟布放。

④ 接地体

通常，建筑物内部都设有一套网状接地网络，保证所有设备共同的参考等电位。为了获得良好的接地，推荐采用联合接地方式。所谓联合接地方式就是将防雷接地、交流工作接地、直流工作接地等统一接到共用的接地装置上。当综合布线采用联合接地系统时，通常利用建筑钢筋作防雷接地引下线，而接地体一般利用建筑物基础内钢筋网作为自然接地体，使整幢建筑的接地系统组成一个笼式的均压整体。联合接地电阻要求小于或等于 1 Ω。

当综合布线系统采用单独接地系统时，人工接地体的做法如图 3-50 所示，并应满足以下条件。

- 距离工频低压交流供电系统的接地体不宜小于 10 m。
- 距离建筑物防雷系统的接地体不应小于 2 m。
- 接地电阻不应大于 4 Ω。

(2) 屏蔽保护接地系统设计

为了取得良好的屏蔽效果，屏蔽系统必须设置良好的屏蔽保护接地系统，以抑制外界的电磁干扰，保证通信传输质量。在屏蔽保护接地系统设计中应注意以下几点。

① 具有屏蔽性能的建筑群子系统的主干电缆（包括公用通信网等各种引入电缆）在进入房屋建筑后，应在电缆屏蔽层上（即接地点）埋好直径为 5 mm 的多股铜芯线，并连接到临近入口处的接地线装置上，要求焊接牢靠稳固。接地线装置的位置距离电缆入口处不应大于 15 m，同时应尽量使电缆屏蔽层接地点接近入口处。

② 综合布线系统所有缆线均应采用具有屏蔽性能的结构，且在利用其屏蔽层组成整体系统性接地网时，在设计中要明确规定，施工中对各段缆线的屏蔽层都必须保持 360°良好的连续性相互连接，并应注意导线相对位置不变。此外，应根据线路的情况，在一定段落设有良好的接地措施，并要求屏蔽层接地线（即电缆接地线的接地点）应尽量邻近接地线装置，一般不应超过 6 m。

③ 综合布线系统为屏蔽系统时，其配线设备端也应接地，用户终端设备处的接地视具体情况决定。两端的接地应尽量连接在同一接地体（即单点接地）。当接地系统中存在两个不同的接地体时，其接地电位差不应大于 1 V（有效值）。

每个楼层配线架应单独设置接地导线连至接地体装置，成为并联连接，不得采用串联连接。

通信引出端的接地可利用电缆屏蔽层连接到楼层配线架上。工作站的外壳接地应单独布线连接到接地体装置。在一个办公室内可以将临近的几个工作站组合在一起，采用同一根接地导线。为了保证接地系统的正常工作，接地导线应选用截面积不小于 2.5 mm^2 的铜芯绝缘导线。

对于屏蔽布线系统的接地做法，一般在配线设备（FD、BD、CD）的安装机柜（机架）内设有接地端子，接地端子与屏蔽模块的屏蔽罩相连通，机柜（机架）接地端子则经过接地导体连至大楼等电位接地体。

④ 综合布线系统中的干线交接间应有电气保护和接地，其要求如下。

干线交接间中的主干电缆如为屏蔽结构，且有线对分支到楼层时，除应按要求将电缆屏蔽层连接外，还应做好接地。接地线应采用直径为 4 mm 的铜线，一端在主干电缆屏蔽层焊接，另一端则连接到楼层的接地端。这些接地端包括建筑的钢结构、主属管道或专供该楼层用的接地体装置等。

干线交接间中主干电缆的位置应尽量靠近垂直的接地导体，并尽可能位于建筑物内部的中心部位。如果房屋的顶层是平顶，则其中心部位的附近遭受雷击的概率最小，因此，该部位雷电的电流最小。且由于主干电缆与垂直接地导体之间的互感作用，可最大限度地减少通信电缆上产生的电动势。在设计中应避免把主干线路设在邻近建筑的外墙处，尤其是墙角，因为这些地方遭受雷击的概率最大，对通信线路是极不安全的。

⑤ 缆线在雷电防护区交界处，屏蔽电缆屏蔽层的两端应做等电位连接并接地。

3.9.4 防火设计

根据建筑物的防火等级和对材料的耐火要求，综合布线系统的缆线选用和布放方式及安装的场地应采取相应的措施。

综合布线系统设计选用的电缆、光缆应从建筑物的高度、面积、功能、重要性等方面加以综合考虑，选用相应等级的防火缆线。

对于防火缆线的应用分级，北美的相应标准中主要以缆线受火的燃烧程度，以及着火以后火焰在缆线上蔓延的距离、燃烧的时间、热量与烟雾的释放、释放气体的毒性等指标，并通过实验室模拟缆线燃烧的现场状况实测取得。表 3-24 为北美通信缆线防火等级与测试标准。

表 3-24　通信缆线北美测试标准及分级表

测试标准	NEC 标准（自高向低排列）	
	电缆分级	光缆分级
UL 910（NFPA 262）	CMP（阻燃级）	OFNP 或 OFCP
UL l666	CMR（主干级）	OFNR 或 OFCR
UL l581	CM、CMG（通用级）	OFN(G)或 OFC(G)
VW-1	CMX（住宅级）	

进行综合布线系统防火设计时，要选用符合相应防火等级的缆线，具体要求如下。

(1) 在通风空间内（如吊顶内及高架地板下等）采用敞开方式敷设缆线时，可选用 CMP 级（光缆为 OFNP 或 OFCP）。

(2) 在缆线竖井内的主干缆线采用敞开的方式敷设时，可选用 CMR 级（光缆为 OFNR 或 OFCR）。

(3) 在使用密封的金属管槽做防火保护的敷设条件下，缆线可选用 CM 级（光缆为 OFN 或 OFC）。

总之，综合布线系统设计应结合国内情况选择合理的方案。首先应对设计对象有一个比较准确的 15 年用户需求和环境干扰影响的预测，同时也要对智能大楼的其他设施作必要的调查研究，选出需要与综合布线系统通盘考虑的内容，纳入综合布线系统中进行设计，真正做到综合布线系统的类别与各有关通信系统相适应，综合布线系统的防护措施与干扰环境相适应，充分体现技术先进、经济合理、安全实用和质量可靠等特点，让有限的资金最大限度地发挥作用。既要满足用户需要，又要防止不必要的浪费，使矛盾得到很好地统一。

3.10　本章实训

1. 实训目的

掌握综合布线系统的基本设计方法。能根据不同用户的业务需求和建筑物的实际情况，熟悉进线间、设备间、管理、工作区、配线子系统、干线子系统和建筑群子系统的设计要求、原则和注意事项，在此基础上完成上述各子系统的设计方案。

2. 实训内容

完成教学楼或学生宿舍的结构化综合布线系统的各子系统设计。

3. 实训步骤

1）设计依据和设计要求

(1) 了解该建筑物的概况，例如建筑物的规模、层数、结构、业务需求等；

(2) 确定信息种类和信息点的数量；

(3) 确定进线间、设备间和电信间的位置；

(4) 明确系统设计要求和设计标准。

2）确定设计方案

(1) 依据用户实际需要，结合建筑物的具体情况，确定系统有哪些范围需要设计。例如，只有一幢楼时，就不考虑建筑群子系统设计，当建筑物范围比较小时，可以考虑设备间和进线间合用一个房间。

(2) 确定工作区的设计内容。

① 工作区的数量、面积、用途和建筑结构；

② 统计信息点数。

(3) 进行配线子系统设计。

① 确定配线布线路由；

② 确定配线缆线的类型和长度；

③ 确定楼层配线设备的数量、规格和位置；

④ 确定信息插座的类型、规格和数量；

⑤ 确定支撑保护件的类型、规格和数量。

(4) 进行干线子系统设计。

① 选择主干路由和布线方式；

② 确定干线缆线的类型、数量和接合方法；

③ 考虑缆线的保护和屏蔽接地，如有条件宜选择桥架敷设缆线。

(5) 进行管理设计。

① 确定建筑物配线架位置、规格、型号和数量；

② 确定标志管理方案。

(6) 确定与有关系统的配合和连接。

① 与用户交换机网络系统的配合和连接；

② 与计算机网络系统的配合和连接。

3）绘制图纸

(1) 绘制综合布线系统结构图。

(2) 绘制楼层信息点布局图。

(3) 绘制综合布线系统管线路由图。

4. 实训总结

通过本章的实训，应掌握综合布线系统各子系统的设计步骤、要求、设计内容和设计方法。学会对简单建筑物的布线系统进行结构设计。

思考与练习

一、填空题

1. 设备间中应有足够的设备安装空间，一般设备间的面积不应小于________。
2. 国家标准规定，配线子系统的对绞电缆最大长度为________。
3. 配线子系统的网络拓扑结构一般采用________结构。
4. 对绞电缆一般以箱为单位订购，每箱对绞电缆的长度为________。
5. 电缆管理标记通常有________、________和________3 种。
6. 在不同类型的建筑物中，电缆管理常采用________和________两种管理方式。
7. 综合布线系统中，建筑群配线架(CD)到楼层配线架(FD)间的距离不应超过________m、建筑物配线架(BD)到楼层配线架(FD)的距离不应超过________m。
8. 干线子系统的接合方法有________和________两种。

二、选择题(答案可能不止一个)

1. 布线系统的工作区，如果使用 4 对非屏蔽对绞电缆作为传输介质，则信息插座与计算机终端设备的距离一般应保持在________以内。

   A. 2 m　　B. 90 m　　C. 5 m　　D. 100 m

2. 下列缆线中可以作为综合布线系统的配线缆线的是________。

   A. 特性阻抗为 100 Ω 的对绞电缆　　B. 特性阻抗为 150 Ω 的对绞电缆
   C. 特性阻抗为 120 Ω 的对绞电缆　　D. 62.5/125 μm 的多模光缆

3. 下列通道中不能用来敷设干线缆线的是________。

   A. 通风通道　　B. 电缆孔　　C. 电缆井　　D. 电梯通道

4. 对绞电缆长度从楼层配线架开始到信息插座不可超过________m。

   A. 50　　B. 75　　C. 85　　D. 90

5. ________是衡量信道阻抗一致性的参数。

   A. 衰减　　B. 回波损耗　　C. 串音　　D. 传输延迟

6. ________是沿链路的信号损失度量。

   A. 衰减　　B. 回波损耗　　C. 串音　　D. 传输延迟

7. ________是沿链路的信号耦合度量。

   A. 衰减　　B. 回波损耗　　C. 串音　　D. 传输延迟

8. ________是对设备间、电信间等的配线设备、缆线和信息插座等设施按一定的模式进行标识和记录。

   A. 管理　　B. 管理方式　　C. 色标　　D. 交叉连接

9. 当综合布线系统区域内存在电磁干扰场强大于________时，应采取防护措施。

   A. 2 V/m　　B. 3 V/m　　C. 4 V/m　　D. 5 V/m

10. 室外电缆进入建筑物时，通常在入口处经过一次转接进入室内。在转接处加上电器保护设备，以避免因电缆受到雷击、感应电势或与电力线接触而给用户设备带来的损坏。这是为了满足________的需要。

    A. 屏蔽保护　　B. 过流保护　　C. 电气保护　　D. 过压保护

11. 综合布线系统的电信间、设备间内安装的设备、机架、金属线管、桥架、防静电地板以及从室外进入建筑物内的电缆等都需要________,以保证设备的安全运行。

A. 接地　　B. 防火　　C. 屏蔽　　D. 阻燃

12. 为了获得良好的接地,推荐采用联合接地方式,接地电阻要求小于或等于________。

A. 1 Ω　　B. 2 Ω　　C. 3 Ω　　D. 4 Ω

三、判断题

1. 设计综合布线系统时,对用户业务的需求分析可有可无。（　）
2. 在配线子系统中,缆线既可以用对绞电缆也可以用光缆。（　）
3. 在电信间和设备间分设时,都需要管理子系统对其缆线和设备进行管理。（　）
4. 110 型配线架只能终接数据信息点。（　）
5. 在建筑群配线架和建筑物配线架上,接插软线和跳线长度不宜超过 20 m,超过 20 m 的长度应从允许的干线缆线最大长度中扣除。（　）
6. 采用屏蔽电缆可以完全消除电磁干扰。（　）

四、名词解释

1. 弱电间
2. 电缆孔
3. 电缆竖井
4. 电气保护
5. 屏蔽保护

五、简答题

1. 电缆通道和光缆通道的性能指标主要有哪些?
2. 试分别叙述大开间水平布线有几种方案以及它们应用的场合?
3. 综合布线系统有哪几个布线子系统?
4. 配线子系统缆线规定为多长? 缆线能否超出这一规定,为什么?
5. 配线子系统有几种布线方法? 试分别叙述。
6. 干线子系统布线方法有哪些? 并说明其特点。
7. 干线子系统的连接方式有哪些? 如何选择这些连接方式?
8. 干线子系统缆线是否都垂直布放,为什么?
9. 怎样计算干线用缆量?
10. 试述建筑群子系统的设计步骤。
11. 如何确定设备间的位置和大小?
12. 设备间、电信间对环境有哪些要求?
13. 简述管理子系统的管理方式有哪些? 各有什么特点?
14. 室外缆线进入建筑物内,应采取什么保护措施?
15. 过压保护采用什么器件?
16. 过流保护采用什么器件?
17. 简述屏蔽保护的重要性和屏蔽保护方式。

18. 简述综合布线系统的防火设计要求。

六、画图题

1. 画图表示综合布线系统的拓扑结构。

2. 画图表示接地系统的结构。

七、计算题

1. 已知某综合布线系统共有电缆信息点 295 个,配线电缆平均长度 27 m,应订购多少箱电缆?

2. 已知某校园网分为 3 个片区,各片区机房需要布设一根 24 芯的单模光缆至网络中心机房,以构成校园网的光纤骨干网络。网管中心机房为管理好这些光缆应配备何种规格的光纤配线架?数量多少?光纤耦合器多少个?需要订购多少根光纤跳线?

第4章 综合布线工程施工与安装技术

【教学提示】

综合布线工程施工与安装技术是本书重点内容之一,是每一位从事综合布线技术工作的人员必须具备的技能。综合布线工程的实施是一个综合性很强的工作,涉及的内容很多。本章主要介绍综合布线的施工步骤、施工规范、材料验货和布线工具,详细讲述了管槽施工技术、缆线敷设技术、缆线终接、机柜安装、光纤连接技术等主要施工技术,让读者了解综合布线施工组织过程,掌握综合布线工程施工技术要点。

【重点内容】

综合布线工程施工基本要求、管槽施工技术、缆线敷设技术、缆线终接技术、机柜安装技术、光纤连接技术。

【难点内容】

金属管加工技术、缆线终接技术、光纤连接技术。

4.1 施工步骤

综合布线工程的实施是一项较为复杂的系统工程,为了确保工程施工进度和施工质量,施工应有计划、有步骤地进行。综合布线工程的施工步骤一般分为施工前准备、开箱验货、管盒槽预设、机柜安装、缆线敷设、缆线终接及测试等。

(1) 施工前准备

施工前准备是在工程开工之前,针对整个工程所做的准备工作,主要指设计文件的会审、技术交底、编制施工组织方案等。施工组织方案是施工方根据设计文件和业主的总体要求作出的工程实施方案,包括工程施工进度安排、材料和配套设备采购计划、施工机具和检测仪器配备、人员组织计划,安全文明施工措施等。

(2) 开箱验货

开箱验货是由建设方或监理方组织的,由供货方、建设单位、监理单位和施工方参加的,对到达施工现场的设备、材料进行检验的工作。检验内容为材料、设备的外观检查,看有无外观损坏、缺损;清点数量,核对设备、材料的型号、规格是否符合施工设计文件和订货清单的要求。检验完后,应及时如实填写开箱检查报告。

(3) 线管、线槽、终端盒预设

熟悉结构和装修预设图纸,弄清预埋位置和预设内容;按照有关施工操作、工艺、规程、标准的规定及施工验收规范进行施工;与主体建筑工程进度同步,做好线管、线槽、终端盒预设工作，做到不错、不漏、不堵，当分段隐蔽工程完工后，应配合建设方及时验收并及时办理隐蔽工程签证手续。

(4) 机柜安装

根据设计图纸，复测其具体位置和尺寸，确认位置无误后，再进行走线架、机柜安装。

(5) 缆线敷设

预设完工后，随着装修工程的逐渐进行，应适时穿放缆线，并进行校核检测工作，及时做好检测记录。

(6) 缆线终接及测试

缆线终接应严格按照设计文件、安装技术工艺规程标准进行施工，终接完成后应 100% 通过相应等级标准的测试和安装工艺检查，并做好相应的记录。

4.2　施工前准备

为了保证工程开工时能顺利进行施工，在综合布线工程施工前，必须做好各项准备工作，具体应做好以下几方面的准备工作。

1. 技术准备

(1) 熟悉设计文件和与工程有关的其他技术资料。开工前，施工人员首先应熟悉施工图，了解设计内容和设计意图，明白工程所采用的设备、材料以及图纸所提出的施工要求，明确综合布线工程和主体工程、其他安装工程的交叉配合，以便及早采取措施，确保在施工过程中不破坏建筑物的强度和美观，不与其他工程发生位置冲突。

(2) 熟悉施工及验收规范、技术规程、质量检验评定标准、设备制造厂提供的资料，即安装使用说明书、产品合格证、测试数据等。

(3) 现场勘察。施工方和监理方派技术人员到现场进行勘察，了解建筑物内、外部环境、工作条件情况，确定走线路由。选择路由时需要考虑缆线的隐蔽性、对建筑物的破坏(建筑结构特点)和各幢建筑引入部位等，在利用现有空间的同时避开电源线路和其他线路。

(4) 设计文件会审。设计文件是工程施工的依据，在熟悉设计文件和现场勘查的基础上，对设计文件中不明了或有错误的部分应在设计文件会审时提出，以便进行设计修正。

(5) 编制施工组织方案。在全面熟悉设计方案和施工图纸的基础上，依据设计文件和施工现场情况、技术力量及技术装备情况，做出合理的施工组织方案。

(6) 技术交底。技术交底工作是在施工现场进行的，由设计单位的设计人员、工程施工单位的项目技术负责人和工程监理员一起参加。技术交底的主要内容包括：施工中采用的新技术、新设备、新材料的性能和操作使用方法，预埋部件注意事项和施工中的安全注意事项等。

2. 施工场地准备

工程施工前，施工现场必须安装好临时的供电系统，准备好临时的作业和办公场所，其中主要包括管槽加工制作场、仓库和现场办公室。

(1) 管槽加工制作场：在管槽施工阶段，需要根据布线路由的实际情况，对管槽材料进行现场切割和加工；

(2) 仓库:工程用到的材料、设备有一个采购周期,且每天使用的施工材料和施工工具不可能放到公司仓库,因此必须在现场设置一个临时仓库存放临时设备、材料和工具;

(3) 现场办公室:现场施工的指挥场所。

3. 施工工具准备

要根据工程施工范围和施工环境的不同,准备不同类型和品种的施工工具。清点工具数量,检查工具质量,如有欠缺或质量不佳必须补齐和修复。在施工前需要准备的工具主要有室外沟槽施工工具、管槽加工工具、管槽安装工具、布线工具和缆线终接工具等。

4.3 开箱验货

开箱验货一般是由建设方或监理方会同供货厂家及施工单位一起,对进场的器材进行数量和质量方面的检查,并填写开箱验货报告。

1. 器材检验的一般要求

(1) 工程所用缆线和器材的品牌、型号、规格、数量、质量应在施工前进行检查,必须符合设计要求并具备相应的质量文件或证书,无出厂检验证明材料、质量文件或与设计不符者不得在工程中使用。

(2) 进口设备和材料应具有产地证明和商检证明。

(3) 经检验的器材应做好记录,对不合格的器件应单独存放,以备核查与处理。

(4) 工程中使用的缆线、器材应与订货合同上确定的产品在规格、型号、等级上相符。

(5) 备品、备件及各类文件资料应齐全。

2. 配套型材、管材与铁件的检查要求

(1) 各种型材的材质、规格、型号应符合设计文件的规定,表面应光滑、平整,不得变形、断裂。

预埋金属线槽、过线盒、接线盒及桥架等表面涂覆或镀层应均匀、完整,不得变形、损坏。

(2) 室内管材采用金属管或塑料管时,其管身应光滑、无伤痕,管孔无变形,孔径、壁厚应符合设计要求。

金属管槽应根据工程环境要求做镀锌或其他防腐处理。塑料管槽必须采用阻燃管槽,外壁应具有阻燃标记。

(3) 室外管道应按通信管道工程验收的相关规定进行检验。

(4) 各种铁件的材质、规格均应符合相应质量标准,不得有歪斜、扭曲、飞刺、断裂或破损。

(5) 铁件的表面处理和镀层应均匀、完整,表面光洁,无脱落、气泡等缺陷。

3. 缆线的检验要求

(1) 工程使用的电缆和光缆型式、规格及缆线的防火等级应符合设计要求。

(2) 缆线所附标志、标签内容应齐全、清晰,外包装应注明型号和规格。

(3) 缆线外包装和外护套需完整无损,当外包装损坏严重时,应测试合格后再在工程中使用。

(4) 电缆应附有本批量的电气性能检验报告,施工前应进行链路或信道的电气性能及缆线长度的抽验,并做测试记录。

(5) 光缆开盘后应先检查光缆端头封装是否良好。光缆外包装或光缆护套如有损伤，应对该盘光缆进行光纤性能指标测试，如有断纤，应进行处理，待检查合格才允许使用。光纤检测完毕，光缆端头应密封固定，恢复外包装。

(6) 光纤接插软线或光跳线检验应符合下列规定：

① 两端的光纤连接器件端面应装配合适的保护盖帽；

② 光纤类型应符合设计要求，并应有明显的标记。

(7) 现场尚无检测手段取得屏蔽布线系统所需的相关技术参数时，可将认证检测机构或生产厂家附有的技术报告作为检验依据。

(8) 对绞电缆电气性能、机械特性、光缆传输性能及连接器件的具体技术指标和要求应符合设计要求。经过测试与检查，性能指标不符合设计要求的设备和材料不得在工程中使用。

4. 连接器件的检验要求

(1) 配线模块、信息插座模块及其他连接器件的部件应完整，电气和机械性能等指标符合相应产品生产的质量标准。塑料材质应具有阻燃性能，并应满足设计要求。

(2) 信号线路浪涌保护器各项指标应符合有关规定。

(3) 光纤连接器件及适配器使用型式和数量应与设计相符。

5. 配线设备的检验要求

(1) 光、电缆配线设备的型式、规格应符合设计要求。

(2) 光、电缆配线设备的编排及标志名称应与设计相符。各类标志名称应统一，标志位置正确、清晰。

6. 测试仪表和工具的检验要求

(1) 应事先对工程中需要使用的仪表和工具进行测试或检查，缆线测试仪表应附有相应检测机构的证明文件。

(2) 综合布线系统的测试仪表应能测试相应类别工程的各种电气性能及传输特性，其精度符合相应要求。测试仪表的精度应按相应的鉴定规程和校准方法进行定期检查和校准，经过相应计量部门校验取得合格证后，方可在有效期内使用。

(3) 施工工具，如电缆或光缆的接续工具即剥线器、光缆切断器、光纤熔接机、光纤磨光机、卡接工具等必须进行检查，合格后方可在工程中使用。

4.4　管槽施工及终端盒预设

综合布线系统工程的管槽施工，有别于强电的管槽安装，除要有结构化、灵活性等特点外，在密封性、屏蔽性及管线容量等方面都有较高的要求。此外，管槽施工必须与主体建筑工程协调一致，兼顾美观和实用。一般要求如下。

(1) 尽量走最短的路由

管槽路由决定了缆线路由。尽可能走最短的路由，有两方面的好处：其一，可以节约线管、线槽及缆线的成本；其二，链路越短其电气性能指标(如衰减等)越好。

(2) 与建筑物基线保持一致

一条实际的路由不太可能是直线路由。比较合适的走线方式是与建筑物基线保持一致，以保证建筑物的整体美观度。

(3)“横平竖直”，弹线定位

为使安装的管槽系统“横平竖直”，施工中可以考虑弹线定位。根据施工图纸确定的安装位置，用墨线袋沿路由的中心位置弹线。

(4) 注意房间内的整体布置

当设备间内敷设有多条水平或垂直的管槽时，应注意房间内的总体布置，做到美观有序，便于缆线连接和敷设，并要求管槽间留有一定间距，便于施工和维护。

4.4.1　管槽施工及设备安装工具

1. 电工工具

在布线施工过程中，施工人员必备的一个电工工具箱及工具如图 4-1 所示，主要包括：钢丝钳、尖嘴钳、斜口钳、剥线钳、一字螺丝刀、十字螺丝刀、试电笔、电工刀、电工胶带、活动扳手、卷尺、铁锤、钢挫、钢锯等。

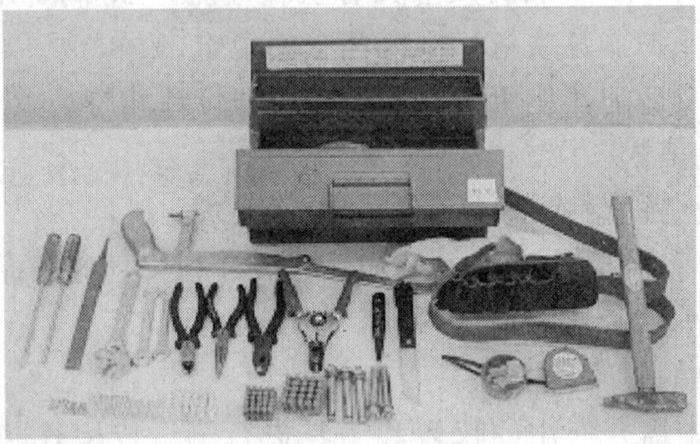

图 4-1　电工工具

2. 电源线盘

电动工具的电源线长度一般都不太长，电源接线板的电源线长度一般也在几米以内，在施工现场，特别是室外施工现场，由于施工范围广，常常需要使用长距离的电源线盘(如图 4-2 所示)来接电。线盘长度有 20 m、30 m、50 m 等规格。

3. 线槽剪

如图 4-3 所示的线槽剪是 PVC 线槽专用剪。

图 4-2　电源线盘

图 4-3　线槽剪

4. 弯管器

如图 4-4 所示的弯管器，可用于金属管的弯曲。

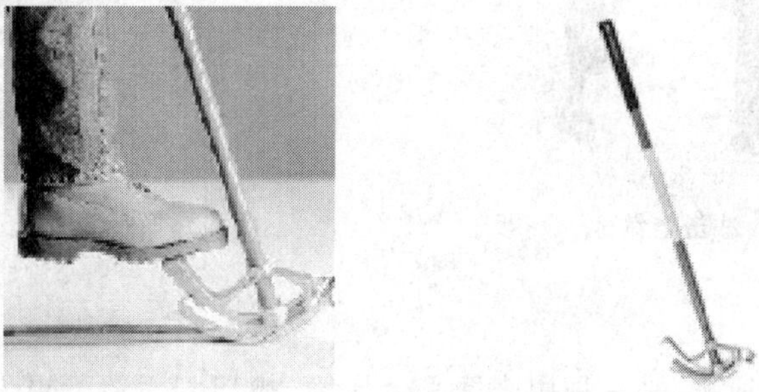

图 4-4　弯管器及其操作

5. 充电起子

图 4-5 所示的充电起子是工程安装中经常使用的一种电动工具，它既可当螺丝刀用，又能作电钻用，而且是带充电电池使用，不用电线，在任何场合都能工作；单手操作，具有正反转快速变换按钮，使用灵活方便；强大的扭力，配合各式通用的六角工具头，可以拆卸及锁入螺丝、钻洞等；拆卸锁入螺丝完全不费力。与传统起子相比，大大提高了功效。

6. 手电钻

如图 4-6 所示的手电钻是工程中经常用到的工具，既能在金属型材上钻孔，也能用于木材、塑料上钻孔。手电钻由电动机、电源开关、电缆、钻头等组成。用钻头钥匙开启钻头锁，使钻头夹扩开或拧紧，使钻头松开或固牢。

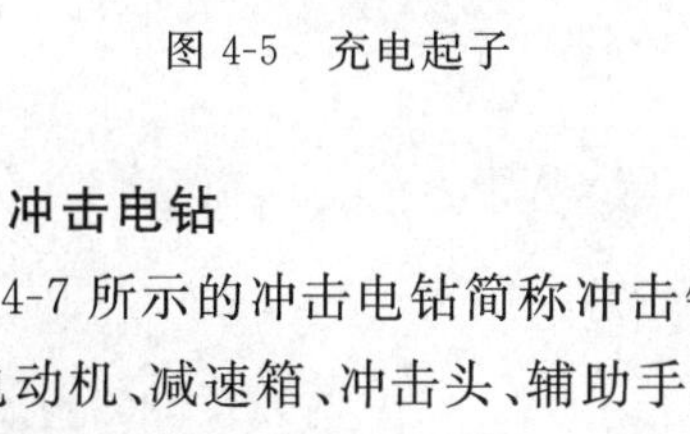

图 4-5　充电起子

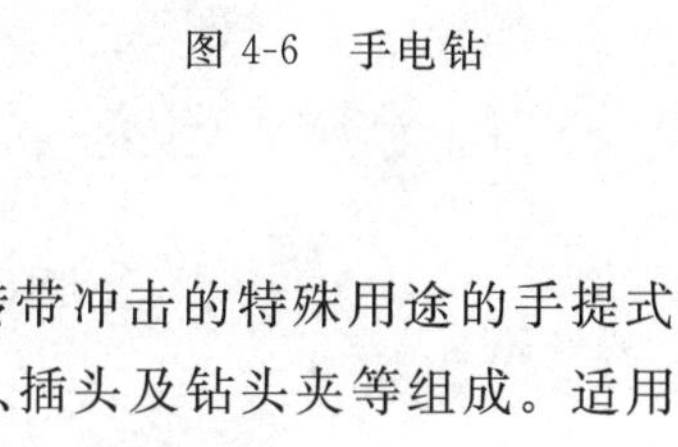

图 4-6　手电钻

7. 冲击电钻

图 4-7 所示的冲击电钻简称冲击钻，它是一种旋转带冲击的特殊用途的手提式电动工具，由电动机、减速箱、冲击头、辅助手柄、开关、电源线、插头及钻头夹等组成。适用于在混凝土、预制板、瓷砖等建筑材料上钻孔、打洞。

8. 电锤

电锤适用于在混凝土、岩石、砖石砌体等脆性材料上钻孔、开槽、凿毛等。电锤钻孔速度快，而且成孔精度高，如图 4-8 所示。

图 4-7　冲击电钻

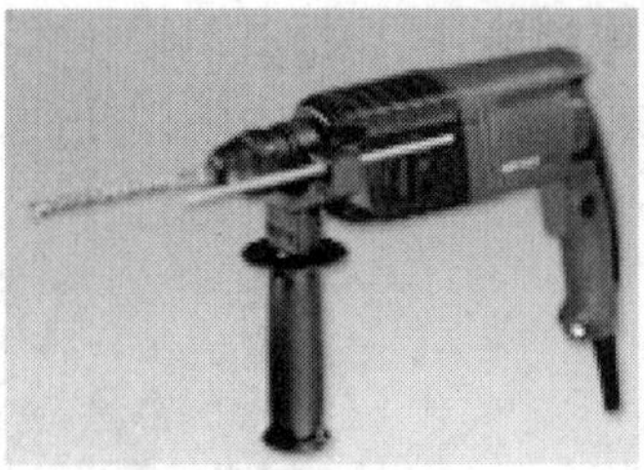

图 4-8　电锤

9. 角磨机

角磨机如图 4-9 所示，是一种用来磨平金属管、槽切割后留下锯齿形毛边的工具，经过角磨机处理后，可以防止金属管、槽接口处的毛刺割伤电缆保护层。

10. 型材切割机

型材切割机如图 4-10 所示，由砂轮锯片、护罩、操纵手柄、电动机、工件夹、工件夹调节手柄及底座、胶轮等组成。用于切割铁件，比如线管、线槽、固定支架等。使用型材切割机省时、省力、切口规整，比用手工钢锯好得多。

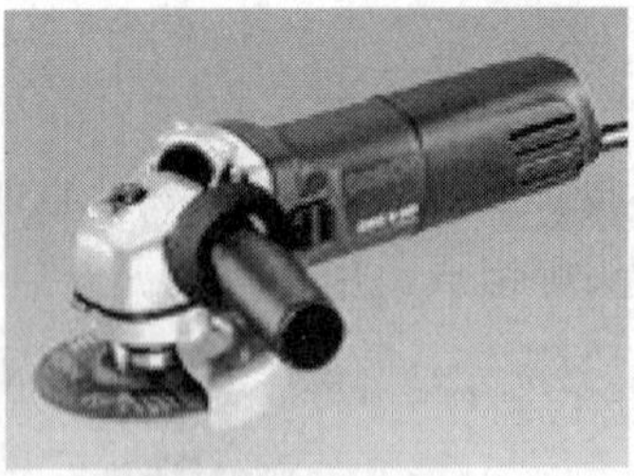

图 4-9　角磨机

图 4-10　型材切割机

11. 台钻

台钻如图 4-11 所示，用于在比较厚的金属构件上打孔，以便进行螺丝固定。在安装线槽、线管施工中经常使用。

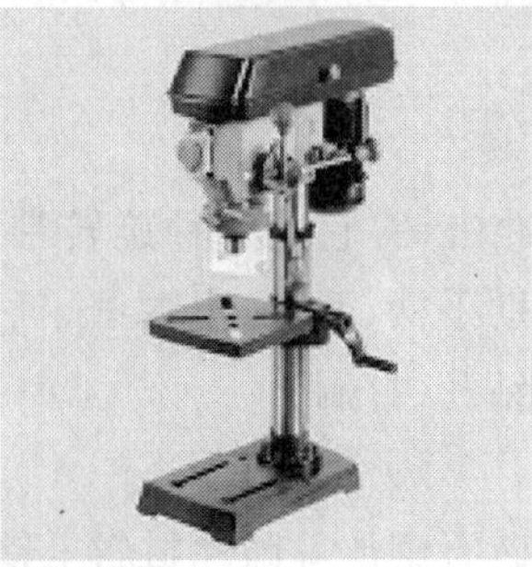

图 4-11　台钻

12. 接地电阻测量仪

如图 4-12 所示，为两款接地电阻测量仪。其中的数字式接地电阻测量仪采用三点式电压落差法测量接地电阻；而钳型接地电阻测量仪在测试接地电阻时，不需要辅助测试桩，只需往被测地线上一夹，即可获得测量结果，极大地方便了接地电阻的测量工作。

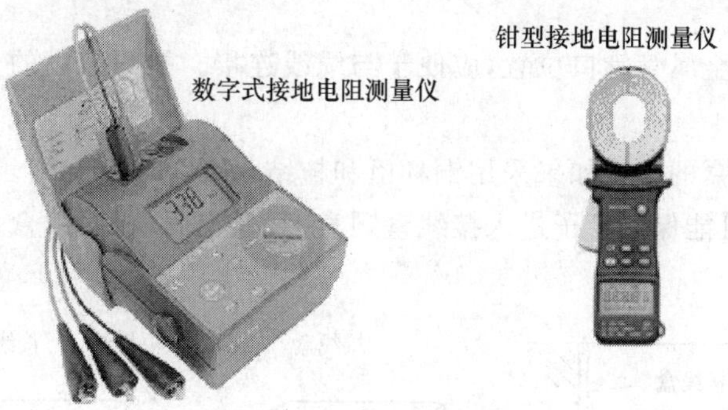

图 4-12　接地电阻测量仪

4.4.2　金属管施工

综合布线工程使用的金属管应符合设计文件的规定，表面不应有穿孔、裂缝和明显的凹凸不平，内壁应光滑，不允许有锈蚀。在易受机械损伤的地方和在受力较大处直埋时，应采用足够强度的管材。

1. 金属管的加工

(1) 金属管加工的基本要求

① 为了防止穿电缆时划伤电缆，管口应无毛刺和尖锐棱角；

② 为了减少直埋管在沉陷时管口处对电缆的剪切力，金属管管口宜做成喇叭形；

③ 镀锌管锌层剥落处应涂防腐漆，以增加使用寿命。

(2) 金属管的切割套丝

在配管时，应根据实际所需长度对金属管进行切割。金属管的切割可以使用钢锯、金属管切割刀或电动切管机，严禁使用气割。

金属管和金属管的连接，金属管和接线盒、配线架的连接，都要在金属管端部进行套丝。套丝时，先将金属管在管钳上固定压紧，然后再套丝。若利用电动套丝机，可以提高功效。套完丝后，应随即清扫管口，将管口端面和内壁的毛刺用锉刀挫光，使管口保持光滑，以免割破缆线绝缘护套。

(3) 金属管的弯曲

金属管的弯曲一般都要使用弯管器。先将金属管弯曲部分的前段放在弯管器内，焊缝（如果有的话）放在弯曲方向的背面或侧面，以利金属管弯曲，然后用脚踩住金属管，手扳弯管器进行弯曲，并逐步移动弯管器（或者脚踩弯管器，手扳金属管进行弯曲，并逐步移动金属管），便可得到所需要的弯度。

(4) 金属管的连接

金属管的连接可以采用短套管或带螺纹的管接头。采用短套管时，施工简单方便；采用管接头螺纹连接则比较美观，可保证金属管套接后的强度。无论采用哪一种方式均应保证牢固、密封(金属管不宜直接对焊)。

金属管进入信息插座的接线盒后，暗埋管可以用焊接固定，管口进入盒内的露出长度应小于 5 mm。明设管应用锁紧螺母或带丝扣管帽固定，露出锁紧螺母的丝扣为 2～4 扣，如图 4-13(a)所示。

引至电信间的金属管管口位置，应便于与缆线连接。并列敷设的金属管管口应排列有序，便于识别。

金属管与金属盒的连接如果采用铜杯臣和梳结，如图 4-13(b)所示，工序比螺帽对口连接要简捷得多，而且能保证管子进入接线盒顺直、紧丝牢固，在接线盒内的露出长度也可小于 5 mm。

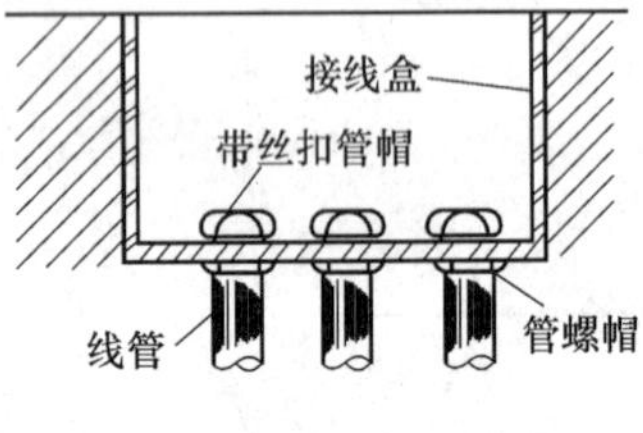

(a) 金属管和接线盒连接

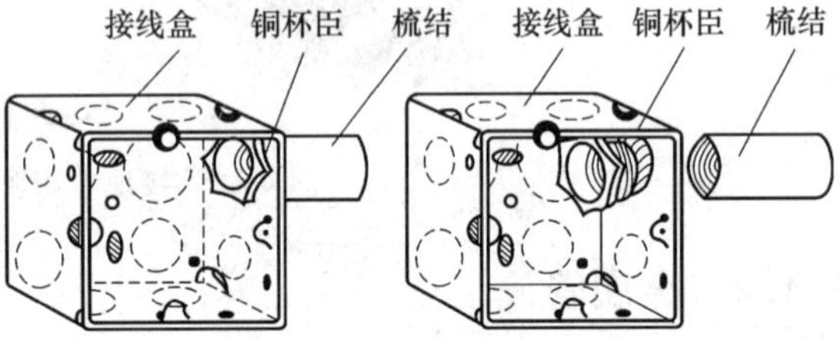

(b) 铜杯臣、梳结与接线盒连接

图 4-13　接线盒连接示意图

2. 金属管的敷设

金属管的敷设一般分为暗敷和明敷两种，暗敷即敷设于建筑结构主体内部，有利于美观和安全，常与主体结构同时施工；明敷即敷设于建筑主体结构之外，不美观，常在主体工程完工后施工。

(1) 金属管暗敷

暗敷(预埋)金属管应满足下列要求。

① 预埋在墙体中间的金属管的最大管外径不宜超过 50 mm，楼板中暗管的最大管外径不宜超过 25 mm，室外管道进入建筑物的最大管外径不宜超过 100 mm。

② 直线布管每 30 m 处应设置过线盒装置。

③ 暗管的转弯角度应大于 90°。在路径上每根暗管的转弯角不得多于 2 个，并不应有 S 弯出现，有转弯的管段长度超过 20 m 时，应设置管线过线盒装置；有 2 个弯时，不超过 15 m 应设置过线盒。

④ 暗管管口应光滑，并加有护口保护，管口伸出部位宜为 25～50 mm，要求如图 4-14 所示。

⑤ 至楼层电信间的暗管管口应排列有序，便于识别与布放缆线。

⑥ 暗管内应安置牵引线或拉线。

⑦ 管路转弯的弯曲半径不应小于所穿入缆线的最小允许弯曲半径，并且不应小于该管外径的 6 倍，如暗管外径大于 50 mm 时，不应小于 10 倍。当实际施工中不能满足要求时，可以采用在适当部位设置拉线盒的方法，以利缆线的穿设。

⑧ 金属管的两端应有标记,表示建筑物的楼层、房间和长度。

⑨ 园区内距离较大的管道,应按通信管道要求建设,合理分配手井。

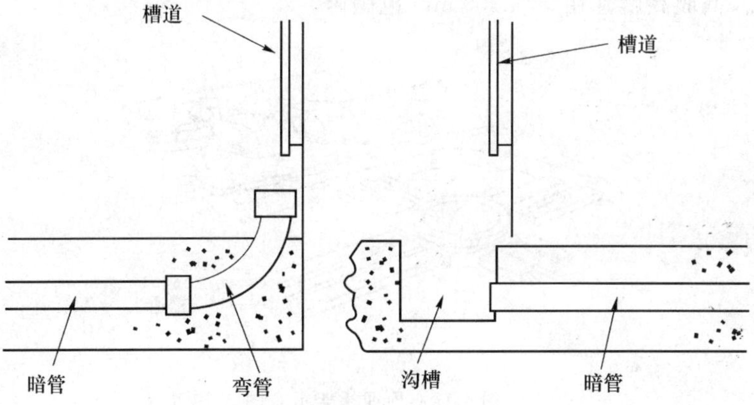

图 4-14　暗管出口部位安装示意图

(2) 金属管明敷

明敷金属管时应符合下列要求:

① 金属管明敷时,在距接线盒 300 mm 处,弯头处的两端,每隔 3 m 处应采用管卡固定;

② 金属管各段之间应保持连接良好,安装牢固。

4.4.3　PVC 管施工

1. PVC 管的加工

PVC 管的连接、弯曲、敷设要求与金属管大体相同。

2. PVC 管的敷设

PVC 管的敷设方法和要求与金属管大体相同。光缆与电缆同管敷设时,应在管道内预设塑料子管。将光缆敷设在子管内,使光缆和电缆分开布放,子管的内径应为光缆外径的 2.5 倍。

4.4.4　桥架的安装

1. 桥架安装的基本要求

① 桥架的安装位置应符合施工图要求,左右偏差不应超过 50 mm。

② 桥架每米偏差不应超过 2 mm。

③ 垂直桥架应与地面保持垂直,垂直度偏差不应超过 3 mm。

④ 桥架截断处及两桥架拼接处应平滑、无毛刺。

⑤ 桥架的吊架和支架安装应保持垂直,整齐牢固,无歪斜现象。

⑥ 桥架各段之间应保持连接良好,安装牢固。

⑦ 采用吊顶支撑柱布放缆线时,支撑点宜避开地面沟槽和线槽位置,支撑应牢固。

2. 桥架的敷设

(1) 预埋桥架要求

在建筑物中暗敷配线子系统桥架(金属线槽)(如图 4-15 所示)时,应满足以下要求。

① 在建筑物中预埋桥架，宜按单层设置，每一路由进出同一过线盒的预埋线槽均不应超过 3 根，线槽截面高度不宜超过 25 mm，总宽度不宜超过 300 mm。线槽路由中若包括过线盒和出线盒，截面高度宜在 70～100 mm 范围内。

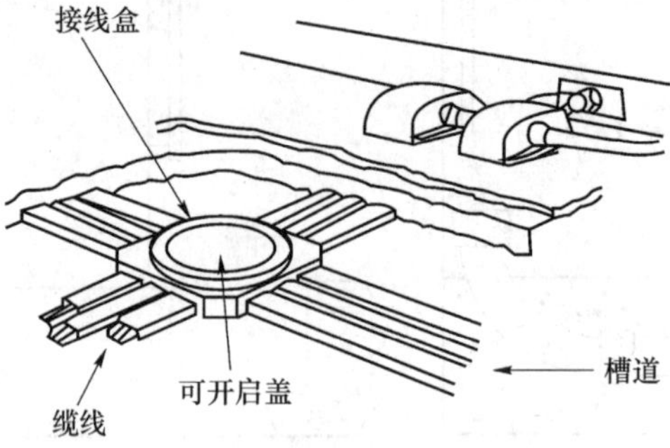

图 4-15　预埋桥架示意图

② 桥架直埋长度超过 30 m 或在线槽路由交叉、转弯时，宜设置过线盒，以便于布放缆线和维修。

③ 过线盒盖应能开启，并与地面齐平，盒盖处应具有防灰与防水功能。

④ 过线盒和接线盒盒盖应能抗压。

⑤ 从桥架至信息插座底盒间或桥架与金属管之间相连接时的缆线宜采用金属软管敷设。

⑥ 桥架两端应有标记，表示出口位号、序号和长度；桥架内应无阻挡，接口应无毛刺。

(2) 明敷桥架要求

① 桥架底部应高于地面 2.2 m 及以上，若桥架下面不是通行地段，其净高度可不小于 1.8 m，顶部距建筑物楼板不宜小于 300 mm，与梁及其他障碍物交叉处间的距离不宜小于 50 mm。

② 桥架水平敷设时，支撑间距宜为 1.5～3 m。垂直敷设时固定在建筑物结构体上的间距宜小于 2 m。

③ 直线段桥架每超过 15～30 m 或跨越建筑物变形缝时，应设置伸缩补偿装置(其连接宜采用伸缩连接板)。

④ 敷设桥架时，在下列情况下应设置支架或吊架：接头处；每间距 3 m 处；离开桥架两端出口 0.5 m 处；转弯处。

⑤ 桥架采用吊架方式安装时，吊架与线槽要垂直，形成直角，各吊装件应在同一直线上安装，间隔均匀、牢固可靠，无歪斜和晃动现象。沿墙装设的线槽，要求墙上支撑铁件的位置保持水平、间隔均匀、牢固可靠，不应有起伏不平或扭曲歪斜现象。

⑥ 桥架的转弯半径不应小于槽内缆线的最小允许弯曲半径，直角弯处最小弯曲半径不应小于槽内最粗缆线外径的 10 倍。

⑦ 桥架与桥架的连接应采用接头连接板拼接，螺丝应拧紧。线槽截断处和两槽拼接处应平滑无毛刺。为了保证线槽接地良好，在两槽的连接处必须用不小于 2.5 mm^2 的铜线进行连接。

⑧ 桥架穿过防火墙体或楼板时，在缆线布放完成后应采取防火封堵措施，可以用防火

泥密封孔洞口的所有空隙。

⑨ 敷设在网络地板中的线槽之间应沟通，线槽盖板应可开启，主线槽的宽度宜在 200～400 mm，支线槽宽度不宜小于 70 mm；可开启的线槽盖板与明装插座底盒间应采用金属软管连接；地板块与线槽盖板应抗压、抗冲击和阻燃；当网络地板具有防静电功能时，地板整体应接地；网络地板板块间的桥架段与段之间应保持良好导通并接地。

⑩ 安装机柜、机架、配线设备屏蔽层及金属管、桥架使用的接地体应符合设计要求，就近接地，并应保持良好的电气连接。

4.4.5　PVC 线槽的安装

1. PVC 线槽安装的基本要求

① 线槽的安装位置应符合施工图要求，左右偏差不应超过 50 mm。

② 线槽水平度每米偏差不应超过 2 mm。

③ 线槽应与地面保持垂直，垂直度偏差不应超过 3 mm。

④ 线槽截断处及两线槽拼接处应平滑、无毛刺。

⑤ 采用吊顶支撑柱布放缆线时，支撑点宜避开地面沟槽和线槽位置，支撑应牢固。

2. PVC 线槽的安装

① 垂直敷设时，距地 1.8 m 以下部分应加金属盖板保护或采用金属走线柜包封，门应可开启。

② PVC 线槽槽底固定点间距宜为 1 m。

③ 线槽转弯半径不应小于槽内缆线的最小允许弯曲半径，线槽直角弯处最小弯曲半径不应小于槽内最粗缆线外径的 10 倍。

④ 线槽穿过防火墙体或楼板时，在缆线布放完成后应采取防火封堵措施。

⑤ 敷设在网络地板中的线槽之间应沟通，线槽盖板应可开启，主线槽的宽度宜在 200～400 mm，支线槽宽度不宜小于 70 mm；地板块与线槽盖板应抗压、抗冲击和阻燃。

4.4.6　终端盒(信息插座)的安装

安装信息插座应满足下列要求。

① 信息插座模块、多用户信息插座、集合点配线模块安装位置、安装方式和高度应符合设计要求。

② 安装在活动地板内或地面上时，应固定在接线盒内，插座面板采用直立和水平等形式；接线盒盖可开启，并应具有防水、防尘、抗压功能。接线盒盖面应与地面齐平。

③ 信息插座底盒同时安装信息插座模块和电源插座时，间距及采取的防护措施应符合设计要求。

④ 信息插座底座的固定方法应以现场施工的具体条件来定，可用膨胀螺钉、射钉等方法安装；信息插座模块明装底盒的固定方法根据施工现场条件而定。

⑤ 固定螺丝需拧紧，不应产生松动现象。底座、接线模块与面板的安装应牢固稳定，无松动现象；面板应保持在一个水平面上，做到美观整齐。

⑥ 安装在墙上的信息插座，其位置宜高出地面 300 mm 左右。在房间地面采用活动地板时，信息插座应离活动地板表面 300 mm。如图 4-16 所示。

⑦ 各种插座面板应有标识，以颜色、图形、文字表示所接终端设备业务类型。

⑧工作区内终接光缆的光纤连接器件及适配器安装底盒应具有足够的空间，并应符合设计要求。

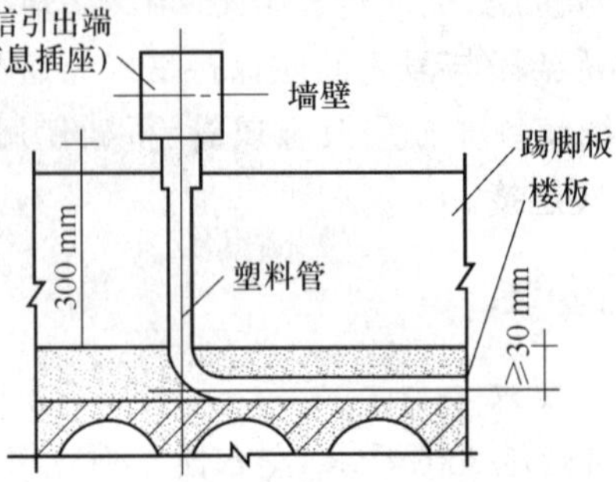

图 4-16 安装在墙上的信息插座位置

4.5 机柜安装

1. 机柜、机架的安装要求

安装机柜应满足下列要求。

(1) 机柜、机架的安装位置应符合设计要求，垂直偏差度不应大于 3 mm。

(2) 机柜、机架上的各种零件不得脱落或碰坏，漆面不应有脱落及划痕，各种标志应完整、清晰。

(3) 机柜、机架的安装应牢固，如有抗震要求，应按抗震设计进行加固。

(4) 各种螺丝必须拧紧，无松动、缺少、损坏或锈蚀等缺陷。

(5) 机柜底部必须焊有接地螺栓，并与保护地排连接。

2. 机柜、机架内设备的安装要求

① 要合理安排网络设备和配线设备的摆放位置，这主要考虑网络设备的散热和配线设备的缆线接入。由于机柜的风扇一般安装在顶部，所以，机柜内一般采用上层网络设备、下层配线设备的安装方式。

② 各部件应完整，安装就位，标志齐全。

③ 安装螺丝必须拧紧，面板应保持在一个平面上。

④ 进入机柜的缆线必须用扎带和专用固定环进行固定，确保机柜的整齐美观和管理方便。

⑤ 机柜中的所有设备都必须与机柜金属框架有效连接，网络系统通过机柜经由接地线接地，最好每台设备均与接地排连接。

3. 机柜安装示例

机柜安装示例如图 4-17 所示。

图 4-17 机柜安装示例

4.6　缆线敷设

4.6.1　缆线布放工具

1. 钓鱼线

图 4-18　钓鱼线

如图 4-18 所示，钓鱼线是一根很长的玻璃纤维树脂线。它既柔软（可以穿过弯管和角落），又有刚性，可以拉着缆线穿过线管而不会断裂和打结。钓鱼线可以用于其他方式无法施工的隐蔽区域。

2. 线轴支架

大对数电缆和光缆一般都采用卷轴式包装，放线时必须将缆线卷轴架设在线轴支架上，并从顶部放线。如图 4-19 所示。

3. 牵引机

当大楼主干布线采用向上牵引的方法时，就需要使用牵引机向上牵引缆线。图 4-20 所示的牵引机为电动式牵引机。

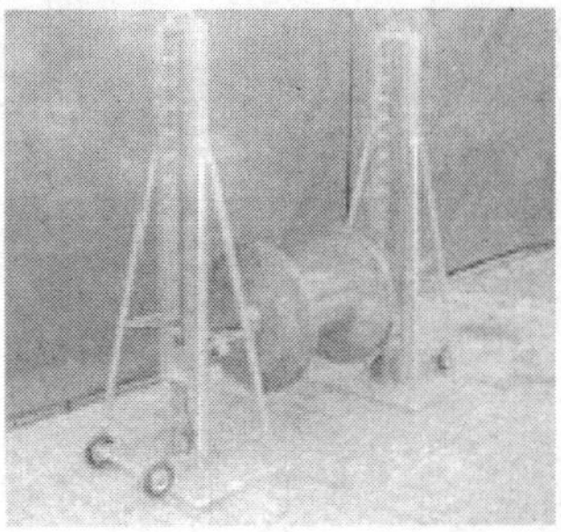

图 4-19　线轴支架

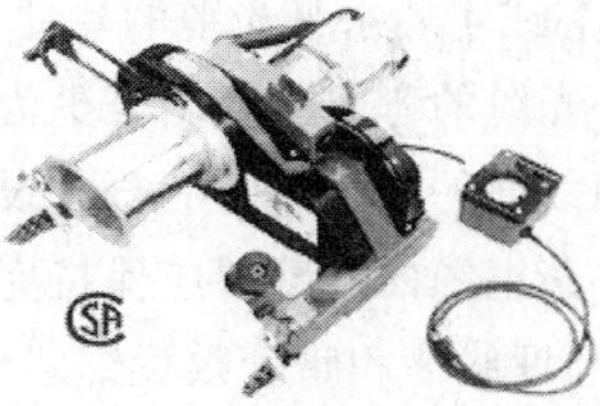

图 4-20　牵引机

4. 滑车轮

当大楼主干布线采用向下垂放的方法时，为了保护缆线，需要一个滑车轮，如图 4-21 所示，保证缆线从卷轴拉出后经滑车轮平滑地往下放线。

图 4-21　滑车轮

4.6.2 缆线布放

1. 缆线布放规则

(1) 缆线的敷设应满足下列要求

① 缆线的型式、规格应与设计规定相符。

② 缆线在各种环境中的敷设方式、布放间距均应符合设计要求。

③ 缆线的布放应自然平直,不得产生扭绞、打圈、接头等现象,不应受到外力的挤压和损伤。

④ 缆线两端应贴有标签,应标明编号,标签书写应清晰、端正和正确。标签应选用不易损坏的材料。

⑤ 缆线应有余量以适应终接、检测和变更。对绞电缆预留长度:在工作区宜为 0.3～0.6 m,电信间宜为 0.5～2 m,设备间宜为 3～5 m;光缆布放路由宜盘留,预留长度宜为 3～5 m,有特殊要求的应按设计要求预留长度。

⑥ 缆线的弯曲半径应符合下列规定。

- 非屏蔽 4 对对绞电缆的弯曲半径应至少为电缆外径的 4 倍。
- 屏蔽 4 对对绞电缆的弯曲半径应至少为电缆外径的 8 倍。
- 主干对绞电缆的弯曲半径应至少为电缆外径的 10 倍。
- 2 芯或 4 芯水平光缆的弯曲半径应大于 25 mm;其他芯数的水平光缆、主干光缆和室外光缆的弯曲半径应至少为光缆外径的 10 倍。

⑦ 缆线间的最小净距应符合设计要求。

⑧ 屏蔽电缆的屏蔽层应保持完好的导通性。

(2) 预埋线槽和暗管敷设缆线应符合下列规定

① 敷设线槽和暗管的两端宜用标志表示出编号等内容。

② 预埋线槽宜采用金属线槽,预埋或密封线槽的截面利用率应为 30%～50%。

③ 敷设暗管宜采用钢管或阻燃聚氯乙烯硬质管。布放大对数主干电缆及 4 芯以上光缆时,直线管道的管径利用率应为 50%～60%,弯管道应为 40%～50%。暗管布放 4 对对绞电缆或 4 芯及以下光缆时,管道的截面利用率应为 25%～30%。

(3) 设置缆线桥架和线槽敷设缆线应符合下列规定

① 密封线槽内缆线布放应顺直,尽量不交叉,在缆线进出线槽部位、转弯处应绑扎固定。

② 缆线桥架内缆线垂直敷设时,在缆线的上端和每间隔 1.5 m 处应固定在桥架的支架上;水平敷设时,在缆线的首、尾、转弯及每间隔 5～10 m 处进行固定。

③ 在水平、垂直桥架中敷设缆线时,应对缆线进行绑扎。对绞电缆、光缆及其他信号电缆应根据缆线的类别、数量、缆径、缆线芯数分束绑扎。绑扎间距不宜大于 1.5 m,间距应均匀,不宜绑扎过紧或使缆线受到挤压。

④ 楼内光缆在桥架敞开敷设时应在绑扎固定段加装垫套。

(4) 采用吊顶支撑柱作为线槽在顶棚内敷设缆线时,每根支撑柱所辖范围内的缆线可以不设置密封线槽进行布放,但应分束绑扎,缆线应阻燃,缆线选用应符合设计要求。

(5) 建筑群子系统采用架空、管道、直埋、墙壁及暗管敷设电、光缆的施工技术要求应按照本地网通信线路工程验收的相关规定执行。

2. 缆线布放要求

① 在缆线布放过程中，为避免受力和扭曲，应制作合格的牵引端头。如果采用机械牵引，应根据缆线牵引的长度、布放环境、牵引张力等因素选用集中牵引或分散牵引等方式。

② 为了防止缆线缠绕和变形，布放缆线时，应慢速而平稳地牵引，速度不宜超过15 m/min。电缆的最大允许拉力如下。

- 1 根 4 对对绞电缆的拉力为：100 N(10 kg)；
- 2 根 4 对对绞电缆的拉力为：150 N(15 kg)；
- 3 根 4 对对绞电缆的拉力为：200 N(20 kg)；
- n 根 4 对对绞电缆的拉力为：$n\times50+50$ N；
- 25 对 5 类 UTP 电缆的拉力不能超过 40 kg。

③ 布放缆线的牵引力应小于缆线允许张力的 80%；瞬间最大牵引力不应超过缆线允许的张力。

以牵引方式敷设光缆时，主要牵引力应加在光缆的加强芯上；涂有塑料涂覆层的光纤，由于细如毛发，而且光纤表面的微小伤痕将使其耐张力显著地恶化。另外，当光纤受到不均匀的侧面压力时，光纤损耗将明显增大。因此，敷设时应控制光缆的敷设张力，避免光纤受到过度的外力(弯曲、侧压、牵拉和冲击等)，这是提高工程质量、保证光缆传输通道性能所必须注意的问题。建筑物光缆的最大安装张力及最小安装半径如表 4-1 所示。

表 4-1　光纤安装张力及半径

光纤数	最大安装张力/N	最小安装半径/cm
4	450	5.08
6	560	7.60
12	675	7.62

3. 缆线布放方法

根据布线作业的不同，可采用不同的放线方法，下面介绍常用的两种。

(1) 从纸板箱中拉线

4 对对绞电缆出厂时都包装在各种纸板箱中。可通过下列技术来尽量避免电缆的缠绕。

① 除去塑料塞；

② 通过出线孔拉出数米的电缆；

③ 将纸板箱放在地板上，按所要求的长度将电缆割断(要留有供终接、扎捆及日后维护所需的余量)；

④ 将电缆滑入槽中，留数厘米在外，并在末端系一个环，以使末端不滑回到槽中去；

⑤ 重新插上塞子以固定电缆。

（2）从卷轴上放缆线

较重的电缆必须绕在轮轴上，光缆通常也是以卷轴包装。从卷轴上放缆线的要点如下：

卷轴要安装在千斤顶上，如图 4-22(a)所示，以使它能转动并将缆线从轴顶部拉出。施工人员要做到平滑、均匀地放线。如果要同时布放走向同一区域的多条缆线，可先将缆线安装在滚筒上，然后从滚筒上将它们拉出，如图 4-22(b)所示。

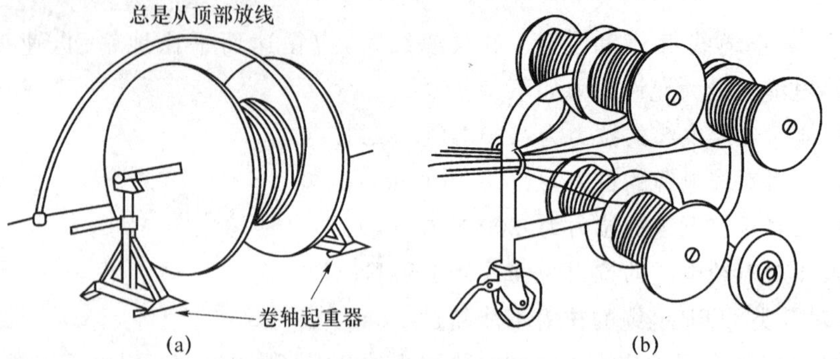

图 4-22　用卷轴放缆线

4. 缆线牵引

用一条拉线或一条蛇绳将缆线牵引穿入墙壁管道、吊顶和地板管道，所用的方法取决于要完成作业的类型、缆线的重量和布线路由的质量，还与管道中要穿过的缆线的数目有关。不管在哪种场合都应遵循的一条原则是：要尽量做到拉线与缆线的连接点平滑。在布多条缆线时，要试着一次尽量布更多的缆线。一次布的缆线越多，则施工时间就越短。

（1）牵引多条 4 对 UTP 电缆

为牵引多条 4 对 UTP 电缆穿过一条路由，可用下列方法。

① 将多条电缆聚集成一束，并使它们的末端对齐；

② 用电工带紧绕在电缆束外面 5～7 cm 长，参看图 4-23(a)；

③ 将拉绳穿过电工带缠好的电缆并打好结，参看图 4-23(b)；

如果在拉电缆过程中，连接点散开了，则要收回电缆和拉绳重新制作更牢固的连接，为此，可以：

① 除去一些绝缘层暴露出 5 cm 的裸线，参看图 4-23(c)；

② 将裸线分成两束；

③ 将两束导线互相缠绕起来形成环，参看图 4-23(d)；

④ 将拉绳穿过此环并打结，然后将电工带缠到连接点周围，要缠得结实和平滑。

（2）牵引单条 25 对对绞电缆

牵引单条 25 对电缆，可使用下列方法：

① 将电缆向后弯曲以便建立一个环，直径约为 15～30 cm，并使电缆末端与电缆本身绞紧，参看图 4-24(a)；

② 用电工带紧紧地缠在绞好的电缆上，对环进行加固，参看图 4-24(b)；

③ 把拉绳连接到电缆环上，参看图 4-24(c)；

④ 用电工带紧紧地将连接点包扎起来。

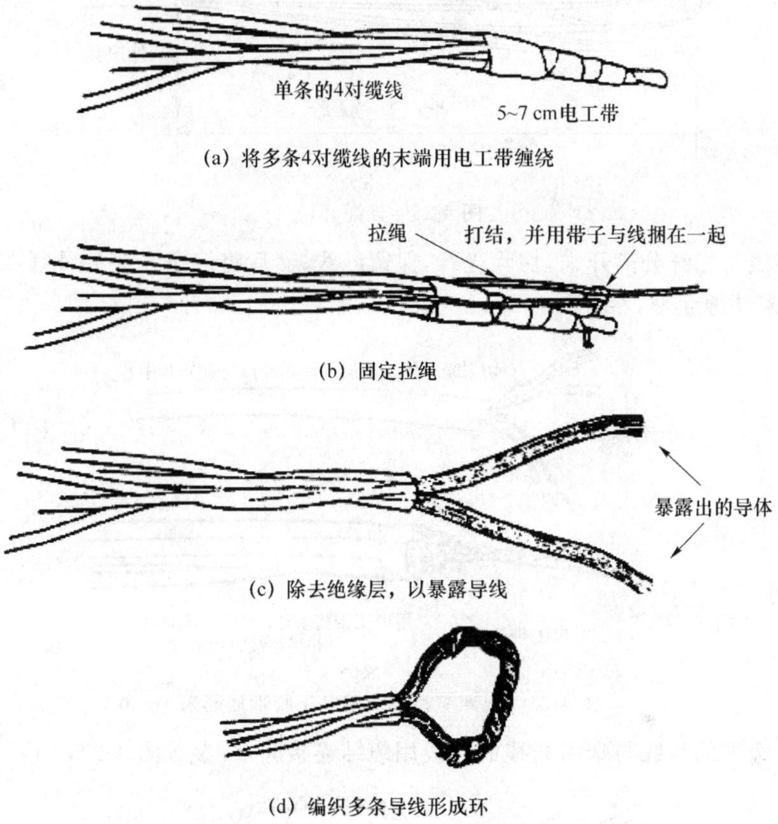

图 4-23　多根 4 对 UTP 电缆牵引处理方法

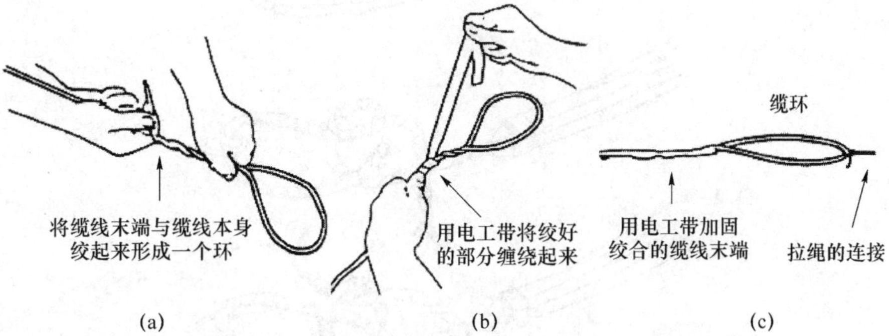

图 4-24　牵引单条 25 对对绞电缆

(3) 牵引光缆

光缆敷设可以分为在槽道、管道、架空或吊顶内等情况，一般在管道内或比较狭长的地方敷设光缆宜先制作光缆牵引头，以便用拉线(鱼线)牵引光缆。制作光缆牵引头的方法如下：

① 在离光缆末端 0.3 m 处，用光缆环切器对光缆外护套进行环切，并将环切开的外护套从光纤上滑去，露出纱线和光纤，参看图 4-25；

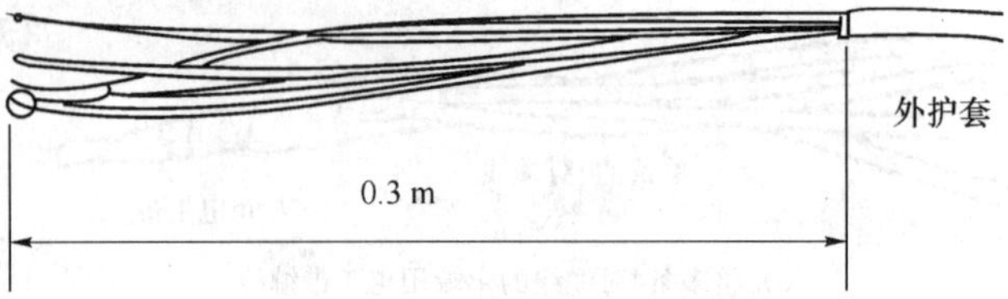

图 4-25 光缆环切

② 将纱线与光纤分离开来，切除光纤，保留纱线；然后将多条光缆的纱线绞起来并用电工胶带将其末端缠起来，参看图 4-26；

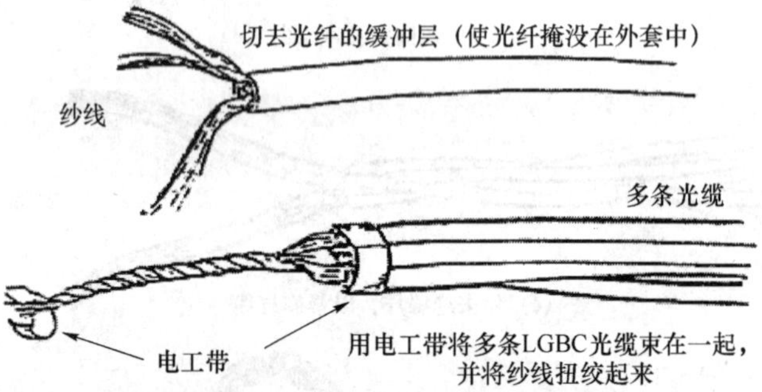

图 4-26 把光缆和纱线用电工胶带捆起来

③ 将光缆端的纱线与牵引光缆的拉线用缆结连接起来，参看图 4-27；

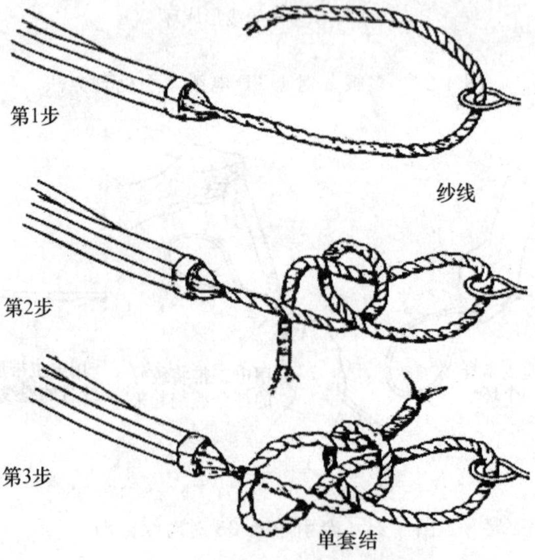

图 4-27 将纱线连接到牵引带上

④ 切去多余的纱线，利用套筒或电工胶带将绳结和光缆末端缠绕起来，确认没有粗糙之处，以保证在牵引光缆时不增加摩擦力，参看图 4-28。

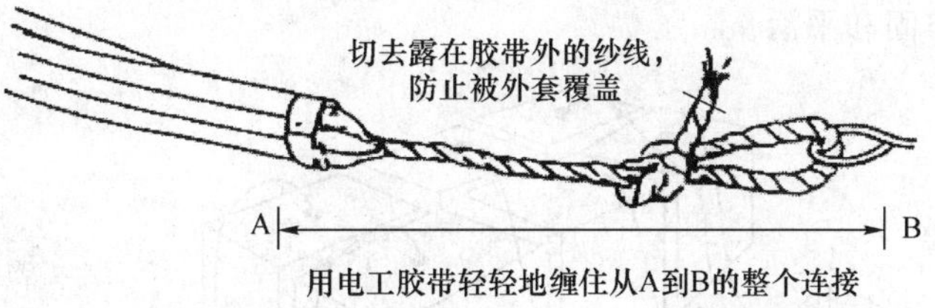

图 4-28　准备牵引光缆的连接

5. 配线缆线布放

(1) 管道布线

管道布线是在浇筑混凝土时已把管道预埋在地板中，管道内有牵引缆线的钢丝或铁丝，施工人员只需索取管道图纸来了解地板的布线管道，确定路径在何处，就可以作出施工方案了。

管道一般从电信间埋到信息插座安装孔。施工人员只要将缆线固定在信息插座的接线端，从管道的另一端牵引拉线就可将缆线引到电信间。

对于没有预埋管道的新建筑物，施工可以与建筑物装潢同步进行，这样既便于布线，又不影响建筑的美观。

(2) 吊顶内布线

配线布线最常用的方法是在吊顶内布线。施工步骤如下。

① 索取施工图纸，确定布线路由。

② 沿着所设计的路由，打开吊顶。用双手推开每块镶板，如图 4-29 所示。电缆很重，为了减轻压在吊顶上的重量，必要时安装 J 形钩、吊索及其他支撑物来支撑电缆。

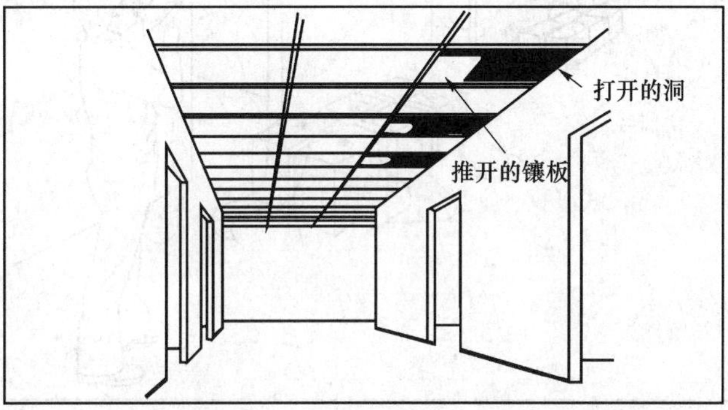

图 4-29　具有可移动镶板的悬挂式天花板

③ 加标注。纸箱上可直接写标注，电缆的标注写在电缆末端，贴上标签。

④ 将一个带卷连接到合适长度的牵引绳上，投掷牵引绳时，带卷将作为一种重锤。

⑤ 从离电信间最远的一端开始，将牵引绳的末端(带卷的一端)投向走廊吊顶。

⑥ 移动梯子将牵引绳投向吊顶上的下一孔，直到绳子到达走廊的末端，然后拉出绳子。

⑦ 将每两个箱子中的电缆拉出形成“对”，再用电工带捆扎好，现假设要布放 6 条 4 对电缆，如图 4-30 所示。

⑧ 将牵引绳穿过 3 个用带子缠好的电缆对，绳子结成一个环，再用带子将三对电缆与

绳子缠紧，要缠得牢固和平滑。

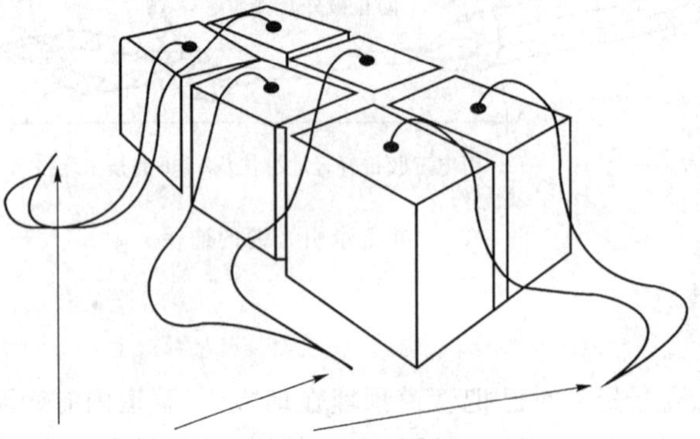

图 4-30 将每对电缆用带子缠好

⑨ 走到牵引绳的另一端(有吊圈的一端)，人工拉牵引绳。将所有的 6 条电缆一并从电缆箱中拉出并经过吊顶从孔中出来，如图 4-31 所示。

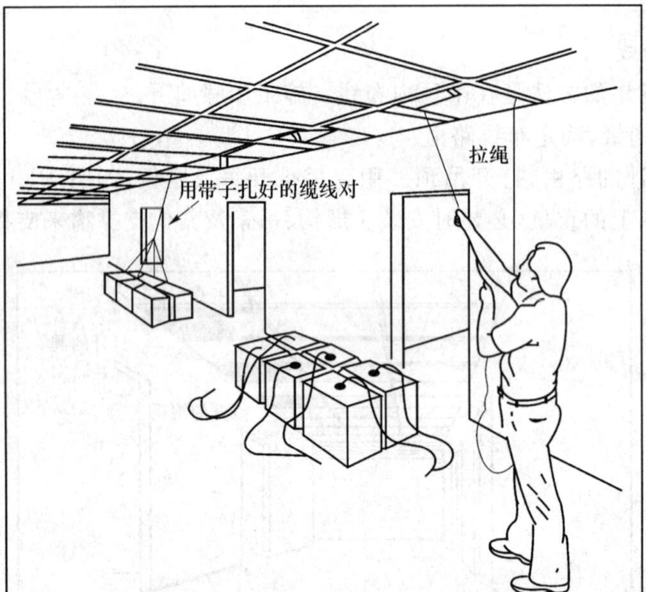

图 4-31 将每对缆线用带子缠好并拉出吊顶

⑩ 暂不要固定吊顶内的电缆，因为以后还可能移动它们。

当缆线在吊顶内布完后，还要通过墙壁或墙柱的管道将缆线向下引至信息插座安装孔。缆线较少、距离不大、无拐弯时不需要拉绳，只要将缆线用带子缠绕成紧密的一组，将其末端馈送进入管道并用力向里推，直到在管道孔处露出来为止。反之，不易穿缆线时，则可在管内布放一条牵引绳，用牵引绳将缆线拉过管道。

当缆线在吊顶内布完后，还可以通过地板将缆线引至上一层电信间或信息插座安装孔，方法与向下牵引缆线相同。

(3) 在墙上布线

有些已建好的大楼没有预留走缆线的通道，又无法重新敷设暗管，只能在墙上布明线。在这种情况下，通常采用明装 PVC 线槽的方法布线，先将塑料槽底板钉固于墙面设计路由的适当位置，再布放缆线，然后盖上线槽盖板即可。某些情况下，亦可沿着墙根走线，利用 B 形夹子将缆线固定，如图 4-32 所示。

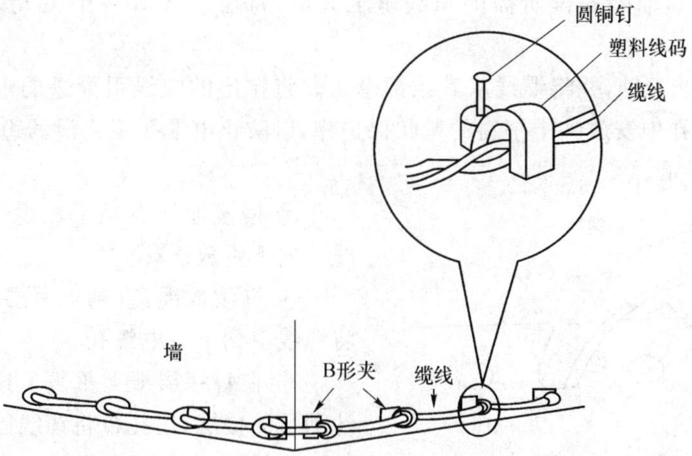

图 4-32　用 B 形夹沿着墙根布线

6. 干线缆线布线

干线缆线通道多为建筑物的垂直弱电井或弱电间，弱电井是专门为布放弱电缆线而设计的，一个从地下室至楼顶层的开放型空间，弱电间则是在垂直方向上有的一层层对准的封闭型小房间。弱电间中的对应位置设有电缆孔或电缆竖井，如图 4-33 所示。

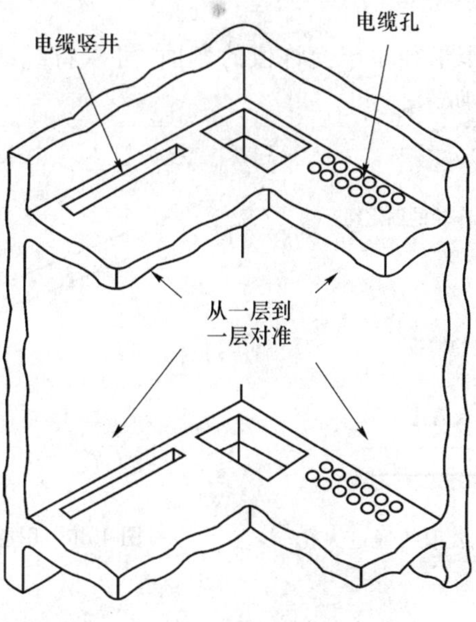

图 4-33　封闭型的电信间

在弱电间中敷设干线缆线有两种选择：向下垂放和向上牵引。通常向下垂放比向上牵引容易，但如果将缆线卷轴抬到高层上去很困难的话，则只能由下向上牵引。

(1) 向下垂放缆线

① 在离建筑顶层槽孔 1～1.5 m 处安放缆线卷轴，以便在卷筒转动时能控制缆线。放置卷轴时，要使缆线的末端在其顶部，然后从卷轴顶部牵引缆线。注意：在从卷轴上牵引缆线之前，必须将卷轴固定好，以防卷轴自身滚动。

② 在缆线卷轴处安排所需的布线施工人员，每层上要有一个工人以便引导下垂的缆线。

③ 转动缆线卷轴，并将缆线从其顶部牵出。将拉出的缆线引导进弱电间中的电缆孔，在此之前，先在孔中安放一个塑料的靴状保护物，以防止电缆孔不光滑的边缘擦破缆线的外皮，如图 4-34 所示。

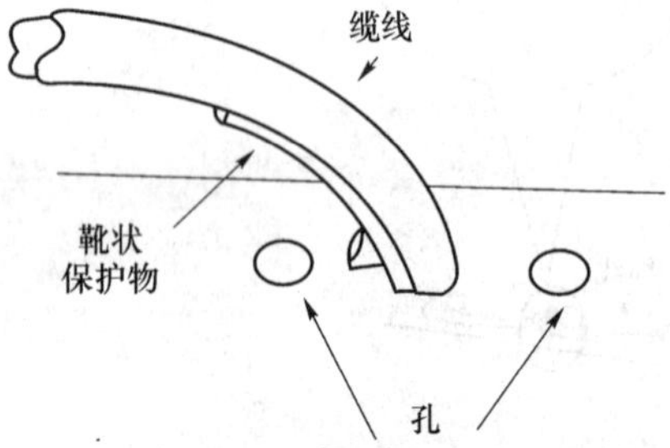

图 4-34　保护电缆的塑料靴状物

④ 慢慢地从卷轴上放缆线并引导进入电缆孔向下垂放。

⑤ 继续放缆，直到下一层布线施工人员能将缆线引到下一电缆孔。

⑥ 在每一层楼上重复上述步骤，直到缆线达到目的楼层，用扎带将缆线固定住。

如果要经由一个大孔（电缆竖井）敷设垂直干线缆线，就无法使用一个塑料保护靴了，这时最好使用一个滑车轮，通过它来下垂缆线，必须在井的中心位置装上一个滑轮，如图 4-35 所示；然后将缆线拉出绕在滑车轮上；再按前面所介绍的方法牵引缆线穿过每层的井，当缆线到达目的地时，把每层上的缆线绕成圈放在架子上固定起来，等待以后的终接。各层间的缆线应按规定绑扎固定于垂直管槽内。

在布线时，若缆线要作半径小于允许值的弯曲，可以将缆线放在滑车轮上，以解决缆线的弯曲问题，如图 4-36 所示。

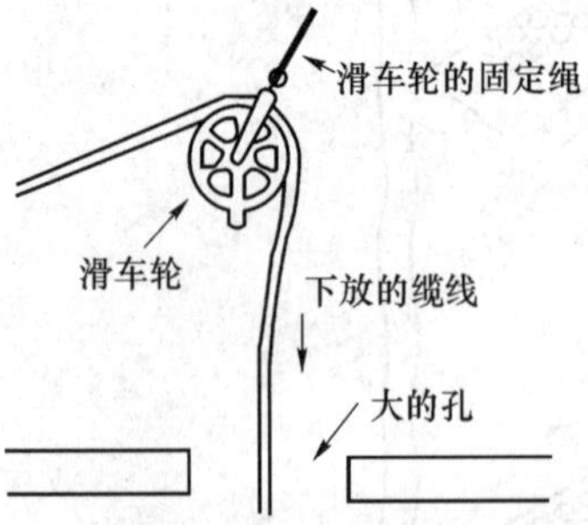

图 4-35　用滑车轮向下布放缆线通过大孔

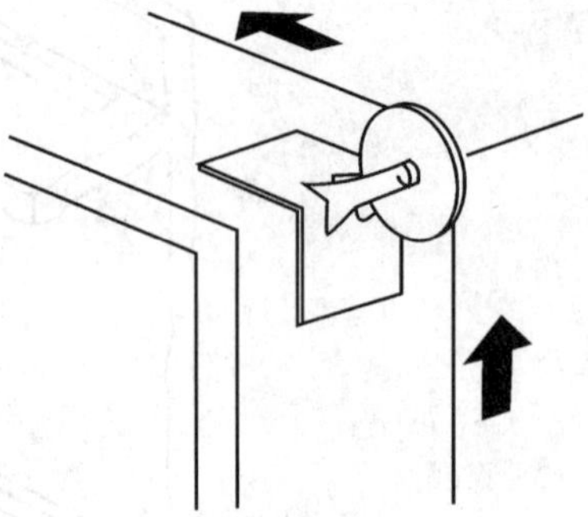

图 4-36　用滑轮解决缆线的弯曲问题

(2) 向上牵引缆线

布放的缆线较少时，可采用人工向上牵引的方案。若布放的缆线较多，可采用电动牵引绞车向上牵引的方案，如图 4-37 所示。

① 先往绞车中穿一条拉绳(确认此拉绳的强度能保护牵引的缆线);

② 启动绞车,往下垂放拉绳,直至拉绳前端到达安放缆线的底层;

③ 将拉绳连接到缆线的拉眼(牵引头)上;

④ 启动绞车,慢速地将缆线通过各层的孔向上牵引;

⑤ 缆线的末端到达顶层时,停止绞动;

⑥ 在地板孔边沿上用夹具将缆线固定;

⑦ 当所有连接制作好之后,从绞车上释放缆线的末端。

注意绞车在拉线的过程中力度不能过大,防止因拉力过大而将缆线拉断或引起缆线严重变形,从而影响施工质量。

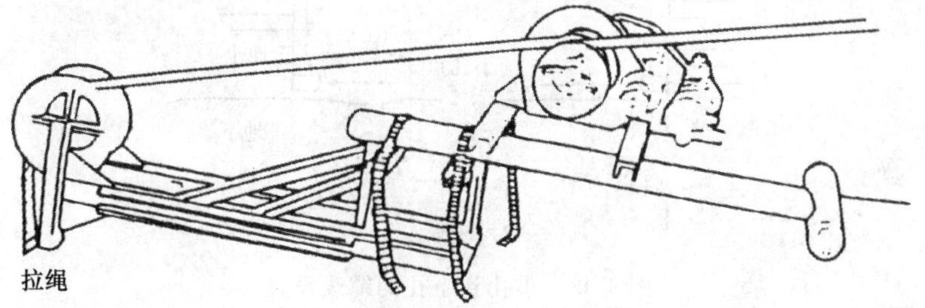

图 4-37　典型的电动牵引绞车

7. 建筑群缆线布线

在建筑物之间敷设缆线,一般有管道、架空和直埋三种方式。管道敷设缆线,可以防潮湿、野兽及其他故障源对缆线的破坏;架空敷设,即在空中从电杆到电杆敷设缆线;直埋是在地沟中敷设缆线。在综合布线中常采用管道敷设缆线。

在管道中敷设缆线时,一般光缆应和其他缆线分开单独占用管孔。多管孔时,光缆占用底层靠边管孔,光缆应布放在预先布放的子管内。管道全程布放缆线的孔位力求对应,不要错乱,以便施工和管理。布放管道光缆或电缆一般采用人工牵引,难度大时则采用机械牵引。

(1) 人工牵引缆线

当缆线路径的阻力和摩擦力很小时,可以采用人工牵引缆线的方法。

① 小孔到小孔牵引

小孔到小孔牵引指的是直接将缆线牵引通过管道(这里没有手孔)。即缆线通过小孔在一个地方进入地下管道,经由小孔在另一个地方出来,参看图 4-38。

- 在牵引的出口点和入口点揭开管道;
- 往管道的一端馈入一条蛇绳,直到它从另一端露出来;
- 将蛇绳与手拉的绳连接起来,并在其外缠绕上足够长度的电工带;
- 通过管道往回牵引蛇绳;
- 将缆线轴放在千斤顶上并使其与管道尽量成一直线。缆线要从卷轴的顶部放出,在管道口放置一个靴形的保护物,以防止牵引缆线时划破其外护套;
- 如果在缆线上有一个拉眼,则直接将牵引绳连接到缆线上并用电工带缠绕起来,要确保连接点的牢固和平滑;

- 一个人在管道的入口处将缆线馈入管道，另一个人在管道的另一端牵引拉绳，牵引缆线要平稳；
- 继续牵引缆线，直到缆线在管道另一端露出为止。

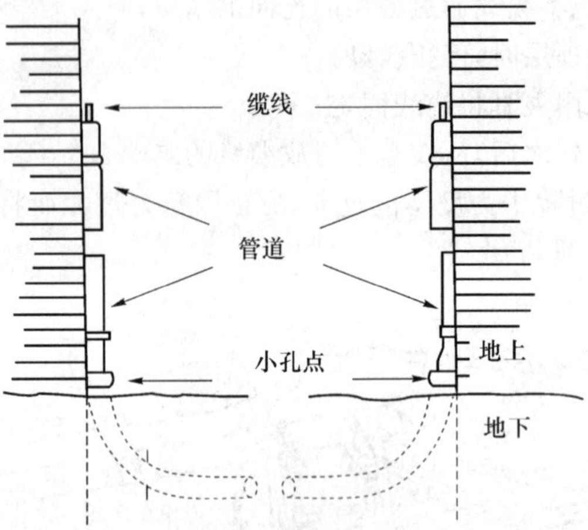

图 4-38　小孔到小孔的缆线设置

② 手井到手井的牵引

手井到手井牵引缆线的方法与小孔到小孔的牵引基本相似。人工牵引缆线的过程如下：

- 将蛇绳馈入到要牵引缆线的手井中去；
- 将牵引绳（又叫手绳）与蛇绳连接起来并用电工带缠牢；
- 通过管道将蛇绳拉回，直到牵引绳从管道中露出；
- 将缆线轴安装在千斤顶上，与小孔到小孔的过程相同，应从卷轴的顶部馈送缆线；
- 在两个手井中使用绞车或其他硬件，如图 4-39 所示；

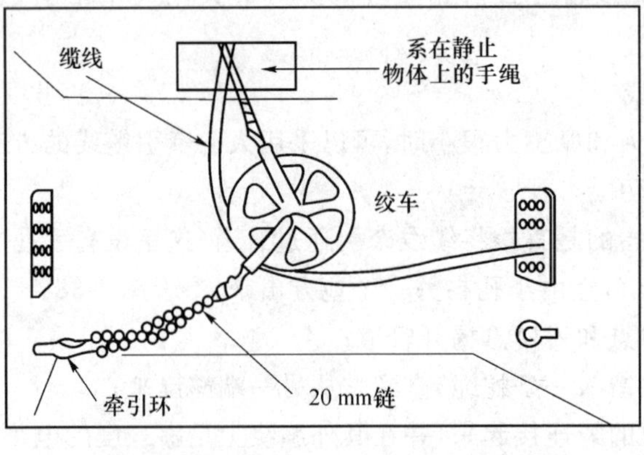

图 4-39　人工牵引缆线所用硬件

- 将牵引绳通过一个芯钩或牵引孔眼固定在缆线上；
- 为了保证管道边缘是平滑的，要安装一个引导装置（软塑料块），以防止牵引缆线时管道孔边缘划破缆线保护层；
- 一个人在馈缆线手井处放缆，另一个人或多个人在另一端的手井处拉手绳以便缆线被牵引到管道中去,如图 4-40 所示。

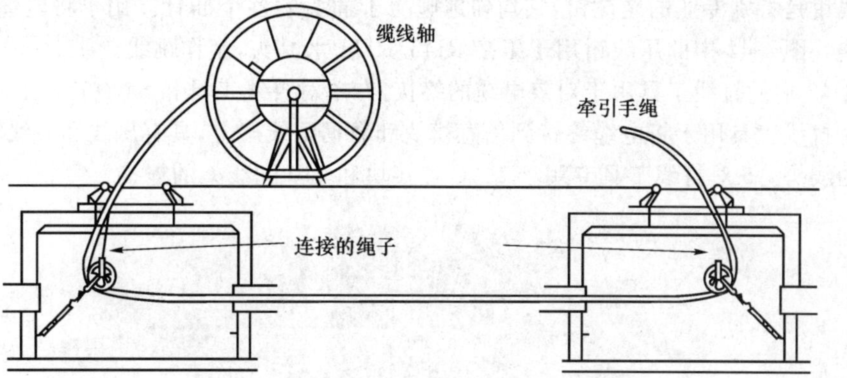

图 4-40　人工牵引缆线(手井到手井)基本的牵引设备

(2) 机器牵引

在人工牵引缆线困难的场合,则要用机器来辅助牵引缆线。为了将缆线拉过两个或多个手井,可按下列步骤进行:

- 将具有绞绳的卡车停放在欲作为缆线出口的手井旁边;
- 将具有缆线轴的拖车停放在另一个手井旁边。卡车、拖车与管道都要对齐;
- 用前面人工牵引中叙述的方法,将一条牵引绳从缆线轴手井布放到绞车手井;
- 装配用于牵引的索具,在牵引非常重的缆线时,要不断地在索具上添加润滑剂;
- 将拉绳连接到绞车,启动绞车。保持平稳的速度进行牵引,直到缆线从手井中露出来。注意绞车的拉力不能超过规定值,以免拉断缆线。

4.7　缆线终接

在缆线终接前,必须核对缆线标识内容是否正确,缆线终接处必须牢固、接触良好,缆线中间不应有接头。

4.7.1　缆线终接工具

1. 电缆剥线工具

图 4-41 所示的剥线工具用于环切对绞电缆的外护套。其中的电缆剥线钳使用了高度可调的刀片,操作者可以自行调整切入的深度使之与导线的厚度相符,以保证只切割电缆护套,而不伤及芯线绝缘层。

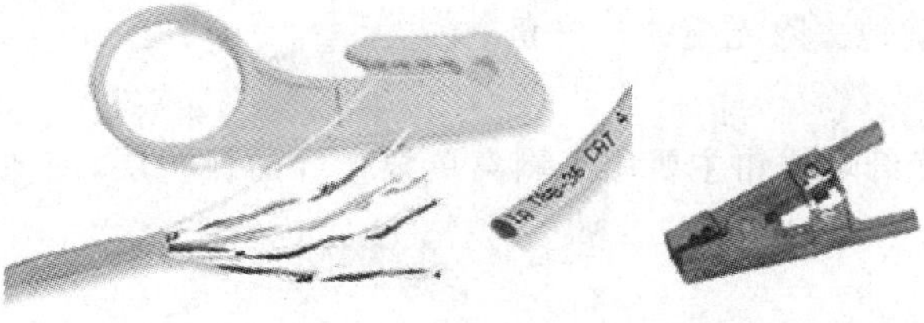

图 4-41　剥线钳和剥线器(电缆环切器)

2. 压线钳和打线工具

压线钳是特别专业的老虎钳，它均匀地施力于插头的各个插针。用于将电缆连接器和电缆相连。图 4-42 中的压线钳用于压接 RJ45/RJ11 水晶头，制作跳线。

图 4-42 中的打线工具用于对绞电缆的终接，有单对打线工具和 5 对打线工具两种。其中的单对打线工具用于将电缆终接到信息模块和数据配线架上，具有压线和截线功能，能截掉多余的线头。5 对打线工具专用于 110C 连接块和 110 配线架的连接。

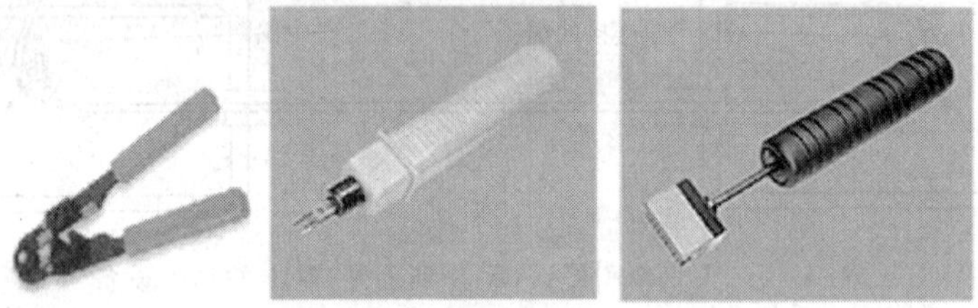

图 4-42　压线钳和打线工具

3. 手掌保护器

由于打线时冲击力较大，裸手掌较难把握，于是就有公司专门设计生产了如图 4-43 所示的手掌保护器。打线时，将信息模块嵌套在手掌保护器装置的相应位置后，再压接信息模块，既便于操作，又利于保护手掌。

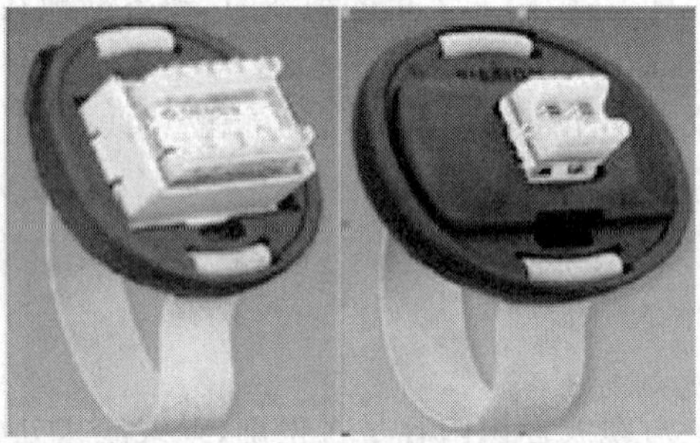

图 4-43　手掌保护器

4. 开缆刀

开缆刀的作用是剥离光缆的外护套。图 4-44 所示的纵向开缆刀（俗称"爬山虎"）是光缆施工及维护中用于纵向剥开光缆的一种理想工具。工具本身由手柄、齿轮架、双面刀和偏心轮组成。调整偏心轮的 4 个可调位置，可适用于剥除不同护套层厚度的光（电）缆。随工具还配有黄色（用于光缆）及黑色（用于小于 25 mm 的电缆）的适配器。横向开缆刀用于横向截断光缆外护套。横、纵向综合开缆刀是针对光缆施工中剥开光缆外护套的难点而专门设计的，可快速而精确地去除光缆的外护套。

5. 光纤剥线钳

图 4-45 所示的光纤剥线钳主要用于剥离单根光纤的保护层，使裸纤无损露出，以便光纤成端或接头用。

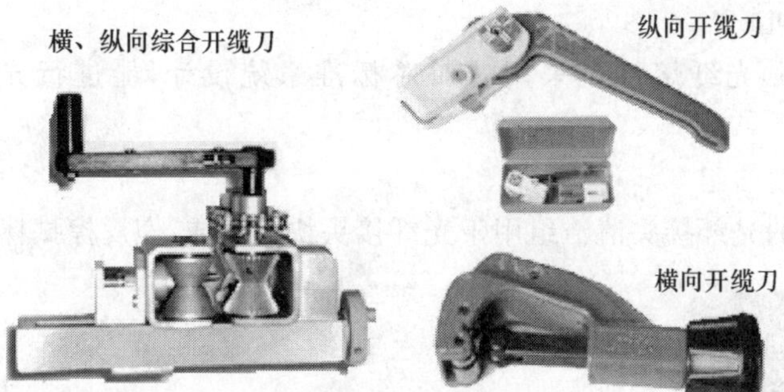

图 4-44　开缆刀

图 4-45　光纤剥线钳

6. 光纤陶瓷剪刀

图 4-46 所示的光纤陶瓷剪刀用于切断和修理光纤外的芳纶线。其超硬氧化锆陶瓷刀片，锐利而耐磨损，碳纤刀柄，使用时绝对不变形，剪切效果佳。

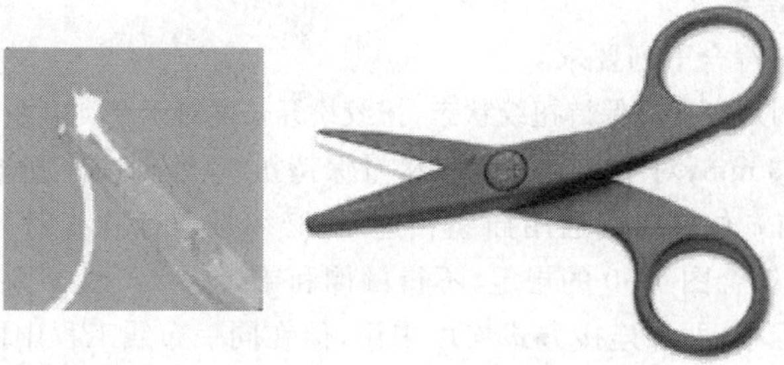

图 4-46　光纤陶瓷剪刀

7. 光纤切割工具

图 4-47 所示的光纤切割工具用于多模和单模光纤的切割。其中的光纤切割机用于光纤的精密切割；光纤切割笔用于光纤的简易切割，旋转式笔尖控制，使用方便。

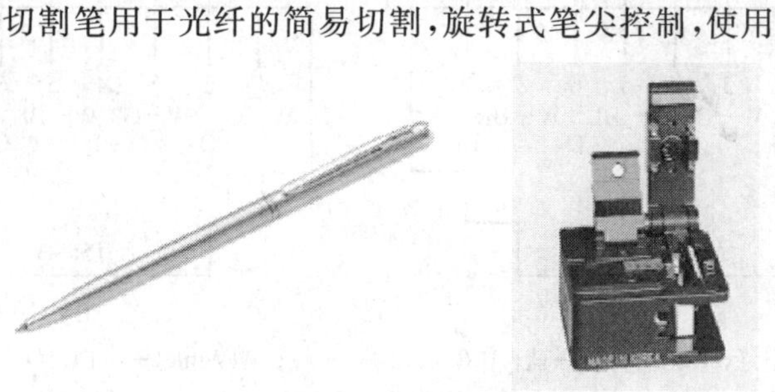

图 4-47　光纤切割工具

8. 光纤熔接机

图 4-48 所示的光纤熔接机采用芯对芯标准系统设计，能进行光纤的快速、全自动熔接。

9. 光纤接头清洁组

图 4-49 所示的光纤接头清洁组用于光纤接头快速清洁，鹿皮擦拭棒使用后不留残屑。

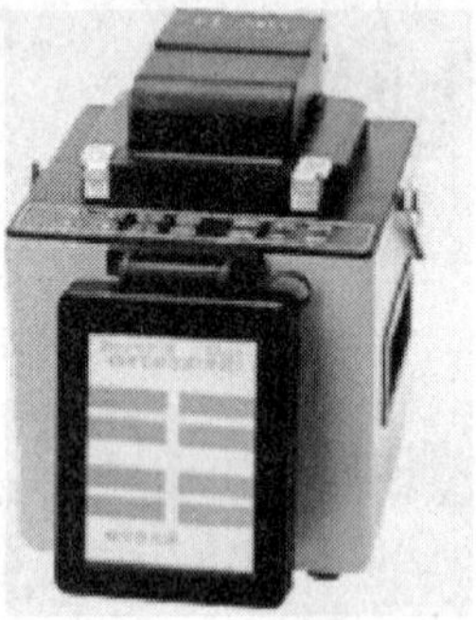

图 4-48　光纤熔接机

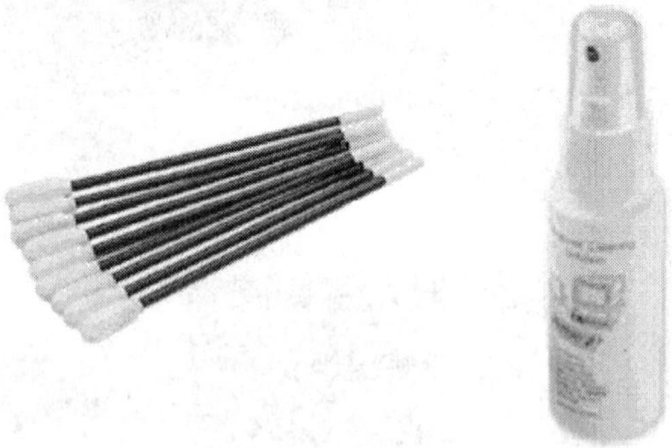

图 4-49　光纤接头清洁组

4.7.2　电缆终接

布放缆线只是综合布线施工的一部分，当电缆布放完工之后，施工人员还要对电缆进行终接。

1. 对绞电缆终接要求

对绞电缆终接应符合下列要求：

(1) 终接时，每对对绞线应保持扭绞状态，扭绞松开长度对于 3 类电缆不应大于75 mm；对于 5 类电缆不应大于 13 mm；对于 6 类电缆应尽量保持扭绞状态，减小扭绞松开长度。

(2) 对绞电缆与 8 位模块式通用插座相连时，必须按色标和线对顺序进行卡接。插座类型、色标和编号应符合图 4-50 的规定，不得颠倒和错接。

在实际施工过程中，两种连接方式均可采用，但在同一布线工程中两种连接方式不应混合使用。

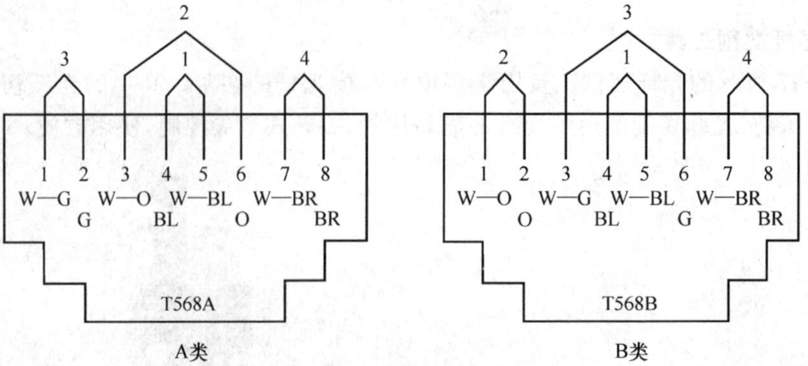

G(Green) ——绿； BL(Blue) ——蓝； BR(Brown) ——棕； W(White) ——白； O(Orange) ——橙

图 4-50　八位模块式通用插座连接

(3) 7 类布线系统采用非 RJ45 方式终接时，连接图应符合相关标准规定。

(4) 屏蔽对绞电缆的屏蔽层与连接器件终接处屏蔽罩应通过紧固器件可靠接触，缆线屏蔽层应与连接器件屏蔽罩 360°圆周接触，接触长度不宜小于 10 mm。屏蔽层不应用于受力的场合。

(5) 对不同的屏蔽电缆，屏蔽层应采用不同的终接方法。应对编织层或金属箔与汇流导线进行有效的终接。

(6) 每个 2 口 86 面板底盒宜终接 2 条对绞电缆或 1 根 2 芯/4 芯光缆，不宜兼做过线盒使用。

(7) 各类跳线的终接应符合下列规定：

① 各类跳线和连接器件间接触应良好，接线无误，标志齐全。跳线选用类型应符合系统设计要求。

② 各类跳线长度应符合设计要求。

2. 110 型配线架的终接

电缆的正确终接对于网络信息的正常传输非常关键。电缆的终接除了要求基本的连接正确外，还要求一定的气密性和连接的可靠性，只有电缆与连接硬件间的阻抗保持在较低的水平，才能达到最好的网络传输效果。

(1) 110 型配线架的终接方法见图 4-51 所示。

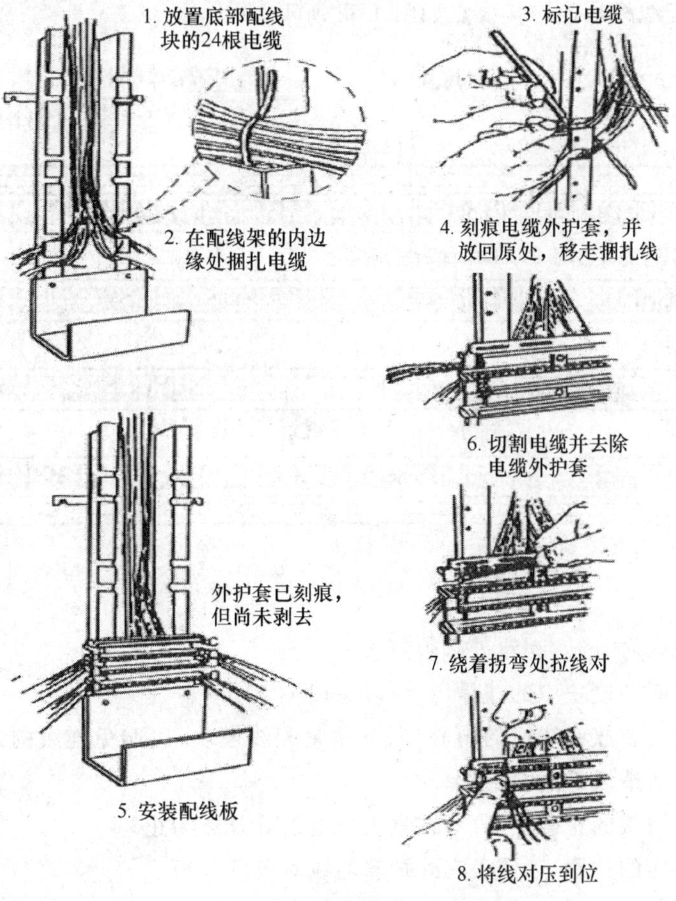

图 4-51　110 型配线架的终接

第一步:将第 1 个 110 配线模块(即 100 对线的 110 型配线架)上要终接的 24 条电缆牵到位。每个配线槽中放 6 条(要根据电缆的终接位置安排电缆。左边的电缆终接在配线模块的左半部分,右边的电缆终接在配线模块的右半部分)。

第二步:在配线架的内边缘处松松地将电缆捆扎起来,以保证单条的电缆不会滑出配线模块槽,避免缆束的松弛不整齐。

第三步:用尖的标记器在配线架边缘处的每条电缆上标记一个新线的位置。

第四步:拆开线束并握住它,在每条电缆的标记处刻痕,然后将刻好痕的缆束放回原处,为盖上 110 配线模块作好准备。

第五步:当所有的 4 个缆束都刻好痕并放回原处后,将 110 配线模块安装到位,并从第一条电缆开始,按下列步骤进行终接。

第六步:在刻痕点之外最少 13 cm 处切割电缆,并剥去电缆外护套。

第七步:沿着 110 配线模块的边缘将 4 对导线拉进前面的线槽中去。

第八步:拉紧并弯曲每一线对使之进入到索引条的位置,用索引条上的高齿将一对导线分开,在索引条最终弯曲处提供适当的压力以使线对变形最小。

当上面两个索引条的线对安放好,并使之就位及切割后,再进行下面两个索引条的线对安置。

(2) 110 型配线模块的终接要点如图 4-52 所示。

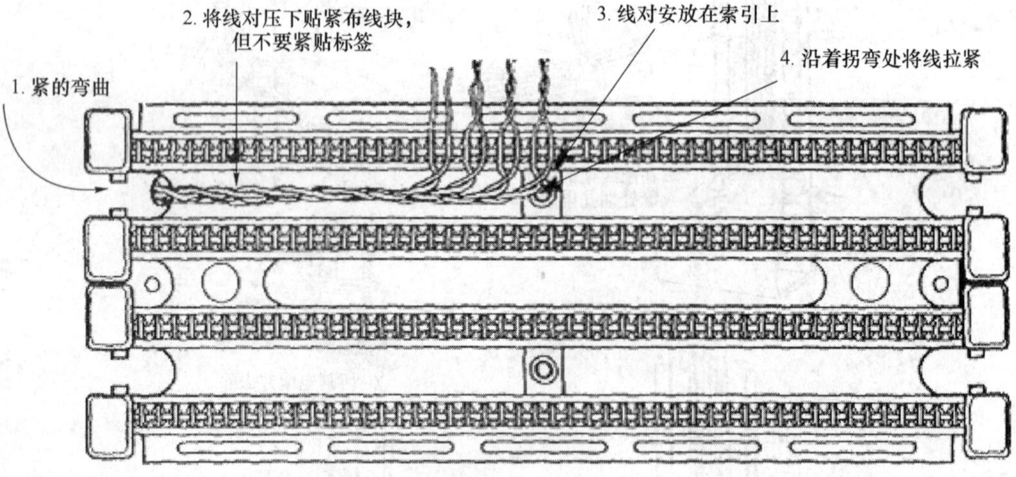

图 4-52　110 型配线模块的终接

- 为了避免线对分开,拐弯处必须拉紧;
- 线对必须对准模块中的线槽压下,以免损坏电缆;
- 线对基本上要放在线槽的中心,向下贴紧配线模块,以避免连续的终接在线槽中堆积起来时所造成的线对变形;
- 必须保持对接的正确性,直到在索引条上的分开点为止;
- 要指定终接的位置,以使没有外护套的线对长度最短;
- 最左边的 6 条电缆终接在左边的上两条和下两条索引条的位置上;

- 最右边的 6 条电缆终接在右边的上两条和下两条索引条的位置上；
- 在将线对安放到索引条中之后，用压接工具压下并切除线头以前要检查线对安放是否正确（按颜色编码检查），线对是否变形。如果线对变形要把线对从索引条上拉下来重新放置。

(3) 110 配线架与转接点的连接如图 4-53 所示。

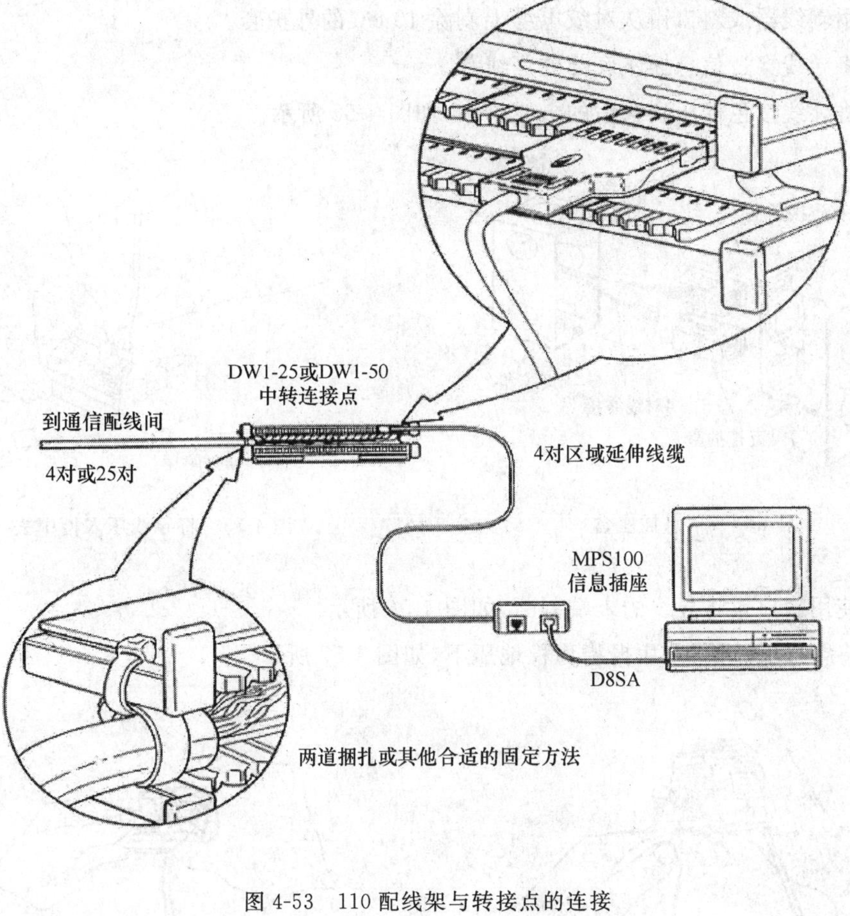

图 4-53　110 配线架与转接点的连接

3. 信息插座终接

(1) 通用信息插座终接

综合布线所用的信息插座多种多样，信息插座内部由固定线连接。信息插座的核心是信息模块，一头为插孔，另一头为接线端子。对绞电缆在与信息插座的信息模块连接时，必须按色标和线对顺序进行卡接。插座类型、色标和编号应符合规定。镀金的模块插座孔可保持与模块化插头弹簧片间稳定、可靠的电连接。由于弹簧片与插孔间的摩擦作用，电接触随插头的插入而得到进一步加强。模块插孔端主体设计采用了整体锁定机制，当模块化插头插入时，插头和插孔的接触面处可产生最大的拉拔强度。信息插座面板应有防尘、防潮的功能并符合标准。

对绞电缆与信息插座的卡接端子连接时，应按先近后远、先下后上的顺序进行卡接。信息插座自身没有阻抗，但如果连接不好，可能要增加链路衰减及近端串音。

下面是连接 4 对对绞电缆到墙壁信息插座的施工步骤，用此法也可将 4 对对绞电缆连接到掩埋型的信息插座上。注意：操作前应安装好信息插座盒，如图 4-54 所示。

① 先将信息插座上的螺钉拧开，接下来将终接夹拉出来拿开。

② 从墙上的信息插座安装孔中将对绞电缆拉出 20 cm 长。

③ 用剥线器或斜口钳从对绞电缆上剥除 10 cm 的外护套。

④ 将导线穿过信息插座底部的穿线孔。

⑤ 将导线按色标压到合适的卡线槽中，如图 4-55 所示。

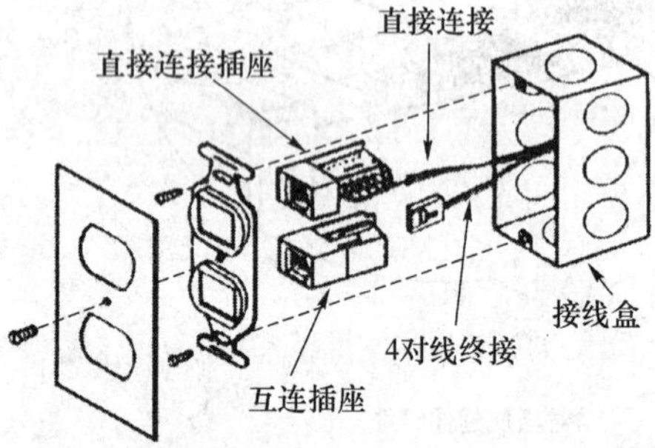

图 4-54 信息插座盒

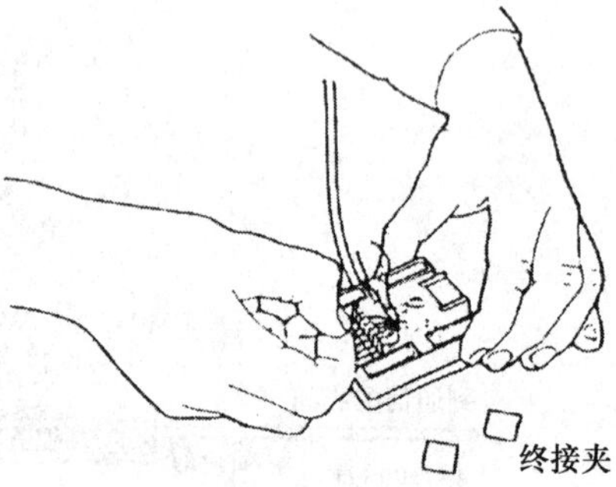

图 4-55 将导线压入槽中去

⑥ 使用斜口钳将导线的末端割断，如图 4-56 所示。

⑦ 将终接夹放回，并用拇指稳稳地压下，如图 4-57 所示。

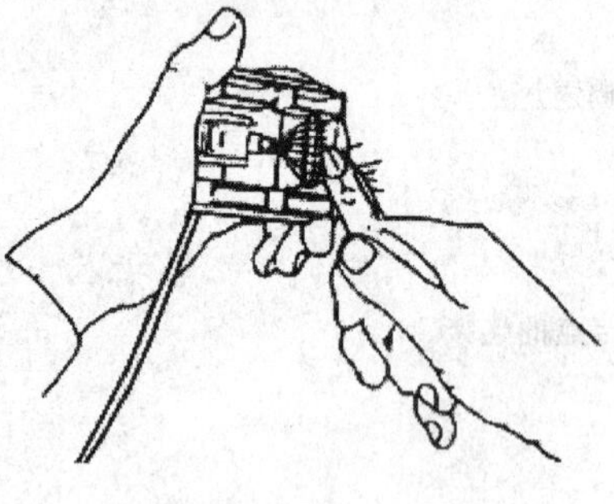

图 4-56 用斜口钳切去多余的导线头

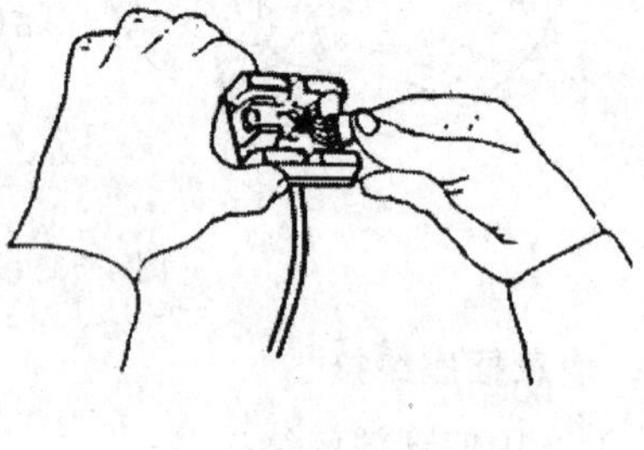

图 4-57 将终接夹放到线上

⑧ 重新组装信息插座，将分开的盖和底座扣在一起，再将连接螺钉拧上。

⑨ 将组装好的信息插座放到墙上。

⑩ 将螺钉拧到信息插座盒上，以便固定。

(2) 信息插座模块终接

信息插座模块的侧面标有不同颜色电缆线对的卡线位置，便于快速、准确地安装施工。

图 4-58 所示是在 M100 模块插座上终接电缆的快速可重复的方法。

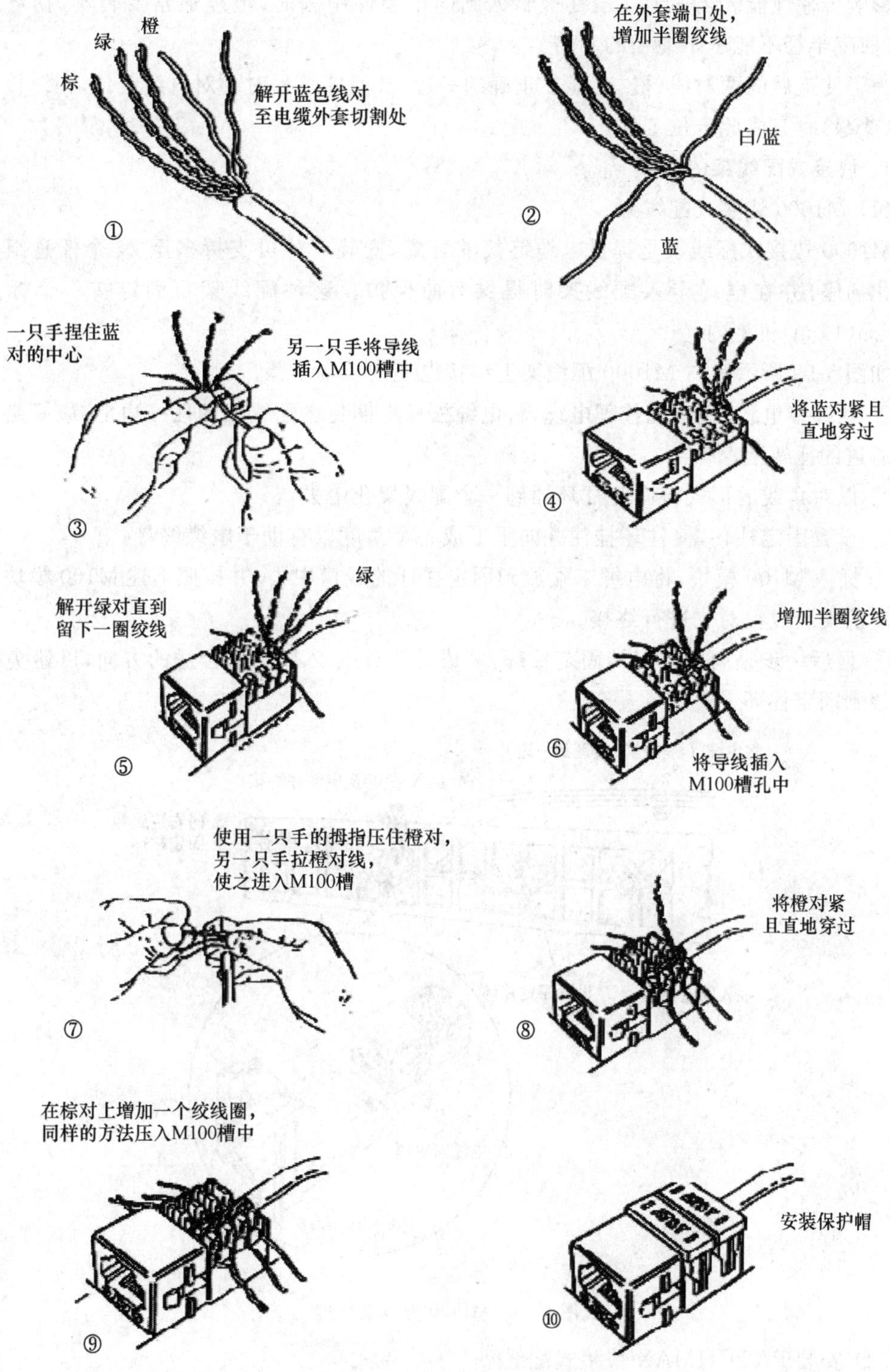

图 4-58　M100 按 T568B 方式终接

在图 4-58 所示的整个操作过程中，要注意保持电缆绞距不变，如果电缆绞距变动较大，将会影响传输性能。当 M100 最终被卡入到固定硬件中去时，电缆通常要转弯，拐弯要圆滑，且曲率半径不能小于缆径的 4 倍。

为了使最后的两对线(橙棕)能在正确的一边，开始此过程时要对电缆定位，在终接头两对线(蓝绿)时完成此定位工作。

4. 快接式配线架的终接

(1) M1000 快接式配线架

M1000 快接式配线架是提供电缆终接的装置，安装夹片可支持多至 24 个任意组合的模块化插座，并在电缆卡入配线架时提供弯曲保护。这种配线架可固定在一个标准的 48.3 cm(19 in)机柜内。

如图 4-59 所示为在 M1000 配线架上终接电缆的基本步骤。

① 在终接电缆之前，先整理电缆，将电缆松松地捆扎在配线架的任一边上，最好是捆到垂直通道的托架上。

② 以对角线的形式将固定柱环插到一个配线架孔中去。

③ 设置固定柱环，使柱环挂住并向下形成一个角度以有助于电缆终接。

④ 插入 M100 模块，将电缆末端放到固定柱环的线槽中去，并按照上述 M100 模块化信息插座的安装过程对它进行终接。

⑤ 最后一步是向右边旋转固定柱环，完成此工作时必须注意合适的方向，以避免将电缆缠绕到固定柱环上。

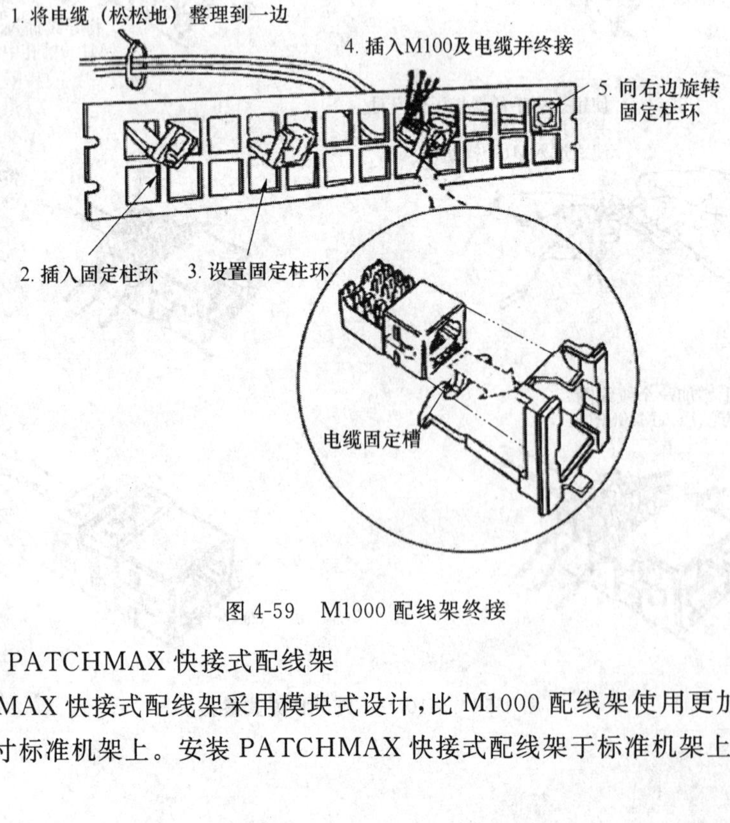

图 4-59 M1000 配线架终接

(2) 安装 PATCHMAX 快接式配线架

PATCHMAX 快接式配线架采用模块式设计，比 M1000 配线架使用更加方便，亦可以安装于 19 英寸标准机架上。安装 PATCHMAX 快接式配线架于标准机架上的操作步骤如

图 4-60 所示。

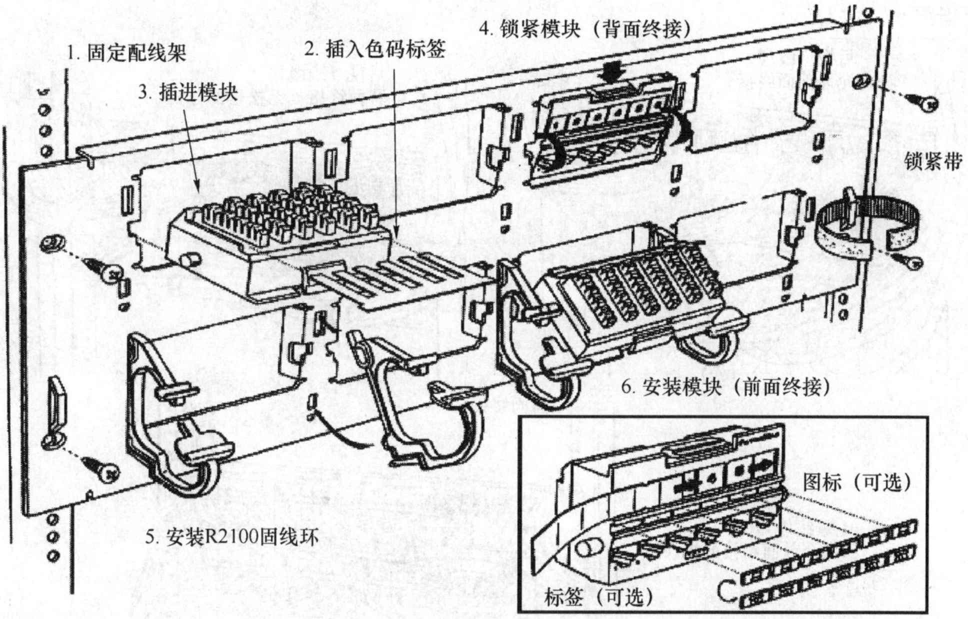

图 4-60　PATCHMAX 快接式配线架固定步骤

按图 4-61 所示，终接 5 类线或超 5 类线于各模块上，应注意各模块上的接线管理器（即色标卡片）与系统型号一致，且接线管理器开口向下。

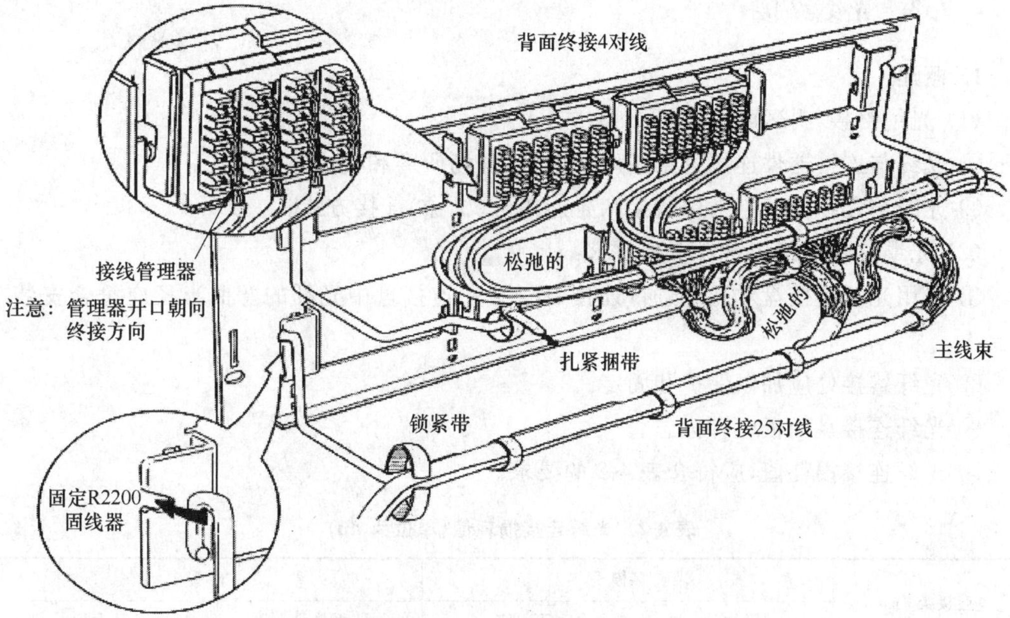

图 4-61　PATCHMAX 快接式配线架电缆终接

施工完成后电缆绑扎应规范，可参照图 4-62 的形式绑扎所终接的电缆，一般采取背面终接电缆的形式。

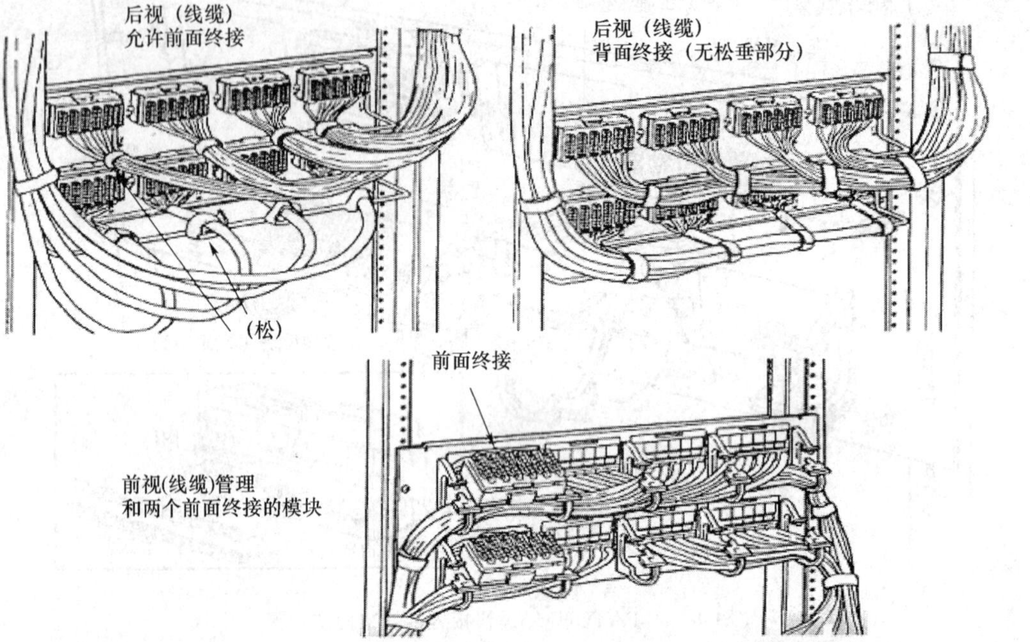

图 4-62　PATCHMAX 快接式配线架电缆绑扎

4.7.3　光缆终接

1. 概述

(1) 光缆终接与接续应采用下列方式：

① 光纤与连接器件连接可采用尾纤熔接、现场研磨和机械连接方式。

② 光纤与光纤接续可采用熔接和光连接子（机械）连接方式。

(2) 光缆芯线终接应符合下列要求：

① 采用光纤连接盘对光纤进行连接、保护，在连接盘中光纤的弯曲半径应符合安装工艺要求。

② 光纤熔接处应加以保护和固定。

③ 光纤连接盘面板应有标志。

④ 光纤连接损耗值，应符合表 4-2 的要求。

表 4-2　光纤连接损耗值（单位为 dB）

连接类别	多模		单模	
	平均值	最大值	平均值	最大值
熔接	0.15	0.3	0.15	0.3
机械连接		0.3		0.3

2. 光缆成端

光缆成端就是将光缆中的光纤分色按顺序终结成活接头(即 ST 头、FC 头或 SC 头等),并安装于相应的光配线架的光耦合器内,以便使用光纤时用作端接。

制作光缆成端有多种方法,现阶段普遍采用的方法是熔接法。所谓熔接法就是用光纤熔接机将光缆中的光纤与同类型的光尾纤拼接起来,使光纤终结成活接头然后按光纤色序置于光配线架的光耦合器中,贴上相应的标签即可。

所谓光纤拼接,就是将两段光纤永久性地连接起来。有两种光纤拼接技术,即:熔接和机械拼接。

(1) 光纤熔接

光纤熔接(Fusion Splicing)是用光纤熔接机进行高压放电使待接续光纤端头熔融,合成一段完整的光纤。这种方法接续损耗小(一般小于 0.1 dB),而且可靠性高,是目前使用得最为普遍的一种方法。下面介绍光纤熔接机熔接光纤的具体操作过程。

① 制备接续光纤端面

首先,将光纤外面的所有覆层和缓冲层去掉并擦干净。除去涂覆层时不能伤害光纤的表面,不能使光纤的强度下降。去掉二次涂覆层可使用专用的剥线钳,去掉一次涂覆层可以采用浸透酒精(无水乙醇)的纱布擦洗,或加热后用酒精棉擦,或用有机溶剂泡洗等。

然后,把光纤端面切割平整、光滑,这是获得良好接续的关键。目前制备平整光滑端面的方法,一是用石英玻璃刀在待切割部位划出很细的痕迹,再用手向外侧轻轻施加弯曲力,光纤就会断开,一般也能达到要求;此外还可用专用的光纤切割器切割。

② 用光纤熔接机接续

把制备好的待接续的两根光纤置于熔接机微调架上,让其自动对准,选择好熔接时间和电压即可进行熔接。对准情况可在熔接机显示屏上看得一清二楚。熔接结果(即接续损耗)不仅可以显示而且还可打印输出。整个熔接过程是自动化的,操作非常方便。

整个熔接过程如下:将待接续的两根光纤端面预加热,并微熔;微熔的光纤端面由于表面张力而均匀整形,以及对接熔融成为一体。不过其过程极为短暂,操作者感觉不到。这一过程是避免连接部位产生气泡和保证连接面平直所必要的步骤。

③ 用热缩管保护连接部位

在接续过程中,光纤连接部位的机械强度明显下降,为了整个光纤链路的安全、可靠,必须进行接头保护。最常用的方法是使用套有不锈钢丝的热缩管。实际上热缩管内还有一根热熔管,接续的光纤就是通过此管的。当光纤接续完以后,把预先套在待接续光纤上的热缩管移至连接处,然后用专用的加热器加热约 1 分钟,温度达 120 ℃左右即可。在加热过程中,热熔管完全融合并紧紧附着在光纤的周围,使光纤与空气隔离,从而得到保护,并大大地增加其机械强度。与此同时热缩管收缩,在两端有微量熔体溢出并立即形成圆球,以此把钢丝与已接续的光纤紧紧地捆在一起,从而达到增加连接部位机械强度的目的。

(2) 光纤机械拼接

所谓机械拼接,就是通过一根套管将两根光纤的纤芯校准,以确保连接部位的准确吻合。

3. 光纤端接

光纤端接与拼接不同,它用于需要进行多次拔插的光纤连接部位的接续,属非永久性的光纤互连，又称光纤活结。常用于光配线架的跨接线与应用设备、插座的连接等场合。光纤端接在管理、维护、更改链路等方面非常有用。光纤的端接通常使用带不同接插头的光跳线，在配线架上或配线架与设备间实现，对于不同类型光纤之间或设备光口之间的连接，必须选用与之相匹配的光跳线。光纤端接衰耗比拼接大，但连接方便，易于改变接插。

4. 光纤互连与交连

光纤交连与电缆交连相似，它为管理传输链路提供一个集中的场所，交叉连接模块允许用户利用光纤跳线(两头有终接好的连接器)来重新安排链路或增加新的链路和拆除不用的链路。所谓光纤交连，就是用光跳线将两条分别已成端在光配线架上的光缆的光纤连接起来，俗称跳纤，采用此法易于管理或维护线路，操作方法也较简便。选用一条长度合适、两端终结头型号分别与欲连接的光纤终结头型号相同、与光纤型号一致的光跳线，将跳线两端的连接器分别通过耦合器与光纤连接器相连即可。

光纤互连是直接将来自不同地点的光纤互连起来，不通过光纤跳线。当主要需求不是链路的重新安排，而是适量的光能损耗时，就使用互连模块。互连的光能量损耗比交连要小。这是因为在互连中光信号只通过一次连接，而在交连中光信号要通过两次连接。所谓光纤互连是指将两条光缆的已成端的光纤通过耦合器彼此连接到一起。做法是将两条半固定光纤上的连接器从耦合器的两边插入到耦合器中。这种连接要求两边的光纤类型应相同，否则会引起光路故障。

下面以 ST 光纤连接器为例，说明其互连方法。

第一步：清洁 ST 连接器。拿下 ST 连接器头上的保护帽，用沾有试剂级丙醇酒精的棉签轻轻擦拭连接器头。

第二步：清洁耦合器。摘下光纤耦合器两端的保护帽，用沾有试剂级丙醇酒精杆状清洁器穿过耦合器孔擦拭耦合器内部以除去其中的碎片，如图 4-63 所示。

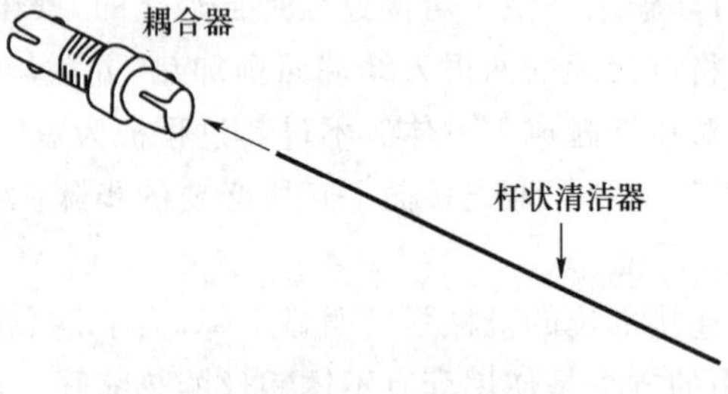

图 4-63　用杆状清洁器清洁耦合器

第三步：使用罐装气吹去耦合器内部的灰尘，如图 4-64 所示。

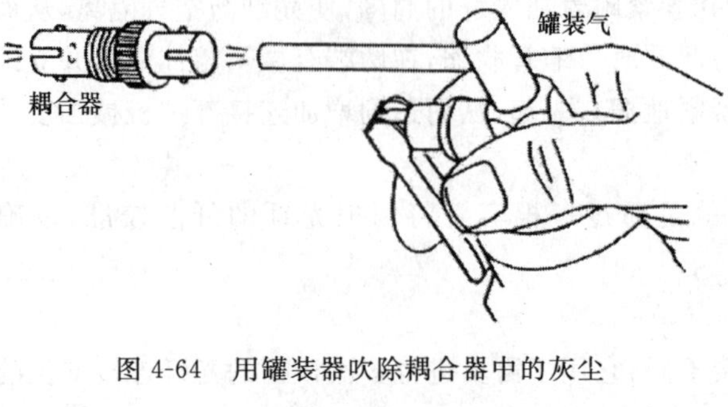

图 4-64　用罐装器吹除耦合器中的灰尘

第四步：将 ST 光纤连接器插到一个耦合器中。将光纤连接器头插入耦合器的一端，耦合器上的突起对准连接器槽口，插入后扭转连接器以使其锁定。如经测试发现光能量损耗较高，则需摘下连接器并用罐装气重新净化耦合器，然后再插入 ST 光纤连接器。在耦合器的两端插入 ST 光纤连接器，并确保两个连接器的端面在耦合器中接触良好，如图 4-65 所示。

注意：每次重新安装时都要用罐装气吹去耦合器的灰尘，并用沾有试剂级的丙醇酒精的棉签擦净 ST 光纤连接器。

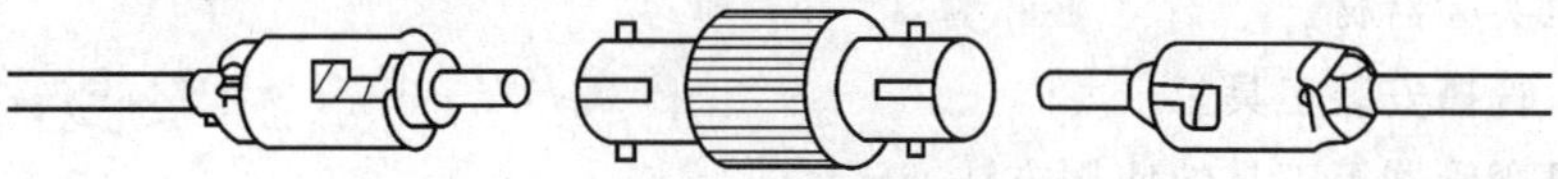

图 4-65　将 ST 光纤连接器插入耦合器

第五步：重复以上步骤，直到所有的 ST 光纤连接器都插入耦合器为止。

注意：若一次来不及装上所有的 ST 光纤连接器，则连接器头上要盖上黑色保护帽，而耦合器空白端(一端已插上连接器头的情况)要盖上红色保护帽。

4.8　本章实训

4.8.1　管槽安装

1. 实训目的

(1) 了解、认识常用管槽安装工具，熟悉其性能，掌握其使用方法。

(2) 按标准完成管槽的安装施工。

2. 实训内容

(1) 弯管器的使用。

(2) 管槽的安装

① PVC 管施工。

② 金属管施工。

③ PVC 线槽施工。

④ 桥架施工。

(3) 信息插座盒的安装。

(4) 金属管与信息插座底盒的连接。

3. 实训器材

(1) 弯管器	1 台
(2) 角磨机	1 台
(3) PVC 线槽剪	1 把
(4) 钢锯	1 把

(5) 锉刀　　1把
(6) 螺丝刀　　1把
(7) 点压钳　　1把
(8) 铁锤　　1个
(9) 各种线管、线槽及连接件　　若干
(10) 信息插座盒　　1套

4. 实训过程

1) 认识实验器材。

2) 认识管槽安装工具。

3) 学习弯管器等工具的使用方法。

4) 管槽安装。

(1) PVC管施工

① 按实际长度,对PVC管进行切割。

② 按要求将PVC管安装到墙上指定的位置。

③ 使用胶水连接PVC管与PVC管。

④ 弯曲PVC管(可以使用合适的弹簧)到所需弯度。

(2) 金属管施工

① 按实际长度,对金属管进行切割、打磨。

② 按要求将金属管安装到墙上指定的位置。

③ 使用短套管、点压钳等工具连接金属管与金属管。

④ 弯曲金属管(需要使用弯管器)到所需弯度。

(3) PVC线槽施工

① 按实际长度,对PVC线槽进行切割。

② 按要求将PVC线槽安装到墙上指定的位置。

③ 制作45°角。

(4) 桥架施工

① 按实际长度,对桥架进行切割、打磨。

② 按要求将桥架安装到墙上指定的位置。

③ 使用接头连接板(放线槽内侧)连接桥架,拧紧螺丝。

④ 在桥架连接处两边安装不小于2.5 mm^2 的铜线。

5) 安装信息插座

拧开螺丝,取下信息插座面板,将信息插座底盒固定到墙上合适的位置。

6) 连接金属管与信息插座底盒

使用铜杯臣和梳结连接金属管和信息插座底盒。

7) 整理器材和工具

5. 实训总结

管槽布线是综合布线施工中最经常使用的一种布线方式,只有掌握好该方式,才能完成好布线施工。

4.8.2　UTP 电缆跳线制作

1. 实训目的

学习 UTP 电缆跳线制作方法，了解水晶头的结构，掌握电缆分色方法，熟练掌握 T568A 和 T568B 对水晶头打线规定的标准线序，掌握 UTP 电缆跳线制作技巧和电缆剥线器、压线钳的用法。

2. 实训内容

制作一条两端均为 RJ45 水晶头的跳线。（附水晶头知识：UTP 电缆跳线两端使用 RJ45 头作为连接之用，RJ45 水晶头的正面有三个凹槽，前面第一个凹槽卡接对绞线线芯，中间凹槽是固定 8 根线的，后面凹槽是固定对绞电缆的外护套的。反面有一个卡柱，用于固定 RJ45 头和信息模块插孔的连接。前端有 8 个铜质卡接簧片，作为卡接 8 根芯线之用，芯线按规定色标排列卡接。）

3. 实训仪表和器材

(1) 电缆剥线器　1 个
(2) RJ45 压线钳　1 把
(3) 剪线钳(或剪刀)　1 把
(4) UTP 5e 电缆　1 根
(5) RJ45 接头　2 个
(6) 电缆测试仪　1 台

4. 接线标准

UTP 电缆跳线连接的标准有两个，如图 4-66 所示。

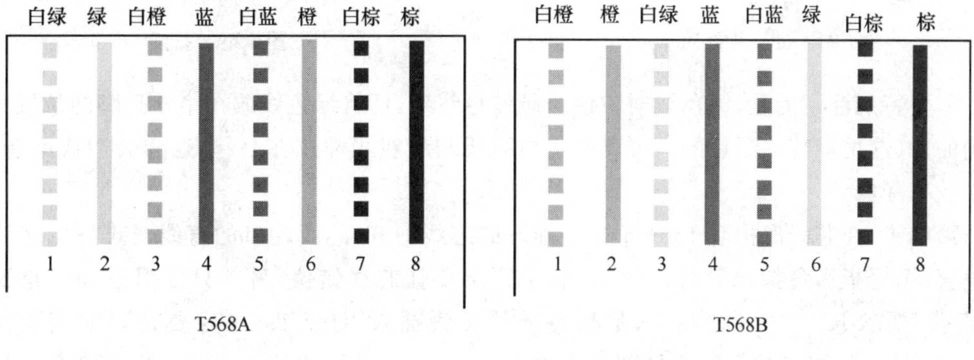

图 4-66　T568A、T568B 线序标准

5. 实训步骤

第一步：剥去电缆外皮。

先用剪线钳剪下所需长度（比最终的长度要长约 6 cm）的 UTP 电缆（如图 4-67(a)所示），然后利用电缆剥线器将电缆护套自端头环切 2～3 厘米，以便做水晶头排线。

方法：将电缆放入剥线器里，并让剥线器的切线刀距电缆终端为 2～3 厘米（如图 4-67(b)所示），然后将剥线器绕电缆旋转一圈，环切外护套，退下外护套层，八根带绝缘护套的芯线就会露出来(如图 4-67(c)所示)。注意环切时不要将芯线绝缘层切破,如果发现切破芯线绝缘层现象,应调整刀刃至对边的距离。

(a)　(b)　(c)

图 4-67　环切电缆外护套

第二步:排线对。

如图 4-68 所示排好线对。

第三步:将线对反向松开,并根据标准(T568B)排好位置。

小心地松开每一线对,因为我们是遵循 T568B 的标准来制作接头,所以线对颜色顺序如图 4-69 所示。将排好的芯线拉直平行排紧。

左一:橙,左二:绿,左三:蓝,左四:棕

图 4-68　排线对

左起:白橙/橙/白绿/蓝/白蓝/绿/白棕/棕

图 4-69　排线

需要特别注意的是,绿色线对应该跨越蓝色线对,即将绿色线放在第 6 只脚的位置才是正确的。(这里最容易犯错的地方就是将白绿线与绿线相邻放在一起,这样会造成串音,使传输效率降低。)

第四步:在芯线离护套 13 mm 处将排好的芯线剪齐,芯线端口的直线与排好的芯线轴向垂直,用拇指和食指捻紧排好的芯线,千万不要让芯线错位,另一只手拇指和食指捻住 RJ45 头,要求 RJ45 头卡柱朝下,然后将芯线慢慢插入 RJ45 头,一定要将芯线端头插到 RJ45 头的顶端,电缆护套的扁平部也应插入 RJ45 水晶头后端进入 4 mm 扁平部分。如图 4-70 所示。确认芯线排列没有变动即可。

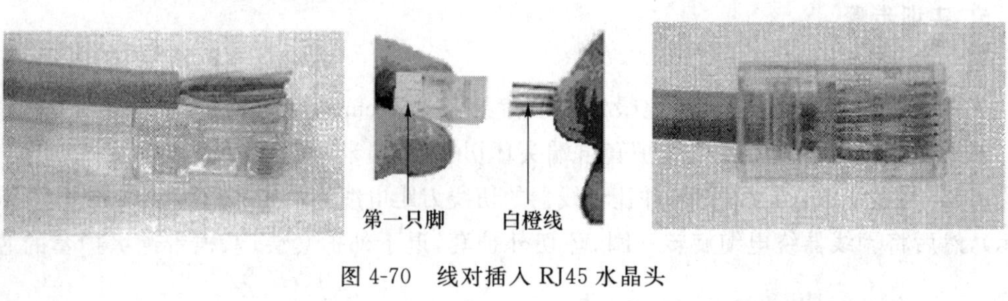

图 4-70　线对插入 RJ45 水晶头

第五步：压接。

在使用专用 RJ45 压线钳压接 RJ45 水晶头之前，再次检查电缆线序和电缆压接部分的长度几何尺寸是否符合要求，如果检查无误，用 RJ45 专用压线钳一次压接到位完成。

方法：小心地将已穿好线的 RJ45 头放入压接工具中〔如图 4-71(a)所示〕。紧紧握住把柄，并将这个压力保持 3 s。如图 4-71(b)所示，这个压接工具有两个模块，这两个模块一个可以把进入 RJ45 头的一块塑料片压下卡住进入头内的电缆护套，另一个将 RJ45 头内的针脚压入芯线中，使之导通。

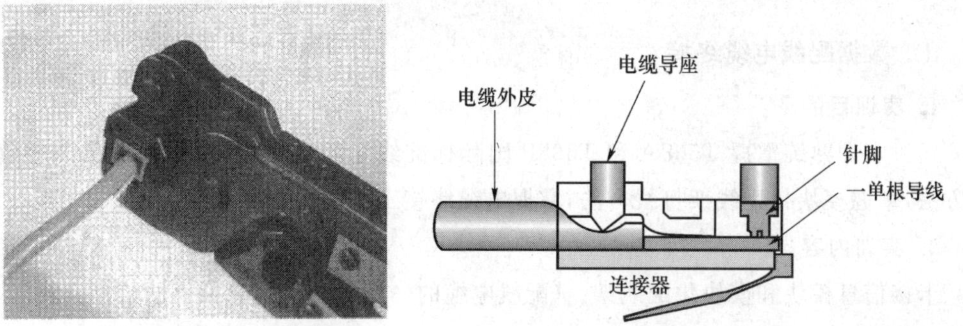

(a)　　(b)

图 4-71　压接

第六步：压接完成后，把 RJ45 头从压接工具上取下来。检查接头，确认所有的卡接铜片都已压入芯线。如果没有正确的压接导线，应取下连接器，重新压接。

第七步：采用同样的方法，制作另一端的 RJ45 接头。

第八步：使用如图 4-72 所示的电缆测试仪(俗称能手)检查跳线的连接质量，将压好的两个水晶头分别置于测试仪的插孔内，开启主端电源，指示灯按顺序闪亮，没有不亮的，则说明跳线制作成功；若有指示灯始终不亮的，则不亮的指示灯对应的芯线接续有问题，需要返工重做。

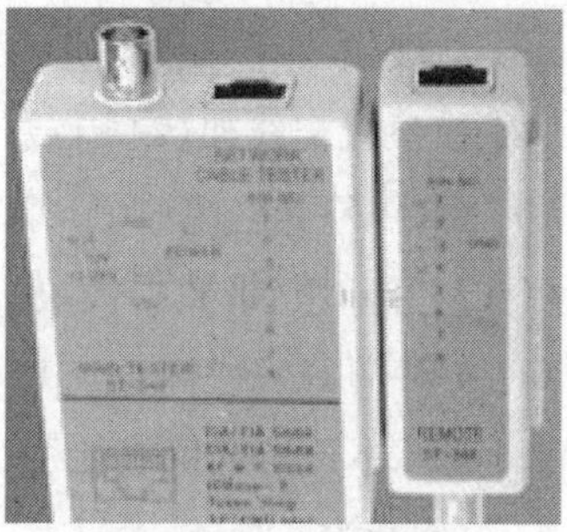

图 4-72　电缆测试仪

6. 注意事项

(1) T568A/T568B 两者没有本质的区别，只是两种规定而已。

(2) 重要的是要保证：

1、2 线对是一个绕对；

3、6 线对是一个绕对；

4、5 线对是一个绕对；

7、8 线对是一个绕对。

(3) 两端均为 T568B 或 T568A 的跳线称直连线，可以用于交换机到终端设备的连接

(即不同端口之间的连接);

(4) 一端为 T568B,另一头为 T568A 的跳线称为交连跳线,用于终端之间或交换机之间的连接(即同类端口之间的连接)。

4.8.3 配线电缆终接制作

非屏蔽对绞(UTP)电缆在目前的综合布线中大量使用,主要用作配线电缆,完成语音、数据通信。电缆的一端终接于信息插座的 8 位信息模块上,另一端终接于楼层配线架上。

Ⅰ. 数据配线电缆终接

1. 实训目的

通过实训熟练掌握 T568A 和 T568B 国际标准线序的制作规范,掌握信息插座模块卡接方法,掌握模块化配线架打线方法,掌握电缆终接工具的使用方法。

2. 实训内容

卡接信息模块和模块化配线架。(配线电缆的一端终接于信息插座的信息模块上,另一端终接于楼层配线架上。)

3. 实训仪表和器材

(1) 电缆剥线器	1 个
(2) 单芯冲压工具	1 把
(3) 剪线钳	1 把
(4) 模块化配线架(24 口或 12 口)	1 个
(5) 4 对 UTP 电缆(10 m)	1 条
(6) 信息插座(带数据模块)	2 个
(7) 4 对 UTP 跳线(直连)	2 条
(8) FLUKE 测试仪或能手	1 台

4. 打线标准

非屏蔽 4 对对绞(UTP)电缆的连接都是按标准来进行的。在 4 对对绞电缆的连接中,要求配线架端和信息插座端均按照 T568A 或 T568B 规则打线,正确连接的结果应该是两端线序对应,不能产生错对、反接、串绕等现象。

5. 实训步骤

(1) 信息插座模块的卡接

第一步:将信息插座面板上的固定螺钉拧开,把 86 mm×86 mm 的底盒用木螺丝固定在工作台上,然后将 UTP 电缆从底盒的入线口拉出 20～30 cm。

第二步:用剥线器,剥去电缆的外护套 10 cm。

第三步:将电缆按 T568B 的线序对应模块上的色谱把芯线排列到信息模块的卡线槽上。

第四步：将排列好的芯线卡入模块的卡线槽中。

第五步：使用单芯打线枪对准线槽进行卡接，将多余的线头切断，严禁用手或其他工具将多余线头扭断(或用力将模块的盖板压入，使芯线卡接。注：不同种类模块各异)。

(2) 卡接模块化配线架

第一步：将模块化配线架用螺丝固定于机架上，卡进 T568B 的色标条。

第二步：将 4 对 UTP 电缆引入到模块化配线架内，比好卡接和预留的电缆长度，用扎带将电缆固定于配线架上，做好切割电缆外护套标记。

第三步：在标记处环切电缆外护套层，并将其退出。

第四步：松开电缆中的芯线，但保持每对线的原扭绞状态不变，按顺序分色。

第五步：将 4 对线卡入配线架的相应色标处(可以先左边第 1 口)。

第六步：然后用单芯冲压工具(单对打线工具)垂直地对准卡线槽口用力压下，听到“啪”地一声即可，特别注意冲压工具有切刀的一边必须在芯线末端这边，将不需要的部分切掉，拔出冲压工具，再打下一条线，直到打完 8 根线为止。

第七步：用 FLUKE 测试仪或能手检测电缆卡接质量。

6. 注意事项

(1) 卡接线对时，应保持接线工具垂直于模块正表面均匀加力，不应上下左右偏斜，不能用力强行将导线卡入，否则容易伤及导线或使导线扭断，也有可能使模块损坏，出现隐患。

(2) 导线接续完毕后，为保证导线和簧片的接触可靠性和气密性。应目测导线是否正确卡入槽口底部和有无异样，如有问题应重新卡接，以确保连接质量。

(3) 切记，线对的排列次序应与色标一致。

Ⅱ. 语音配线电缆终接

1. 实训目的

通过实训熟练掌握语音电缆的成端终接，掌握信息插座模块卡接方法，掌握 110 模块打线方法，掌握电缆终接工具的使用方法。

2. 实训内容

卡接信息模块和 110 配线架成端。配线电缆的一端终接于信息插座上，另一端终接于 110 型配线架上。

3. 实训仪表和器材

(1) 电缆剥线器	1 个
(2) 单对冲压工具	1 把
(3) 5 对冲压工具	1 把
(4) 剪线钳	1 把
(5) 3 类 4 对 UTP 电缆(10 m)	1 条
(6) 110 配线架	1 个
(7) 5 对连接块	5 个

(8) 25 对 UTP3 类电缆(10 m) 1 条

(9) 信息插座(带语音模块) 2 个

(10) 万用表 1 台

(11) 双芯 RJ11 跳线、双芯跳线 若干

4. 打线标准

在语音传输中,非屏蔽 4 对对绞(UTP)电缆的连接要求按色标来区分线对,一般按蓝、橙、绿、棕的顺序,每一对线连接一个语音终端。大对数电缆一般按色标成端于配线架上作为主干,如果进一步与 4 对 UTP 配线电缆相连的话,一般每条配线电缆考虑使用 1 对或 2 对主干。

5. 实验步骤

(1) 信息插座模块的卡接

第一步:将信息插座面板上的固定螺钉拧开,把 86×86 的底盒用木螺丝固定在工作台上,然后将 UTP 电缆从底盒的入线口拉出 20~30 cm。

第二步:用剥线器,剥去电缆的外护套 10 cm。

第三步:将电缆的蓝色线对选出置于 RJ11 信息模块的卡线槽的中间两针槽内,其余线对留做备用。

第四步:使用单对打线枪对准线槽进行卡接,将多余的线头切断,严禁用手或其他工具将多余线头扭断(或用力将模块的盖板压入,使芯线卡接。注:不同种类模块各异)。

第五步:用万用表测试,一支表笔接触模块内已打线的一根芯线,另一根接触电缆另一端的相应芯线,测试其导通性。

(2) 卡接 110 配线架

第一步:将 110 配线架用木螺丝固定于工作台上。

第二步:将 25 对 UTP 电缆引入到 110 配线架内,比好卡接和预留的电缆长度,用扎带将电缆固定于配线架上,做好切割电缆外护套标记。

第三步:在标记处环切电缆外护套层,并将其退出。

第四步:松开电缆中的芯线,但保持每对线的原扭绞状态不变,按顺序分色。

第五步:先将第一个 5 对线(基本色为白色的 5 对)卡入配线架的一边端头线槽中,每一对线在配线架卡接位反绕半圈卡入槽内即可,注意色线在后,卡好 5 对线为止。

第六步:将连接模块放到已卡好 5 对线的相应位置,稍压下固定。

第七步:然后用 5 对线冲压工具垂直地对准卡线槽口用力压下,听到“啪”地一声即可,特别注意冲压工具有切刀的一边必须在芯线末端这边,将不需要的部分切掉,拔出冲压工具,一次接续完毕。

第八步:重复第五到七步,将第 2 个 5 对线紧挨着前面的线对卡接好,再次重复,直至 5 个 5 对线全部卡接完。

第九步:用万用表测试电缆卡接质量。按线序将万用表的一极卡接至连接块上,另一极接到芯线的末端,检查其导通性,导通即可。

6. 注意事项

(1) 卡接线对时,应保持接线工具垂直于模块正表面均匀加力,不应上下左右偏斜,不能用力强行将导线卡入,否则容易伤及导线或使导线扭断,也有可能使模块损坏,出现隐患。

（2）导线接续完毕后，为保证导线和簧片的接触可靠性和气密性。应目测导线是否正确卡入槽口底部和有无异样，如有问题应重新卡接，以确保连接质量。

4.8.4　光纤熔接

1. 实训目的

（1）熟悉光缆的结构及组件功能。

（2）掌握单芯光纤熔接机接续流程。

（3）掌握光纤的切割和断面制作技术。

（4）掌握熔接机的使用方法和操作技能。

（5）掌握光纤熔接接头的保护方法。

2. 实训内容

使用光纤熔接机进行光纤熔接接续。熔接适合于单模光纤和多模光纤。

3. 实训仪表、器材和工具

（1）单芯光纤熔接机	1 台
（2）光纤端面切割器	1 台
（3）光纤松套管切割钳	1 把
（4）单头光尾纤	1 根
（5）光纤涂覆层剥除钳	1 把
（6）光纤接头热可缩套管	1 个
（7）被接光纤	
（8）酒精泵	1 个
（9）无水酒精、脱脂棉、卫生纸	若干

4. 日本住友 TYPE-37 单芯光纤熔接机简介

TYPE-37 型光纤熔接机是低损耗接续单芯光纤的设备，一次可以接续一根单模或多模光纤。具有自动气压、温度测试并调节熔接参数功能，适应不同环境需要。5 英寸高清晰彩色显示屏，具有全中文菜单功能，双摄像头设计，全部光纤一次聚焦，对纤更精确。单模光纤平均熔接损耗＜0.05 dB，多模光纤平均熔接损耗＜0.08 dB，熔接后拉力测试 2 N。

其外观如图 4-73 所示，其操作界面的键盘功能如下。

▲（上移键）：在菜单画面中选择项目时，上移一个选项；

▼（下移键）：在菜单画面中选择项目时，下移一个选项；

MENU（菜单键）：在显示“模式选择”画面时，按此键进入各种模式后，即可返回前一阶段；

ARC（放电钮）：用于手动追加放电；

SELECT（选择键）：选定当前功能；

O（OFF）：切断电源；

I（ON）：接通电源；

SET（设定键）：开始接续或放电操作；

图 4-73　TYPE-37 型光纤熔接机

RESET(复位键):用于返回初始画面或中止接续操作;

HEAT(加热键):开始加热。加热过程中,绿色 LED 指示灯亮起。

5. 实验装置

光纤熔接接续装置的原理结构如图 4-74 所示。

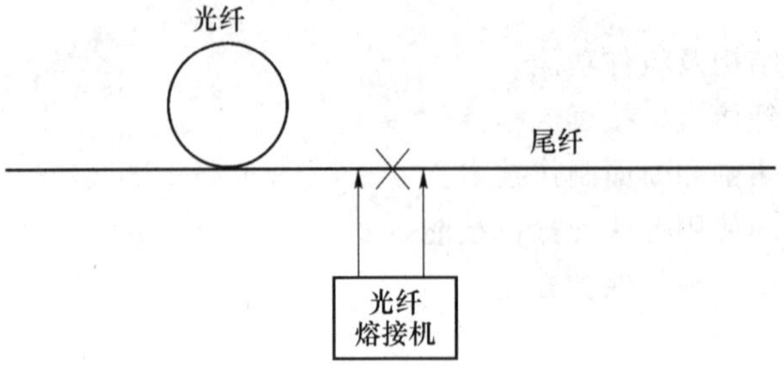

图 4-74　光纤熔接接续装置

6. 实验步骤

第一步:制作光纤端面。

(1) 制作被接光纤的端面

首先用光纤松套管切割钳去除光纤松套管(如果有的话),注意调整好进刀深度,然后用手轻轻折断。每次剥除的长度应≤60 cm;接着在待接续的光纤一端套入一个热可缩套管;然后用光纤涂覆层剥除钳去除光纤涂覆层约 4 cm;并用脱脂棉沾酒精清洗裸光纤两次(上下、左右各一次),便可听到“吱吱”声;最后用光纤端面切割器切割光纤(留长 16 mm)。

(2) 制作尾纤的端面

先用光纤涂覆层剥除钳上的大孔去除尾纤护套,然后用光纤涂覆层剥除钳去除光纤涂覆层约 4 cm;并用脱脂棉沾酒精清洗裸光纤两次(上下、左右各一次);最后用光纤端面切割器切割光纤(留长 16 mm),要求端面倾斜角度≤1°。

第二步:放置光纤。

如图 4-75 所示,将制作好端面的被接光纤和尾纤放置于熔接机的电极和 V 型槽之间各一半的位置,不要超过电极。

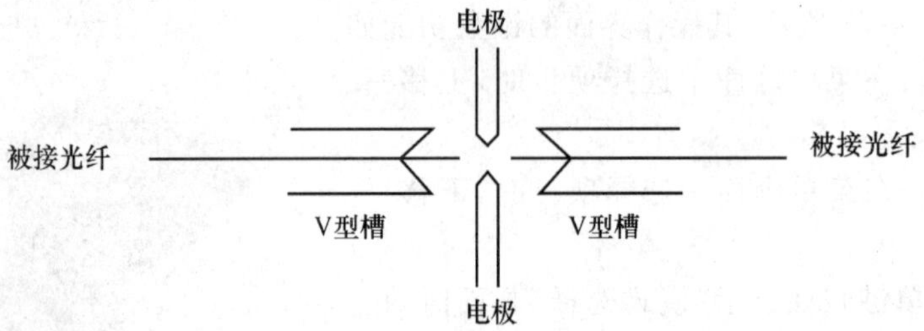

图 4-75　放置待接光纤

第三步:熔接。

按下熔接机上的 SET 键,熔接机会先对人工放置的光纤进行 x、y 轴轴向对准(可从熔接机的液晶显示屏上看到两光纤端面的形态和对准情况),然后预熔光纤(初次放电,再次清洁光纤),接着自动熔接光纤(两电极间的电压达 3 KV 以上)。

第四步：质量评价。

应在熔接机的显示屏上看到如图 4-76 所示的熔接形状（平整无毛刺）和熔接后的光功率损耗值，光功率损耗应小于 0.1 dB。

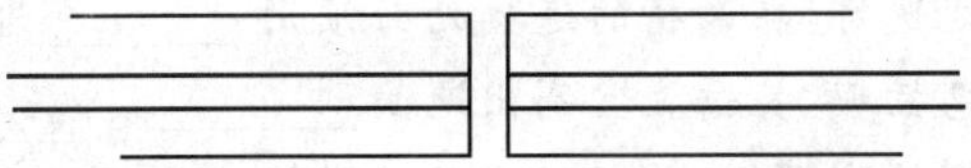

图 4-76　光纤熔接结果

第五步：接头增强保护。

从熔接机的 V 型槽上取下熔接好的光纤，将热缩管轻轻移至熔接位置如图 4-77 所示，再置于熔接机的加热器中进行加热，收缩后取出冷却。

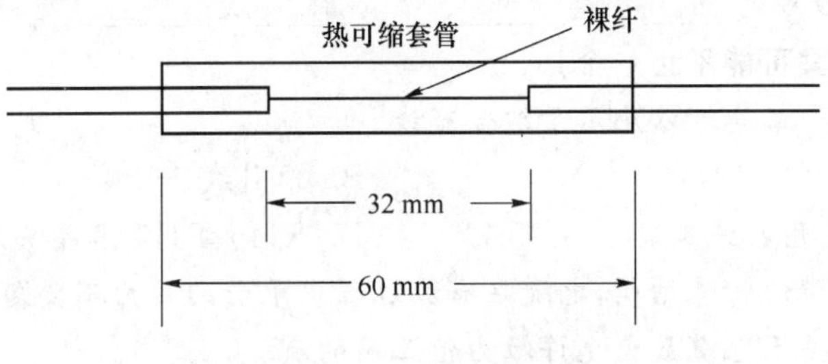

图 4-77　保护光纤熔接点

第六步：去掉仪表电源，整理好器材。

7. 注意事项

1. 注意安全

(1) 人工放置光纤时，应避免头发之类的细小物件掉入 V 型槽和电极间；

(2) 熔接完毕，取光纤时，不要触摸熔接机的高压区；

(3) 谨慎操作，避免细小的光纤碎丝扎伤手指。

2. 在熔接过程中，出现下列情况之一（如图 4-78 所示），均需追加放电。

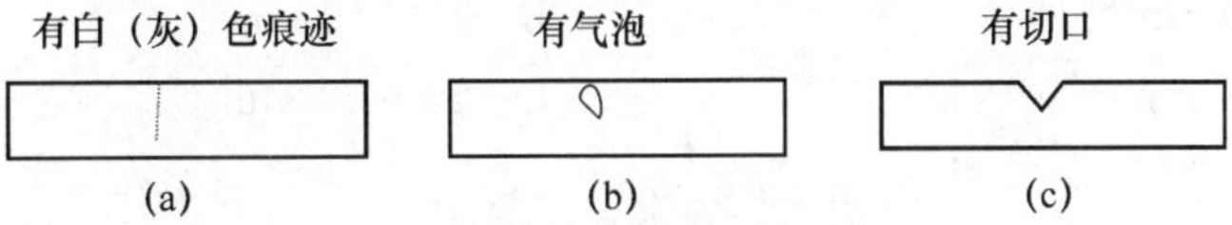

图 4-78　光纤异常熔接结果

思考与练习

一、填空题

1. 暗管管口应光滑，并加有绝缘套管，管口伸出建筑物的部位应在________之间。

2. 由于通信电缆的特殊结构，电缆在布放过程中承受的拉力不要超过电缆允许张力的________。

3. 在敷设管道时，应尽量减少弯头，每根管的弯头不应超过________，并不应有 S 形弯出现。

4. 安装机柜面板,柜前应留有________空间,机柜背面离墙面距离视其型号而定,要便于安装和维护。

5. 从桥架至信息插座底盒或桥架与金属管之间相连接时的缆线宜采用________敷设。

6. 为了保证桥架接地良好,在两槽的连接处必须用________进行连接。

7. 安装在墙上的信息插座,其位置宜高出地面________。

8. 机柜底部必须焊有接地螺栓,并与________连接。

9. 对绞电缆预留长度:在工作区宜为________,电信间宜为________,设备间宜为________;光缆布放路由宜盘留,预留长度宜为________,有特殊要求的应按设计要求预留长度。

10. 缆线在桥架内垂直敷设时,在缆线的________和________处应固定在桥架的支架上;水平敷设时,在缆线的________、________、________及________处进行固定。

二、选择题(答案可能不止一个)

1. 以下________工具可以应用于综合布线。

A. 弯管器　　B. 牵引线

C. 数据线专用打线工具　　D. RJ45、RJ11 水晶头压接钳

2. 由于通信电缆的特殊结构,电缆在布放过程中承受的拉力不要超过电缆允许张力的80%。下面关于电缆最大允许拉力值正确的有________。

A. 1 根 4 对对绞电缆,拉力为 10 kg

B. 2 根 4 对对绞电缆,拉力为 15 kg

C. 3 根 4 对对绞电缆,拉力为 20 kg

D. n 根 4 对对绞电缆,拉力为($n\times4+5$) kg

3. 管子的切割严禁使用________。

A. 钢锯　　B. 型材切割机

C. 电动切管机　　D. 气割

4. 暗管管口应光滑,并加有绝缘套管,管口伸出建筑物的部位应在________之间。

A. 20～30 mm　　B. 25～50 mm

C. 30～60 mm　　D. 10～50 mm

5. 金属管的连接可以采用________。

A. 焊接　　B. 短套管

C. 密封胶　　D. 带螺纹的管接头

6. 下列有关对绞电缆终接的一般要求中,正确的是________。

A. 电缆在终接前,必须检查标签颜色和数字的含义,并按顺序终接

B. 电缆中间可以有接头存在

C. 电缆终接处必须卡接牢靠,接触良好

D. 对绞电缆与连接硬件连接时,应认准线号、线位色标,不得颠倒和错接

7. 光缆与电缆同管敷设时,应在管道内预设塑料子管。将光缆敷设在子管内,使光缆和电缆分开布放,子管的内径应为光缆外径的________倍。

A. 2.5　　B. 3

C. 3.5　　D. 5

8. 当直线段桥架超过________或跨越建筑物时，应有伸缩缝，其连接宜采用伸缩连接板。

A. 20 m　　B. 30 m

C. 40 m　　D. 50 m

9. 下列有关电缆布放的描述，正确的是________。

A. 电缆安装位置应符合施工图规定，左右偏差最大可以超过 50 mm

B. 去掉电缆的外护套长度只要够终接用即可

C. 处理电缆时应避免过紧地缠绕电缆

D. 5 类以上电缆线对的非扭绞长度必须小于 13 mm

10. 下面有关光缆成端终接的描述，正确的是________。

A. 制作光缆成端普遍采用的方法是熔接法

B. 所谓光纤拼接就是将两段光纤永久性地连接起来

C. 光纤端接与拼接不同，属非永久性的光纤互连，又称光纤活结

D. 光纤互连的光能量损耗比交连大

三、判断题

1. 缆线安装位置应符合施工图规定，左右偏差视环境而定，最大可以超过 50 mm。

2. 对绞电缆施工过程中，缆线的两端必须进行标注。

3. 对绞电缆施工过程中可以混用 T568A 和 T568B 方式。

4. 光缆布放应平直，可以产生扭绞、打圈等现象，不应受到外力挤压和损伤。

5. 在弱电间中敷设光缆有两种选择：向上牵引和向下垂放。就向下垂放而言，转动光缆卷轴，并将光缆从其顶部牵出。牵引光缆时，要保持不超过最小弯曲半径和最大张力的规定。

四、名词解释

1. 技术交底

2. 光缆成端

3. 光纤拼接

4. 光纤熔接

五、简答题

1. 试述综合布线工程施工的步骤。

2. 技术准备的内容有哪些？

3. 金属管加工的基本要求有哪些？

4. 金属管应怎样弯曲？

5. 试述桥架安装的基本要求。

6. 试述牵引多条 UTP 电缆的方法。

7. 简述综合布线过程中缆线布放的一般要求。

8. 如何制作光缆牵引头？

9. 互连和交连有什么区别？

10. 光纤的终接和拼接有何异同？

11. 简述光纤熔接过程。

12. 简述光纤互连过程。

第5章 综合布线系统测试

【教学提示】

综合布线系统的测试主要依据GB 50312—2007和TIA/EIA发布的TSB-67、568A/B等标准,常用FLUKE DTX系列测试仪进行测试。本章主要介绍综合布线系统的电缆布线测试、光缆布线测试。包括测试标准、测试模式、测试参数,常用测试仪的使用,以及故障定位分析技术。通过本章的学习,使学生了解测试的基本标准,熟悉测试的基本思路和方法,熟悉常用布线测试仪的基本功能和用法,掌握电缆、光缆通道性能测试的一般方法。

【重点内容】

测试标准,电缆通道性能测试的参数、方法,故障定位技术,Fluke测试仪的使用方法,光缆通道性能测试的内容、方法、步骤。

【难点内容】

故障定位分析技术。

5.1 测试概述

综合布线系统被称作智能建筑的神经网络,综合布线系统的性能决定了智能建筑中信息传输的流畅性。综合布线系统的施工标准严格,在综合布线系统的整个施工过程中,都离不开测试,如施工前的产品性能测试、施工过程中的验证测试、施工完工后的验收测试。测试是评价布线系统工程的最科学的手段。

测试标准是保证产品的通用性、规范性的重要措施,是各类综合布线系统工程质量评价的重要依据。

1. 测试内容

在综合布线系统中,缆线和连接硬件本身的质量以及安装工艺都直接影响网络的正常运行。综合布线常用的缆线有电缆和光缆两类。概括起来,可以将电缆故障分为连接故障和电气特性故障两类。连接故障大多是由于施工工艺差或对电缆的意外损伤所造成的,如电缆的卡接不良、短路、开路等;而电气特性故障则是指电缆在信号传输过程中达不到设计要求。影响电气性能的因素除电缆本身的质量外,还包括施工过程中电缆的过度弯曲、捆绑太紧、过度拉伸和过度靠近干扰源等。光缆故障可以分为光链路的接续故障和光链路传输特性故障两大类。

一般来说,综合布线系统的测试内容主要包括:

(1) 信息插座到楼层配线架的连通性测试;

(2) 主干线(干线子系统和建筑群子系统)的连通性测试;

(3) 跳线测试;

(4) 电缆通道性能测试；

(5) 光缆通道性能测试。

2. 测试类型

综合布线系统的测试，从工程的角度来说可以分为两类，即：验证测试和认证测试。

验证测试又叫随工测试。在施工过程中频繁使用，通常是由施工人员使用简单仪器，对刚完成的连接的连通性进行测试，主要检查安装工艺是否符合要求，连接是否正确。发现问题及时解决，为日后的验收测试作准备。

认证测试又叫验收测试，是对布线系统的安装、电气特性、传输性能、设计、选材及施工质量的全面检验，是评价综合布线系统工程质量的科学手段。这种测试是对通道性能进行确认，需要使用能够满足特定要求的测试仪器并按照一定的测试方法进行测试，才能得到有效的测试结果。

5.2 电缆布线测试

综合布线系统中使用的电缆主要用于配线子系统和跳线。电缆布线的验证测试是指施工人员在施工过程中使用电缆测试仪等简单仪器，对刚完成的连接的连通性进行测试，检查电缆打线是否正确，如果发现问题及时解决，以保证线对安装正确。一般要求4对对绞电缆与配线架或信息插座的8位信息模块相连时，必须按色标和线对顺序进行卡接；在一个工程中应统一使用一种(T568A 或 T568B)线序，不得混合使用。

电缆布线的认证测试是对安装好的综合布线系统电缆通道或链路依照某个验收标准(如 GB 50312—2007)的电气性能指标要求进行逐项测试比较，以确定电缆及相关连接硬件和安装工艺是否达到规范和设计要求。

综合布线系统的认证测试一般应由施工单位、监理单位和业主同时参加，测试前应确定测试方法和所使用的测试仪型号，然后根据测试方法和测试对象将测试仪参数调整或校正为符合测试要求的数值，最后到现场逐项进行测试，并要做好相应的现场测试记录。

5.2.1 测试标准

为统一建筑与建筑群综合布线系统工程施工质量检查、随工检验和竣工验收的技术要求。2007年4月6日，我国出台了中华人民共和国国家标准《综合布线系统工程验收规范》GB 50312—2007，自2007年10月1日开始实施。标准规定，在施工过程中，施工单位必须执行该标准中有关质量检查的规定。下面将主要结合该标准的要求进行介绍，适当参照国际标准 ISO/IEC11801：2002 和 TIA/EIA 发布的 TSB-67、568B 等。

1. TSB-67

TSB-67《现场测试非屏蔽对绞(UTP)电缆布线系统传输性能技术规范》，是由 TIA/EIA 委员会于1995年10月发布的，是国际上的第一部综合布线系统现场测试技术规范，该规范规定了电缆布线的现场测试内容、方法以及对测试仪的要求，包括的主要内容如下：

(1) 定义了现场测试用基本链路和信道两种测试连接结构；

(2) 定义了3、4、5类通道需要测试的4个技术参数：接线图、长度、衰减和近端串音；

(3) 定义了在两种测试连接结构下 4 个技术参数的标准值(阀值);

(4) 定义了对现场测试仪的技术和精度要求;

(5) 定义了现场测试仪测试结果与实验室测试仪测试结果的比较。

2. TIA/EIA 568B

2002 年 6 月,TIA/EIA 发布了支持 6 类布线的标准 TIA/EIA 568B,标志着综合布线测试标准进入了一个新的阶段。该标准包括 B.1、B.2 和 B.3 共三大部分。B.1 为商用建筑物电信布线标准总则,包括布线子系统定义、安装实践、链路、通道测试模型及指标;B.2 为平衡对绞线部分,包含了组件规范、传输性能、系统模型及用户验证电信布线系统的测量程序等内容;B.3 为光纤布线部分,包括光纤、光纤连接件、跳线、现场测试仪的规格要求等。

与以前的规范相比较,TIA/EIA 568B 做了较大的改动,具体如下:

(1) 将参数"衰减"改名为"插入损耗";

(2) 将测试模型中的基本链路(Basic Link)重新定义为永久链路(Permanent Link);

(3) 规定水平缆线为 4 对 100 Ω3 类 UTP 或 SCTP 电缆;4 对 100 Ω 超 5 类 UTP 或 SCTP 电缆;4 对 100 Ω6 类 UTP 或 SCTP 电缆;2 条或多条 62.5/125 μm 或 50/125 μm 多模光缆;

(4) 主干缆线为 3 类或更高的 100 Ω 对绞电缆;62.5/125 μm 或 50/125 μm 多模光缆;8.3/125 μm 单模光缆;

(5) 规定水平永久链路两端的 UTP 跳接线与设备线最长为 5 m;

(6) 规定超 5 类对绞线的开绞距离应保持在距终接点的 13 mm 以内,3 类对绞线应保持在 75 mm 以内。

3. GB 50312—2007

与 TIA/EIA 568B 基本兼容,但更符合我国的国情。

5.2.2　测试模式

在 TSB-67 中定义了基本链路(BASIC LINK)和通道链路(CHANNEL)两种认证测试模式。在 TIA/EIA 568B 中弃用了基本链路模型,重新定义了永久链路(Permanent Link)模型。GB 50312—2007 中的综合布线系统工程电气测试方法指出:3 类和 5 类布线系统按照基本链路和信道进行测试,5e 类和 6 类布线系统按照永久链路和信道进行测试。

1. 基本链路(BASIC LINK)模式

基本链路连接模式如图 5-1(a)所示,包括 3 部分内容:最长 90 m 的建筑物配线(水平)电缆、配线电缆两端的接插件(一端为信息插座,另一端为楼层配线架)和两条 2 m 长与现场测试仪相连的测试缆线,不包括 CP 点。链路全长≤94 m。

注意:这两根 2 m 长的测试缆线是与测试设备配套使用的,虽然它的品质很高,但随着测试次数的增加,测试缆线的电气性能指标可能发生变化并导致测试误差,而这种误差包含在总测试结果中,可能会影响到总的测试结果。

2. 永久链路(Permanent Link)模式

永久链路连接模式如图 5-1(b)所示,由最长 90 m 的水平(配线)电缆、水平电缆两端的接插件(一端为信息插座,另一端为楼层配线架)和链路可选的转接点(CP)组成,链路全长≤90 m。

永久链路需采用永久链路适配器连接测试仪和被测链路，测试仪能自动扣除测试缆线的影响，排除测试缆线在测试过程中带来的误差，使测试结果更准确、合理。

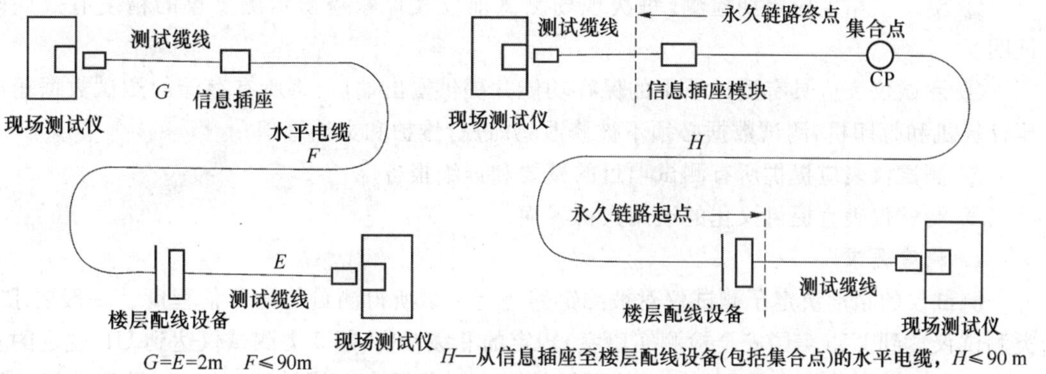

(a) 基本链路连接模型　　(b) 永久链路连接模型

图 5-1　基本链路和永久链路连接方式

3. 信道(Channel)模式

信道连接模式如图 5-2 所示，是在永久链路连接模式的基础上，包括工作区和电信间的设备电缆和跳线在内的整体信道性能。信道包括：最长 90 m 的水平电缆、信息插座模块、集合点、电信间的配线设备、跳线、设备电缆在内，总长不得大于 100 m。信道是一个完整的端到端链路，即用户网卡到有源设备(如集线器、交换机等)。

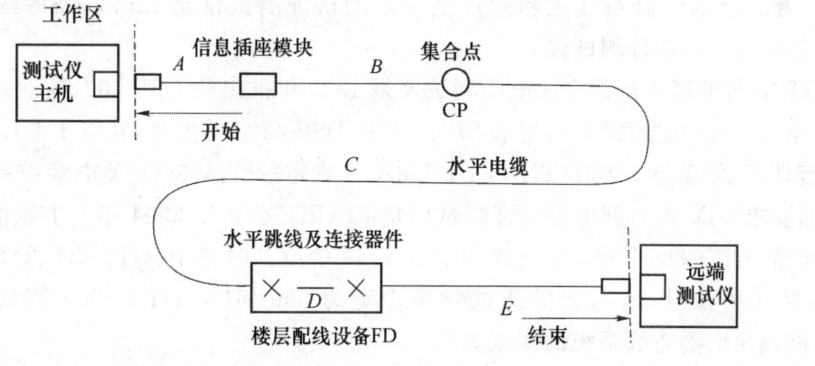

A—工作区终端设备电缆；B—CP缆线；C—水平电缆；
D—配线设备连接跳线；E—配线设备到交换设备的电缆；电缆 $B+C\leqslant 90$ m，$A+D+E\leqslant 10$ m

图 5-2　通道连接方式

5.2.3　测试仪的选择

进行综合布线系统工程的测试必须选择适当的测试仪器，一般要求测试仪应同时具有认证测试和故障定位功能，在确保准确测试各项认证测试参数的基础上，能够快速准确地进行故障定位，而且操作简单。GB 50312—2007 规定，对绞电缆及光纤布线系统的现场测试仪应符合下列要求。

① 应能测试信道与链路的性能指标。

② 应具有针对不同布线系统等级的相应精度，应考虑测试仪的功能、电源、使用方法等因素。

③ 测试仪精度应定期检测，每次现场测试前仪表厂家应出示测试仪的精度有效期限证明。

④ 测试仪表应具有测试结果的保存功能并提供输出端口，将所有存储的测试数据输出至计算机和打印机，测试数据必须不被修改，并进行维护和文档管理。

⑤ 测试仪表应提供所有测试项目的概要和详细报告。

⑥ 测试仪表宜提供汉化的通用人机界面。

1. 精度要求

测试仪的精度决定了测试仪对被测链路进行测试所得测量值的可信程度。一般要求5类测试仪达到UL(美国安全检测实验室)规定的Ⅱ级精度，超5类测试仪达到UL规定的Ⅱe级精度，6类测试仪达到UL规定的Ⅲ级精度。因此综合布线认证测试仪，最好选用Ⅲ级精度的测试仪。

2. 故障定位功能

测试仪能进行故障定位是十分重要的，因为测试的目的是要得到良好的链路，而不仅仅是辨别好坏。测试仪能迅速告知测试人员链路故障的位置，便于迅速加以修复。

3. 测试仪的选择

目前市场上常用的达到Ⅲ级精度的测试仪主要有：福禄克公司的Fluke DSP-4x00系列和DTX系列，安捷伦的Agilent WireScope350缆线认证测试仪和理想公司的LANTEK系列等产品。在目前的综合布线工程中广泛使用的认证测试仪是Fluke DSP-4x00系列和DTX系列数字式电缆认证测试仪。

FLUKE公司的第1台数字式电缆测试仪是1995年推出的DSP-100，随后陆续推出了DSP-4x00系列产品，包括DSP-4000、DSP-4100和DSP-4300等型号，获得了UL和ETL双重Ⅲ级精度认证，能满足ANSI/TIA/EIA 568A/B规定的3、5、5e、6类电缆链路认证测试和故障诊断要求。DTX系列电缆认证测试仪是FLUKE公司于2004年上半年推出的新一代电缆和光缆认证测试平台，达到Ⅳ级认证测试精度。目前有DTX-LT、DTX-1200和DTX-1800共3种型号，前两者的测试频率带宽为350 MHz，DTX-1800测试带宽高达900 MHz，能满足7类布线系统的测试要求。

5.2.4 测试内容

综合布线系统工程电气测试指出：3类、5类电缆链路的测试内容包括接线图、长度、衰减和近端串音(NEXT)4项。5e类、6类电缆链路应增测回波损耗、近端串音功率和、衰减串音比、衰减串音比功率和、等电平远端串音、等电平远端串音功率和、传播时延和传播时延偏差等参数。

1. 3类、5类电缆链路/信道测试

(1) 接线图测试

接线图测试主要测试水平电缆终接在工作区和电信间配线设备的安装连接是否正确。正确的线对组合为：1/2、3/6、4/5、7/8，分为非屏蔽和屏蔽两类，对于非RJ45的连接方式按相关规定要求列出结果。接线图测试会显示出所测的每条 8 芯电缆与模块接线端子连接的实际状态。可能出现的结果如图 5-3 所示。

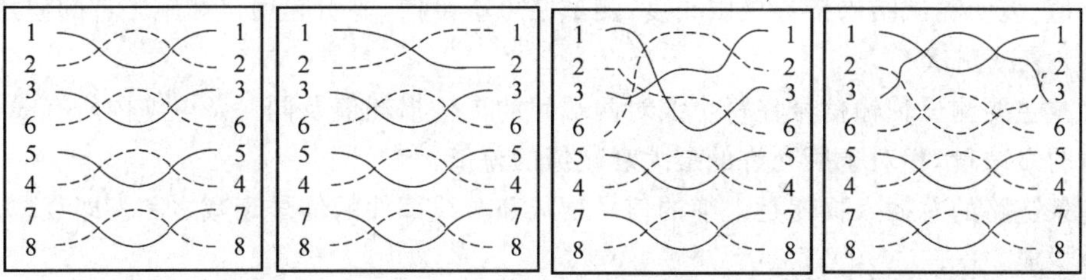

图 5-3 接线图测试的可能结果

反向线对:指同一线对的两端针位接反。

交叉线对:指不同线对的线芯发生交叉连接,形成不可识别的回路。

串对:就是将原来的线对分别拆开重新组成新的线对,出现这种故障时端与端的连通性正常,用一般的万用表或简单电缆测试仪检测不出来,需要使用专门的电缆认证测试仪(如 Fluke 的 DSP 4000 系列或 DTX 系列)才能检测出来。

(2) 长度测试

布线链路及信道缆线的长度应在测试连接图所要求的极限长度范围之内。长度测量采用时域反射原理(TDR),如图 5-4 所示。

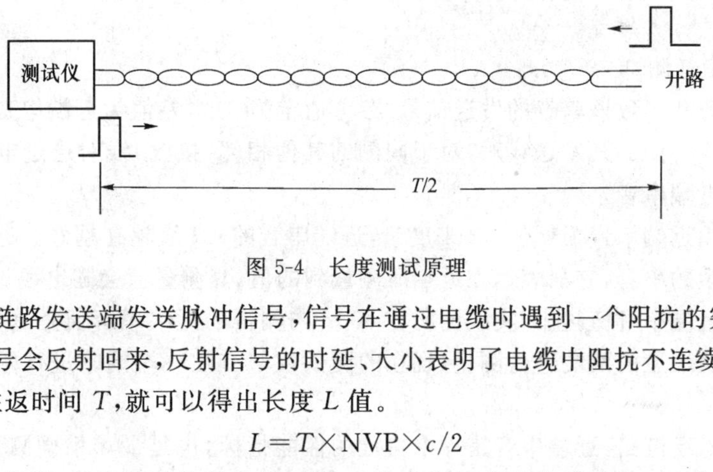

图 5-4 长度测试原理

测试仪在链路发送端发送脉冲信号,信号在通过电缆时遇到一个阻抗的突变,部分或全部发射脉冲信号会反射回来,反射信号的时延、大小表明了电缆中阻抗不连续点的位置和性质,测量脉冲往返时间 T,就可以得出长度 L 值。

$$L = T \times \mathrm{NVP} \times c/2$$

式中:L 为电缆长度;T 为脉冲信号往返时间;c 为真空状态下的光速(3×10^8 m/s);NVP 为电缆的标称传播速率,典型的 UTP 电缆的 NVP 值是 62%～72%。

由于电缆生产厂商对电缆的 NVP 值的标定有相当大的不定性,所以要获得比较精确的链路长度就应该在综合布线链路长度测试之前,用现场测试仪对同一批号的电缆进行校正测试,以获得精确的 NVP 值。校正的方法很简单,可以使用一段已知长度(最少 15 m)的典型同批号电缆来调整测试仪的长度读数至已知长度,这样测试仪就会自动校正 NVP 值。

由于每对电缆的线对绞距存在差异,因此要用延迟最短的线对作为参考标准来矫正电缆测试仪。

又由于严格的 NVP 值的校正很难实现,一般有 10%的误差。所以修正后的通过/未通过长度参数是：通道链路的最大长度为 100＋100×10％是 110 m，基本链路长度为 94＋94×10％是 103.4 m，永久链路长度为 90＋90×10％是 99 m。若测试仪以“ * ”显示，则表示为临界值，表明测试结果接近极限长度，测试结果不可信，要引起用户和施工者的注意。

(3) 衰减测试

衰减主要测试传输信号在每个线对两端间的传输损耗值及同一条电缆内所有线对中最差线对的衰减量，相对于所允许的最大衰减值的差值。

一条链路的总插入损耗是电缆的信号衰减和布线部件的信号衰减之和。即衰减由以下各部分构成：

① 布线电缆对信号的衰减；

② 各连接件对信号的衰减；

③ 通道链路模型再加上两端最长 10 m 跳线对信号的衰减。

布线电缆衰减是链路衰减的主要因素，电缆衰减除随电缆长度的增加而增加外，通常衰减还是频率和温度的连续函数。信号频率越高，衰减越大。衰减的测试方法如图 5-5 所示。

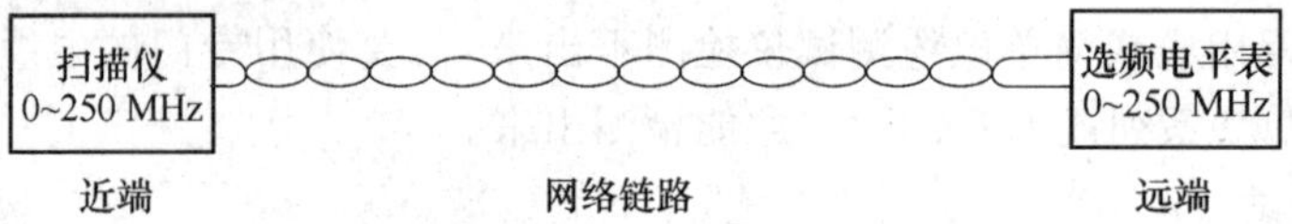

图 5-5　衰减测试方法

使用扫描仪在不同频率上发送 0 dB 信号，用选频表在链路远端测试各特定频率点接收到的电平值。

(4) 近端串音测试

近端串音值和导致该串音的发送信号(参考值定为 0)之差值为近端串音损耗。在一条链路中处于缆线一侧的某发送线对，对于同侧的其他相邻(接收)线对通过电磁感应所造成的信号耦合为近端串音。

近端串音用近端串音损耗值 dB 来度量，近端串音的 dB 值越高越好。近端串音并不表示在近端所产生的串音，它只表示在近端所测量到的值，其测量值会随电缆长度的变化而变化，电缆越长，近端串音值越小，实践证明在 40 m 内测得的近端串音值是真实的，并且近端串音值应分别从通道的两端进行测量，现在的测试仪都有在一端同时进行两端的近端串音测量功能。

对于对绞电缆链路，近端串音是一个关键的性能指标，也是最难精确测量的一个指标，尤其是随着信号频率的增加其测量难度更大。在测量近端串音时，采用频率点步长法，频率点的步长越小，测量就越准确。TIA/EIA 568 B 定义的近端串音测量最大频率步长如下。

测试范围：1～31.25 MHz，最大步长为 0.15 MHz；

31.26～100 MHz，最大步长为 0.25 MHz；

100～250 MHz，最大步长为 0.50 MHz。

另外，测试对绞电缆的 NEXT 值，需要在每一对线之间进行测试。也就是说，对于 4 对对绞电缆来说，有 6 个测试值。

3 类和 5 类水平链路及信道的测试项目及性能指标应符合表 5-1 和表 5-2 的要求(测试条件为环境温度 20 ℃)。

表 5-1 3 类水平链路及信道性能指标

频率/MHz	基本链路性能指标		信道性能指标	
	近端串音/dB	衰减/dB	近端串音/dB	衰减/dB
1.00	40.1	3.2	39.1	4.2
4.00	30.7	6.1	29.3	7.3
8.00	25.9	8.8	24.3	10.2
10.00	24.3	10.0	22.7	11.5
16.00	21.0	13.2	19.3	14.9
长度/m	94		100	

表 5-2 5 类水平链路及信道性能指标

频率/MHz	基本链路性能指标		信道性能指标	
	近端串音/dB	衰减/dB	近端串音/dB	衰减/dB
1.00	60.0	2.1	60.0	2.5
4.00	51.8	4.0	50.6	4.5
8.00	47.1	5.7	45.6	6.3
10.00	45.5	6.3	44.0	7.0
16.00	42.3	8.2	40.6	9.2
20.00	40.7	9.2	39.0	10.3
25.00	39.1	10.3	37.4	11.4
31.25	37.6	11.5	35.7	12.8
62.50	32.7	16.7	30.6	18.5
100.00	29.3	21.6	27.1	24.0
长度/m	94		100	

2. 5e 类、6 类和 7 类信道/永久链路或 CP 链路测试

(1) 回波损耗(RL):由于链路或信道特性阻抗偏离标准值导致功率反射而引起(布线系统中阻抗不匹配产生的反射能量)。由输出线对的信号幅度和该线对所构成的链路上反射回来的信号幅度的差值导出。信道/永久链路或 CP 链路的每一线对和布线的两端均应符合回波损耗值的要求,具体可参考表 5-3 所列关键频率的回波损耗建议值。

表 5-3 信道/链路回波损耗建议值

频率/MHz	信道最小回波损耗/dB			永久链路最小回波损耗/dB		
	D 级	E 级	F 级	D 级	E 级	F 级
1	17.0	19.0	19.0	19.0	21.0	21.0
16	17.0	18.0	18.0	19.0	20.0	20.0
100	10.0	12.0	12.0	12.0	14.0	14.0
250		8.0	8.0		10.0	10.0
600			8.0			10.0

(2) 插入损耗(IL):通常指衰减。布线系统信道/永久链路或CP链路每一线对的插入损耗值均应符合规定,具体可参考表5-4所列关键频率的插入损耗建议值。

表5-4 信道/永久链路插入损耗建议值

频率/MHz	信道最大插入损耗/dB			永久链路最大插入损耗/dB		
	D级	E级	F级	D级	E级	F级
1	4.0	4.0	4.0	4.0	4.0	4.0
16	9.1	8.3	8.1	7.7	7.1	6.9
100	24.0	21.7	20.8	20.4	18.5	17.7
250		35.9	33.8		30.7	28.8
600			54.6			46.6

(3) 近端串音(NEXT):在布线系统信道的两端,线对与线对之间的近端串音值均应符合规定,具体可参考表5-5所列关键频率的近端串音建议值。

表5-5 信道/永久链路近端串音建议值

频率/MHz	信道最小NEXT/dB			永久链路最小NEXT/dB		
	D级	E级	F级	D级	E级	F级
1	60.0	65.0	65.0	60.0	65.0	65.0
16	43.6	53.2	65.0	45.2	54.6	65.0
100	30.1	39.9	62.9	32.3	41.8	65.0
250		33.1	56.9		35.3	60.4
600			51.2			54.7

(4) 近端串音功率和(PSNEXT):在4对对绞电缆一侧,测量3个相邻线对对某线对的近端串音总和(所有近端干扰信号同时工作时,在接收线对上形成的组合串音)。信道每一线对的两端均应符合PSNEXT值的要求,具体可参考表5-6所列关键频率的近端串音功率和建议值。

表5-6 信道/永久链路PSNEXT建议值

频率/MHz	信道最小PSNEXT/dB			永久链路最小PSNEXT/dB		
	D级	E级	F级	D级	E级	F级
1	57.0	62.0	62.0	57.0	62.0	62.0
16	40.6	50.6	62.0	42.2	52.2	62.0
100	27.1	37.1	59.9	29.3	39.3	62.0
250		30.2	53.9		32.7	57.4
600			48.2			51.7

(5) 衰减串音比(ACR):线对与线对之间的衰减串音比是指在受相邻发送信号线对串音的线对上,其串音损耗(NEXT)与本线对传输信号衰减值(A)的差值。信道/永久链路或 CP 链路每一线对两端的 ACR 值可用以下计算公式进行计算,并可参考表 5-7 所列关键频率的 ACR 建议值。

线对 i 与 k 间衰减串音比的计算公式:

$$ACR_{ik}=NEXT_{ik}-IL_k$$

式中:i、k 为线对号;$NEXT_{ik}$ 为线对 i 与线对 k 间的近端串音;IL_k 为线对 k 的插入损耗。

表 5-7　信道/永久链路 ACR 建议值

频率/MHz	信道最小 ACR/dB			永久链路最小 ACR/dB		
	D 级	E 级	F 级	D 级	E 级	F 级
1	56.0	61.0	61.0	56.0	61.0	61.0
16	34.5	44.9	56.9	37.5	47.5	58.1
100	6.1	18.2	42.1	11.9	23.3	47.3
250		−2.8	23.1		4.7	31.6
600			−3.4			8.1

(6) ACR 功率和(PSACR):为近端串音功率和与插入损耗之间的差值,信道/永久链路或 CP 链路每一线对两端的 PSACR 值可用以下计算公式进行计算,并可参考表 5-8 所列关键频率的 PSACR 建议值。

线对 k 的 ACR 功率和的计算公式:

$$PSACR_k=PSNEXT_k-IL_k$$

式中:k 为线对号;$PSNEXT_k$ 为线对 k 的近端串音功率和;IL_k 为线对 k 的插入损耗。

表 5-8　信道/永久链路 PSACR 建议值

频率/MHz	信道最小 PSACR/dB			永久链路最小 PSACR/dB		
	D 级	E 级	F 级	D 级	E 级	F 级
1	53.0	58.0	58.0	53.0	58.0	58.0
16	31.5	42.3	53.9	34.5	45.1	55.1
100	3.1	15.4	39.1	8.9	20.8	44.3
250		−5.8	20.1		2.0	28.6
600			−6.4			5.1

(7) 等电平远端串音(ELFEXT):线对与线对之间的等电平远端串音是指某线对上远端串音损耗与该线对传输信号衰减的差值。布线系统信道/永久链路或 CP 链路每一线对的 ELFEXT 值应符合规定,具体可参考表 5-9 所列关键频率的 ELFEXT 建议值。

表 5-9 信道 ELFEXT 建议值

频率/MHz	信道最小 ELFEXT/dB			永久链路最小 ELFEXT/dB		
	D 级	E 级	F 级	D 级	E 级	F 级
1	57.4	63.3	65.0	58.6	64.2	65.0
16	33.3	39.2	57.5	34.5	40.1	59.3
100	17.4	23.3	44.4	18.6	24.2	46.0
250		15.3	37.8		16.2	39.2
600			31.3			32.6

(8) 等电平远端串音功率和(PSELFEXT):在 4 对对绞电缆一侧测量 3 个相邻线对对某线对远端串音的总和(所有远端干扰信号同时工作,在接收线对上形成的组合串音)。布线系统信道/永久链路或 CP 链路每一线对的 PSELFEXT 值应符合规定,具体可参考表 5-10所列关键频率的 PSELFEXT 建议值。

表 5-10 信道/永久链路 PSELFEXT 建议值

频率/MHz	信道最小 PSELFEXT/dB			永久链路最小 PSELFEXT/dB		
	D 级	E 级	F 级	D 级	E 级	F 级
1	54.4	60.3	62.0	55.6	61.2	62.0
16	30.3	36.2	54.5	31.5	37.1	56.3
100	14.4	20.3	41.4	15.6	21.2	43.0
250		12.3	34.8		13.2	36.2
600			28.3			29.6

(9) 直流(D. C.)环路电阻:布线系统信道/永久链路或 CP 链路每一线对的直流环路电阻和建议值应符合表 5-11 的规定。

表 5-11 直流环路电阻值

级别		D	E	F
信道	最大直流环路电阻/Ω	25	25	25
永久链路或 CP 链路	最大直流环路电阻/Ω	$(L/100)\times22+n\times0.4$	$(L/100)\times22+n\times0.4$	$(L/100)\times22+n\times0.4$
	建议值/Ω	21	21	21

注:$L=L_{FC}+L_{cp}Y$

式中:L_{FC}——固定电缆长度(单位为 m);L_{CP}——CP 电缆长度(单位为 m);$n=2$ 对于不包含 CP 点的永久链路的测试或仅测试 CP 链路;$n=3$ 对于包含 CP 点的永久链路的测试;Y——CP 电缆衰减(单位为 dB/m)与固定水平电缆衰减(单位为 dB/m)的比值。

(10) 传播时延:信号从链路或信道一端传播到另一端所需的时间。布线系统信道每一线对的传播时延应符合规定,具体可参考表 5-12 所列的关键频率建议值。

表 5-12　信道/永久链路传播时延建议值

频率/MHz	信道最大传播时延/μs			永久链路最大传播时延/μs		
	D级	E级	F级	D级	E级	F级
1	0.580	0.580	0.580	0.521	0.521	0.521
16	0.553	0.553	0.553	0.496	0.496	0.496
100	0.548	0.548	0.548	0.491	0.491	0.491
250		0.546	0.546		0.490	0.490
600			0.545			0.489

(11) 传播时延偏差：以同一缆线中信号传播时延最小的线对作为参考，其余线对与参考线对的时延差值(最快线对与最慢线对信号传播时延的差值)。布线系统信道/永久链路或 CP 链路所有线对间的传播时延偏差应符合表 5-13 的规定。

表 5-13　信道传播时延偏差

等级	频率/MHz	信道	永久链路或 CP 链路	
		最大时延偏差/μs	最大时延偏差/μs	建议值/μs
D	$1\leqslant f\leqslant 100$	0.050①	$(L/100)\times 0.045+n\times 0.00125$	0.044③
E	$1\leqslant f\leqslant 250$	0.050①	$(L/100)\times 0.045+n\times 0.00125$	0.044③
F	$1\leqslant f\leqslant 600$	0.030②	$(L/100)\times 0.025+n\times 0.00125$	0.026④

注：① 0.050 为 $0.045+4\times 0.00125$ 的计算结果。② 0.030 为 $0.025+4\times 0.00125$ 的计算结果。③ 0.044 为 $0.9\times 0.045+3\times 0.00125$ 的计算结果。④ 0.026 为 $0.9\times 0.025+3\times 0.00125$ 的计算结果。

所有电缆的链路和信道测试结果应有记录，记录在管理系统中并纳入文档管理。

5.2.5　Fluke DTX-LT 测试仪介绍

1. DTX-LT 测试仪特性

FLUKE DTX-LT CableAnalyzers 如图 5-6 所示，可用于对绞电缆布线认证、故障排除及安装记录。利用 DTX-LT 电缆分析仪可选的背插式光缆模块(包括双光缆、双波长的测试与诊断)可以同时认证光缆和电缆。测试仪具有以下特性：

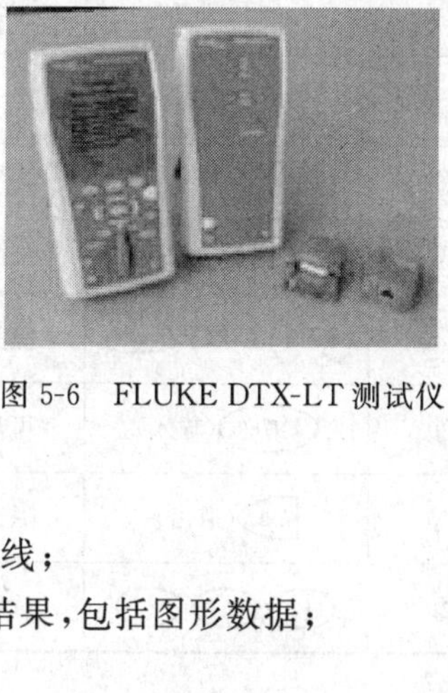

图 5-6　FLUKE DTX-LT 测试仪

(1) 可在不到 28 s 的时间内完成 6 类对绞电缆链路的布线认证，到达 IV 级精度和 350 MHz 的测试能力；

(2) 彩色中文显示屏能清晰显示“通过/失败”结果；

(3) 集成 VFL 可视故障定位仪，能快速确定故障的确切位置(故障点到测试仪的距离)和出现故障的可能原因；

(4) 可选的光缆模块，可以用于认证多模和单模光缆布线；

(5) 可于内部存储器中保存至多 250 项 6 类自动测试结果，包括图形数据；

(6) 可充电锂离子电池组,可以连续运行最少 12 小时;

(7) LinkWare 软件可用于将测试结果上载至 PC 并建立专业水平的测试报告。

2. DTX-LT 测试仪组成

DTX-LT 电缆分析仪由主机和智能远端组成。

(1) 主机前面板如图 5-7 所示,功能说明见表 5-14。

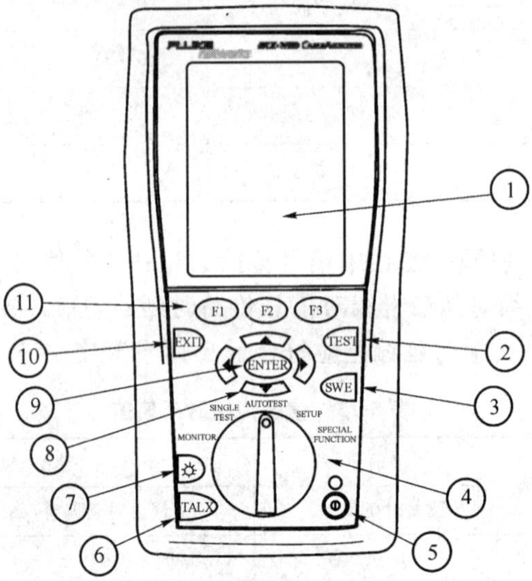

图 5-7 主机前面板

表 5-14 主机功能说明

项目	功能部件	说明
①	显示屏	带有背光及可调亮度的 LED 显示屏幕
②	TEST(测试)	开始目前选定的测试,如果没有检测到智能远端,则启动对绞电缆布线的音频发生器,当两个测试仪均接妥后,即开始运行测试
③	SAVE(保存)	将"自动测试"结果存于内存中
④	旋转开关	选择测试仪的工作模式。MONITOR 为监视,SINGLETEST 为单一测试,AUTOTEST 为自动测试,SETUP 为设置,SPECIAL FUNCTION 为特殊功能
⑤	(开关按键)	用于开关测试仪
⑥	TALX(对话)	按下此键可使用耳机来与链路另一端的用户对话
⑦	☼	按此键可在背景灯的明亮和暗淡设置之间切换,按住 1 s 可调整显示屏的对比度。
⑧	◀ ▶ ▲ ▼	箭头键可用于导览屏幕画面并递增或递减字母数字的值
⑨	ENTER(输入)	可从菜单中选择突出显示的项目
⑩	EXIT(退出)	退出当前的屏幕画面但不存储更改
⑪	F1 F2 F3	软键提供与当前的屏幕画面有关的功能,具体功能显示于屏幕画面软键之上

（2）主机侧面及顶端面板如图 5-8 所示，功能说明见表 5-15。

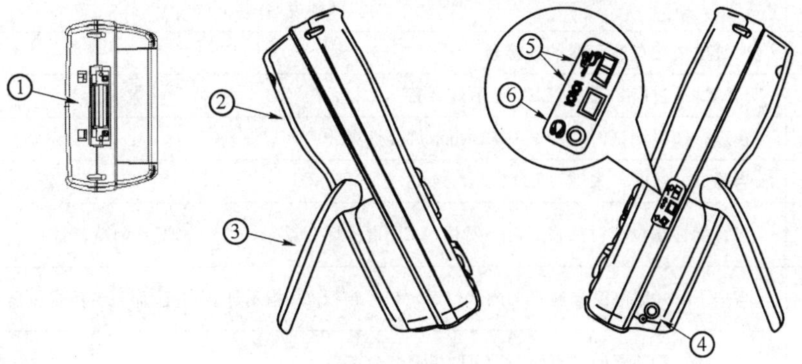

图 5-8　主机侧面及顶端面板

表 5-15　主机侧面及顶端功能说明

项目	功能说明
①	对绞电缆接口适配器连接器
②	模块托架盖。推开托架盖可安装可选的模块，如光缆模块
③	底座
④	交流适配器连接器。将测试仪连接至交流电时，LED 指示灯会点亮 ——红灯：电池正在充电 ——绿灯：电池已充电 ——闪烁的红灯：充电超时。电池没有在 6 小时内充足电
⑤	该端口可用于将测试报告上载至 PC 和更新测试仪软件
⑥	用于对话模式的耳机插座

（3）智能远端外观如图 5-9 所示，功能说明见表 5-16。

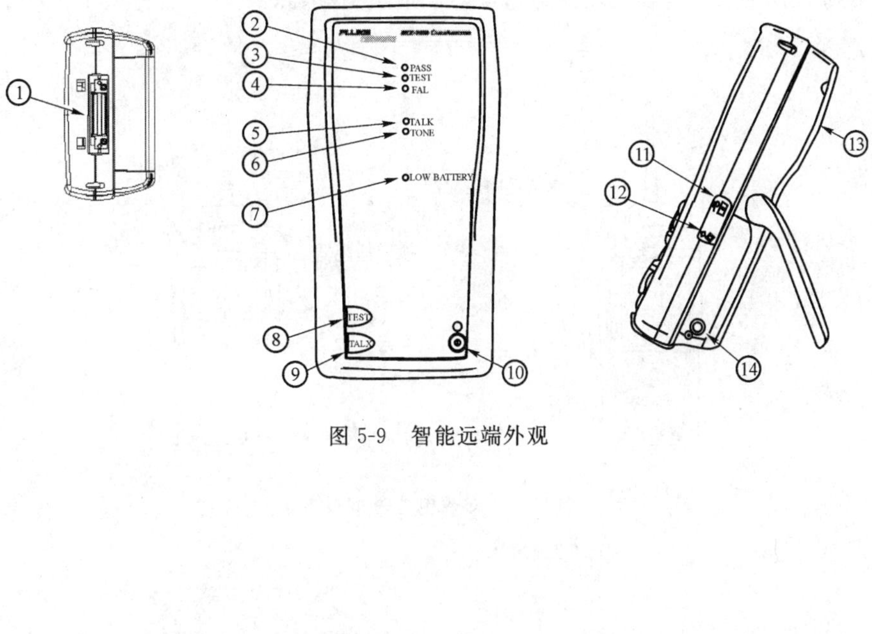

图 5-9　智能远端外观

表 5-16　智能远端功能说明

项目	功能部件说明
①	对绞电缆接口适配器的连接器
②	当测试通过时,"通过"LED 指示灯会亮
③	在进行缆线测试时,"测试"LED 指示灯会点亮
④	当测试失败时,"失败"LED 指示灯会亮
⑤	当智能远端位于对话模式时,"对话"LED 指示灯会点亮。按 TALX 键可调整音量
⑥	当按下 TEST 键但没有连接主测试仪时,"讯号声"LED 指示灯会点亮,而且音频发生器会开启
⑦	当电池电能不足时,"低电量"LED 指示灯会点亮
⑧	TEST:如果没有检测到主测试仪就开始目前在主机上选定的测试,将会激活对绞电缆布线的音频发生器。当连接好两个测试仪后开始进行测试
⑨	TALX:按下此键可以使用耳机与链路另一端的用户对话。再次按此键可以调整音量
⑩	:开/关按键
⑪	用于更新 PC 测试仪软件的 USB 端口
⑫	用于对话模式的耳机插座
⑬	交流适配器连接器
⑭	模块托架盖。推开托架盖可以安装可选的模块,如光缆模块

3. 认证对绞电缆布线

(1) 设置基准

每隔 30 天或将测试仪用于不同的智能远端时,需运行测试仪基准设置程序设置基准,此时可按下列步骤操作:

① 按图 5-10 所示,连接永久链路适配器和通道适配器;

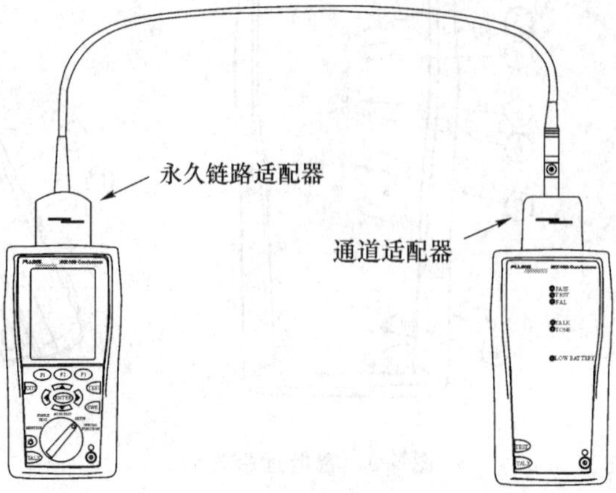

图 5-10　对绞电缆基准设置

② 将旋转开关转至 SPECIAL FUNCTIONS，然后开启智能远端；

③ 等候 1 min，然后开始设置基准（只有当测试仪已经达到 10～40℃度之间的温度时才能设置基准）；

④ 突出显示设置基准，然后按 ENTER 键。如果同时连接了光缆模块及电缆适配器，接下来选择链路接口适配器；

⑤ 按 TEST 键。

（2）设置值

将旋转开关转至 SETUP，用 ▼ 来突出显示双绞线，然后按 ENTER 键。具体见表 5-17。

表 5-17　对绞电缆布线测试设置值

设置值	说明
SETUP＞双绞线＞缆线类型	选择一种适用于被测缆线的缆线类型
SETUP＞双绞线＞测试极限	为测试任务选择适当的测试极限
SETUP＞双绞线＞NVP	NVP 值可以用于依据测得的传播延迟来计算缆线长度。若要校正 NVP 值，更改 NVP，直到测得的长度符合缆线的已知长度。建议的长度为 30 m 即 100 ft（英尺）
SETUP＞双绞线＞插座配置	决定测试哪一个线对以及将哪一个线对号指定给该线对
SETUP＞仪器设置值＞存储绘图数据	是：测试仪会显示和保存基于频率测试的绘图数据，如 NEXT、回波损耗及衰减。用于在 LinkWare 软件建立的测试报告中包含绘图 否：不会显示和保存绘图数据，以便保存更多的测试结果
用于保存测试结果的设置值	选择一个现有的资料夹，或按 F3 建立资料夹键来建立一个新的资料夹 从仪器设置值菜单中，按 ▶ 键来显示操作员、地点及公司名称选项卡。若要输入一个名称，选中它；然后使用软键 ◀ ▶ ▲ ▼ 和 ENTER 键来编辑。完成后按 SAVE 键

（3）自动测试

自动测试是最常用的功能。自动测试会运行认证测试所需的所有测试。测试完毕，所作测试和测试结果全部列出，以便查看每项测试的详细结果。自动测试的结果可以存储、打印或传至 PC。

方法如下。

① 将适用于该任务的适配器连接至测试仪及智能远端。

② 将旋转开关转至 SETUP（设置），然后选择双绞线。从其选项卡中设置以下设置值：

——选择一个缆线类型列表；然后选择要测试的缆线类型；

——选择执行任务所需的测试极限值。屏幕画面会显示最近使用的 9 个极限值，按 F1 键可以查看更多其他极限值列表。

③ 将旋转开关转至 AUTOTEST，然后开启智能远端。按图 5-11 所示的永久链路连接方法或按图 5-12 所示的通道链路连接方法完成测试连接。

④ 按测试仪或智能远端的TEST键。若要随时停止测试，请按EXIT键。

⑤ 测试仪会在完成测试后显示“自动测试概要”屏幕(若要查看特定参数的测试结果，使用▲▼键来突出显示该参数;然后按ENTER键)。

⑥ 如果自动测试失败，按F1错误信息键可以查看可能的失败原因。

⑦ 若要保存测试结果，按SAVE键。选择或建立一个缆线标识码;然后再次按SAVE键。

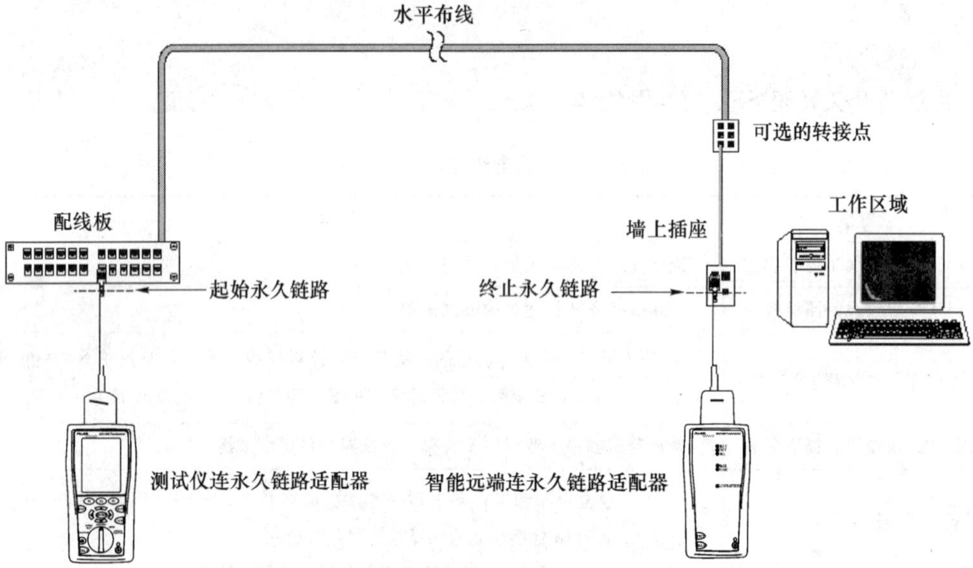

图 5-11　永久链路测试连接

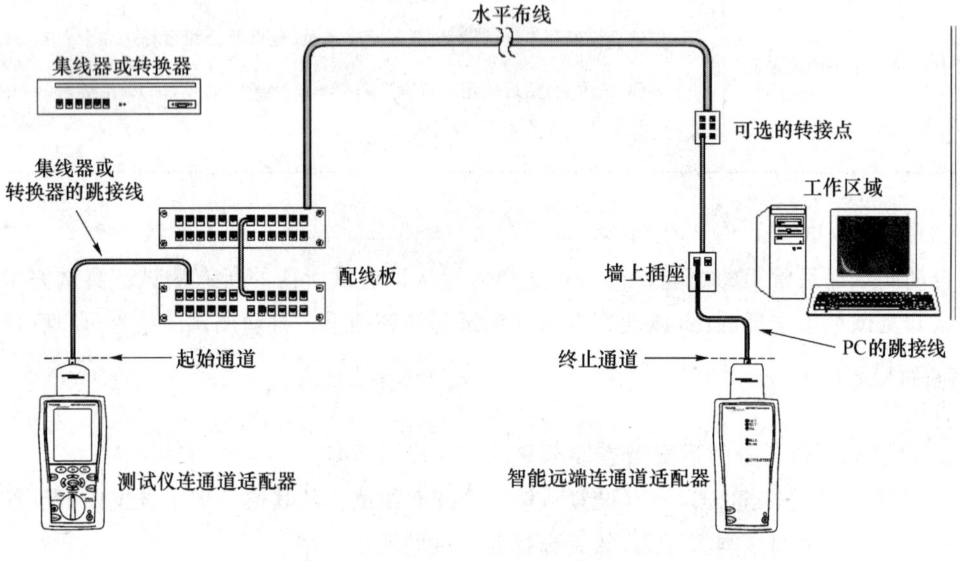

图 5-12　通道链路测试连接

（4）自动测试概要结果

对绞电缆布线自动测试概要结果如图 5-13 所示。

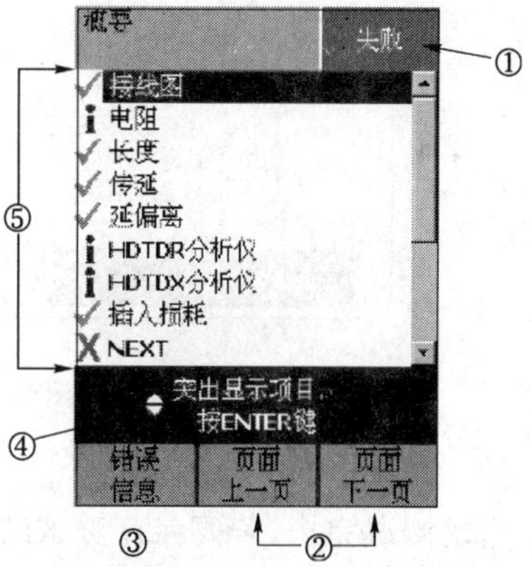

图 5-13　对绞电缆布线自动测试概要

① 通过：所有参数均在极限范围内。

失败：有一个或一个以上的参数超出极限值。

通过 * /失败 *：有一个或一个以上的参数在测试仪准确度的不确定性范围内，且特定的测试标准要求“ * ”注记。

② 按(F2)或(F3)键滚动屏幕画面。

③ 如果测试失败，按(F1)键查看诊断信息。

④ 屏幕画面操作提示。使用▲▼键突出显示某个参数；然后按(ENTER)键。

⑤ ✔：测试结果通过。

i：参数已被测量，但选定的测试极限内没有通过/失败极限值。

X：测试结果失败。

✱：参见下面的“通过 * /失败 * 结果”。

（5）通过 * /失败 * 结果

标有星号的结果表示测得的数值在测试仪准确度的不确定性范围内（如图 5-14 所示），且特定的测试标准要求“ * ”注记。这些测试结果被视作勉强可用，勉强通过及接近失败结果分别以蓝色及红色星号标注。

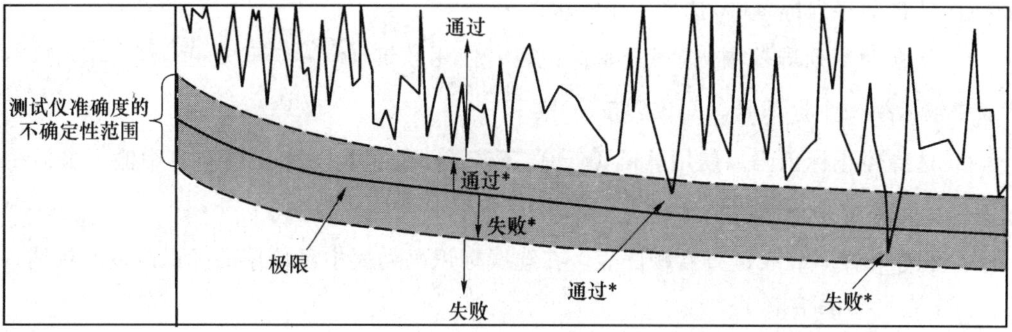

图 5-14　通过 * /失败 * 结果

对于 PASS(通过) * 的测试结果，应寻求改善布线安装的方法来消除勉强的性能。FAIL(失败) * 的测试结果应视作完全失败。

（6）自动诊断

如果自动测试失败，按(F1)错误信息键可以查阅有关失败的诊断信息。诊断屏幕画面会显示可能的失败原因以及为解决问题而建议采取的行动。测试失败可能产生一个以上的诊断屏幕。在这种情况下，按(F2)键来查看额外的屏幕。自动诊断屏幕画面实例如图 5-15 所示。

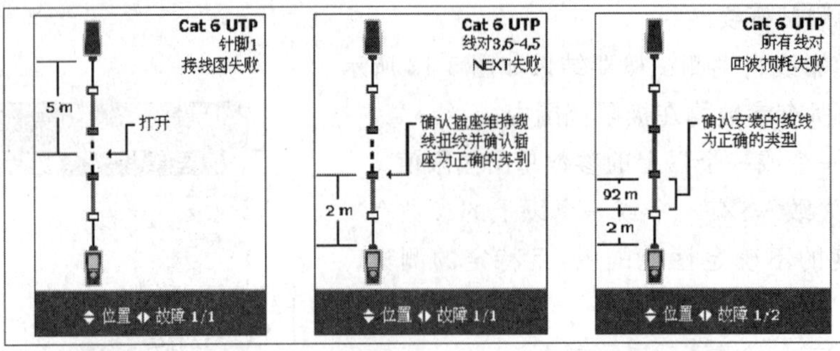

图 5-15　自动诊断屏幕画面实例

(7) 缆线标识码

自动测试完毕,若要保存测试结果,需要选择或建立一个缆线标识码。

若要选择缆线标识码来源,将旋转开关转至 SETUP,选择仪器设置值,选择缆线标识码来源;然后选择一个来源。

自动递增——每按 SAVE 键一次,递增标识码最后一个字符。

列表——允许将 LiveWare 软件所建立的标识码列表下载至测试仪。

自动序列——使用由模板产生的序列标识码列表。水平、主干及园区网模板均需遵循 ANSI/TIA/EIA-505-A 标准所规定的标识码格式。自由形态模板让操作人员建立自己的格式。

无——每次按 SAVE 键后建立标识码。

若要建立序列标识码列表,执行下列步骤。

① 从自动序列屏幕中,选择一个模板;

② 从自动序列屏幕中,选择开始标识码。使用软键,◀ ▶ ▲ ▼ 及 ENTER 键,在顺序表中输入第一个标识码。完成后按 SAVE 键;

③ 选择停止标识码。使用软键,◀ ▶ ▲ ▼ 及 ENTER 键,在顺序表中输入最后一个标识码。完成后按 SAVE 键;

④ 按 F3 样本列表键查看顺序表。在缆线标识码列表中已使用的标识码以 $ 标明。

(8) 查看测试结果

若要查看保存的测试结果,执行下列步骤。

① 将旋转开关转至 SPECIAL FUNCTIONS,然后选择查看/删除结果;

② 如果需要,按 F1 更改资料夹键找到想查看的测试结果;

③ 突出显示测试结果,然后按 ENTER 键。

(9) 移动和删除测试结果

若要删除测试结果或资料夹,执行下列步骤。

① 将旋转开关转至 SPECIAL FUNCTIONS,然后选择查看/删除结果;

② 如果需要,按 F1 更改资料夹键找到想删除的结果;

③ 执行下列步骤中的一个:

——若要删除一个结果，突出显示该结果，按(F2)删除键；

——若要删除当前资料夹中的所有结果或者删除一个资料夹，按(F2) Delete 键；然后选择一个选项。

(10) 将测试结果上载至 PC

若要将测试结果上载到 PC，执行下列步骤。

① 在 PC 上安装最新版本的 LiveWare 软件；

② 开启测试仪；

③ 用随测试仪附上的 USB 缆线将测试仪连接至 PC，或者将含有测试结果的内存卡插入 PC 的内存卡阅读器；

④ 启动 PC 的 LiveWare 软件；

⑤ 单击 LiveWare 工具栏的导入⬇键，从列表中选择测试仪的型号或者选择 PC 的内存卡或资料夹；

⑥ 选择要导入的数据记录，然后单击确定。

4. LinkWare 电缆测试管理软件

使用 LinkWare 电缆测试管理软件可以节省管理测试结果的时间。可以对测试结果的工作地点、用户、建筑等进行组织、编辑、查看、打印、保存或存档；还可以将测试结果合并到现有的数据库中，通过任意数据域或参数进行排序、查找或组织；也可以将数据导出为 Adobe 的 PDF 文档。

LinkWare 软件用彩色图形描述被测参数，可以打印专业的、图形化的测试报告；可以选择打印哪些参数以及图形显示顺序；可以定制报告上的公司 LOGO 等。

5.2.6　电缆布线系统常见故障及其定位技术

在综合布线工程中，电缆施工的常见故障主要有接线图(Wire Map)错误、电缆长度(Length)问题、衰减(Attenuation)过大、近端串音(NEXT)损耗过低、回波损耗(Return Loss)过低等。下面将结合 FLUKE 公司系列电缆分析仪的两个故障定位技术，介绍如何进行故障的分析判断和定位。

1. 高精度时域反射技术和时域串音分析技术

(1) 高精度时域反射技术

高精度时域反射(High Definition Time Domain Reflectometry，HDTDR)技术，主要针对有阻抗变化的故障进行精确定位。该技术通过在被测线对中发送测试信号，同时监测信号在该线对的反射相位和强度来确定故障的类型。如果信号在通过电缆时遇到一个阻抗的突变，部分或所有的信号会反射回来，通过信号发生反射的时间和信号在电缆中传输的速度可以精确的报告故障的具体位置。该测试可以测试电缆长度，可以定位由于短路、开路、连接不良和电缆阻抗不匹配等引起的阻抗异常点。

(2) 高精度时域串音分析技术

高精度时域串音分析(High Definition Time Domain Crosstalk，HDTDX)技术，主要针对各种导致串音的故障进行精确定位。HDTDX 技术是通过在一个线对上发送测试信号，同时在时域上对相邻线对进行串音测试的方法来进行故障定位。由于是在时域上进行测试,因此根据串音发生的时间以及信号的传输速度可以精确定位串音发生的物理位置。这是一种能够对近端串音故障进行精确定位并且不存在测试死区的技术。

2. 常见故障定位

(1) 接线图错误

接线图(Wire Map)错误主要包括线对反接(反向线对)、线对交叉(交叉线对)、开路、短路和串对等错误类型,对于前两种错误,一般的测试设备都可以发现,而且测试技术简单;至于开路、短路故障,在故障点都会有很大的阻抗变化,可以利用 HDTDR 技术来定位。测试设备可以通过测试信号相位的变化以及相应的反射时延来判断故障类型和距离。但串对却是很难发现的,发生串对错误的原因是操作人员在连接模块或接头时没有按照 T568A 和 T568B 的规定,造成链路两端虽然在物理上实现了 1↔1、2↔2、…、8↔8 的连接,但是却没有保证 12、36、45、78 线对的双绞(这是一种非常普遍存在的错误现象)。由于串对故障破坏了线对的双绞,因而造成线对之间的串音过大,进而造成网络性能的下降或设备的死锁。一般的电缆验证测试设备无法发现串对存在于链路中的哪一部分。

(2) 长度问题

电缆长度(Length)超过要求(超长),常伴随电缆衰减(损耗)过大、传播时延过大等故障。对于链路超长可以通过 HDTDR 技术进行精确定位。

(3) 衰减过大

衰减(Attenuation)过大同很多因素有关,如:现场的温度、湿度、频率、电缆长度等。在现场测试过程中发现,在电缆材质合格的前提下,衰减过大多与电缆超长有关。

(4) 近端串音损耗过低

近端串音(NEXT)故障常见于链路中的接插件部位,因终接工艺不规范所致,如:接头位置的电缆线对的未扭绞长度超过推荐的 13 mm,从而导致在这些位置产生过高的串音。当然串音不仅仅发生在接插件部位,一段不合格的电缆同样会导致串音的不合格。对于这类故障,可以利用 HDTDX 技术来定位。

(5) 回波损耗过低

回波损耗(Return Loss)故障主要发生在连接部位,但也可能发生于电缆中特性阻抗发生变化的地方。由于回波损耗产生的原因是阻抗变化引起的信号反射,可以利用针对这类故障的 HDTDR 技术进行精确定位。

5.3 光缆布线测试

5.3.1 光纤测试内容

光纤链路的传输质量不仅取决于光纤和连接件的质量,还取决于安装工艺和应用环境。在光纤的应用中,对光纤和光纤系统的测试应包括以下内容。

(1) 在施工前进行器材检验时,一般检查光纤的连续性,必要时需采用光纤损耗测试仪(稳定光源和光功率计组合)对光纤链路的插入损耗和光纤长度进行测试。

(2) 对光纤链路(包括光纤、连接器件和熔接点)的衰减进行测试,同时测试光跳线的衰减值。

光纤连续性是对光纤的基本要求,在进行光纤连续性测量时,通常是将红色激光、发光二极管(LED)或其他可见光从光纤的一端注入,并在光纤的另一端监视光的输出。如果在光纤中有断裂或其他的不连续点,则在光纤输出端的光功率就会下降或者根本没有光输出。

在购买光跳线时,人们通常使用激光笔或明亮的手电筒来检查光纤的连续性。使用激光笔检查光跳线中光纤连续性的方法如图 5-16(a)所示,用一只激光笔对准光跳线的一端,检查另一端是否有光线出来(注意不要用眼睛对着看,以免激光灼伤眼睛)。使用明亮的手电筒来检查光跳线中光纤连续性的方法如图 5-16(b)所示。

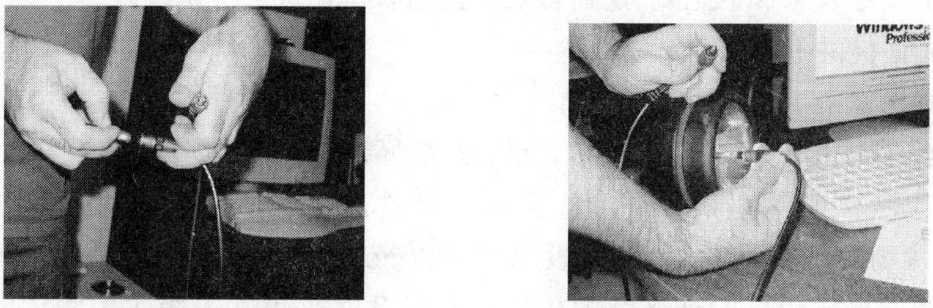

(a)　　　　(b)

图 5-16　使用激光笔或明亮的手电筒来检查光跳线中光纤的连续性

5.3.2　光缆布线测试

光缆布线系统安装完成之后需要对光纤链路的传输性能进行测试,其中最主要的两个测试项目是光纤链路的长度和损耗。

1. 光纤链路现场认证测试标准及内容

光纤链路现场认证测试的主要目的是遵循特定的标准检测光纤链路的连接质量,减少故障因素以及存在故障时找出故障点,查明故障原因,以便修复。

(1) 测试标准

目前世界范围内公认的光纤链路现场认证测试标准主要有:北美地区的 EIA/TIA-568 B.3 标准、国际标准化组织的 ISO/IEC 11801:2002 标准和中华人民共和国国家标准,编号为 GB 50312—2007。

(2) 测试模型

光纤链路的测试模型如图 5-17 所示。

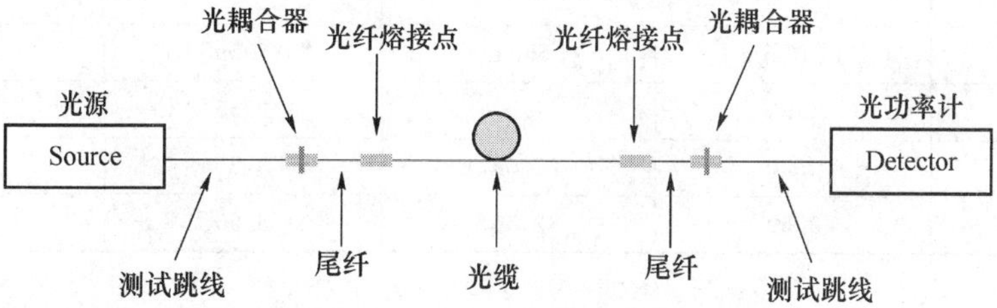

图 5-17　光纤链路测试模型

如果在两端对光纤逐根进行双向(收与发)测试,则对应的光纤链路测试连接方法如图5-18所示。

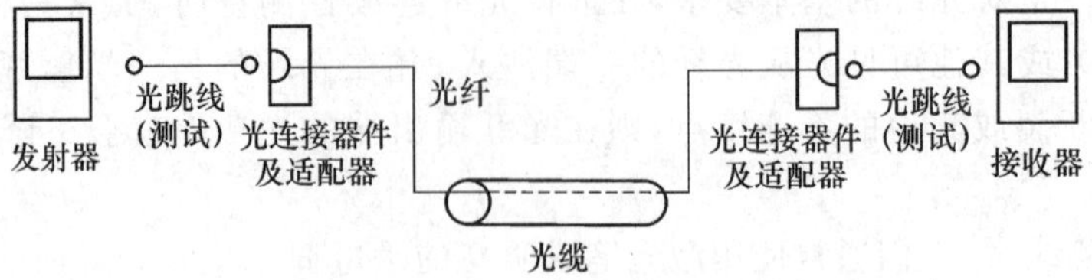

图 5-18 光纤链路测试连接方法(单芯)

注:① 光连接器件可以为 TO、FD、BD、CD 的 SC、ST、SFF 连接器件。

② 光缆可以为水平光缆、建筑物主干光缆和建筑群主干光缆。

③ 光纤链路中不包括光跳线在内。

(3) 测试内容

参照光缆系统相关测试标准规定,光纤链路测试分为等级 1 和等级 2。等级 1 要求光纤链路都应测试衰减(插入损耗)、长度及极性。等级 1 测试使用光缆损失测试器 OLTS(为光源与光功率计的组合)测量每条光纤链路的插入损耗及计算光纤长度,使用 OLTS 或可视故障定位仪验证光纤的极性。等级 2 除了包括等级 1 的测试内容,还包括对每条光纤链路作出 OTDR 曲线。等级 2 的测试是可选的。GB 50312—2007 的具体规定如下:

①布线系统所采用光纤的性能指标及光纤信道指标应符合设计要求。不同类型的光纤在标称波长下的每公里的最大衰减值应符合表 5-18 的规定。

表 5-18 光缆衰减

最大光缆衰减/dB · km^{-1}				
项目	OM1、OM2 及 OM3 多模		OS1 单模	
波长	850 nm	1 300 nm	1 310 nm	1 550 nm
衰减	3.5	1.5	1.0	1.0

② 光缆布线信道在规定的传输窗口测量出的最大光衰减(插入损耗)应不超过表 5-19 的规定,该指标已包括接头与连接插座的衰减在内。

表 5-19 光缆信道衰减范围

级别	最大信道衰减/dB			
	单模		多模	
	1 310 nm	1 550 nm	850 nm	1 300 nm
OF-300	1.80	1.80	2.55	1.95
OF-500	2.00	2.00	3.25	2.25
OF-2000	3.50	3.50	8.50	4.50

③ 光纤链路的插入损耗极限值可用以下公式计算(光纤链路损耗参考值见表 5-20)：

光纤链路损耗＝光纤损耗＋连接器件损耗＋光纤连接点损耗

光纤损耗＝光纤损耗系数(单位为 dB/km)×光纤长度(单位为 km)

连接器件损耗＝连接器件损耗(单位为个)×连接器件个数

光纤连接点损耗＝光纤连接点损耗(单位为个)×光纤连接点个数

表 5-20　光纤链路损耗参考值

种类	工作波长/nm	衰减系数/dB·km^{-1}
多模光纤	850	3.5
多模光纤	1 300	1.5
单模室外光纤	1 310	0.5
单模室外光纤	1 550	0.5
单模室内光纤	1 310	1.0
单模室内光纤	1 550	1.0
连接器件衰减(损耗)	0.75 dB	
光纤连接点衰减(损耗)	0.3 dB	

例如：一条工作在 850 nm 波长的光纤链路，长度为 1 km，使用了两个连接器件(耦合器)、两个光纤连接点(熔接点)。按照标准规定，光纤衰减率为 3.5 dB/km，每个耦合器的衰减为 0.75 dB，每个熔接点的衰减为 0.3 dB，则此链路的衰减极限为 3.5×1＋0.75×2＋0.3×2＝5.6 dB，如果测试得到的值小于此值，说明此光缆链路的衰减在标准规定范围之内，链路合格；如果测试得到的值大于此值，说明此光缆链路的衰减在标准规定范围之外，链路不合格。

2. 光纤链路现场认证测试

衰减是光纤链路的一个重要传输参数，它的单位是分贝(dB)。它表明了光纤链路对光能的传输损耗(传导特性)。光信号在光纤中传播时，平均光功率沿光纤长度方向成指数规律减少。在一根光纤网线中，从发送端到接收端之间存在的衰减越大，两者间可能传输的最大距离就越短。

对于水平光纤链路的测量仅需在一个波长上进行测试，这是因为光缆长度短(小于 90 m)，因波长变化而引起的衰减是不明显的，衰减测试结果应小于 2.0 dB；对于主干光纤链路应以两个操作波长进行测试，即多模主干光纤链路使用 850 nm 和 1 300 nm 波长进行测试，单模主干光纤链路使用 1 310 nm 和 1 550 nm 波长进行测量。测试记录情况可以参见表 5-21。1 550 nm的测试能确定光纤是否支持波分复用，还能发现在 1 310 nm 测试中不能发现的由微小的弯曲所导致的损耗。

表 5-21 综合布线系统工程光纤(链路/信道)性能指标测试记录

工程项目名称												
序号	编号			光缆系统								备注
				多模				单模				
	地址号	缆线号	设备号	850 nm		1 300 nm		1 310 nm		1 550 nm		
				衰减(插入损耗)	长度	衰减(插入损耗)	长度	衰减(插入损耗)	长度	衰减(插入损耗)	长度	
测试日期、人员及测试仪表型号、测试仪表精度												
处理情况												

3. 光缆链路现场测试工具

标准要求,光纤现场测试仪应根据网络的应用情况,选用相应的光源(LED、VCSEL、LASER)和光功率计或光时域反射仪(OTDR)。

(1) 光源

光源主要有 LED(发光二极管)光源、激光光源和 VCSEL(垂直腔体表面发射激光)光源三种,其性能比较见表 5-22。LED 光源造价比较低,但是 LED 光源在光功率及其散射等性能方面存在缺陷,而激光光源设备昂贵。VCSEL 是一种半导体类型的微激光二极管,和传统的激光光源器件相比,VCSEL 是一种性能好且制造成本低的新型激光光源。

表 5-22 三种光源的比较表

光源类型	工作波长	光纤类型	带宽	元器件	价格
LED	850 nm	多模	>200 MHz	简单	便宜
Laser	850、1 310、1 550 nm	单模	>5 GHz	复杂	昂贵
VCSEL	850 nm	多模	>1 GHz	适中	适中

TIA/EIA 568-B. 1 标准将光源归为 5 类,从 1 类典型 LED 光源到 5 类 FP 激光。VCSEL的通常分级为 3 类或 4 类。测试所选光源应与网络应用相一致,否则要求使用 LED 光源的标准就表示更保守或"最差"的情况。

850 nm LED 光源和 850 nm VCSEL 光源发光的方式是不同的。LED 发射的光是宽束,在多模光缆纤芯的整个表面都是相对均匀的。与此相反,VCSEL 光源发射的光是窄束,光线在光纤纤芯的中心十分明亮,而在偏离中心后就会迅速变暗。这就导致了不同的损耗测量。LED 的损耗测量结果通常大于 VCSEL 的损耗测量结果。

(2) 光功率计

光功率计是测量光缆中光纤传输信号强度的设备,用于测量绝对光功率或通过一段光缆的光功率相对损耗。光功率计的原理非常像电子学中的万用表，只不过万用表测量的是电子，而光功率计测量的是光。用光功率计与稳定光源组合使用，组成光损失测试器，能够测量连接损耗、检验连续性，帮助评估光缆链路的传输质量。Fluke 单模激光光源、多模光源、单/多模光功率计如图 5-19 所示。

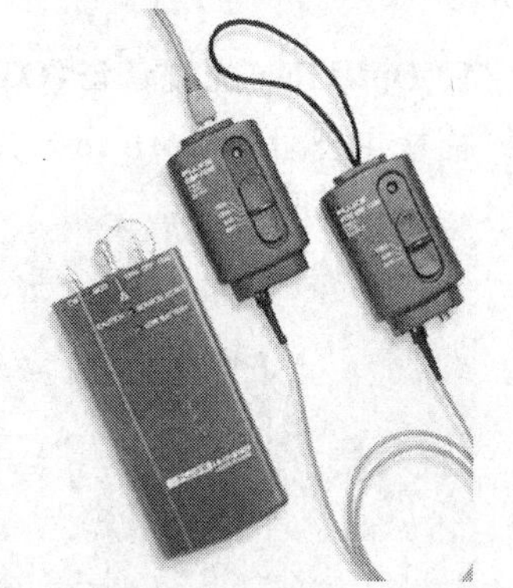

图 5-19　Fluke 单模激光光源、多模光源、单/多模光功率计

(3) 光时域反射计(OTDR)

OTDR 是根据光的后向散射原理制作的，利用光在光纤中传播时产生的后向散射光来获取衰减的信息，可用于测量光纤衰减和接头损耗、定位光纤故障和了解光信号沿光纤长度方向的损耗分布情况。从某种意义上讲，光时域反射计(OTDR)的作用类似于在电缆测试中使用的时域反射计(TDR)，只不过 TDR 测量的是由阻抗变化引起的信号反射，而 OTDR 测量的则是由光子的反向散射引起的信号反射。反向散射是对所有光纤都有影响的一种现象，是由于光子在光纤中发生反射所引起的，如图 5-20 所示。

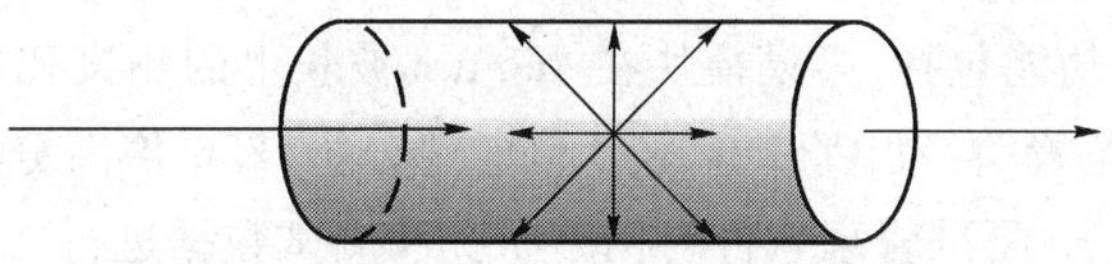

图 5-20　光子在光纤中的后向反射

通过分析 OTDR 接收到的光子反向散射信号波形图，技术人员可以看到整个系统的轮廓；确定光纤分段以及连接器的位置，并测量它们的性能；确定由于施工质量所导致的问题；如果知道光信号在光纤中传输的速率，OTDR 可以根据信号发送和接收的时间差确定断纤等故障的位置，常见 OTDR 的波形如图 5-21 所示。

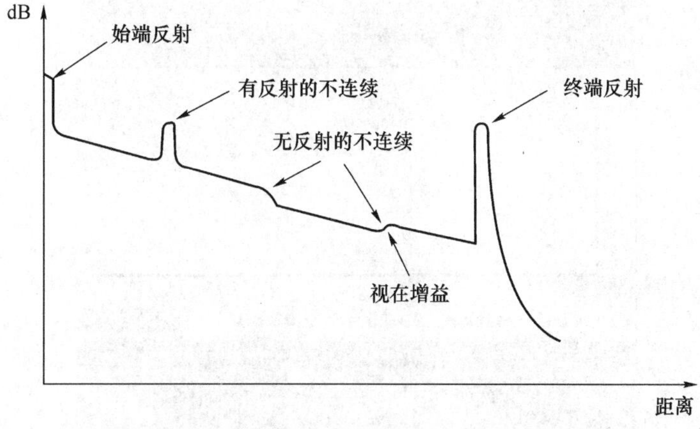

图 5-21　OTDR 波形图

(4) 可视故障定位仪(VFL)

可视故障定位仪(VFL)是用来检测光的极性、光纤断点以及光能衰减的仪器。

5.3.3　OTDR 测试仪介绍

1. OptiFiber 光缆认证(OTDR)分析仪

福禄克公司的 OptiFiber 光缆认证(OTDR)分析仪如图 5-22 所示，它除了提供链路曲线分析功能以外，还提供光功率测试、长度测试、连接头终接面洁净度检查和链路通道图等功能，能够为用户提供更加详细的光缆认证和故障诊断服务。随机附带的 LinkWare PC 软件可以管理所有的测试数据，进行文档备案，生成光缆链路全面测试报告。OptiFiber 的主要特性如下。

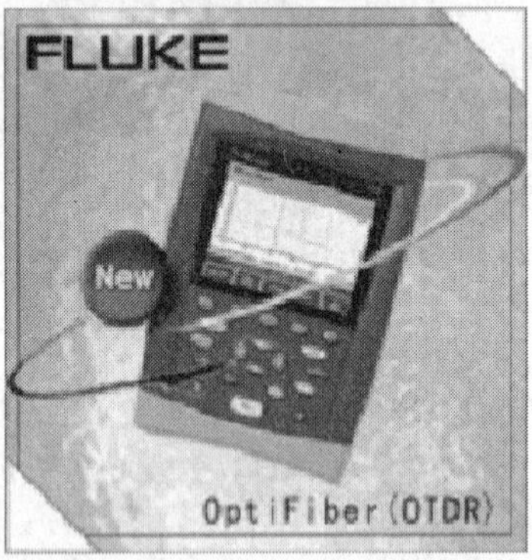

图 5-22　OptiFiber 分析仪

(1) 第二级光缆认证

包括测试光损耗、光缆长度和 OTDR 曲线，使光缆安装者能得到所安装光缆的完整数据，使布线拥有者能得到光缆安装质量的可靠证明。

(2) 强大的故障诊断能力

OptiFiber 的故障功能包括：多模模块在 850 nm 波长上的测试死区可小至 1 m，通道图形显示所有连接头的位置，自动 OTDR 图形和事件分析，250 倍高分辨率视频终接面洁净度检查和通过 LinkWare 测试管理软件对网络状况和测试数据进行文档备案。

(3) 自动 OTDR 分析

如图 5-23 所示，在自动 OTDR 模式下，分析仪可以优化光的发射条件从而得到较佳的结果；进行双波长 OTDR 测量；识别和标记光缆链路和事件，并将测试结果和用户预置的测试极限进行比较，立即给出通过/失败的结果。(事件是指光缆链路中的每个连接情况，例如一个转接头，一条跳线都为一个事件)。

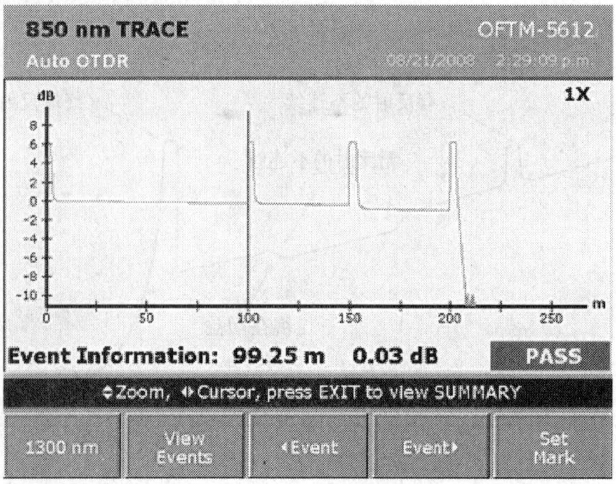

图 5-23　OTDR 曲线

(4) 损耗/长度认证

损耗/长度测试结果如图 5-24 所示，一次测试可以完成光缆长度和插入损耗测量，并显示链路通过/失败的结果。

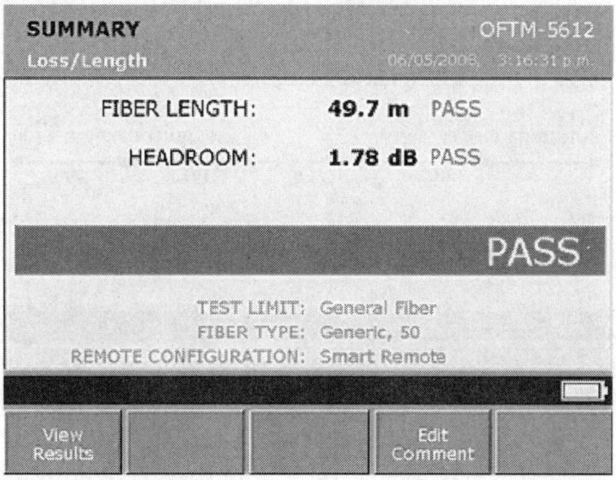

图 5-24　损耗/长度测试

(5) 终接面洁净度检查

在光缆链路故障中,有 85%以上是由于光纤终接面污染造成的。使用 OptiFiber 的 250 倍视频检查系统可以方便地查看这些污染。如图 5-25 所示,通过放大的终接面图像,可以识别质量不佳的连接。

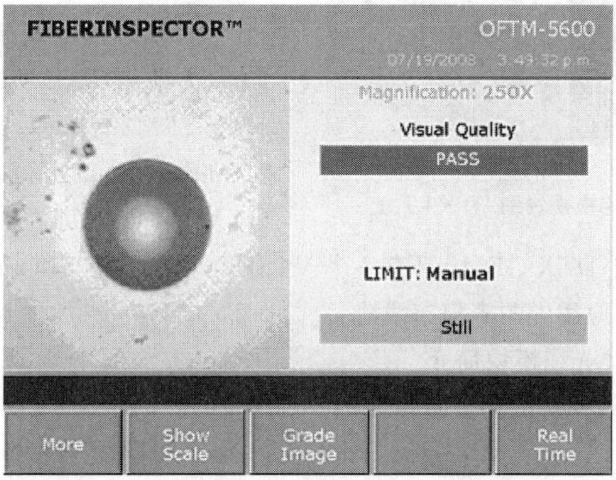

图 5-25　光纤端面洁净度

(6) 通道图

如图 5-26 所示,OptiFiber 的通道图(Channel Map)功能将 OTDR 数据表示为简单的图表或图形,显示连接头的位置和数量,可以快速验证链路结构,识别短至 1 m 的跳线。

(7) 光功率计

OptiFiber 的光功率计模块选件,可以直接进行光功率测量,验证光源和链路性能;测量 850 nm、1 300 nm/1 310 nm 和 1 550 nm 的光功率;保存测试结果并附加注释。

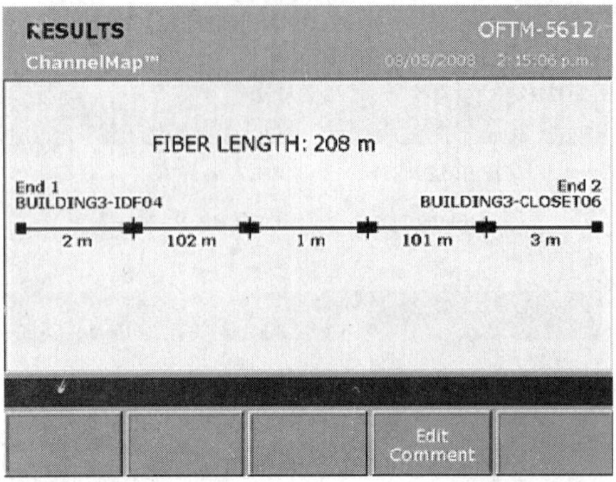

图 5-26　通道图

2. DTX 系列光缆模块介绍

除了可以利用 OptiFiber 光缆认证(OTDR)分析仪认证光缆链路之外,还可以利用福禄克公司的 DTX 系列(DTX-1200/DTX-1800/DTX-LT)电缆分析仪加上背插式光缆模块(如图 5-27 所示)来认证光缆布线系统。

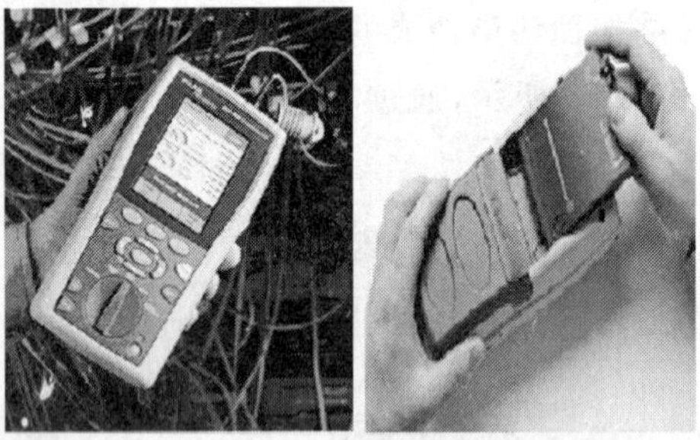

图 5-27　安装光缆模块到 DTX-LT 上

DTX 系列电缆分析仪背插式光缆模块,包括 DTX-MFM2、DTX-GFM2 和 DTX-SFM2 三种。DTX-MFM2 可在 850 nm和 1 300 nm 波长下认证多模布线;DTX-SFM2 则可在 1 310 nm和 1 550 nm 波长下认证单模布线;DTX-GFM2 具有一个 VCSEL 光源,可在850 nm和 1 310 nm 波长条件下认证千兆以太网应用中的多模布线。

(1) DTX-MFM2 光缆模块简介

DTX-MFM2 光缆模块的物理特性如图 5-28 所示。

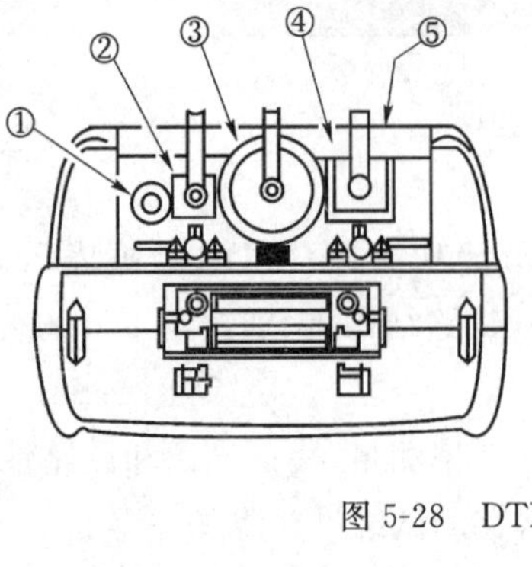

① 用于激活视频故障定位器②及输出端口④的按钮。
② 用于视频故障定位器输出端口的通用光缆连接器。
③ 带防尘盖的输入端口连接器。
④ 有防尘罩的SC输出端口连接器。连接器下方的LED指示灯在输出端口传输模块的较短波长时亮红灯,传输较长的波长时亮绿灯。
⑤ 激光安全标签。

图 5-28　DTX-MFM2 光缆模块物理特性

(2) 测试结果概要

为了获得可靠的测试结果,需要进行适当的清洁和基准设置,还可能需要使用心轴。

① 清洁连接器和适配器

连接前须先清洁光纤连接器和光缆模块的输入连接器。可以使用纯度 99% 的异丙醇及光学拭布或棉签。清洁光纤连接器时，先将棉签头蘸湿酒精后，用棉签碰触一块干燥的拭布；再用新的干燥的棉签碰触拭布上的异丙醇，将棉签沿接头端面绕 3～5 圈后丢弃；然后用干燥的棉签在接头内绕 3～5 圈将其擦干；最后用光纤显微镜检视连接器洁净情况。

清洁光缆模块的输入连接器需先取下连接适配器，露出光电二极管镜头；接着将棉签用酒精蘸湿；然后在镜头上旋转 3～5 圈后丢弃；再用干燥的棉签在镜头上旋转 3～5 圈。

② 清洁连接适配器和光缆适配器

按照上述方法，定期用棉签和酒精清洁连接适配器和光缆适配器。

③ 清洁连接器端头

用棉签或沾湿异丙醇的拭布擦拭套圈端头，用干燥的棉签或拭布擦干；用防尘盖或插头覆盖未使用的连接器，定期用棉花棒或拭布及异丙醇清洁防尘插头。

④ 设置基准

基准作为损耗测量的基准电平。同时，由于基准是测量的基本指标，设置基准期间所用的基准测试线和适配器的损耗不包含在测试结果中。通常需在下列情况设置基准：

- 每天开始前，使用当天要用的远端设置；
- 重新将基准测试线连接到模块的输出端口或其他信号源；
- 测试仪警告基准值已过期；
- 看到负损耗测量时；
- 更换测试仪或智能远端的光缆模块后；
- 用不同的远端测试仪开始测试时；
- 更改“设置”中的测试方法后；
- 设置基准之后 24 h。

设置基准后，注意不要将基准测试线与测试仪的输出端口断开。因为这样做会改变发射到光缆中的光功率，从而导致基准无效；另外，基准值每天的变动不应超过十分之几 dB，变动过大可能代表基准测试线或连接有问题。

⑤ 测试基准测试线

DTX 光缆模块配备了高质量的基准测试线，在每次工作前，应检测基准测试线。用“智能远端”模式可以同时测试两根基准测试线，用“环回”模式可以测试一根基准测试线。

⑥ 用心轴测试多模光纤

使用 DTX-MFM2 光缆模块测试多模光缆时应使用心轴。心轴可以改善测量结果的可重复性和一致性。心轴还允许使用 LED 光源来认证 50 μm 和 62.5 μm 光缆链路。

如图 5-29 所示，在心轴上盘绕基准测试线。

(3) 设置值

光纤测试设置值见表 5-23。

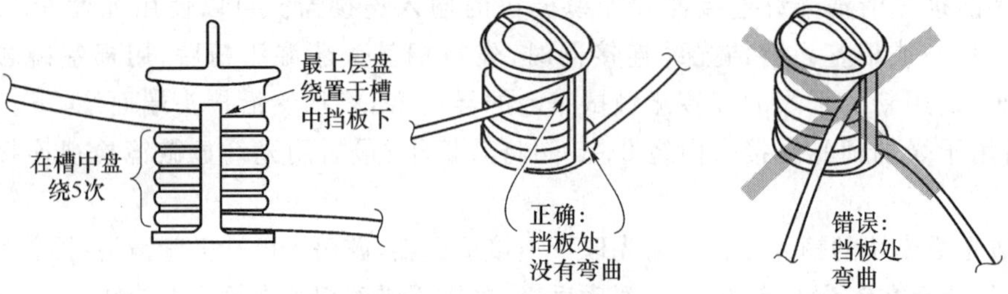

图 5-29 在心轴上盘绕基准测试线

表 5-23 光纤测试设置值

设置值	说明
SETUP>光纤>光纤类型	选择一种适用于被测光缆的光纤类型。选择 Custom(自定义)可创建光缆类型
SETUP>光纤>测试极限	为测试任务选择适当的测试极限。测试仪将测试结果与所选的测试极限相比较,以产生通过或失败的测试结果。选择 Custom 可创建测试极限值
SETUP>光纤>远端端点设置	用智能远端模式可以测试双重光纤布线 用环回模式可以测试基准测试线与光缆绕线盘 用远端信号源模式及光学信号源可以测试单独的光纤
SETUP>光纤>双向	在"智能远端"或"环回"模式中启用"双向"时,测试仪提示要在测试半途切换测试连接。在每组波长条件下,测试仪可对每根光缆进行双向测量(850 nm/1 300 nm、850 nm/1 310 nm 或 1 310 nm/1 550 nm)
SETUP>光纤>适配器数目 SETUP>光纤>拼接点数目	如果所选的极限值使用计算的损耗极限值,输入在设置参考后将被添加至光纤路径的适配器数目。图 5-30 显示如何决定适配器数目设置值 仅有每公里损耗、每连接器损耗及每拼接点损耗最大值的极限值,使用计算极限值作为总损耗。例如:光缆主干的极限值会使用计算损耗极限
SETUP>光纤>连接器类型	选择用于布线的连接器类型。若未列出布线连接器类型,选用通用类型
SETUP>光纤> 测试方法> 方法 A、B、C	损耗结果包含设置基准后添加的连接。基准及测试连接可决定将哪个连接包含于结果当中。测试方法指所含端点连接数 方法 A:损耗结果包含链路一端的一个连接 方法 B:损耗结果包含链路两端的连接 方法 C:损耗结果不包含链路两端的连接。仅测量光纤损耗
SETUP>光纤> 折射率来源(n)>用户定义 或默认值	测试仪使用目前选定的光纤类型(默认值)所定义的折射率(n)或用户定义的值。选定的光纤类型所定义的默认值代表该特定光纤类型的典型值。如果需要,可以输入另一个值。若要校正折射率,更改折射率,直到测得的长度符合光纤的已知长度。增加折射率将会缩短测得的长度
SPECIAL FUNCTIONS> 设置基准跳接线长度	设置基准可以设置损耗测量的基准电平 设置基准后,可输入所用的基准测试线的长度。长度包含于已保存的自动测试结果内以便满足光纤测试结果的报告要求
用于保存测试结果的设置值	有关准备保存测试结果的详细说明,见 Fluke DTX 使用说明

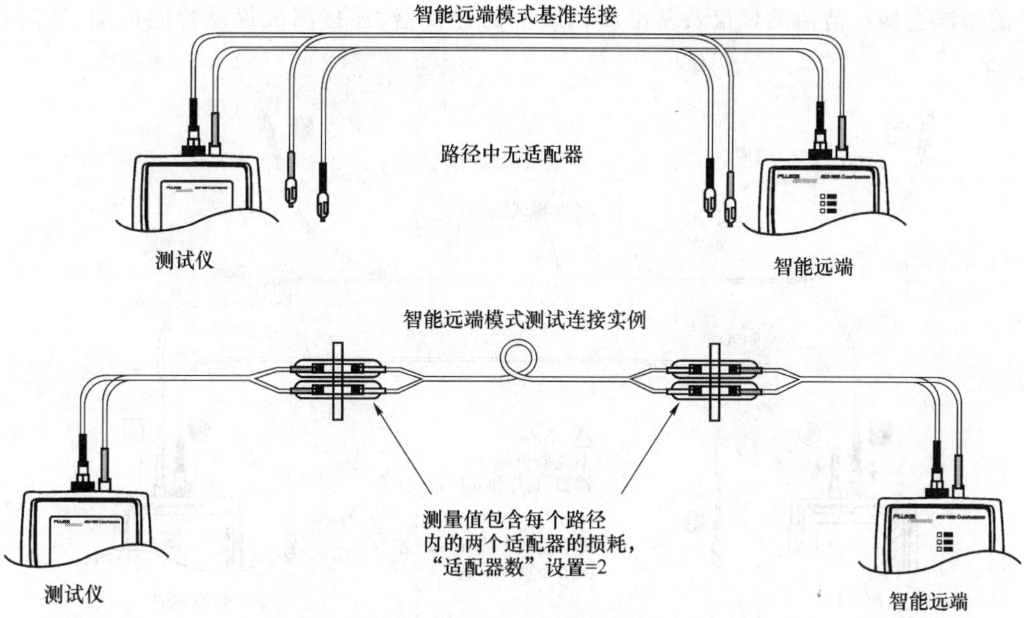

图 5-30　如何确定适配器数量(以单模为例,未使用心轴)

(4) 认证光缆布线

自动测试可以用来认证光缆布线。自动测试有“智能远端”、“环回”和“远端信号源”三种测试模式。

① 智能远端模式

在智能远端模式中,测试仪以单向或双向测量两根光纤上两个波长的损耗、长度及传播时延。操作步骤如下。

第一步:开启测试仪及智能远端,等候 5 min。如果模块使用前的保存温度高于或低于环境温度,则需等待更长时间,以使模块温度稳定。

第二步:将旋转开关转至设置,然后选择光纤。设置光纤选项卡下面的选项(按▶键查看其他选项卡)。

- 光缆类型:选择待测的光纤类型;
- 测试极限:选择执行任务所需的测试极限值,按F1更多键查看其他极限值列表;
- 远端端点设置:设置为智能远端;
- 双向:如果需要双向测试光纤,启用此选项;
- 适配器数目及熔接点数:输入将在设置参考后被添加至光纤路径的每个方向的适配器及熔接数;
- 连接器类型:选择用于待测布线的连接器类型,若未列出,选择常规;
- 测试方法:指包含在损耗测试结果中的适配器数目。

第三步:将旋转开关转至 SPECIAL FUNCTIONS;然后选择设置基准。如果同时连接了光缆模块和双绞线适配器,选择光缆模块。

第四步:设置基准屏幕画面会显示用于所选测试方法的基准连接。图 5-31 为“方法

B”的基准连接。清洁测试仪及基准测试线上的连接器，连接测试仪及智能远端，然后按TEST键。

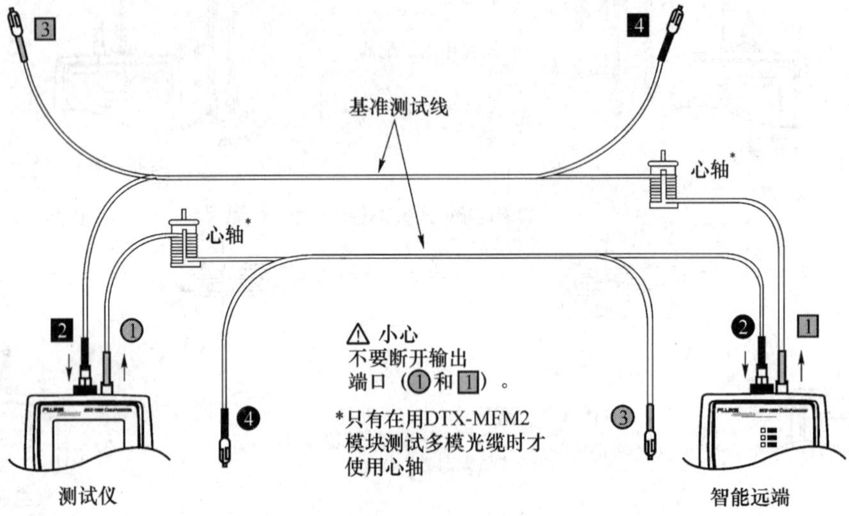

图 5-31　智能远端模式基准连接（方法 B）

第五步：清洁待测布线上的连接器，然后连接到链路。图 5-32 为“方法 B”的测试连接。

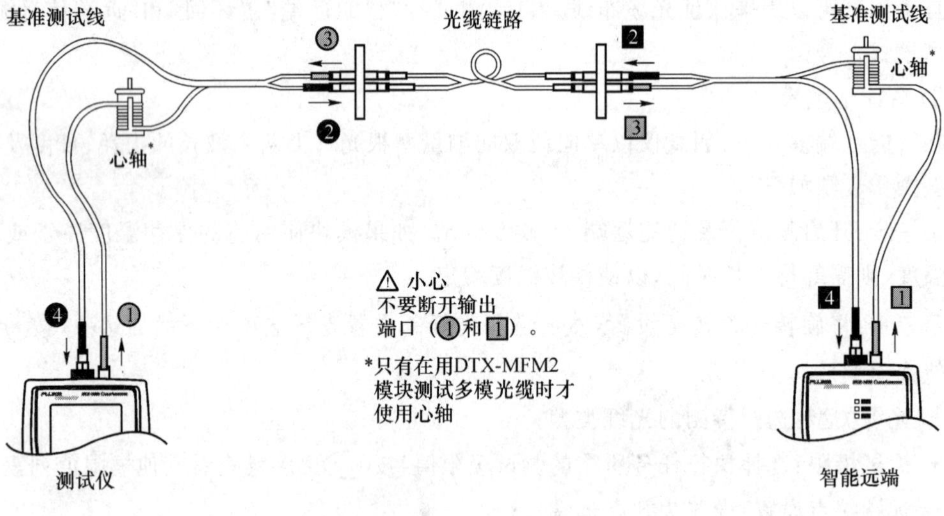

图 5-32　智能远端模式测试连接（方法 B）

第六步：将旋转开关转至 AUTOTEST。确认介质类型设置为光纤。如果需要，按F1键更换介质。

第七步：按测试仪或智能远端的TEST键。

第八步：如果显示为开路或未知，尝试下列步骤。

- 确认所有连接是否良好；
- 确认另一端的测试仪已开启；
- 在配线板上尝试各种不同的连接；

• 尽量在一端改变连接的极性；

• 用视频故障定位器确定光纤连通性问题。

第九步：如果启用了双向测试，测试仪提示要在测试半途切换光纤。切换布线两端点的配线板或适配器（而不是测试仪端口）的光纤。

第十步：若要保存测试结果，按 SAVE 键，选择或建立输入光纤的标识码；然后按 SAVE 键。选择或建立输出光纤的标识码；然后再按一下 SAVE 键。

在"智能远端"模式的测试结果中，输入光纤及输出光纤指连接至主测试仪的输入及输出端口的光纤。对于双向测试，则指测试结束时连接至主测试仪的输入及输出端口的光纤。

② 环回模式

使用环回模式可以测试光缆绕线盘和基准测试线。在此模式中，测试仪以单向或双向测量两个波长的损耗、长度及传播延迟。具体操作步骤如下。

第一步：开启测试仪及智能远端，等候 5 min。如果模块使用前的保存温度高于或低于环境温度，则需等待更长时间以使模块温度稳定。

第二步：将旋转开关转至设置，然后选择光纤。设置光纤选项卡下面的选项。

• 光缆类型：选择待测光缆的光纤类型。

• 测试极限：选择执行任务所需的测试极限值。

• 远端端点设置：设置为环回模式。

• 双向：如果需要双向测试光纤，启用此选项。

• 适配器数目及熔接点数：输入将在设置参考后被添加至光纤路径的每个方向的适配器及熔接数。

• 连接器类型：选择用于待测布线的连接器类型。若未列出，选择常规。

• 测试方法：指包含在损耗测试结果中的适配器数目。

第三步：将旋转开关转至 SPECIAL FUNCTIONS；然后选择设置基准。如果同时连接了光缆模块和双绞线适配器，选择光缆模块。

第四步：设置基准屏幕画面会显示用于所选测试方法的连接。

图 5-33 为"方法 B"的环回模式基准连接。清洁测试仪及基准测试线上的连接器，连接测试仪的输入及输出端口；然后按 TEST 键。

第五步：清洁待测布线上的连接器；然后按图 5-34 所示的"方法 B"连接至布线。

第六步：将旋转开关转至 AUTOTEST。确认介质类型设置为光纤。如果需要，按 F1 键更换介质。

第七步：按 TEST 键。

第八步：如果启用了双向测试，在测试中途，测试仪会提示切换光纤（即切换适配器光纤，而不是测试仪端口的光纤）。

第九步：要保存测试结果，按 SAVE 键，选择或建立光纤标识码；然后再按一下 SAVE 键。

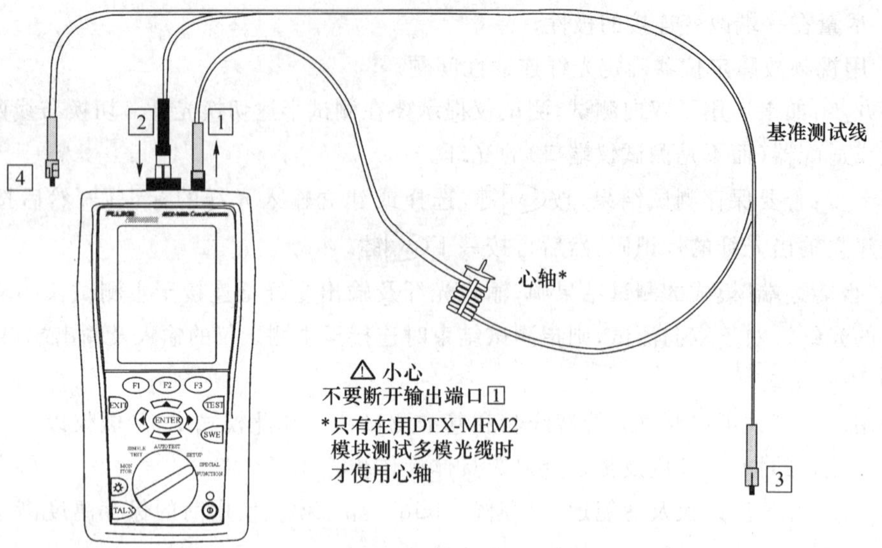

图 5-33　环回模式基准连接(方法 B)

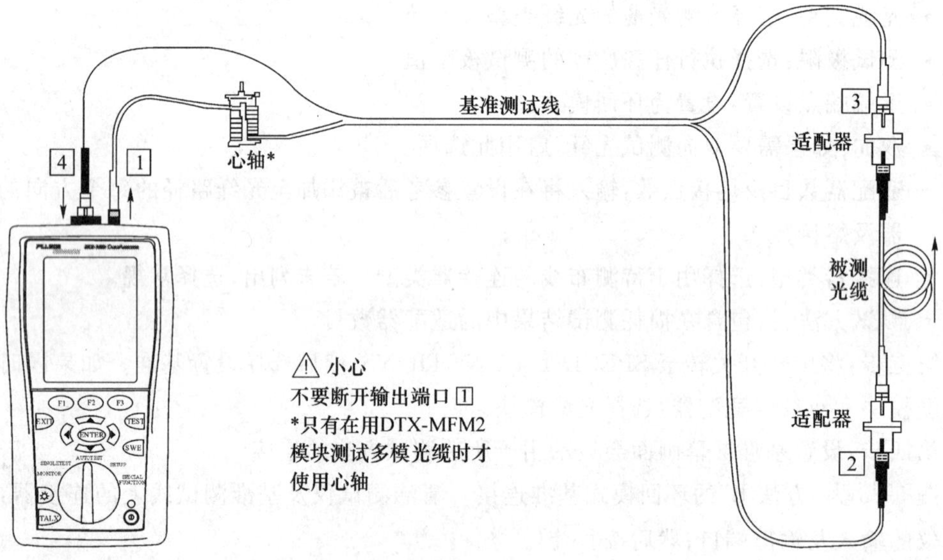

图 5-34　环回模式测试连接(方法 B)

③ 远端信号源模式

远端信号源模式用于测量单芯光纤上某一波长的光功率损耗。该模式需使用独立的光学信号源。用远端信号源模式认证单芯光纤布线的步骤如下。

第一步:开启测试仪及智能远端,等候 5 min。如果模块使用前的保存温度高于或低于环境温度,则需等待更长时间以使模块温度稳定。对于其他信号源,根据制造商的建议决定预热时间。

第二步:将旋转开关转至设置,选择光纤。设置光纤选项卡下面的选项。

- 光缆类型:选择待测的光纤类型。
- 测试极限:选择执行任务所需的测试极限值。

- 远端端点设置：设置为远端信号源模式。
- 双向：不适用于“远端信号源”模式。
- Number of Adapters 和 Number of Splices：不适用于“远端信号源”模式。
- 连接器类型：选择用于待测布线的连接器类型。若未列出，选择常规。
- 测试方法：指包含在损耗测试结果中的适配器数目。

第三步：在 850 nm 波长条件下，按住智能远端光缆模块上的按钮 3 s 来启动输出端口。再按一次可切换至 1 300 nm；

对较短的波长 LED 指示灯亮红灯，较长的波长则亮绿灯。

对于其他信号源，确认输出信号源已设置为正确的波长及持续信号波模式。

第四步：将旋转开关转至 SPECIAL FUNCTIONS；选择设置基准。如果同时连接了光缆模块和双绞线适配器，选择光缆模块。

第五步：设置基准屏幕画面显示用于所选测试方法的连接。图 5-35 为“方法 B”的基准连接。清洁测试仪、基准测试线及信号源上的连接器，连接测试仪及信号源，然后按 TEST 键。

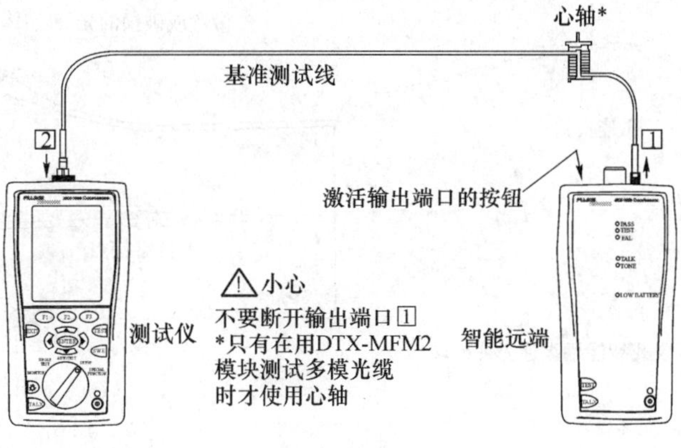

图 5-35　远端信号源模式基准连接(方法 B)

第六步：清洁布线上的待测连接器；然后将测试仪及信号源连接至布线，如图 5-36 所示。

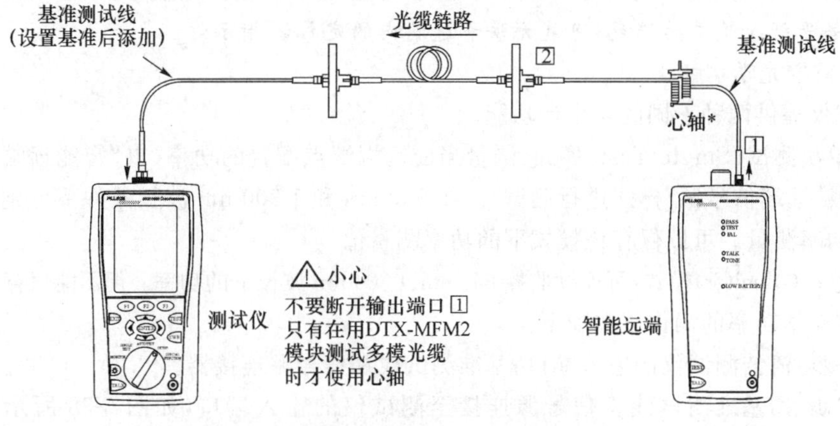

图 5-36　远端信号源模式测试连接(方法 B)

第七步:将旋转开关转至 AUTOTEST,按TEST键,然后选择智能远端上的波长组。

第八步:若要保存测试结果,按SAVE键,选择或建立光纤标识码;然后再按一下SAVE键。

(5) 使用视频故障定位器

光缆模块包含一个视频故障定位器,方便快速检查光纤连通性、描记光纤曲线图并找到光纤及连接器沿线上的故障问题。操作步骤如下。

第一步:清洁基准测试线(如果使用)及待测光缆上的连接器。

第二步:将光缆直接连接至测试仪的 VFL 端口或使用基准测试线连接。

第三步:通过按靠近 VFL 连接器的按钮,开启视频故障定位器,如图 5-37 所示。再按一下切换至闪烁模式。再按一下即可开启定位器。

第四步:查看红色指示灯,找到光纤故障(如图 5-37 所示)。

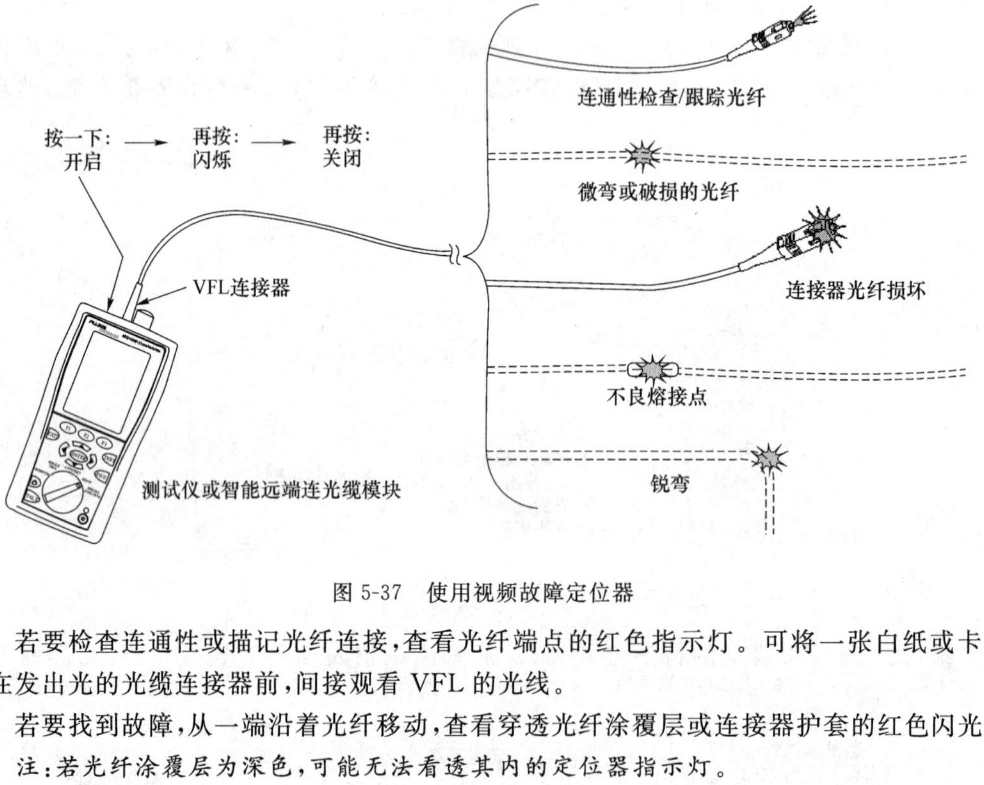

图 5-37　使用视频故障定位器

若要检查连通性或描记光纤连接,查看光纤端点的红色指示灯。可将一张白纸或卡片放在发出光的光缆连接器前,间接观看 VFL 的光线。

若要找到故障,从一端沿着光纤移动,查看穿透光纤涂覆层或连接器护套的红色闪光。

注:若光纤涂覆层为深色,可能无法看透其内的定位器指示灯。

(6) 监控光学功率

测试仪提供两种不同的功率计功能。

- 单次测试(Single Test)模式:测量当前远端端点配置的功率(以“智能远端”、“环回”或“远端信号源”模式进行测试)。在 850 nm 和 1 300 nm 波长条件下分别进行一次功率测量。可以保存该模式下的功率测量值。
- 监控(Monitor)模式:可连续监控 850 nm、1 300 nm 波长下的功率。但不能保存测量值。

监控光学功率的操作步骤如下。

第一步:清洁测试仪的输入端口、基准测试线和信号源连接器。

第二步:用基准测试线将信号源连接至测试仪的输入端口,如图 5-38 所示。打开信号源。

第三步：将旋转开关转至 Monitor，然后选择功率计。如果媒介类型未设为 Fiber（光缆），按(F1) Change Media 键更改它。

第四步：选择功率计（Power Meter）。无须选择光纤类型或测试极限值。

第五步：选择正确的波长，然后按(TEST)键。若要在开始测试之后更改波长，按(F3)更改 λ 键。

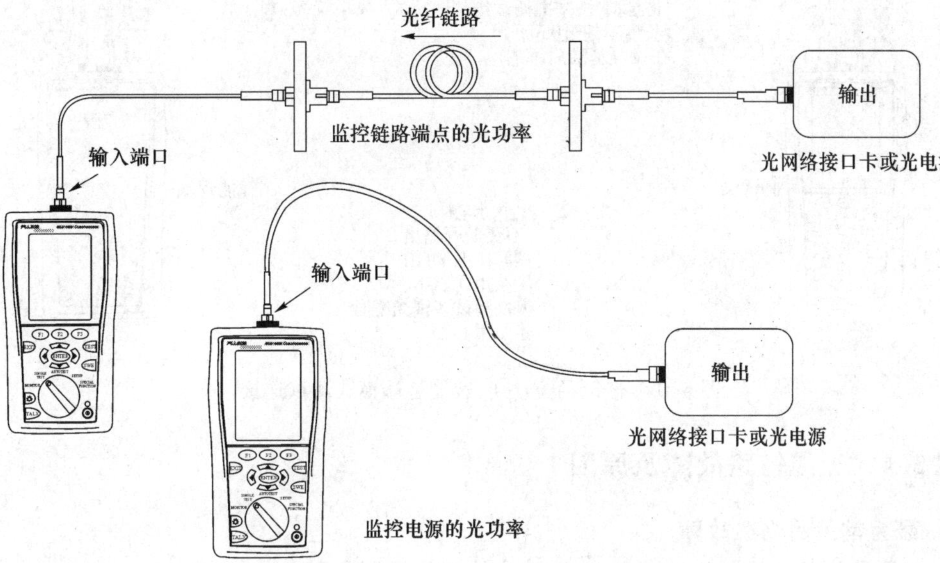

图 5-38　监控光学功率连接

(7) 修改的方法 B

如果需要"方法 B"测试结果，但没有与被测光缆中所用连接器相匹配的连接适配器时，可使用修改后的方法 B。该方法可在设置基准后，不断开光缆模块的输出连接光缆。

图 5-39 和图 5-40 为使用 MT-RJ 连接器的光缆基准连接和测试连接。

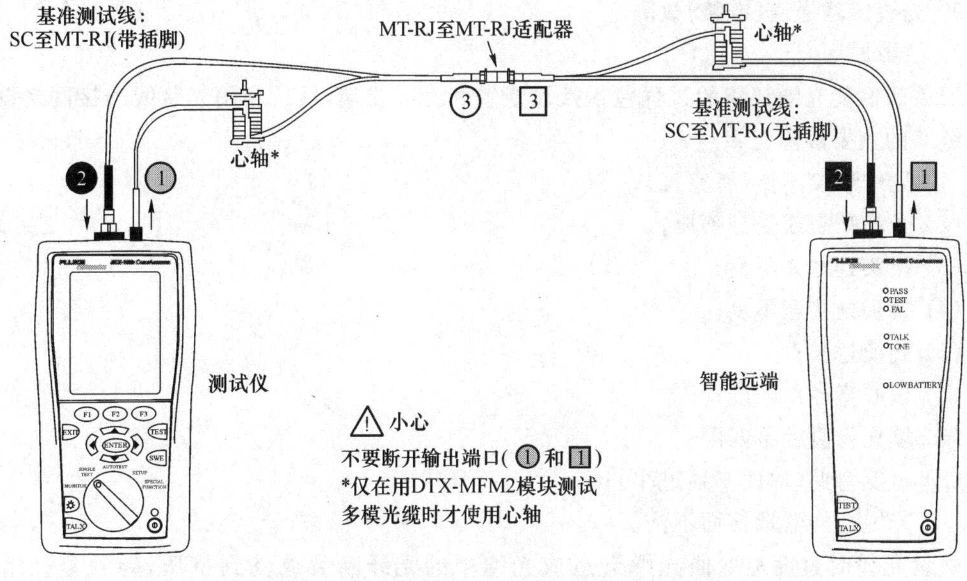

图 5-39　修改的方法 B：智能远端模式基准连接

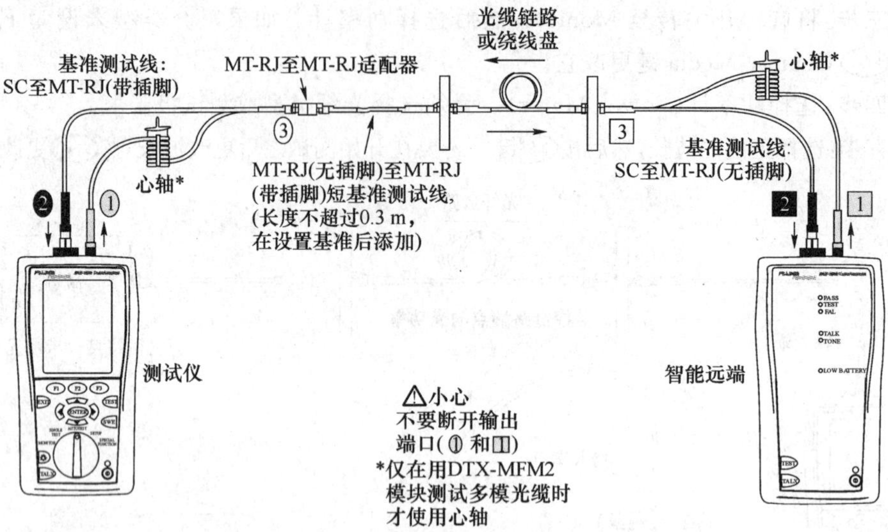

图 5-40　修改的方法 B:智能远端模式测试连接

5.3.4　光缆链路故障及原因

1. 最为常见的光缆故障

一些最常见的光缆故障和产生这些故障的可能原因如下。

(1) 信号丢失,连接完全不通。引起的原因有:传输功率过低;光缆铺设距离过长;连接器受损;光纤接头和连接器故障;使用过多的光纤接头和连接器;光纤配线盘或熔接盘连接处故障。

(2) 连接时断时续。可能的原因有:接合处制作工艺差或接合次数过多造成光纤衰减严重;灰尘、指纹、擦伤、湿度等因素损伤了连接器;传输功率不足;电信间连接器错误。

2. 光缆传输通道(链路)故障

1) 故障原因

安装高性能光缆链路的过程包括敷设光缆和光缆成端,然后利用光跳线连接网络设备。光缆链路的主要故障有:

(1) 光纤熔接不良(有空气);

(2) 光纤断裂或受到挤压;

(3) 接头处抛光不良;

(4) 接头处接触不良;

(5) 光缆过长;

(6) 核心直径不匹配;

(7) 填充物直径不匹配;

(8) 过度弯曲(弯曲半径过小);

(9) 光缆连接器端接面不洁。

敷设光缆时过度地弯曲光缆会造成光缆中的光纤断裂或受到挤压,导致衰耗增加;终接工艺对链路损耗的影响也非常大。在光缆的安装和使用过程中最为常见的故障是光缆连接器端接面不洁。此外，有很多安装跳线的端接面是没有清洁过和测试过的，假如不小心用手接触到光缆的端接面可以导致非常严重的污染，这种情况是很多网络故障的直接原因。

2）减少故障的方法

连接器端面污染引起的光纤衰耗增加故障，不管是在光缆施工过程中，还是在光缆使用过程中，都占据着非常重要的位置，因此连接器端面的污染检测显得尤为重要。

清洁测试仪的探头和连接器端面非常重要，一个脏的探头与一个清洁的连接器相接，会污染被连接的连接器，反之，使用一个干净的探头去测试一个不洁的连接器会导致探头污染，如果不及时清洁探头将会形成交叉污染。跳线也是可以被不洁的连接器污染的，如果使用不洁的测试跳线，极可能将污染扩散导致非常高的损耗。

为了达到减少光缆传输链路故障的目的，在光缆施工和维护过程中，应该注意以下事项：

（1）记住光缆的强度系数，不可超强度、大力拖拽光缆和过度弯曲光缆；

（2）按照厂商的要求在安装过程中清洁连接器；

（3）连接前注意检查连接器的洁净度和划伤情况；

（4）按照标准要求，使用OTDR测试安装的光缆；

（5）在测试光缆链路时，使用清洁的跳线，并始终保持其清洁；

（6）所有光纤连接器都要安装防尘罩一套；

（7）使用跳线时注意检查和清洁跳线的端接面；

（8）出现故障时使用合适的工具，可以减少故障诊断的时间并节省费用。

总之，灰尘以及其他的污染是光缆数据传输的主要敌人，特别是那些高速网络。简单地检查连接器的洁净度，及时清洁不洁的连接器端面可以减少污染；使用防尘盖可以有效地保护连接器不受污染；在进行光缆传输链路故障诊断时，使用合适的测试工具，如视频放大镜、OTDR，可以极大地缩短故障诊断时间，从而缩短网络故障时间，减少由于网络故障而造成的损失。

5.4　本章实训

5.4.1　电缆布线测试

1. 实训目的

（1）熟悉DTX-LT测试仪的使用方法。

（2）掌握使用DTX-LT测试仪测试电缆的各项认证参数的方法步骤。

2. 实训内容

进行5e类或6类电缆布线系统的认证测试（包括永久链路和通道链路）。

3. 实训仪表和器材

（1）DTX-LT测试仪　　　　1台

(2) 永久链路适配器　　2个
(3) 5e类或6类配线电缆布线通道　　90 m(或者两端已成端的cat 5e或cat 6电缆通道)
(4) 跳线　　2条(相同打线方式的直通线)

4. 实训装置

通道链路认证测试的连接装置如图5-41所示,测试仪的主机和远端通过两条跳线连接至配线架和信息插座。

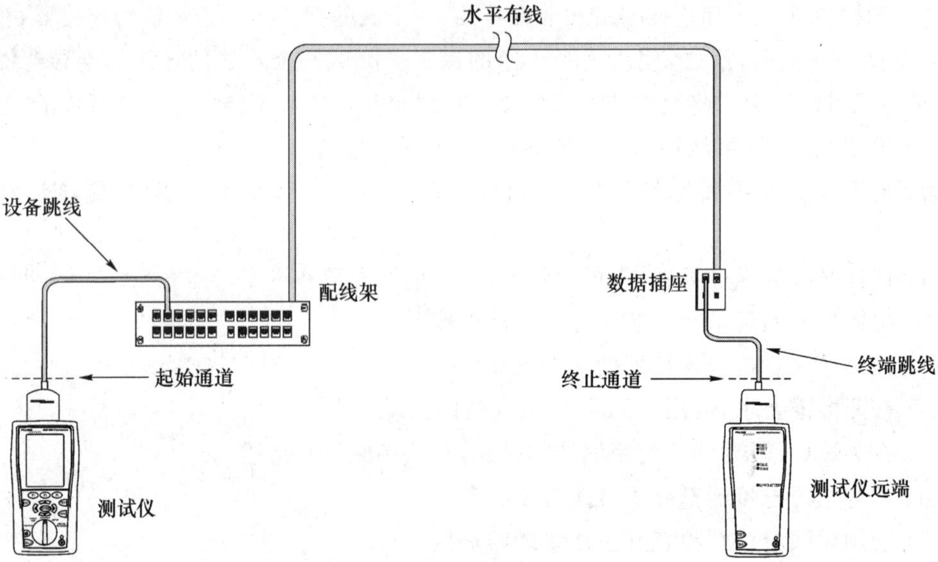

图5-41　通道链路测试连接

5. 实训步骤

(1) 按图5-41所示连接测试仪和测试仪远端;

(2) 将旋转开关转至SETUP(设置),然后选择双绞线/缆线类型列表/5e类或6类;

(3) 选择执行任务所需的测试极限值;

(4) 将旋转开关转至AUTOTEST,开启智能远端;

(5) 按测试仪或智能远端的TEST键。若要停止测试,请按EXIT键;

(6) 测试仪会在完成测试后显示"自动测试概要"屏幕(若要查看特定参数的测试结果,使用▲▼键来突出显示该参数;然后按ENTER键);

(7) 如果自动测试失败,按F1错误信息键查看可能的失败原因;

(8) 保存测试结果,按SAVE键。选择或建立一个缆线标识码,然后再按一次SAVE键;

(9) 将测试连接装置中的测试仪和智能远端适配器和设备跳线、终端跳线换成永久链路适配器,重复上述2～8步,完成电缆的永久链路认证测试;

(10) 将测试结果上传至PC;

(11) 生成测试报告。

6. 实训要求

做好实训前预习,认真实训,分析测试结果,写出实训报告。

7. 测试记录

测试记录内容和形式宜符合表5-24的要求。

表 5-24　综合布线系统电缆(链路/信道)性能指标测试记录

工程项目名称											
序号	编号			内容							备注
				电缆系统							
	地址号	缆线号	设备号	长度	接线图	衰减	近端串音		电缆屏蔽层连通情况	其他项目	
测试日期、人员及测试仪表型号、测试仪表精度											
处理情况											

5.4.2　光缆布线测试

1. 实训目的

了解光功率计和 OTDR 测试仪的功能，掌握用 OTDR 测试光缆长度和接头损耗的方法；掌握用光功率计测试光缆损耗的方法。

2. 实训内容

(1) 用 OTDR 测试光缆长度和接头损耗。

(2) 用光功率计测试光缆损耗。

3. 实训仪表和器材

(1) 多模光缆通道(4 芯)　100 m (光缆采用 SC 头成端)

(2) OTDR 测试仪　1 台

(3) 光功率计　1 台

(4) 稳定光源　1 台

(5) 光跳线(3 m SC/SC)　2 条

(6) 无水酒精、棉球　若干

4. 实训装置

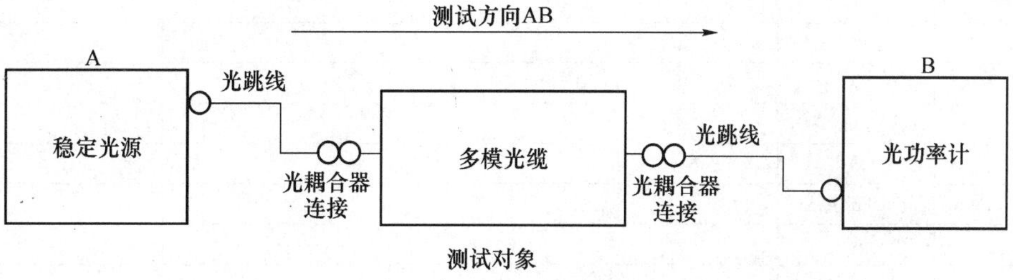

图 5-42　光功率计测试连接图

5. 实训步骤

(1) 光缆损耗测试

① 校准测试仪器，用跳线将仪器的光源(输出端口)和检波器插座(输入端口)连成环路，对仪器进行调零；

② 按图 5-42 所示连接光路；

③ 调整光源发光波长至 850 nm，光功率计也调至 850 nm 波长，测试 AB 方向的光损耗，读取光功率计上的光功率值，并记录；

④ 将光源和光功率计调换位置连接，测试 BA 方向的光功率，并记录；

⑤ 重复②、③、④两次，并计算平均损耗。

⑥ 将光功率计和光源调至 1 300 nm 波长，重复②、③、④、⑤步，测试 1 300 nm 波长光缆链路损耗；

⑦ 换一根光纤重复测试。

(2) 用 OTDR 测试光缆长度和接头损耗

① 按图 5-43 所示连接 OTDR 测试仪；

② 开启 OTDR 测试仪，将测试波长调整为 850 nm，按测试按钮；

③ 观察液晶显示器上的内容，读取结果(参考 5.3.3 OTDR 测试仪介绍)，并记录光纤长度和接头 B 的损耗值；

④ 换一条光纤做同样的测试，直至测完 4 条纤芯。

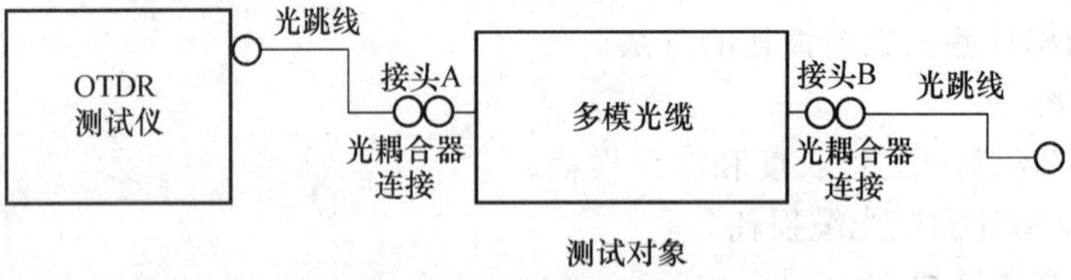

图 5-43　OTDR 测试连接图

6. 测试数据记录表(见表 5-25 和表 5-26)

表 5-25　光缆损耗测试记录

日期：　　　　　　　　　　　　　　　　　　测试仪器：

纤芯号	测试次数	工作波长	AB 方向的损耗读数	BA 方向的损耗读数	平均损耗
	1				
	2				
	3				
	1				
	2				
	3				
	1				
	2				
	3				
	1				
	2				
	3				

表 5-26　光缆长度和接头损耗测试记录

日期：　　　　　　　　　　　　　　　　　　　　　　　测试仪器：

纤芯号	测试次数	接头位置/m	接头B损耗/dB·m^{-1}	全程长度/m
1				
2				
3				
4				

思考与练习

一、填空题

1. 综合布线工程的测试内容主要包括：________。

2. 目前综合布线工程中，常用的测试标准为________。

3. 长度测试的原理是________。

4. 衰减与近端串音比(ACR)表示了信号强度与噪声强度的相对大小，其值________，电缆传输性能就越好。

5. 3、5类布线系统使用的两种电缆通道测试模型是：________模型和________模型。

6. Fluke DTX-LT 系列缆线测试仪可以认证测试________。

7. 测试完成后，应该使用________电缆管理软件导入测试数据并生成测试报告。

8. 超5类、6类、7类布线系统使用的两种电缆通道测试模型分别为________和________。

二、选择题(答案可能不止一个)

1. 下列参数中________是测试值越小越好的参数。

A. 衰减　　B. 近端串音
C. 远端串音　　D. 衰减串音比

2. 回波损耗测量反映的是电缆的________参数。

A. 连通性　　B. 抗干扰特性
C. 物理长度　　D. 阻抗一致性

3. 对绞电缆如果按照信道链路模型进行测试，理论长度最大不超过________。

A. 90 m　　B. 94 m　　C. 100 m　　D. 108.1 m

4. 下列标准中，定义光纤布线系统部件和传输性能指标的标准是________。

A. ANSI/TIA/EIA 568-B.1　　B. ANSI/TIA/EIA 568-B.2
C. ANSI/TIA/EIA 568-B.3　　D. ANSI/TIA/EIA 568-A

5. 能体现布线系统信噪比的参数是________。

A. 接线图　　B. 近端串音　　C. 衰减　　D. 衰减串音比

6. 不属于光纤链路测试的参数是________。

A. 长度　　B. 近端串音　　C. 衰减　　D. 插入损耗

7. 下列有关电缆认证测试的描述，不正确的是________。

A. 认证测试主要是确定电缆及相关连接硬件和安装工艺是否达到规范和设计要求

B. 认证测试是对通道性能进行确认

C. 认证测试需要使用能满足特定要求的测试仪器并按照一定的测试方法进行测试

D. 认证测试不能检测电缆链路或通道中连接的连通性

8. 基本链路全长小于等于________ m。

A. 90　　B. 94　　C. 99　　D. 100

9. 永久链路全长小于等于________ m。

A. 90　　B. 94　　C. 99　　D. 100

10. 同一线对的两端针位接反的故障，属于________故障。

A. 交叉线对　　B. 反向线对　　C. 串对　　D. 错对

11. 下列有关串对故障的描述，正确的是________。

A. 串对就是将原来的线对分别拆开重新组成新的线对

B. 出现串对故障时端与端的连通性不正常

C. 用一般的万用表或简单电缆测试仪检测不出串对故障

D. 串对故障需要使用专门的电缆认证测试仪才能检测出来

12. 下列有关衰减测试的描述，正确的是________。

A. 在 TIA/EIA 568B 中，衰减已被定义为插入损耗

B. 通常布线电缆的衰减还是频率和温度的连续函数

C. 通道链路的总衰减是布线电缆的衰减和连接件的衰减之和

D. 测量衰减的常用方法是使用扫描仪在不同频率上发送 0 dB 信号，用选频表在链路远端测试各特定频率点接收的电平值

13. 下列有关长度测试的描述，正确的是________。

A. 长度测量采用时域反射原理(TDR)

B. 长度 L 值的计算公式为：$L=T\times \mathrm{NVP}\times C$

C. NVP 为电缆的标称传播速率，典型 UTP 电缆的 NVP 值是 62%～72%

D. 校正 NVP 值的方法是使用一段已知长度的(必须在 15 m 以上)同批号电缆来校正测试仪的长度值至已知长度

14. 下列有关近端串音测试的描述中，正确的是________。

A. 近端串音的 dB 值越高越好

B. 在测试近端串音时，采用频率点步长，步长越小，测试就越准确

C. 近端串音表示在近端产生的串音

D. 对于 4 对 UTP 电缆来说，近端串音有 6 个测试值

15. HDTDR 技术主要针对________故障进行精确定位。

A. 各种导致串音的　　B. 有衰减变化的

C. 回波损耗　　D. 有阻抗变化的

16. HDTDX 技术主要针对________故障进行精确定位。

A. 各种导致串音的　　B. 有衰减变化的

C. 回波损耗　　D. 有阻抗变化的

17. EIA/TIA 568-B.3 规定光纤连接器(适配器)的衰减极限为________。

A. 0.3 dB　　B. 0.5 dB　　C. 0.75 dB　　D. 0.8 dB

18. 下列有关电缆链路故障的描述，正确的是________。

A. 在电缆材质合格的前提下，衰减过大多与电缆超长有关

B. 串音不仅仅发生在接插件部位，一段不合格的电缆同样会导致串音的不合格

C. 回波损耗故障可以利用 HDTDX 技术进行精确定位

D. 回波损耗故障不仅发生在连接器部位，也发生于电缆中特性阻抗发生变化的地方

三、判断题

1. 测试的目的仅仅是辨别链路的好坏。（　）
2. T568A 与 T568B 接线标准，在同一系统中不能同时使用。（　）
3. 测量对绞电缆参数 NEXT 时，测得的分贝值越大，说明近端串音越小。（　）
4. 串对故障形成了不可识别的回路。（　）
5. NVP 值的校正方法可以是使用一段已知长度（比如 30 m）的典型同批号电缆来调整测试仪的长度读数至已知长度。（　）

四、名词解释

1. 验证测试
2. 认证测试
3. 高精度时域反射技术
4. 高精度时域串音分析技术

五、简答题

1. 简述时域反射的工作原理。
2. 简要说明基本链路测试模型和信道模型的区别。
3. 简述使用 Fluke DTX-LT 电缆分析仪测试一条超 5 类链路的过程。
4. 综合布线系统电缆传输通道的常见故障有哪些？原因是什么？如何定位？
5. 光缆传输链路主要测试指标是什么？
6. 怎样判断光纤跳线的连通性？
7. 常用的光纤链路现场测试工具有哪些？
8. 引起光缆传输通道故障的原因是什么？怎样减少光缆传输通道故障？

六、画图题

1. 画图表示电缆通道的基本链路、永久链路和信道测试模型。
2. 画图表示光纤链路测试模型。

第6章 综合布线工程验收与鉴定

【教学提示】

在综合布线系统工程中，验收是保证综合布线系统工程质量的一个重要环节，它全面考核工程的建设工作，检验工程的整体质量。验收不仅是指竣工验收，它还贯穿于综合布线系统工程的整个过程，包括施工前检查、随工检验、初步验收、竣工验收等几个阶段。验收也不仅是综合布线系统工程的缆线系统的测试验收，它还和土建工程、其他弱电系统和供电系统密切相关，而且又涉及与其他行业间的接口处理，因此，验收内容涉及面广。验收时要根据设计要求和相关标准来执行。通过本章的学习，要求掌握综合布线系统工程验收的标准、依据、内容、项目和要求。

【重点内容】

综合布线系统工程验收标准及依据、验收方式、验收项目及内容和验收要求

【难点内容】

验收原则

6.1 验收概述

布线系统工程的验收是一项非常系统的工作，它不仅仅包含我们利用各类认证测试仪进行的现场认证测试，同时还应包括对施工环境、设备质量及安装工艺、缆线在楼内及楼宇之间的布放工艺、缆线终接、竣工技术文档等众多项目的检查。

1. 验收标准及依据

综合布线系统工程的验收应按照以下标准和依据来执行。

(1) 综合布线系统工程的验收首先必须以工程合同、技术设计方案、设计修改变更单为依据。

(2) 综合布线系统工程的验收应按中华人民共和国国家标准《建筑与建筑群综合布线系统工程验收规范》GB 50312—2007 的规定并结合现行国家标准《建筑与建筑群综合布线系统工程设计规范》GB 50311—2007 来执行。

(3) 工程技术文件、承包合同文件要求采用国际标准时，应按要求采用适用的国际标准，但不应低于 GB 50312—2007 的规定。以下国际标准可供参考：

①《用户建筑综合布线》ISO/IEC 11801；

②《商业建筑电信布线标准》EIA/TIA 568；

③《商业建筑电信布线安装标准》EIA/TIA 569；

④《商业建筑通信基础结构管理规范》EIA/TIA 606；

⑤《商业建筑通信接地要求》EIA/TIA 607；

⑥《信息系统通用布线标准》EN 50173；

⑦《信息系统布线安装标准》EN 50174。

(4) 由于综合布线系统工程涉及面广，因此，综合布线系统工程验收还将涉及其他标准规范，如：《智能建筑工程质量验收规范》GB 50339、《建筑电气工程施工质量验收规范》GB 50303、《通信管道工程施工及验收技术规范》GB 50374 等。

2. 验收组织

按照综合布线行业国际惯例，大中型综合布线系统工程的验收主要由中立的有资质的第三方认证服务提供商来提供测试验收服务。就我国目前的情况而言，综合布线系统工程的验收小组应包括工程双方单位的行政负责人、相关项目主管、主要工程项目监理人员、建筑设计施工单位的相关技术人员、第三方验收机构或相关技术人员组成的专家组。主要有以下几种验收组织形式：

(1) 施工单位自己组织验收；

(2) 施工监理机构组织验收；

(3) 第三方测试机构组织验收。

6.2　综合布线工程验收

6.2.1　验收方式

综合布线系统工程验收通常采用分阶段验收和竣工总验收相结合的方式。一般应包括开工前检查、随工验收、初步验收和竣工总验收几种方式。

(1) 开工前检查

开工前检查包括环境检查和设备材料检验。环境检查包括检查土建施工的地面、墙面、门、电源插座及接地装置、机房面积、预留孔洞等情况。设备材料检验包括检查产品的规格、数量、型号是否符合设计要求；材料设备的外观检查、抽检缆线的性能指标是否符合技术规范等。

(2) 随工验收

为了随时考核施工单位的施工水平和施工质量，尤其是隐蔽工程，在竣工验收时一般不再(也不可能)进行复验，所以，随工验收应由工地代表和施工监理员负责，主要应对工程的隐蔽部分进行边施工边验收，以便及早发现工程质量问题，避免造成人力、物力和财力的大量浪费。

(3) 初步验收

为保证竣工验收顺利进行，对于大、中型工程项目在竣工验收前一般应安排初步验收。时间应定在原定计划的建设工期内，由建设单位组织相关单位(如设计、施工、监理、使用等单位)的人员参加。初步验收包括检查工程质量，审查竣工资料等，对发现的问题提出处理意见，并组织相关责任单位落实解决。

(4) 竣工总验收

工程竣工总验收是工程建设的最后一个环节。竣工总验收的内容应包括：

① 确认各阶段测试检查结果；

② 验收组认为必要的项目的复验；

③ 设备的清点核实；

④ 全部竣工图纸、文档资料的审查等；
⑤ 工程评定和签收。

6.2.2 验收项目及内容

GB 50312—2007 规定，综合布线系统工程检测验收应按表 6-1 所列项目、内容进行检验。

表 6-1　综合布线系统工程检验项目及内容

阶段	验收项目	验收内容	验收方式
施工前检查	1. 环境要求	(1)土建施工情况：地面、墙面、门、电源插座及接地装置；(2)土建工艺：机房面积、预留孔洞；(3)施工电源；(4)地板铺设；(5)建筑物入口设施检查	施工前检查
	2. 器材检验	(1)外观检查；(2)型式、规格、数量；(3)电缆及连接器件电气性能测试；(4)光纤及连接器件特性测试；(5)测试仪表和工具的检验	
	3. 安全、防火要求	(1)消防器材；(2)危险物的堆放；(3)预留孔洞防火措施	
设备安装	1. 电信间、设备间、设备机柜、机架	(1)规格、外观；(2)安装垂直、水平度；(3)油漆不得脱落，标志应完整齐全；(4)各种螺丝必须紧固；(5)抗震加固措施；(6)接地措施	随工检验
	2. 配线模块及8位模块式通用插座	(1)规格、位置、质量；(2)各种螺丝必须拧紧；(3)标志齐全；(4)安装符合工艺要求；(5)屏蔽层连接可靠	
电、光缆布放（楼内）	1. 电缆桥架及线槽布放	(1)安装位置正确；(2)安装符合工艺要求；(3)符合布放缆线工艺要求；(4)接地	
	2. 缆线暗敷（包括暗管、线槽、地板下等方式）	(1)缆线规格、路由、位置；(2)符合布放缆线工艺要求；(3)接地	隐蔽工程签证
电、光缆布放（楼间）	1. 架空缆线	(1)吊线规格、架设位置、装设规格；(2)吊线垂度；(3)缆线规格；(4)卡、挂间隔；(5)缆线的引入符合工艺要求	随工检验
	2. 管道缆线	(1)使用管孔孔位；(2)缆线规格；(3)缆线走向；(4)缆线防护设施的设置质量	隐蔽工程签证
	3. 埋式缆线	(1)缆线规格；(2)敷设位置、深度；(3)缆线防护设施的设置质量；(4)回土夯实质量	
	4. 通道缆线	(1)缆线规格；(2)安装位置、路由；(3) 土建设计符合工艺要求	
	5. 其他	(1) 通信线路与其他设施的距离；(2) 进线室安装、施工质量	随工检验或隐蔽工程签证
缆线终接	1. 8 位模块式通用插座	符合工艺要求	随工检验
	2. 配线模块	符合工艺要求	
	3. 光纤连接器材	符合工艺要求	
	4. 各类跳线	符合工艺要求	

续表

阶段	验收项目	验收内容	验收方式
系统测试	1. 工程电气性能测试	(1)连接图;(2)长度;(3)衰减;(4)近端串音;(5)近端串音功率和;(6)衰减串音比;(7)衰减串音比功率和;(8)等电平远端串音;(9)等电平远端串音功率和;(10)回波损耗;(11)传播时延;(12)传播时延偏差;(13)插入损耗;(14)直流环路电阻;(15)设计中特殊规定的测试内容;(16)屏蔽层的导通	竣工检验
	2. 光纤特性测试	(1)衰减;(2)长度	
管理系统	1. 管理系统级别	符合设计要求	
	2. 标识符与标签设置	(1)专用标识符类型及组成;(2)标签设置; (3) 标签材质及色标	
	3. 记录和报告	(1)记录信息;(2)报告;(3)工程图纸	
工程总验收	1. 竣工技术文件	清点、交接技术文件	
	2. 工程验收评价	考核工程质量,确认验收结果	

注:系统测试内容的验收亦可在随工中进行检验。

在验收中发现不合格的项目,应由验收机构查明原因,分清责任,提出解决办法。

6.2.3　验收基本要求

GB 50312—2007 规定,对综合布线系统工程进行验收,应从环境检查、设备安装检验、缆线的敷设和保护方式检验、缆线终接、管理系统验收、工程电气测试和工程验收等方面进行验收。

1. 环境检查

(1) 工作区、电信间、设备间的检查应包括下列内容

① 工作区、电信间、设备间土建工程已全部竣工。房屋地面平整、光洁,门的高度和宽度应符合设计要求。

② 房屋预埋线槽、暗管、孔洞和竖井的位置、数量、尺寸均应符合设计要求。

③ 铺设活动地板的场所、活动地板防静电措施及接地应符合设计要求。

④ 电信间、设备间应提供 220 V 带保护接地的单相电源插座。

⑤ 电信间、设备间应提供可靠的接地装置,接地电阻值及接地装置的设置应符合设计要求。

⑥ 电信间、设备间的位置、面积、高度、通风、防火及环境温、湿度等应符合设计要求。

(2) 建筑物进线间及入口设施的检查应包括下列内容

① 引入管道与其他设施如电气、水、煤气、下水道等的位置、间距应符合设计要求。

② 引入缆线采用的敷设方法应符合设计要求。

③ 管线入口部位的处理应符合设计要求,并应检查采取排水及防止气、水、虫等进入的措施。

④ 进线间的位置、面积、高度、照明、电源、接地、防火、防水等应符合设计要求。

(3) 有关设施的安装方式应符合设计文件规定的抗震要求。

2. 设备安装检验

(1) 机柜、机架的安装应符合下列要求

① 机柜、机架安装位置应符合设计要求,垂直偏差度不应大于 3 mm。

② 机柜、机架上的各种零件不得脱落或碰坏,漆面不应有脱落及划痕,各种标志应完整、清晰。

③ 机柜、机架、配线设备箱体、电缆桥架及线槽等设备的安装应牢固,如有抗震要求,应按抗震设计进行加固。

(2) 各类配线部件的安装应符合下列要求

① 各部件应完整,安装就位,标志齐全。

② 安装螺丝必须拧紧,面板应保持在一个平面上。

(3) 信息插座模块的安装应符合下列要求

① 信息插座模块、多用户信息插座、集合点配线模块安装位置和高度应符合设计要求。

② 安装在活动地板内或地面上时,应固定在接线盒内,插座面板采用直立和水平等形式;接线盒盒盖可开启,并应具有防水、防尘、抗压功能。接线盒盖面应与地面齐平。

③ 信息插座底盒同时安装信息插座模块和电源插座时,间距及采取的防护措施应符合设计要求。

④ 信息插座模块明装底盒的固定方法根据施工现场条件而定。

⑤ 固定螺丝须拧紧,不应产生松动现象。

⑥ 各种插座面板应有标识,以颜色、图形、文字表示所接终端设备业务类型。

⑦ 工作区内终接光缆的光纤连接器件及适配器安装底盒应具有足够的空间,并应符合设计要求。

(4) 电缆桥架及线槽的安装应符合下列要求

① 桥架及线槽的安装位置应符合施工图要求,左右偏差不应超过 50 mm。

② 桥架及线槽水平度每米偏差不应超过 2 mm。

③ 垂直桥架及线槽应与地面保持垂直,垂直度偏差不应超过 3 mm。

④ 线槽截断处及两线槽拼接处应平滑、无毛刺。

⑤ 吊架和支架安装应保持垂直,整齐牢固,无歪斜现象。

⑥ 金属桥架、线槽及金属管各段之间应保持连接良好,安装牢固。

⑦ 采用吊顶支撑柱布放缆线时,支撑点宜避开地面沟槽和线槽位置,支撑应牢固。

(5) 安装机柜、机架、配线设备屏蔽层及金属管、线槽、桥架使用的接地体应符合设计要求,就近接地,并应保持良好的电气连接。

3. 缆线的敷设和保护方式检验

(1) 缆线的敷设应满足如下要求

① 缆线的型式、规格应与设计规定相符。

② 缆线在各种环境中的敷设方式、布放间距均应符合设计要求。

③ 缆线的布放应自然平直,不得产生扭绞、打圈、接头等现象,不应受到外力的挤压和损伤。

④ 缆线两端应贴有标签,应标明编号,标签书写应清晰、端正和正确。标签应选用不易损坏的材料。

⑤ 缆线应有余量以适应终接、检测和变更。对绞电缆预留长度：在工作区宜为 3～6 cm，电信间宜为 0.5～2 m，设备间宜为 3～5 m；光缆布放路由宜盘留，预留长度宜为 3～5 m，有特殊要求的应按设计要求预留长度。

⑥ 缆线的弯曲半径应符合下列规定：

- 非屏蔽 4 对对绞电缆的弯曲半径应至少为电缆外径的 4 倍。
- 屏蔽 4 对对绞电缆的弯曲半径应至少为电缆外径的 8 倍。
- 主干对绞电缆的弯曲半径应至少为电缆外径的 10 倍。
- 2 芯或 4 芯水平光缆的弯曲半径应大于 25 mm；其他芯数的水平光缆、主干光缆和室外光缆的弯曲半径应至少为光缆外径的 10 倍。

⑦ 缆线间的最小净距应符合下列设计要求：

综合布线缆线宜单独敷设，与其他弱电系统各子系统的缆线间距应符合设计要求。对于有安全保密要求的工程，综合布线缆线与信号线、电力线、接地线的间距应符合相应的保密规定。对于具有安全保密要求的缆线应采取独立的金属管或金属线槽敷设。

⑧ 屏蔽电缆的屏蔽层端到端应保持完好的导通性。

⑨ 预埋线槽和暗管敷设缆线应符合下列规定：

- 敷设线槽和暗管的两端宜用标志表示出编号等内容。
- 预埋线槽宜采用金属线槽，预埋或密封线槽的截面利用率应为 30%～50%。
- 敷设暗管宜采用钢管或阻燃聚氯乙烯硬质管。布放大对数主干电缆及 4 芯以上光缆时，直线管道的管径利用率应为 50%～60%，弯管道应为 40%～50%。暗管布放 4 对对绞电缆或 4 芯及以下光缆时，管道的截面利用率应为 25%～30%。

⑩ 设置缆线桥架和线槽敷设缆线应符合下列规定：

- 密封线槽内缆线布放应顺直，尽量不交叉，在缆线进出线槽部位、转弯处应绑扎固定。
- 缆线桥架内缆线垂直敷设时，在缆线的上端和每间隔 1.5 m 处应固定在桥架的支架上；水平敷设时，在缆线的首、尾、转弯及每间隔 5～10 m 处进行固定。
- 在水平、垂直桥架中敷设缆线时，应对缆线进行绑扎。对绞电缆、光缆及其他信号电缆应根据缆线的类别、数量、缆径、缆线芯数分束绑扎。绑扎间距不宜大于 1.5 m，间距应均匀，不宜绑扎过紧或使缆线受到挤压。
- 楼内光缆在桥架敞开敷设时应在绑扎固定段加装垫套。

⑪ 采用吊顶支撑柱作为线槽在顶棚内敷设缆线时，每根支撑柱所辖范围内的缆线可以不设置密封线槽进行布放，但应分束绑扎，缆线应阻燃，缆线选用应符合设计要求。

⑫ 建筑群子系统采用架空、管道、直埋、墙壁及暗管敷设电、光缆时，施工技术要求应按照本地网通信线路工程验收的相关规定执行。

(2) 保护措施

A. 配线子系统缆线敷设保护应符合下列要求。

① 预埋金属线槽保护要求：

- 在建筑物中预埋线槽，宜按单层设置，每一路由进出同一过路盒的预埋线槽均不应超过 3 根，线槽截面高度不宜超过 25 mm，总宽度不宜超过 300 mm。线槽路由中若包括过线盒和出线盒，截面高度宜在 70～100 mm 范围内。

- 线槽直埋长度超过 30 m 或在线槽路由交叉、转弯时，宜设置过线盒，以便于布放缆线和维修。
- 过线盒和接线盒盒盖能开启，并与地面齐平，盒盖处应具有防灰、防水与抗压功能。
- 从金属线槽至信息插座模块接线盒间或金属线槽与金属钢管之间相连接时的缆线宜采用金属软管敷设。

② 预埋暗管保护要求：

- 预埋在墙体中间的暗管最大管外径不宜超过 50 mm，楼板中暗管的最大管外径不宜超过 25 mm，室外管道进入建筑物的最大管外径不宜超过 100 mm。
- 直线布管每 30 m 处应设置过线盒装置。
- 暗管的转弯角度应大于 90°，在路径上每根暗管的转弯角不得多于 2 个，并不应有 S 弯出现，有转弯的管段长度超过 20 m 时，应设置管线过线盒装置；有 2 个弯时，不超过 15 m 应设置过线盒。
- 暗管管口应光滑，并加有护口保护，管口伸出部位宜为 25～50 mm。
- 至楼层电信间暗管的管口应排列有序，便于识别与布放缆线。
- 暗管内应安置牵引线或拉线。
- 金属管明敷时，在距接线盒 300 mm 处，弯头处的两端，每隔 3 m 处应采用管卡固定。
- 管路转弯的曲半径不应小于所穿入缆线的最小允许弯曲半径，并且不应小于该管外径的 6 倍，如暗管外径大于 50 mm 时，不应小于 10 倍。

③ 设置缆线桥架和线槽保护要求：

- 缆线桥架底部应高于地面 2.2 m 及以上，顶部距建筑物楼板不宜小于 300 mm，与梁及其他障碍物交叉处间的距离不宜小于 50 mm。
- 缆线桥架水平敷设时，支撑间距宜为 1.5～3 m。垂直敷设时固定在建筑物结构体上的间距宜小于 2 m，距地 1.8 m 以下部分应加金属盖板保护，或采用金属走线柜包封，门应可开启。
- 直线段缆线桥架每超过 15～30 m 或跨越建筑物变形缝时，应设置伸缩补偿装置。
- 金属线槽敷设时，在线槽接头处、每间距 3 m 处、离开线槽两端出口 0.5 m 处、转弯处应设置支架或吊架。
- 塑料线槽槽底固定点间距宜为 1 m。
- 缆线桥架和缆线线槽转弯半径不应小于槽内缆线的最小允许弯曲半径，线槽直角弯处最小弯曲半径不应小于槽内最粗缆线外径的 10 倍。
- 桥架和线槽穿过防火墙体或楼板时，缆线布放完成后应采取防火封堵措施。

④ 网络地板缆线敷设保护要求：

- 线槽之间应沟通；线槽盖板应可开启。
- 主线槽的宽度宜在 200～400 mm，支线槽宽度不宜小于 70 mm。
- 可开启的线槽盖板与明装插座底盒间应采用金属软管连接。
- 地板块与线槽盖板应抗压、抗冲击和阻燃。
- 当网络地板具有防静电功能时，地板整体应接地。地板块间的金属线槽段与段之间应保持良好导通并接地。

⑤ 在架空活动地板下敷设缆线时，地板内净空应为 150～300 mm。若空调采用下送风

方式则地板内净高应为 300～500 mm。

⑥ 吊顶支撑柱中电力线和综合布线缆线合一布放时，中间应有金属板隔开，间距应符合设计要求。

B. 当综合布线缆线与大楼弱电系统缆线采用同一线槽或桥架敷设时，子系统之间应采用金属板隔开，间距应符合设计要求。

C. 干线子系统缆线敷设保护方式应符合下列要求：

- 缆线不得布放在电梯或供水、供气、供暖管道竖井中，缆线不应布放在强电竖井中。
- 电信间、设备间、进线间之间干线通道应沟通。

D. 建筑群子系统缆线敷设保护方式应符合设计要求。

E. 当电缆从建筑物外面进入建筑物时，应选用适配的信号线路浪涌保护器，信号线路浪涌保护器应符合设计要求。

4. 缆线终接

(1) 缆线终接应符合下列要求：

① 缆线在终接前，必须核对缆线标识内容是否正确。

② 缆线中间不应有接头。

③ 缆线终接处必须牢固、接触良好。

(2) 对绞电缆终接应符合下列要求：

① 终接时，每对对绞线应保持扭绞状态，扭绞松开长度对于 3 类电缆不应大于 75 mm；对于 5 类电缆不应大于 13 mm；对于 6 类电缆应尽量保持扭绞状态，减小扭绞松开长度。

② 对绞线与 8 位模块式通用插座相连时，必须按色标和线对顺序进行卡接。两种连接方式均可采用，但在同一布线工程中两种连接方式不应混合使用。

③ 7 类布线系统采用非 RJ45 方式终接时，连接图应符合相关标准规定。

④ 屏蔽对绞电缆的屏蔽层与连接器件终接处屏蔽罩应通过紧固器件可靠接触，缆线屏蔽层应与连接器件屏蔽罩 360°圆周接触，接触长度不宜小于 10 mm。屏蔽层不应用于受力的场合。

⑤ 对不同的屏蔽对绞线或屏蔽电缆，屏蔽层应采用不同的终接方法。应对编织层或金属箔与汇流导线进行有效的终接。

⑥ 每个 2 口 86 面板底盒宜终接 2 条对绞电缆或 1 根 2 芯/4 芯光缆，不宜兼做过路盒使用。

(3) 光缆终接与接续应采用下列方式：

① 光纤与连接器件连接可采用尾纤熔接、现场研磨和机械连接方式。

② 光纤与光纤接续可采用熔接和光连接子(机械)连接方式。

(4) 光缆芯线终接应符合下列要求：

① 采用光纤连接盘对光纤进行连接、保护，在连接盘中光纤的弯曲半径应符合安装工艺要求。

② 光纤熔接处应加以保护和固定；光纤连接盘面板应有标志。

③ 光纤连接损耗值，应符合表 6-2 的规定。

表 6-2 光纤连接损耗值

连接类别	多模/dB		单模/dB	
	平均值	最大值	平均值	最大值
熔接	0.15	0.3	0.15	0.3
机械连接		0.3		0.3

(5) 各类跳线的长度应符合设计要求；各类跳线缆线和连接器件间接触应良好，接线无误，标志齐全；跳线选用类型应符合系统设计要求。

5. 管理系统验收

(1) 综合布线管理系统宜满足下列要求：

① 管理系统级别的选择应符合设计要求。

② 需要管理的每个组成部分均设置标签，并由唯一的标识符进行表示，标识符与标签的设置应符合设计要求。

③ 管理系统的记录文档应详细完整并汉化，包括每个标识符相关信息、记录、报告、图纸等。

④ 不同级别的管理系统可采用通用电子表格、专用管理软件或电子配线设备等进行维护管理。

(2) 综合布线管理系统的标识符与标签的设置应符合下列要求：

① 标识符应包括安装场地、缆线终端位置、缆线管道、水平链路、主干缆线、连接器件、接地等类型的专用标识，系统中每一组件应指定一个唯一标识符。

② 电信间、设备间、进线间所设置的配线设备及信息点处均应设置标签。

③ 每根缆线应指定专用标识符，标在缆线的护套上或在距每一端护套 300 mm 内设置标签，缆线的终接点应设置标签标记指定的专用标识符。

④ 接地体和接地导线应指定专用标识符，标签应设置在靠近导线和接地体连接处的明显部位。

⑤ 根据设置的部位不同，可使用粘贴型、插入型或其他类型标签。标签表示内容应清晰，材质应符合工程应用环境要求，具有耐磨、抗恶劣环境、附着力强等性能。

⑥ 终接色标应符合缆线的布放要求，缆线两端终接点的色标颜色应一致。

(3) 综合布线系统各个组成部分的管理信息记录和报告，应包括如下内容：

① 记录应包括管道、缆线、连接器件及连接位置、接地等内容，各部分记录中应包括相应的标识符、类型、状态、位置等信息。

② 报告应包括管道、安装场地、缆线、接地系统等内容，各部分报告中应包括相应的记录。

(4) 综合布线系统工程如采用布线工程管理软件和电子配线设备组成的系统进行管理和维护工作，应按专项系统工程进行验收。

6. 工程电气测试

综合布线工程电气测试包括电缆系统电气性能测试及光纤系统性能测试。电缆系统电气性能测试项目应根据布线信道或链路的设计等级和布线系统的类别要求制定。各项测试结果应有详细记录,作为竣工资料的一部分。

7. 工程验收

(1) 竣工技术文件应按下列要求进行编制:

① 工程竣工后,施工单位应在工程验收以前,将工程竣工技术资料交给建设单位。

② 综合布线系统工程的竣工技术资料应包括以下内容。

- 安装工程量;
- 工程说明;
- 设备、器材明细表;
- 竣工图纸;
- 测试记录(宜采用中文表示);
- 工程变更、检查记录及施工过程中,需要更改设计或采取相关措施,建设、设计、施工等单位之间的双方洽商记录;
- 随工验收记录;
- 隐蔽工程签证;
- 工程决算。

③ 竣工技术文件要保证质量,做到外观整洁、内容齐全、数据准确。

综合布线系统工程竣工图纸应包括说明及设计系统图、反映各部分设备安装情况的施工图。竣工图纸应表示以下内容:

- 安装场地和布线管道的位置、尺寸、标识符等。
- 设备间、电信间、进线间等安装场地的平面图或剖面图及信息插座模块安装位置。
- 缆线布放路径、弯曲半径、孔洞、连接方法及尺寸等。

(2) 综合布线系统工程,应按表 6-1 所列项目、内容进行检验。检测结论作为工程竣工资料的组成部分及工程验收的依据之一。

① 系统工程安装质量检查,各项指标符合设计要求,则被检项目检查结果为合格;被检项目的合格率为 100%,则工程安装质量判为合格。

② 系统性能检测中,对绞电缆布线链路、光纤信道应全部检测,竣工验收需要抽验时,抽样比例不低于 10%,抽样点应包括最远布线点。

③ 系统性能检测单项合格判定:

- 如果一个被测项目的技术参数测试结果不合格,则该项目判为不合格。如果某一被测项目的检测结果与相应规定的差值在仪表准确度范围内,则该被测项目应判为合格。
- 按综合布线工程电气测试指标要求,采用 4 对对绞电缆作为水平电缆或主干电缆,所组成的链路或信道有一项指标测试结果不合格,则该水平链路、信道或主干链路判为不合格。
- 主干布线大对数电缆中按 4 对对绞线对测试,指标有一项不合格,则判为不合格。
- 如果光纤信道测试结果不满足指标要求,则该光纤信道判为不合格。
- 未通过检测的链路、信道的电缆线对或光纤信道可在修复后复检。

④ 竣工检测综合合格判定:

- 对绞电缆布线全部检测时,无法修复的链路、信道或不合格线对数量有一项超过被测总数的 1%，则判为不合格。光缆布线检测时，如果系统中有一条光纤信道无法修复，则判为不合格。

- 对绞电缆布线抽样检测时，被抽样检测点(线对)不合格比例不大于被测总数的 1%，则视为抽样检测通过，不合格点(线对)应予以修复并复检。被抽样检测点(线对)不合格比例如果大于 1%，则视为一次抽样检测未通过，应进行加倍抽样，加倍抽样不合格比例不大于 1%，则视为抽样检测通过。若不合格比例仍大于 1%，则视为抽样检测不通过，应进行全部检测，并按全部检测要求进行判定。
- 全部检测或抽样检测的结论为合格，则竣工检测的最后结论为合格；全部检测的结论为不合格，则竣工检测的最后结论为不合格。

⑤ 综合布线管理系统检测，标签和标识按 10%抽检，系统软件功能全部检测。检测结果符合设计要求，则判为合格。

6.3　综合布线工程的鉴定

当验收通过后，就可以进入综合布线系统工程的鉴定程序。综合布线系统工程的鉴定是对综合布线系统工程质量作出评价。鉴定来自专家、教授组成的鉴定小组，用户只能向鉴定小组客观地反映使用情况，鉴定小组组织人员对新系统进行全面的考察，写出鉴定书提交上级主管部门备案。鉴定是由专家组和甲方、乙方共同进行的。

下面以某学校的综合布线系统工程为例，讲解综合布线系统工程的鉴定过程。

1. 该学校综合布线系统工程基本情况

该学校的综合布线系统工程主要分为楼间布线与楼内布线两个部分。网络中心(主设备)设在 A 楼 3 层，楼间布线通过光缆连接校园内的主要大楼，包括 A 楼、B 楼、C 楼、D 楼和图书馆。楼宇间传输介质(建筑群子系统)采用 12 芯单模光缆连接至各楼的分设备间。

A 楼共设 4 个电信间，分布在大楼 1 区的 1 层、2 层、4 层、5 层，通过 6 芯多模光缆连接到网络中心。A 楼 3 层、4 层设有多个计算机机房和多媒体教室，采用 4 芯多模光缆连接至网络中心。

B 楼分设备间设在大楼 2 层，通过 6 芯多模光缆连接到位于 B 楼 1 层、3 层、4 层、5 层的电信间。水平布线采用超 5 类对绞电缆。

C 楼分设备间设在大楼 3 层，通过 6 芯多模光缆连接到位于 C 楼 1 层、2 层、4 层、5 层的电信间。水平布线采用超 5 类对绞电缆。

D 楼分设备间设在大楼 3 层，通过 6 芯多模光缆连接到位于 D 楼 1 层、2 层、4 层、5 层的电信间。水平布线采用超 5 类对绞电缆。D 楼设有多个计算机机房和多媒体教室，采用 4 芯多模光缆连接至 D 楼分设备间。

图书馆分设备间设在大楼 2 层，通过 6 芯多模光缆连接到位于该楼 1 层、3 层、4 层、5 层的电信间。水平布线采用超 5 类对绞电缆。图书馆设有多个电子图书阅览室，采用 4 芯多模光缆连接至图书馆分设备间。

信息点统计见表 6-3。

表 6-3　某学校的信息点统计

名称	数量	信息点数	需求说明
网络中心	1	20	服务器和工作站
教师办公室	20	40	分布在 A、B、C、D 楼内，每个办公室 2 个点
计算机机房	10	10	分布在 A、D 楼内，多模光纤接入
多媒体教室	10	10	分布在 A、D 楼内，多模光纤接入
电子图书阅览室	5	5	分布在图书馆，多模光纤接入
教室	40	80	分布在 A、B、C、D 楼内，每个教室 2 个点
行政办公室	15	30	分布在 A、B、C、D 楼内，每个行政办公室 2 个点

2. 验收与鉴定报告

在该学校的综合布线系统工程竣工后，召开综合布线系统工程鉴定会议。鉴定小组由某网络系统集成公司、该学校网络中心主任、技术主管以及某某协会的专家组成，鉴定小组和与会代表听取了该学校的综合布线系统工程的方案设计、施工报告、测试报告、资料审查报告和用户试用情况报告，实地考察了该学校网络中心、计算机机房和布线系统的现场。鉴定小组经过认真讨论，对以下几项内容的签定意见达成一致。

(1) 工程系统规模较大。××学校的综合布线系统工程是一个较大的工程项目，遍及 5 个楼宇、195 个信息点。该工程按照国际标准 EIA/TIA 568-A 布线标准设计，按照《建筑与建筑群综合布线系统工程施工与验收规范》(GB/T 50312—2000)施工，遵循了开放性、标准性、灵活性、先进性、可扩充性、模块化的设计原则，既能满足目前的需求，又兼顾未来发展需要。

(2) 工程技术先进，设计合理。××学校的综合布线系统工程采用美国 AVAYA 布线系统，按照国际标准 EIA/TIA 568-A 布线标准设计。综合布线系统工程中建筑群子系统采用 12 芯单模光缆，干线子系统采用 6 芯多模光缆，设备间子系统设立水平配线架和主干配线架，配线子系统选用 AMP8 位模块化插座和超 5 类模块化配线架，配线子系统采用桥架、PVC 管和塑料线槽规范布线。除室内明线槽外，其余均在天花板吊顶内，布局合理，符合国家标准 GB/T 50311—2000 要求。

(3) 施工质量达到设计标准。在工程实施中，由该学校网络中心和某网络系统集成公司联合组成了工程指挥组，协调工程施工组、布线工程组和工程监测组，双方人员一起进行协调，监督工程施工质量。由于措施得当，保证了工程的质量和进度。工程实施完全按照设计标准完成，做到了布局合理、施工质量高。同时对所有的信息点、电缆进行了自动测试，测试的各项指标全部达到标准要求。

(4) 文档资料齐全。某网络系统集成公司为该学校提供了翔实的文档资料。这些文档资料为工程的验收、计算机网络的管理和维护提供了必不可少的依据。

综合上述，××学校的综合布线系统工程的方案设计合理、技术先进、工程实施规范、质量好；××学校的综合布线系统工程具有较好的实用性、扩展性，各项技术指标全部达到设计要求，为学校校园网系统集成项目的工作奠定了坚实的基础。验收小组一致同意通过××学校的综合布线系统工程验收。

6.4　本章实训

1. 实训目的

练习整理综合布线系统工程文档资料。

2. 实训内容

以 6.3 节介绍的××学校校园网综合布线系统工程布线为例，练习制作验收规范文档和验收表格。

3. 实训过程

(1) 练习制作下列验收规范文档及表格

① 安装工程量；

② 工程说明；

③ 设备、器材明细表；

④ 竣工图纸(为施工中更改后的施工设计图)；

⑤ 测试记录；

⑥ 工程变更、检查记录及施工过程中需要更改设计或采取相关措施，建设、设计、施工等单位之间的多方洽商记录；

⑦ 随工验收记录；

⑧ 隐蔽工程签证；

⑨ 工程决算。

(2) 实训步骤

① 安装工程量，见表 6-4。

表 6-4　××学校校园网综合布线系统工程安装工程量

序号	型号	描述	厂家	单位	数量

② 工程说明。××学校的综合布线系统工程主要分为楼间布线与楼内布线两个部分。网络中心(主设备)设在 A 楼 3 层，楼间布线通过光缆连接校园内的主要大楼，包括 A 楼、B 楼、C 楼、D 楼和图书馆。楼间传输介质(建筑群子系统)采用 12 芯单模光缆连接至各楼的分设备间。A 楼总共 5 层，根据 A 楼的实际信息点情况，2 层使用一个电信间，配有光纤接收盒、水平配线架和主干配线架。入口设施位于 A 楼 3 层，光纤直接连接到 3 层的主设备间(网络中心)。在各楼层配线间配有光纤接收盒、配线架和网络机柜。A 楼 3 层、4 层设有多个计算机机房和多媒体教室，采用 4 芯多模光缆连接至网络中心。其他各大楼的情况均与 A 楼的情况类似。

③ 设备、器材明细表，见表 6-5 和表 6-6。

表 6-5　××学校校园网综合布线系统工程楼间光缆铺设材料费

项目	数量/米	单价/元·千米$^{-1}$	合计
12 芯单模光缆			
6 芯多模光缆			
4 芯多模光缆			
总计			

表 6-6　××学校校园网综合布线系统工程楼内综合布线材料费

序号	名称	单价	数量	金额/元
1	单孔面板(含模块)			
2	5 类 UTP			
3	线槽			
4	48 口配线架			
5	配线架管理环			
6	标签等零星材料			
合计				
设计费(5%)				
测试费(5%)				
督导费(5%)				
施工费(15%)				
税金(3.41%)				
总计				

④ 竣工图纸为施工中更改后的施工设计图(略)。

⑤ 测试记录，见表 6-7 和表 6-8。

表 6-7　综合布线系统工程电缆(链路/信道)性能指标测试记录

工程项目名称										
序号	编号			内容						
				电缆系统						
	地址号	缆线号	设备号	长度	接线图	衰减	近端串音	电缆屏蔽层连通情况	其他项目	备注
测试日期、人员及测试仪表型号、测试仪表精度										
处理情况										

表 6-8 综合布线系统工程光纤(链路/信道)性能指标测试记录

<table>
<tr><td colspan="4">工程项目名称</td><td colspan="9"></td></tr>
<tr><td rowspan="4">序号</td><td colspan="3" rowspan="2">编号</td><td colspan="8">光缆系统</td><td rowspan="4">备注</td></tr>
<tr><td colspan="4">多模</td><td colspan="4">单模</td></tr>
<tr><td rowspan="2">地址号</td><td rowspan="2">缆线号</td><td rowspan="2">设备号</td><td colspan="2">850 nm</td><td colspan="2">1 300 nm</td><td colspan="2">1 310 nm</td><td colspan="2">1 550 nm</td></tr>
<tr><td>衰减(插入损耗)</td><td>长度</td><td>衰减(插入损耗)</td><td>长度</td><td>衰减(插入损耗)</td><td>长度</td><td>衰减(插入损耗)</td><td>长度</td></tr>
<tr><td></td><td></td><td></td><td></td><td></td><td></td><td></td><td></td><td></td><td></td><td></td><td></td><td></td></tr>
<tr><td></td><td></td><td></td><td></td><td></td><td></td><td></td><td></td><td></td><td></td><td></td><td></td><td></td></tr>
<tr><td></td><td></td><td></td><td></td><td></td><td></td><td></td><td></td><td></td><td></td><td></td><td></td><td></td></tr>
<tr><td></td><td></td><td></td><td></td><td></td><td></td><td></td><td></td><td></td><td></td><td></td><td></td><td></td></tr>
<tr><td colspan="4">测试日期、人员及测试仪表型号、测试仪表精度</td><td></td><td></td><td></td><td></td><td></td><td></td><td></td><td></td><td></td></tr>
<tr><td colspan="4">处理情况</td><td></td><td></td><td></td><td></td><td></td><td></td><td></td><td></td><td></td></tr>
</table>

⑥ 工程变更,见表 6-9 和表 6-10。

表 6-9 ××学校校园网综合布线系统工程项目变更工程量清单(减少部分)

序号	型号	描述	厂家	单位	数量	单价	小计

表 6-10 ××学校校园网综合布线系统工程项目变更工程量清单(增加部分)

序号	型号	描述	厂家	单位	数量	单价	小计

⑦ 随工验收记录,见表 6-11。

表 6-11 ××学校校园网综合布线系统工程项目随工验收记录

时间	地点	人员	网络现状	测试目的	测试要求	完好情况

⑧ 隐蔽工程签证,见表 6-12。

表 6-12 ××学校校园网综合布线系统工程项目隐蔽工程签证

项目名称	测试时间	测试结束时间	测试/评审意见	项目组意见

⑨ 工程决算，见表 6-13。

表 6-13　××学校校园网综合布线系统工程项目工程决算

序号	型号	描述	厂家	单位	数量	单价	小计

4. 实训总结

通过本实训，能够学会并掌握制作综合布线系统验收文档和验收表格的方法。

思考与练习

一、填空题

1. ________是由信息产业部主编，建设部标准定制所组织中国计划出版社出版发行、并于 2007 年 10 月 1 日实施的综合布线系统工程验收国家标准，适用于新建、扩建、改建的建筑与建筑群的综合布线系统工程的验收。

2. 依据验收方式，综合布线系统工程的验收可分为________、________、________和________四部分。

二、选择题(答案可能不止一个)

1. 综合布线系统工程的验收内容中验收项目(　　)是环境要求的验收内容。

A. 电缆电气性能测试　　B. 施工电源

C. 外观检查　　D. 地板铺设

2. 工程竣工后施工单位应提供下列(　　)符合技术规范的综合布线工程竣工技术资料。

A. 工程说明　　B. 测试记录

C. 设备、材料明细表　　D. 工程决算

三、判断题

1. 综合布线系统工程的验收贯穿了整个施工过程，我们应严格按 GB 50312—2007 规范严格执行。(　　)

2. 综合布线系统工程的验收标志着综合布线系统工程的结束。(　　)

3. 综合布线系统工程的验收贯穿了整个施工过程。(　　)

4. 布线系统性能检测验收合格，则布线系统验收合格。(　　)

5. 综合布线系统工程的验收是多方人员对工程质量和投资的认定。(　　)

四、简答题

1. 试述综合布线系统管理子系统的验收要求。

2. 对综合布线系统工程验收来说，应从哪几个方面进行验收？

3. 综合布线系统工程的竣工技术资料有哪些?

4. 根据验收方式,综合布线系统工程的验收可分成哪几个部分?

5. 综合布线系统工程的检验项目及内容是什么?

6. 试述综合布线系统工程验收标准及依据。

第7章 综合布线工程设计

【教学提示】

综合布线工程设计一般采用一阶段设计，即施工图设计，必要时采用二阶段设计，即方案设计和施工图设计。工程设计的内容涉及用户调查、方案确定、产品选型、施工图绘制、概预算编制和设计文件编写等。

【重点内容】

设计方案确定、布线产品选型、设计文档编制。

【难点内容】

施工图绘制、概预算编制(见第8章)。

7.1 设计概述

综合布线工程设计是指在现有经济和技术条件下，根据建筑物的使用要求，按照国际和国内布线标准，对智能建筑进行的工程设计。它不仅需要充分考虑用户的目前需求，同时还要合理规划将来适当时期的信息技术发展需要。况且综合布线工程设计在考虑满足用户今后的信息技术发展需求方面显得尤为重要，因为它不像通信设备那样淘汰速度较快，因此要充分认识建设初期的投资，考虑用户需求长远一点。综合布线工程设计一般可以采用一阶段设计，即施工图设计，对于规模特大的情况亦可采用二阶段设计，即方案设计(初步设计)和施工图设计。

(1) 方案设计

方案设计的主要任务是按照用户网络建设的总体需求、投资规模，做出综合布线工程的总体规划。根据建筑平面图、装修平面图等资料，概算信息点数目，计算各种布线材料的用量和劳动力消耗，做出工程投资概算。

(2) 施工图设计

施工图设计是指按照网络建设需求，确定布线方案，根据土建图纸或装修图纸依据国内外相应的设计标准、规范确定具体布线路由、预埋细则、电信间机柜布置、设备间机柜布置、缆线成端终接、信息点布置及园区光缆路由和管道布置。总之，对需要施工的各项内容都要作出详细的设计方案，以便指导施工。还必须按国家建委、信息产业部以及地方政府的规定，作出工程预算。

对于二阶段设计情况，施工图设计可在方案设计(初步设计)的基础上，将设计内容进行改进、细化，原则上工程预算投资不能超过方案设计中的概算投资。

7.2 设计要求和设计步骤

7.2.1 综合布线系统设计原则和设计要求

综合布线系统作为建筑的公共电信配套设施在建设期应考虑一次性投资建设，能满足为多家电信业务经营者提供通信与信息业务服务的需求，保证电信业务在建筑区域内的接入、开通和使用；使得用户可以根据自己的需要，通过对入口设施的管理选择电信业务经营者，避免造成将来建筑物内管线的重复建设而影响到建筑物的安全与环境。因此，在管道与设施安装场地等方面，工程设计中应充分满足电信业务市场竞争机制的要求。

1. 综合布线系统设计原则

设计综合布线系统期间，要提出并研究用户的近、远期发展需求，从实际出发，按照各种信息的传输要求，进行总体规划，并遵循以下原则。

(1) 综合布线系统应与信息设施系统、信息化应用系统、公共安全系统、建筑设备管理系统等统筹规划，相互协调，并按照各系统信息的传输要求优化设计。

(2) 综合布线系统设施及管线的建设，应纳入建筑与建筑群相应的规划设计之中。工程设计时，应根据工程项目的性质、功能、环境条件和近、远期用户需求进行设计，并应考虑施工和维护方便，确保综合布线系统工程的质量和安全，做到技术先进、经济合理。

(3) 综合布线系统作为建筑物的公用通信配套设施，在工程设计中应满足为多家电信业务经营者提供业务的需求。

(4) 综合布线系统的设备应选用经过国家认可的产品质量检验机构鉴定合格的、符合国家有关技术标准的定型产品。

2. 综合布线系统设计要求

综合布线系统是智能建筑的基础设施，对信息业务要求较高，包括语音、数据、图像及楼宇自控等系统。设计综合布线系统时，一般需要注意以下几点。

(1) 和建筑物中的其他管线(例如电力照明、给排水、暖气通风等)一样，必须与建筑物的主体统一考虑、协调配合，尽量做到同步施工建设。

(2) 综合布线工程设计除要考虑与公用通信网的连接外，设备间、电信间的设置必须与智能建筑群的建设规划相互协调，并应纳入其规划的有关部分，做到互相衔接成为整体。

(3) 应根据智能建筑的用户性质、使用功能、通信需求，结合远期发展需要，确定综合布线系统总体技术方案，使之符合技术先进、经济合理的工程建设原则，选择合适的布线产品和设备配置，使整个布线系统安全可靠，便于安装施工和维护使用。

(4) 应综合考虑大楼自动化(BA)、闭路监控、消防、门禁等系统的信息特点和传输要求，结合工程的具体条件，统筹兼顾。

(5) 必须符合我国现行的国家标准和相关行业标准中的有关规定。

7.2.2 综合布线系统设计步骤

综合布线系统工程是一个较为复杂的系统工程，要达到用户的需求目标就必须认真、细致地进行设计。设计过程中必须认真分析用户需求，并充分考虑综合布线系统的可管理性、先进性、可扩充性以及性能价格比等因素。设计人员必须始终以满足用户需求为设计目标，对所设计的系统进行深入的了解和分析，根据自己的设计经验全面考虑各方面问题，最终做出合理的设计方案。

为设计出一个合理的综合布线系统工程，一般需要经过以下 9 个步骤。

第一步：收集系统工程设计所需的基础资料和有关数据；

第二步：用户需求调查；

第三步：系统结构设计；

第四步：方案可行性论证；

第五步：布线路由设计；

第六步：绘制综合布线系统施工图；

第七步：布线产品选型；

第八步：列出综合布线系统材料清单，确定安装工程量；

第九步：编制综合布线系统概预算。

1. 收集系统工程设计所需的基础资料和有关数据

综合布线系统工程设计需要收集的基础资料包括建筑物平面布置图和各种管线图。通过这些资料来获取下面有关数据。

(1) 建筑方面

① 建筑物结构体系，目前有砖混结构、钢筋混凝土结构和钢结构等几大类型。

② 建筑物的总建筑面积、楼层数量和高度、各个楼层的使用功能和建筑面积等。

③ 建筑物的平面布置、重要通信设备安装的房间（又称技术房间）的位置和面积（例如计算机主机房和用户电话交换机机房等）、楼梯间或电梯间、弱电井、强电井的数量和位置以及建筑物内部的平面布置等。

④ 其他技术要求。如建筑物内部装修标准、防火报警要求、防电磁干扰、防尘和防静电等要求，以及建筑物各种接地和防雷措施的技术方案等。

(2) 各种管线方面

智能建筑中的各种管线设施较多，主要有以下几种系统。

① 建筑物内部的给水和排水系统，主要有给水管网和排水管路及通气系统。

② 高低压电力照明系统，电力照明系统包括装设配电设备的房间和高低压电力线路以及接地装置等，尤其是电力线路的路由和位置。

③ 暖气和通风及空调等管网系统的走向、路由和位置等。

(3) 其他系统设施方面

了解建筑物的民用闭路监视电视系统、火灾自动报警系统和建筑自动化控制系统等的设备间，各种管线分布路由和起讫段落等，以便在综合布线系统工程设计中全面考虑。

上述基础资料和有关数据都是综合布线系统工程设计中的主要技术依据，它们直接影响设计方案是否合理可行，所以收集的基础资料和有关数据必须准确可靠，资料和数据应以书面形式为主，方可作为设计依据。

2. 用户需求调查

用户信息需求是综合布线系统的基础数据，它的准确和详尽的程度，直接影响综合布线系统的网络结构、缆线分布、设备配置和工程投资等一系列重大决策问题，这些问题能否正确解决，与工程建设和使用管理密切相关，且对今后发展有一定影响，所以至关重要。

信息点的数量和位置及其业务量是工程设计中一项不可缺少的重要内容。如果建设单位或有关部门能够提供上述资料和数据，则只需核实、确认；若不能提供，则需要根据用户要求、建筑物的用途以及相关规定、规范进行合理规划。

具体选择哪种布线方式，哪个工作区布置多少个信息点，各个布线子系统采用什么缆线，进线间、设备间安排在什么位置等，都在相当程度上由用户需求调查决定。充分理解用户需求是综合布线系统工程设计的基础。项目设计人员必须与用户负责人耐心地沟通，认真、详细地了解工程项目的实施目标、要求，一起分析设计，并整理存档。设计人员可以通过现场勘查、阅读招标文件、技术交流会、答疑会等多种方式充分理解用户需求。为了更好地做好用户需求调查，建议根据以下要点进行用户需求调查。

(1) 确定工程实施的范围

工程实施的范围主要是指确定实施综合布线系统工程的建筑物的数量，各建筑物的各类信息点数量及分布情况。必须到现场查看并确定各建筑物电信间和设备间的位置，以及整个建筑群的中心机房的位置。

(2) 确定系统的类型

通过与用户的沟通了解，确定本工程是否包括计算机网络通信、电话语音通信、有线电视系统、闭路视频监控等系统。必须分类调查数据、话音、图像和监控等的信息需求，全面考虑实际需要的信息业务种类和数量。

(3) 确定系统各类信息点的接入要求

系统的信息点接入要求主要包括：信息点接入设备类型、未来预计需要扩展的设备数量和信息点接入的服务要求。

(4) 查看现场，了解建筑物布局

工程设计人员必须到各建筑物的现场考察，详细了解以下内容：

① 每个房间信息点安装的位置；

② 建筑物预埋的管槽分布情况；

③ 楼层内布线走向；

④ 建筑物内任何两个信息点之间的最大距离；

⑤ 建筑物垂直走线情况；

⑥ 建筑物之间预埋的管槽情况及布线走向；

⑦ 有什么特殊要求或限制。

规划信息点应以近期需求为主，结合今后发展需要合理布置。目前建筑物的功能类型较多，大体上可以分为商业、文化、媒体、体育、医院、学校、交通、住宅、通用工业等类型，因此，对工作区面积的划分应根据应用的场合做具体的分析后确定，工作区面积需求可参照表7-1。

表 7-1　工作区面积划分表

建筑物类型及功能	工作区面积/m^2
网管中心、呼叫中心、信息中心等终端设备较为密集的场地	3～5
办公区	5～10
会议、会展	10～60
商场、生产机房、娱乐场所	20～60
体育场馆、候机室、公共设施区	20～100
工业生产区	60～200

注：① 对于应用场合，如终端设备的安装位置和数量无法确定或为大客户租用并考虑自设置计算机网络时，工作区面积可按区域（租用场地）面积确定。

② 对于 IDC 机房（数据通信托管业务机房或数据中心机房）可按生产机房每个配线架的设置区域考虑工作区面积。对于此类项目，涉及数据通信设备的安装工程，应单独考虑实施方案。

每一个工作区信息点数量的确定范围比较大，从现有的工程情况分析，设置 1～10 个信息点的现象都存在，并预留了电缆和光缆备份的信息插座模块。因为建筑物用户性质不一样，功能要求和实际需求不一样，信息点数量不能仅按办公楼的模式确定，尤其是对于专用建筑（如电信、金融、体育场馆、博物馆等建筑）及计算机网络存在内、外网等多个网络时，更应加强需求分析，做出合理的配置。

每个工作区信息点数量可按用户的性质、网络构成和需求来确定。表 7-2 做了一些分类，供设计者参考。

表 7-2　信息点数量配置

建筑物功能区	信息点数量（每一工作区）			备注
	电话	数据	光纤（双工端口）	
办公区（一般）	1 个	1 个		
办公区（重要）	1 个	2 个	1 个	对数据信息有较大的需求
出租或大客户区域	2 个或 2 个以上	2 个或 2 个以上	1 个或 1 个以上	指整个区域的配置量
办公区（业务工程）	2～5 个	2～5 个	1 个或 1 个以上	涉及内、外网络时

注：大客户区域也可以为公共实施的场地，如商场、会议中心、会展中心等。

3. 系统结构设计

在确定建筑物或建筑群的功能与需求以后，规划能适应智能化发展要求的相应的综合布线系统设施和预埋管线，防止今后增设或改造时造成工程的复杂性和费用的浪费。系统结构设计是综合布线系统设计的开始，主要完成布线系统的总体结构和各子系统结构设计。

综合布线系统配线设备的典型设置与功能组合如图 7-1 所示。

综合布线系统设计人员在进行系统配置设计时，应充分考虑用户近期与远期的实际需要与发展，使之具有通用性和灵活性，尽量避免布线系统投入正常使用以后，较短的时间又要进行扩建与改建，造成资金浪费。一般来说，布线系统的水平配线应以远期需要为主，垂直干线应以近期实用为主。具体配置要求如下：

(1) 对于综合布线系统，电缆和接插件之间的连接应考虑阻抗匹配和平衡与非平衡的转换适配。同一布线信道及链路的缆线和连接器件应保持系统等级与阻抗的一致性。在 D

级至 F 级工程中的特性阻抗应符合 100 Ω 标准。在进行系统设计时，应保证布线信道和链路在支持相应等级应用中的传输性能，如果选用 6 类布线产品，则缆线、连接硬件、跳线等都应达到 6 类，才能保证系统为 6 类。如果采用屏蔽布线系统，则所有部件都应选用带屏蔽的硬件。

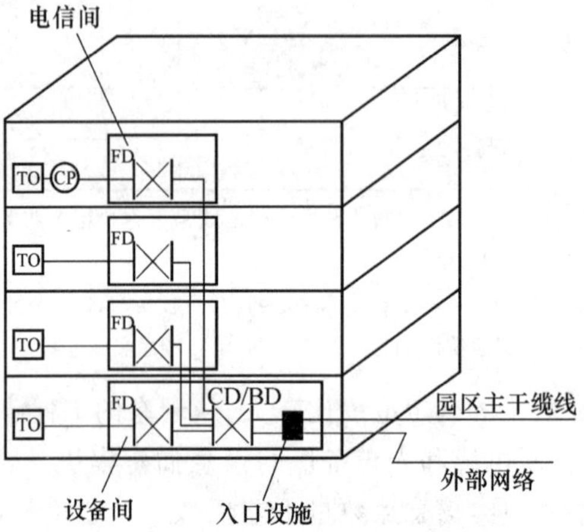

图 7-1　配线设备的典型设置与功能组合

(2) 综合布线系统工程的产品类别及链路、信道等级的确定应综合考虑建筑物的功能、应用网络、业务终端类型、业务的需求及发展、性能价格、现场安装条件等因素，并符合表7-3的要求。

表 7-3　布线系统等级与类别的选用

业务种类	配线子系统		干线子系统		建筑群子系统	
	等级	类别	等级	类别	等级	类别
语音	D/E	5e/6	C	3(大对数)	C	3(室外大对数)
数据	D/E/F	5e/6/7	D/E/F	5e/6/7(4 对)		
	光纤	62.5 μm 多模/50 μm 多模/<10 μm 单模	光纤	62.5 μm 多模/50 μm 多模/<10 μm 单模	光纤	62.5 μm 多模/50 μm 多模/<10 μm 单模
其他应用	可采用 5e/6 类 4 对对绞电缆和 62.5 μm 多模/50 μm 多模/<10 μm 单模光缆					

注：其他应用指数字监控摄像头、楼宇自控现场控制器(DDC)、门禁系统等采用网络端口传送数字信息时的应用。

(3) 综合布线系统光纤信道应采用标称波长为 850 nm 和 1 300 nm 的多模光纤及标称波长为 1 310 nm 和 1 550 nm 的单模光纤。

(4) 单模和多模光缆的选用应符合网络的构成方式、业务的互通互连方式及光纤在网络中的应用传输距离。楼内宜采用多模光缆，建筑物之间宜采用多模或单模光缆，需直接与电信业务经营者相连时宜采用单模光缆。

(5) 为保证传输质量，配线设备连接的跳线宜选用产业化制造的电、光各类跳线，在电话应用时宜选用双芯对绞电缆。

(6) 工作区信息点为电端口时，应采用 8 位模块通用插座(RJ45)，光端口宜采用 SFF

小型光纤连接器件及适配器。

(7) FD、BD、CD 配线设备应采用 8 位模块通用插座或卡接式配线模块(多对、25 对及回线型卡接模块)和光纤连接器件及光纤适配器(单工或双工的 ST、SC 或 SFF 光纤连接器件及适配器)。

(8) CP 集合点安装的连接器件应选用卡接式配线模块或 8 位模块通用插座或各类光纤连接器件和适配器。当集合点配线设备为 8 位模块通用插座时,CP 电缆宜采用带有单端 RJ45 插头的产业化产品,以保证布线链路的传输性能。

(9) 跳线两端的插头,IDC 指 4 对或多对的扁平模块,主要连接多端子配线模块;RJ45 指 8 位插头,可与 8 位模块通用插座相连;跳线两端如为 ST、SC、SFF 光纤连接器件,则与相应的光纤适配器配套相连。

(10) 电信间和设备间安装的配线设备的选用应与所连接的缆线相适应,具体可参照表 7-4。

表 7-4　配线模块产品选用

类别	产品类型		配线模块安装场地和连接缆线类型		
	配线设备类型	容量与规格	FD(电信间)	BD(设备间)	CD(设备间进线间)
电缆配线设备	大对数卡接模块	4 对卡接模块	4 对配线电缆 /4 对主干电缆	4 对主干电缆	4 对主干电缆
		5 对卡接模块	大对数主干电缆	大对数主干电缆	大对数主干电缆
	25 对卡接模块	25 对	4 对配线电缆 /4 对主干电缆 /大对数主干电缆	4 对主干电缆 /大对数主干电缆	4 对主干电缆 /大对数主干电缆
	回线型卡接模块	8 回线	4 对水平电缆 /4 对主干电缆	大对数主干电缆	大对数主干电缆
		10 回线	大对数主干电缆	大对数主干电缆	大对数主干电缆
	RJ45 配线模块	一般为 24 口 或 48 口	4 对水平电缆 /4 对主干电缆	4 对主干电缆	4 对主干电缆
光缆配线设备	ST 光纤连接盘	单工/双工, 一般为 24 口	水平/主干光缆	主干光缆	主干光缆
	SC 光纤连接盘	单工/双工, 一般为 24 口	水平/主干光缆	主干光缆	主干光缆
	SFF 小型光纤 连接盘	单工/双工, 一般为 24 口、48 口	水平/主干光缆	主干光缆	主干光缆

4. 方案可行性论证

经过上述的系统结构设计,有了布线方案,需要进一步与用户进行沟通、确认,以便进一步修改、完善。竖井与电信间的位置和数量将直接影响工程造价,如发现原有设计不合理(这种情况时常出现),需要及时做出设计变更。

5. 布线路由设计

布线路由设计是在系统结构设计得到确认后,完成三个布线子系统的布线路由和连接设计。在工程实施中，路由是很重要的一环，包括配线子系统路由、干线子系统路由和建筑群子系统路由；进线间、设备间、电信间的位置、机柜安装位置等。

6. 绘制综合布线系统施工图

综合布线系统施工图是用来指导布线人员的布线施工的。在施工图上要对一些关键信息点、交接点、缆线拐点等位置的施工注意事项和布线管槽的规格、材质等进行详细的标注或说明。

综合布线系统工程施工图在综合布线系统工程中起着关键的作用，首先设计人员要通过建筑图纸来了解和熟悉建筑物结构并设计综合布线系统工程施工图，然后施工人员要根据设计图纸组织施工，最后验收阶段施工方需将相关技术图纸移交给建设方。图纸应能清晰直观地反映综合布线系统的结构、管线路由和信息点分布等情况。因此，识图、绘图能力是综合布线工程设计与施工组织人员必备的基本功。

综合布线工程施工图一般应包括网络拓扑结构图、综合布线系统结构图、综合布线系统管线路由与楼层信息点平面分布图和机柜配线架信息点分布图 4 类图纸。通过这些图纸，反映以下几个方面的内容：

① 网络拓扑结构；

② 布线路由、管槽型号和规格；

③ 各楼层信息点的类型和数量；

④ 配线子系统的缆线型号和数量；

⑤ 干线子系统的缆线型号和数量；

⑥ 楼层配线架(FD)、建筑物配线架(BD)、建筑群配线架(CD)、光纤互连单元的数量和分布位置；

⑦ 机柜内配线架及网络设备分布情况。

(1) 图例

目前综合布线系统设计图中的图例比较混乱，缺少统一的标识，在设计中可以参照采用如图 7-2 所示的图例。

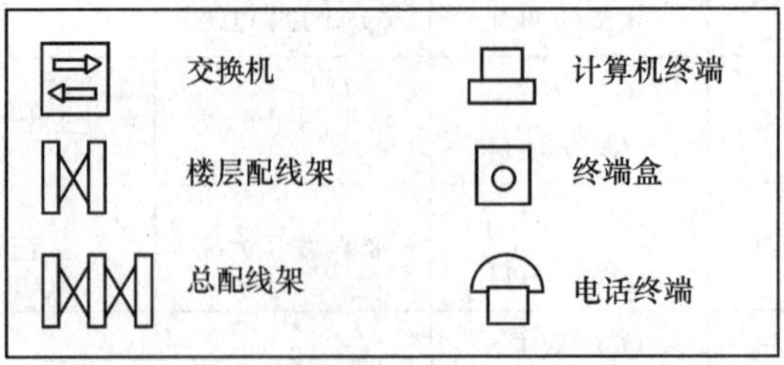

图 7-2　综合布线工程设计图例

(2) 常用软件

综合布线工程设计中主要采用两种制图软件：AUTOCAD 和 Visio。Visio 用于绘制网络拓扑图、系统结构图和楼层信息点分布图等；AUTOCAD 则用来绘制综合布线系统管线设计图、楼层信息点分布图等。当然也可以利用综合布线系统厂商提供的布线系统设计软件或其他绘图软件进行绘制。

在综合布线系统工程设计中，需要使用的软件还包括 Word、Excel、概预算软件和专用的布线设计软件等。其中，Word 用于编排设计文档；Excel 用于计算材料和工程费用，编制工程概预算；概预算软件则用于综合布线工程设计中编制概预算表格。

布线设计软件是综合布线系统设计和安装工程师常用的一种辅助工具软件，具有平面设计、系统图设计、统计计算和智能分析等功能。此外，还可以对使用者所设计的图纸以不同比例出图，并以图形和文本方式输出各种设备材料表等。

7. 布线产品选型

布线产品是决定综合布线系统工程质量的关键因素，产品选型与技术方案、工程造价、业务功能、日常维护管理和今后的系统扩展等密切相关。综合布线系统工程设计应按照近期和远期的通信业务，计算机网络拓扑结构等的需要，选用合适的布线器件与设施。选用产品的各项指标应高于系统指标，才能保证系统指标得以满足和具有发展的余地，同时也应考虑工程造价及工程要求，对系统产品的选用应恰如其分。

(1) 产品市场现状

我国的综合布线系统最早是从美国引入的，因此，早期的综合布线系统市场产品主要是美国品牌。随着市场的发展，欧洲、澳洲、港台等地的产品相继进入中国市场。近年来，国内综合布线系统产品市场呈现出百花齐放的景象，国内一些厂商自行开发研制出了适合我国使用的产品，打破了国外厂商在综合布线系统产品领域的垄断，价格在逐年下降，国内品牌所占市场份额大幅攀升。

据不完全统计，目前进入我国市场的国外布线厂家有 30 多家。北美地区主要有 Avaya、3M、西蒙、AMP、康普、IBDN、百通、莫莱克斯(Molex)、泛达等品牌，欧洲地区主要有耐克森、德特威勒、施耐德、科龙、罗森伯格、奔瑞等品牌，澳洲主要有奇胜等品牌。这些厂家主要以生产和销售具有高性能的高端产品著称，在行业数据内有着很高的品牌知名度和行业认知度，价格也相对较高。同时，还有一些中国港台布线厂家，例如：万泰、鼎志等，他们所生产的产品具有良好的性价比。

2003 年，是国内布线厂家异军突起的一年，各布线厂家都加强了产品研发、市场拓展的能力，普天、TCL、大唐电信、鸿雁电器、宁波东方等都取得了不错的成绩。他们凭借着低廉的价格、良好的性价比，迅速占领了中低端市场，并且有着良好的市场前景。

(2) 产品选型原则

进行综合布线系统产品选型，一般应遵循下列原则。

① 满足功能需求

产品选型应根据智能建筑的主体性质、所处地位、使用功能等特点，从用户信息需求、今后的发展变化情况来考虑，选用合适等级的产品，例如 3 类、超 5 类、6 类系统产品或光缆系统，包括各种缆线和连接硬件。

② 满足环境需求

产品选型时应考虑智能建筑和智能小区的环境、气候条件和客观影响等情况，从工程实际和用户信息需求考虑，是否选用屏蔽系统产品、光纤产品。这与设备配置及网络结构的总体设计方案都有关系。

③ 选用主流产品

应采用市场上主流的、通用的系统产品，以便于将来的维护和更新。

④ 选用同一品牌的产品

由于在原材料、生产工艺、检测标准等方面的不同，不同厂商的产品会在阻抗特性等电气性能方面存在较大差异，如果缆线和接插件选用不同厂商的产品，由于特性阻抗不匹配会产生较大的回波损耗，这对高速网络是非常不利的。

⑤ 符合相关标准

选用的产品应符合我国国情和有关技术标准，包括国际标准、国家标准和行业标准。所用产品均应按标准要求进行检测和鉴定，未经鉴定合格的设备和器材不得在工程中使用。

⑥ 综合考虑技术性与经济性

对综合布线系统产品的技术性能应以系统指标来衡量。在产品选型时，所选设备和器材的技术性能指标一般要稍高于系统指标，这样在工程竣工后，才能保证满足全系统技术性能指标。但选用产品的技术性能指标也不宜贪高，否则将增加工程投资。

⑦ 售后服务保障

根据近期信息业务和网络结构的需要，系统要预留一定的发展余地。在具体实施中，不宜完全以布线产品厂商允诺保证的产品质量期来决定是否选用，还要考虑综合布线系统的产品尚在不断完善和提高，要求产品厂家能提供升级扩展能力。

此外，在价格相同、技术性能指标符合标准且能提供可靠的售后服务时，应优先选用国内产品，以降低工程总体运行成本，促进民族企业产品的发展。

8. 列出综合布线系统材料清单，确定安装工程量

布线系统材料清单是工程预算、器材订购、工程核算的基础。应将各个布线子系统的材料型号和数量进行归类，列出最终的布线材料清单（统计表）。布线材料包括各种规格的电缆、光缆、水晶头、跳线、配线架、线槽、线管、桥架和支撑件等。

9. 编制综合布线系统概预算

根据材料统计表和布线用工消耗量确定工程报价。具体参见第8章。

7.3　综合布线工程设计文档

综合布线工程设计文档包括了设计过程中的全部内容。它是建设单位作为方案审批、投资审批的依据，也是工程施工和各种材料、设备购置的依据。典型的综合布线系统设计应包括以下章节：

第1章　前言

内容包括：客户单位名称、工程名称、设计单位（施工方）名称、设计意义和内容概要。

第2章　定义与惯用语

主要对设计中用到的综合布线系统通用术语、自定义的惯用语做出解释，以利于用户对设计的精确理解。

第3章　综合布线系统概念

内容主要是标准规定的组成综合布线系统的7个子系统的结构及其器件和示意图。

第4章　综合布线系统设计

4.1　概述

4.1.1 工程概况

内容包括:建筑物的楼层数,各层房间的功能概况,楼宇平面的形状和尺寸、层高,各层的层高有可能不同,要列清楚,这关系到电缆长度的计算。竖井的位置,竖井中有哪些其他线路,比如消防报警、有线电视、音响和自控等。如果没有专用竖井则要说明垂直干线管道的位置。甲方选定的设备间位置。电话外线的终接点。如果有建筑群子系统,则要说明室外光缆入口。楼宇的典型平面图,图中标明主机房和竖井的位置。

4.1.2 布线系统总体结构

包括该布线系统的系统图和系统结构的文字描述。

4.1.3 设计目标

阐述综合布线系统要达到的目标。

4.1.4 设计原则

列出设计所依据的如先进性、经济性、可扩展性、可靠性等原则。

4.1.5 设计依据

包括综合布线系统设计标准、测试标准和参考的其他标准。

4.1.6 布线系统产品选型

探讨 CAT3、CAT5e、CAT6 类布线系统的选择;布线产品品牌的选择;屏蔽与非屏蔽的选择和对绞电缆与光缆的选择。

4.2 工作区设计

描述工作区的器件选配和用量统计。

4.3 配线子系统设计

配线子系统设计应包括信息点需求、信息插座设计、配线缆线设计和配线设备设计几个部分。

4.4 干线子系统设计

描述主干的器件选配和用量统计等。

4.5 管理设计

描述该布线系统中每个配线架的位置、用途、器件选配、数量统计和各配线架的缆线成端位置图。描述宜采用文字和表格相结合的形式。

4.6 设备间设计

包括设备间位置要求、环境要求、机柜、跳线等内容。

4.7 建筑群子系统设计

描述建筑物之间的光缆配置情况。

4.8 进线间设计

包括进线间的位置、进线的防护处理等。

4.9 其他系统设计

包括防护、接地等内容的设计。

第 5 章 综合布线系统施工方案

阐述总的管槽敷设方案,不涉及具体各段管槽情况。

第 6 章 综合布线系统的维护管理

指布线系统竣工交付使用后,移交给甲方的技术资料。包括:①信息点分布及编号;

②配线架成端分布;③布线系统管理文档;④竣工技术文档(配线架电缆卡接位置图、配线架电缆卡接色序、信息点房间位置表、竣工图纸、线路测试报告)等。

第 7 章 验收测试

在综合布线系统中有永久链路(基本链路)和信道两种测试,应对测试链路模型、所选用的测试标准和电缆类型、测试指标和测试仪做简略介绍。

第 8 章 培训、售后服务与保证期

包括对用户的培训计划、售后服务的方式及质量保证期。

第 9 章 综合布线系统材料总清单

包括综合布线系统材料预算和工程费用清单。

第 10 章 投资预算

编制工程预算文件。

第 11 章 图纸分册

包括图纸目录、图纸说明、系统图、结构图、路由图、楼层信息点分布图等。

7.4 设计实例

工程名称:×××学校学生宿舍楼群综合布线工程施工图设计

设计单位资质证明(略)

1. 工程概况

本工程为某学校要新建一学生宿舍楼群。该楼群包含 E、F 两栋结构相同的学生公寓,均为 7 层,1 楼为公用设施,从 2 楼开始每层 21 个宿舍,计划将来每个宿舍住 4 个学生,为较高档学生公寓,要求宿舍每个房间提供比较方便的高速宽带业务和语音通信业务服务。现对该两栋楼进行布线设计。

工程范围:本工程范围是从楼栋设备机房配线架至宿舍内信息点的所有光缆和超 5 类电缆布放及成端终接、机架安装、配线架安装、光配线架安装、信息插座安装和测试,预留连接园区宽带 4 芯光缆和电信电缆位置。此外,楼内管道和线槽敷设、室外管道建设、电源等内容由其他工程完成。

本工程责任分工如图 7-3 所示。

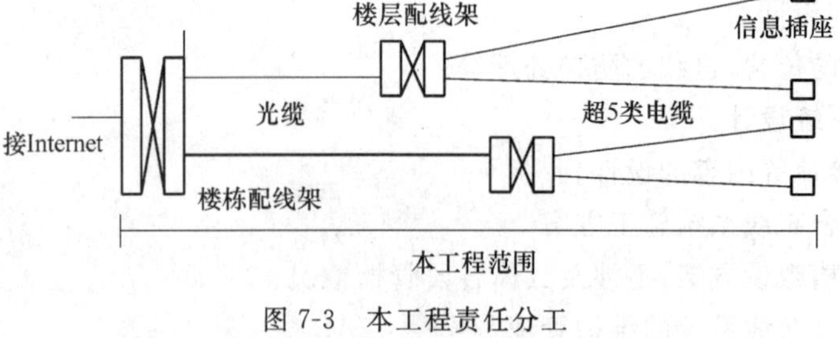

图 7-3 本工程责任分工

2. 布线系统总体结构

设计思路:考虑建筑物的用途和对信息的需求,了解建设方的要求。合理布置信息点,规划设备间和电信间设置,选择最佳布线路由,采用合适的线材和终接材料。

设计方案:根据与建设方的多次商议和建筑物的使用要求,确定该布线的总体方案为每个宿舍布4个分离的宽带信息点和1个语音点,语音采用3类电缆,宽带网络水平布线采用超5类电缆,主干使用多模光缆。

根据该园区的具体情况和宽带接入要求,本系统采用星型拓扑结构连接,每栋楼设立设备间一个。考虑到各楼层信息点较多,每层楼设电信间一个,电信间位于各楼层的中间,以减少配线子系统缆线长度。宽带部分,从设备间配线架到电信间配线架和园区机房配线架均以光缆连接,电信间到信息点之间用超5类电缆连接,超5类电缆卡接线序均按照T568B规定;语音部分,从设备间配线架到电信间配线架以大对数3类电缆连接,电信间到信息点之间用3类4芯电缆连接。

本系统在目前设备性能情况下宽带主干可以保证千兆传输,水平配线可以承受100 M传输需要,今后具有比较好的扩展性,能够适应将来20年以上带宽不断增大的需要。

本系统由建筑群子系统、干线子系统、配线子系统(水平线子系统)、工作区、设备间(主配线间)和电信间(分配线间)等构成。

3. 设计目标

此次综合布线的目的是建立宽带小区,提供高速宽带业务,以满足所需的语音、数据信号综合传输的宽带要求。同时亦可满足小区内部信息交流和信息管理需求。

4. 设计原则

本设计遵循以下设计原则。

(1) 实用性和经济性:始终贯彻面向应用、注重实效的方针,坚持实用、经济的原则,将语音和数据传输线路分别考虑。

(2) 先进性和成熟性:本设计既采用先进的概念、技术和方法,又注意结构、设备的相对成熟。不但能反映当今的先进水平,而且具有发展潜力。

(3) 可靠性:在考虑技术先进性和开放性的同时,还从系统结构、技术措施、设备性能、系统管理、厂商技术支持及保修能力等方面着手,确保系统运行的可靠性。

(4) 可扩展性:为适应网络结构变化的要求,充分考虑以最简便的方法、最低的投资,实现系统的扩展和维护。

5. 设计依据

(1) ×××会议纪要;

(2) ANSI/TIA/EIA-568-A/B商业大楼通信布线标准;

(3) GB 50311—2007中华人民共和国国家标准的《建筑与建筑群综合布线系统工程设计规范》;

(4) GB 50312—2007中华人民共和国国家标准的《建筑与建筑群综合布线系统工程验收规范》。

6. 布线系统产品选型

针对本工程的需求来看,作为学生宿舍,主干100 M和水平线10 M完全可以满足宽带上网的要求,考虑到以后宽带发展的需要,今后能够使主干扩展至1 G甚至10 G,水平布线到100 M或更大带宽;同时从经济的角度考虑,以较小的合理的经济投入,建设可以满足现在和将来20年以上发展的需要。因此,主干选用多模光缆,配线选用超5类非屏蔽对绞电缆。

为什么配线不采用6类或7类电缆和屏蔽电缆呢?单从性能方面来讲,采用6类或7类电缆或者屏蔽电缆是很好的选择,但是很不经济,按照本工程的要求,配线没有千兆的必要,完全不必采用价格高很多的6类或7类电缆。另外考虑到用户没有特殊保密要求,加上附近没有大的电磁干扰源,缆线不需要屏蔽,使用非屏蔽电缆即可。

7. 工作区设计

工作区内信息插座均为单口86盒暗装方式,每个插座配备一个RJ45超5类信息模块,信息模块卡接缆线统一采用T 568B方式。通过信息插座可以100 M/10 M速率连接终端设备、工作站或服务器。每个语音插座配备一块RJ11模块。

本工程信息点分配方案由甲方提出,经统计核算宽带1 008个信息点,其中,E栋504个,F栋504个;语音点252个,其中E栋126个,F栋126个。具体分配见表7-5。

表7-5　信息点统计表

栋号	楼层	宽带点数	语音点数	电信间	备注
E	7	84	21	本楼层	
E	6	84	21	本楼层	
E	5	84	21	本楼层	
E	4	84	21	本楼层	
E	3	84	21	本楼层	
E	2	84	21	本楼层	
F	7	84	21	本楼层	
F	6	84	21	本楼层	
F	5	84	21	本楼层	
F	4	84	21	本楼层	
F	3	84	21	本楼层	
F	2	84	21	本楼层	
合计		1 008	252		

8. 配线子系统设计

配线子系统选用非屏蔽超5类对绞电缆,从12个分配线架单条4对UTP电缆与1 008个宽带信息点连接,单条路由距离均在90 m以内,可以满足100 M传输要求,布线路由为从电信间楼层配线架经由垂直线槽和楼层水平线槽、管道到达信息插座,详见标准层水平布线路由图。缆线计算方法:

配线缆线平均距离=(最远点距离+最近点距离)/2×1.1+6,单位为米

语音配线采用4芯3类电缆,普通电话2芯即可,考虑到将来可能有传真需求,以及从备用考虑,选用4芯电缆,本次工程可只成端2芯,另2芯备用。缆线计算方法:

配线缆线平均距离=(最远点距离+最近点距离)/2×1.1+6,单位为米

9. 管理设计

本布线系统采用三级管理方式,针对电信间、设备间和总设备间(非本次设计)。宽带信息点编号采取:楼栋+1位数楼层号+点类+2位数点号,点类分为宽带点W和语音点P,例如:E2W08,即为E栋2楼的第8号宽带点。

电信间内光纤编号采取:楼栋+1位数楼层号+G+1位数光纤芯号,例如:E2G1。大

对数语音电缆编号采用：楼栋＋1 位数楼层号＋P＋2 位数线对号（和语音点对应），如：E2P01，E 栋 2 楼的第 1 对线，对应第 1 个语音点。

设备间内至总设备间的光缆编号使用：楼栋＋G＋1 位数纤芯号，例如：EG1；干线语音电缆编号使用：楼栋＋Z＋3 位数线对号，例如：EZ001，E 栋语音主干的第一对线。

光缆和大对数电缆标签采用：按楼栋和楼层来命名的电信间名（如：E2）、按楼栋标识的设备间名（如 E）及总设备间名（Z）直接表示，例如：E2 to E，即为从 E 栋 2 楼电信间到 E 栋的设备间。

10. 干线子系统设计

考虑到以后扩容的方便，宽带主干不使用铜芯对绞电缆，从设备间到电信间全部敷设 6 芯多模室内光缆，可以使用 2 芯或 4 芯，其余备用。光缆布放从设备间经水平线槽至弱电井垂直线槽到电信间，单条长度不超过 50 米。光缆成端全部用 ST 头。光缆长度计算：

光缆长度＝〔（最远点距离＋最近点距离）/2×1.1＋6〕×光缆条数，单位为米

11. 设备间设计

在 E 栋和 F 栋的 1 楼均设置 1 个设备间，安装 1 个 220 cm×60 cm×60 cm 的标准机柜。机柜内安装 2 个 24 口光配线架供连接到电信间和总设备间的 6 芯光缆成端，安装 4 个 100 对的 110 配线架供连接至电信间的大对数语音电缆成端；预留安装交换机的位置。建议设备间安装防静电地板，设置联合接地排以便设备接地、室外光电缆接地和桥架接地，并采取措施适当控制设备间的温度和湿度。

在 E 栋和 F 栋楼的 2～7 层，每层弱电井内设一电信间，安装一个 180 cm×60 cm×60 cm标准机柜。机柜内安装一个 8 口光配线架成端光缆，安装 4 个 24 口模块化超 5 类配线架成端水平超 5 类电缆，安装 1 个 50 对 110 配线架成端语音配线电缆和干线 25 对电缆。

总配线间建设非本次内容，此前已预留光缆成端用配线架。

光跳线采用 ST-FC 型，长度 3 m；宽带跳线采用 RJ45 直连 3 m 型；语音跳线使用单芯对绞线，按实际需要长度截取。

12. 建筑群子系统设计

如图 7-4 所示，本工程的建筑群子系统即为从总设备间配线架到设备间配线架的光缆，光缆选用室外铠装 4 芯多模光缆，敷设于室外地下管道、室内电缆线槽内。光缆均以 ST 头成端。光缆长度计算以实测加盘留余量及损耗为准。

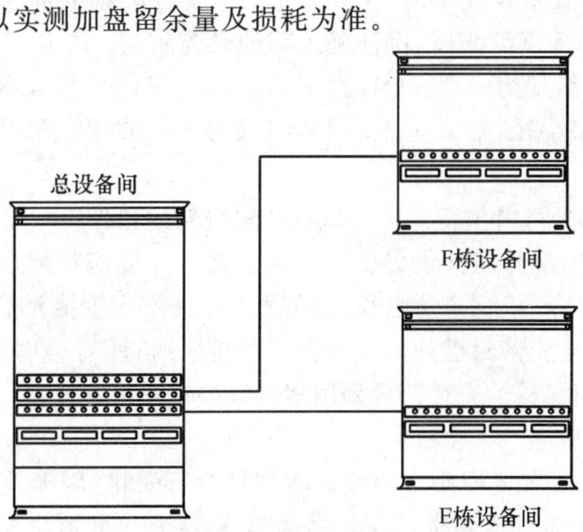

图 7-4　建筑群光缆系统示意图

13. 进线间设计

本工程不单独设立进线间，光缆和主干语音电缆从室外直接进入设备间内，进入室内后缆线进行接地处理。

14. 其他系统设计

系统接地是一项很重要的内容，所有机柜、桥架、室外电缆等都必须按要求与大楼联合接地排连接，防止浪涌电流损坏系统部件。

建议设备间和电信间采取措施控制温度和湿度，保证将来设备正常运行。

15. 综合布线系统施工方案

施工过程必须严格按照操作规程进行，防止野蛮施工，以免造成施工质量问题，施工工艺要求如下。

(1) 电缆的敷设

缆线布放前应核对规格、程式、路由及位置，并与设计规定相符。缆线的布放应平直，不得产生扭绞、打圈等现象，不应受到外力的挤压和损伤。缆线在布放前两端应贴有标签，以表明起始和终端位置，标签应书写清晰、正确。

对绞数据电缆敷设时应避开荧光灯，其最小净距为 120 mm，当对绞数据电缆与动力照明线平行敷设时，其最小净距要符合表 7-6 的要求。

表 7-6　数据电缆与照明电线的最小净距

单位	最小净距/mm		
范围条件	＜2 kVA(380 V)	2～5 kVA(380 V)	＞5 kVA(380 V)
对绞电缆与电线平行敷设	130	300	600
有一方在接地的槽道或钢管中	70	150	300
双方均在接地的槽道或钢管中	10	80	150

电源线、信号线、对绞电缆及建筑物内其他弱电系统的缆线应分离布放。各缆线间的最小净距应符合规范要求。缆线在布放时应有冗余。在电信间为 0.5～2 m，设备间对绞电缆预留长度一般为 3～5 m，工作区为 0.3～0.6 m。

布放缆线的牵引力应小于缆线允许张力的 80%，对光缆瞬间最大牵引力不应超过光缆的允许张力。以牵引方式敷设光缆时，主要牵引力应加在光缆的加强芯上。

光缆施工前必须进行单盘测试，保证施工前的光缆质量。

- 光缆终接：总配线架为 A 端，分配线架为 B 端。光缆的敷设采用人工布放方式。
- 光缆的最小曲率半径：敷设过程中不小于光缆外径的 20 倍，安装固定后不小于光缆外径的 15 倍。
- 光缆预留：总配线间内预留 20～30 m，分配线架内预留 5～10 m，管道光缆每个手井余弯 0.5 m，预留部分应按设计绑扎牢固。室外光缆应挂标志牌。

本工程敷设光缆 34 条，根据定货盘长，每条光缆中间不设置接头。光缆开剥以后，对光缆端口及束管端口应采取充胶密封措施。光缆做成终接头时，所有金属构件均连通并与机架上的保护地线连接；手井内裸露的光缆部分采用塑料保护软管包好扎实，并吊挂光缆吊牌。

(2) 机柜和配线架安装

设备间内的机房平面布置原则上由园区管理处自行安排（因涉及监控、保安等其他系统设备的摆放），本设计只提供计算机系统设备摆放的要求。机柜尽量靠近电信机房一侧安装，几个机柜尽量并排摆放在一起。安装机柜面板，架前应留有 1.5 m 的空间，机柜背面离墙距离应大于 0.8 m，以便于安装与施工。机柜安装完毕，水平、垂直度应符合厂家规定。如无厂家规定时，垂直偏差度不应大于 3 mm。

配线架必须安装在设计位置，同时应安装理线环，反面贴上色标，正面贴上信息点资料，以便管理。电缆和光缆均应按设计在配线架处留有一定余量。

(3) 信息插座安装

安装在墙体上，宜高出地面 300 mm。信息插座底座的固定方法依施工现场条件而定，宜采用扩张锣钉、射钉等方式紧固。

(4) 线管、线槽敷设

16. 综合布线系统的维护管理

布线系统竣工交付使用后，移交给甲方的技术资料包括：①信息点分布及编号；②配线架成端分布；③布线系统管理文档；④竣工技术文档（配线架电缆卡接位置图；配线架电缆卡接色序；信息点房间位置表；竣工图纸；线路测试报告）。

17. 验收测试

(1) 光纤通道测试

FLUKE 公司（世界三大测试仪器公司之一）生产的综合布线系统指定的测试仪器作为本工程的测试仪器。测试波长：1 300 nm 或 850 nm，信号衰减＜2.6 dB（500 m，波长 1 300 nm），信号衰减＜3.9 dB(500 m，波长 850 nm)。

(2) 电缆通道测试

电缆系统采用专用电子仪器（推荐使用 FLUKE DTX 系列测试仪）进行测试，按 GB 50312—2007规定的 CAT5e 标准进行测试，至少包括以下几项内容：①极性、连续性、短路、断路测试；②信号衰减测试；③信号串音测试。

(3) 测试合格

完成整个系统的测试工作，并填写测试表。若测试结果表明所有通道（包括光纤通道和电缆通道）满足 GB 50312—2007 标准中的要求，可以确认工程合格。

18. 培训、售后服务与保证期

工程竣工后，免费为甲方培训 1～2 名技术人员维护本系统。

工程质保期为一年。对于系统运行出现的故障，一年内免费维修，以后则每次维护收取工本费。

19. 综合布线系统材料总清单

本工程需安装镀锌金属线槽（桥架），敷设 PVC 管，布放超 5 类和 3 类电缆、光缆，安装机柜、配线架、光配线架和信息插座，成端超 5 类、3 类电缆和多模光缆，具体见表 7-7。

表 7-7 布线系统材料清单

E 栋和 F 栋布线器材统计表

序号	名称	规格	单位	数量	备注
1	室外光缆	多模 4 芯，铠装	m	745	
2	室内光缆	多模 6 芯	m	480	
3	3 类 25 对电缆		m	360	
4	超 5 类非屏蔽对绞电缆		m	49 896	
5	3 类 4 芯电缆		m	11 844	
6	跳线	RJ45，5 m	条	1 008	工作区用

续表

序号	名称	规格	单位	数量	备注
7	跳线	RJ45,3 m	条	1 008	管理用
8	跳线	RJ11,5 m	条	252	工作区用
9	跳线	单芯对绞,0.5 mm	m	368	管理用
10	管理区设备				
11	机柜	220 cm×60 cm×60 cm	架	2	
12	机柜	180 cm×60 cm×60 cm	架	12	
13	光纤配线架(含容纤盘)	24 芯,机架式	个	4	
14	光纤配线架(含容纤盘)	8 芯,机架式	个	12	
15	超 5 类配线架(含理线环)	模块式,24 口	个	48	
16	110 配线架(含背板)	100 对	个	8	
17	110 配线架(含背板)	50 对	个	12	
18	110 模块	5 对	个	240	
19	光耦合器	多模,ST	个	144	
20	工作区器材				
21	超 5 类模块(含单口面板)	RJ45	个	1 008	

20. 图纸

(1) 布线系统图

布线系统图如图 7-5 所示。

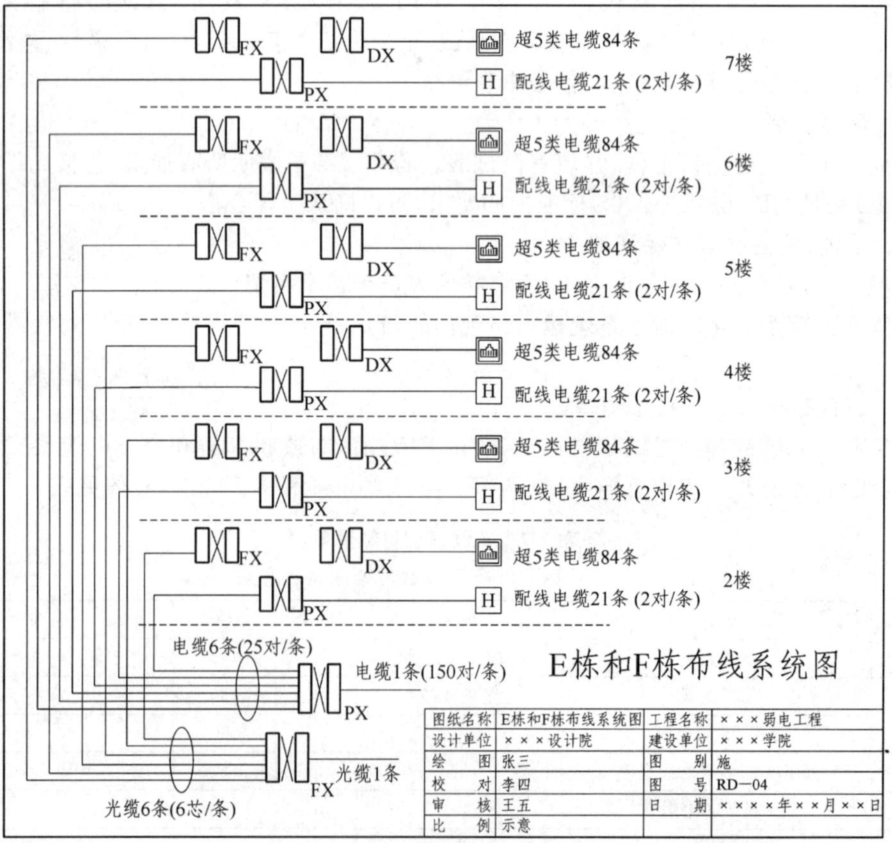

图 7-5 布线系统图

(2) 布线结构图

布线结构图如图 7-6 和图 7-7 所示。

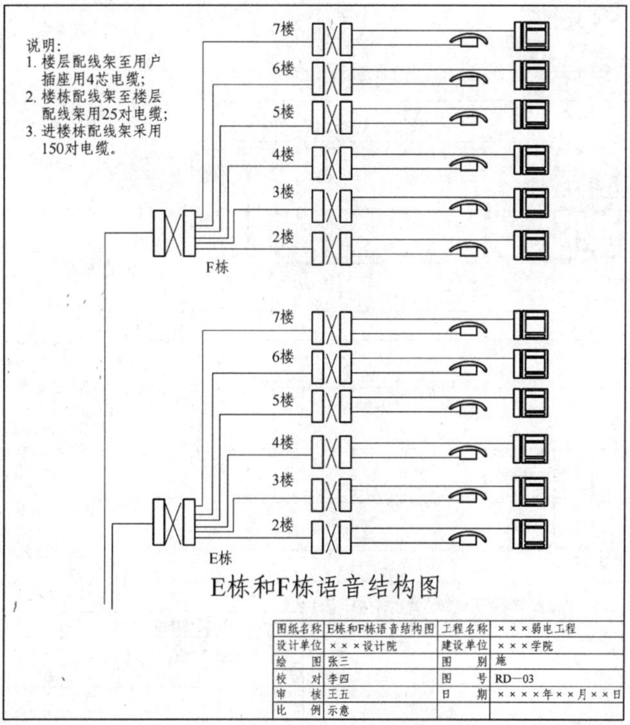

图 7-6　语音布线结构图

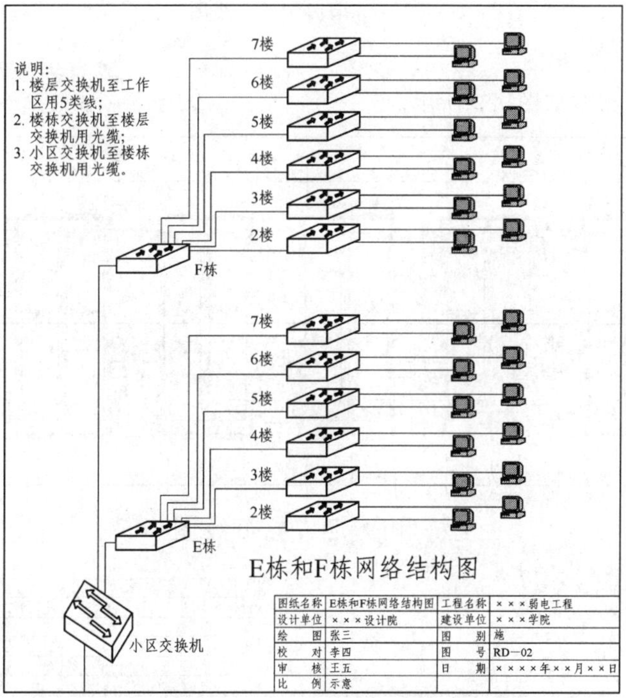

图 7-7　数据布线结构图

（3）布线路由图

布线路由图如图 7-8 所示。

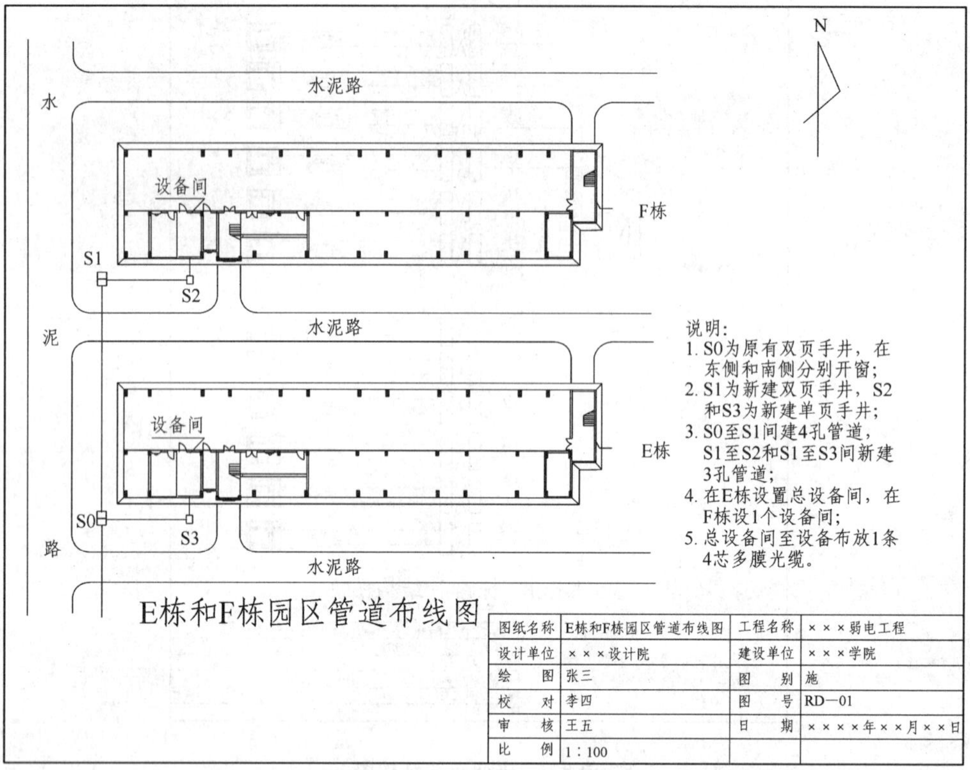

图 7-8　园区管道布线图

（4）楼层信息点分布图

楼层信息点分布图如图 7-9 所示。

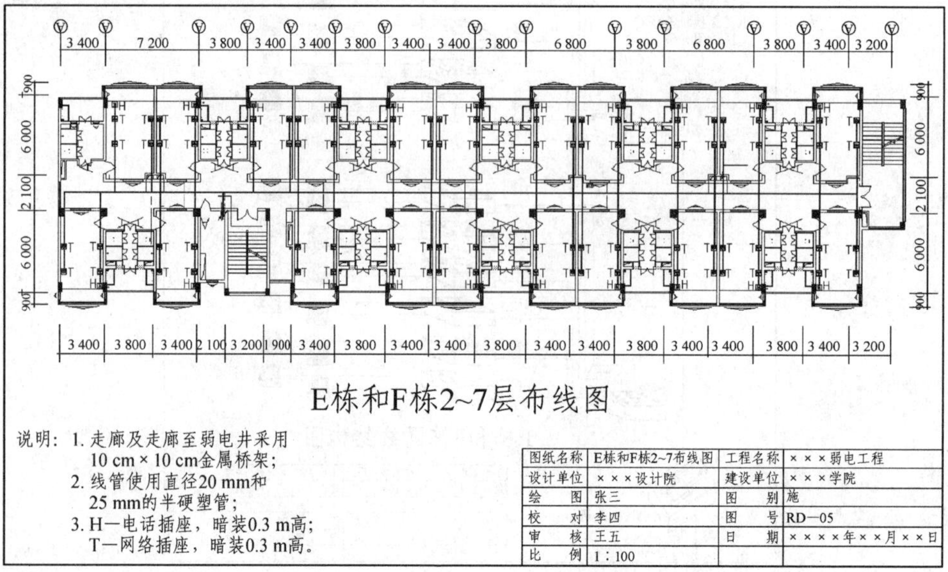

图 7-9　楼层信息点布局图

(5) 设备间、电信间平面图

设备间、电信间平面图如图 7-10 所示。

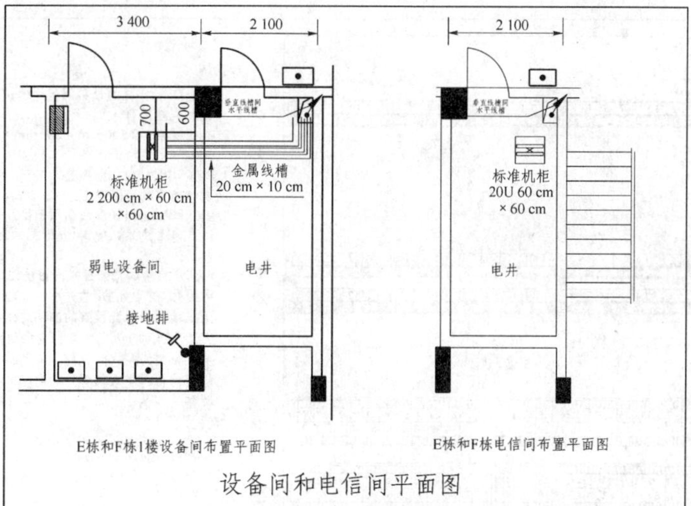

图纸名称	设备间和电信间平面图	工程名称	×××弱电工程
设计单位	×××设计院	建设单位	×××学院
绘　图	张三	图　别	施
校　对	李四	图　号	RD—08
审　核	王五	日　期	××××年××月××日
比　例	1∶100		

图 7-10　设备间、电信间平面图

(6) 电信间机柜布置和缆线成端图

电信间机柜布置和缆线成端图如图 7-11 所示。

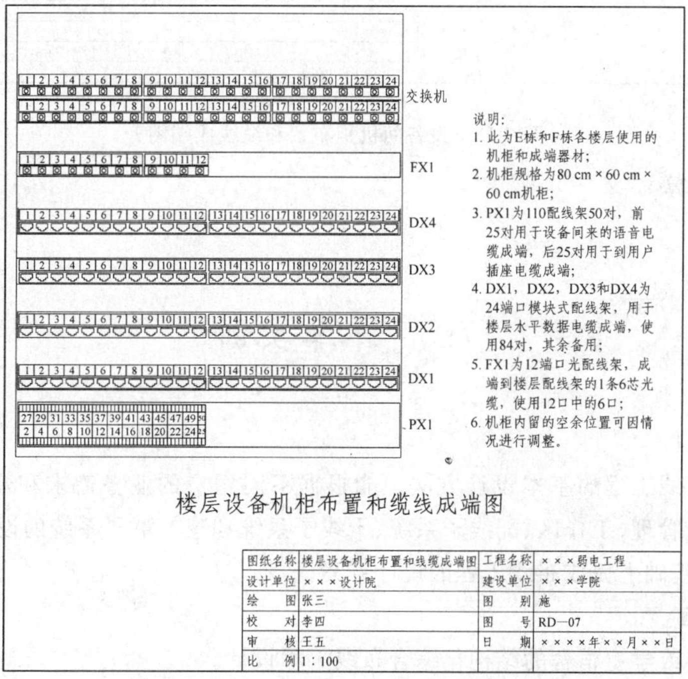

图纸名称	楼层设备机柜布置和线缆成端图	工程名称	×××弱电工程
设计单位	×××设计院	建设单位	×××学院
绘　图	张三	图　别	施
校　对	李四	图　号	RD—07
审　核	王五	日　期	××××年××月××日
比　例	1∶100		

图 7-11　电信间机柜布置和缆线成端图

(7) 设备间机柜布置和缆线成端图

设备间机柜布置和缆线成端图如图 7-12 所示。

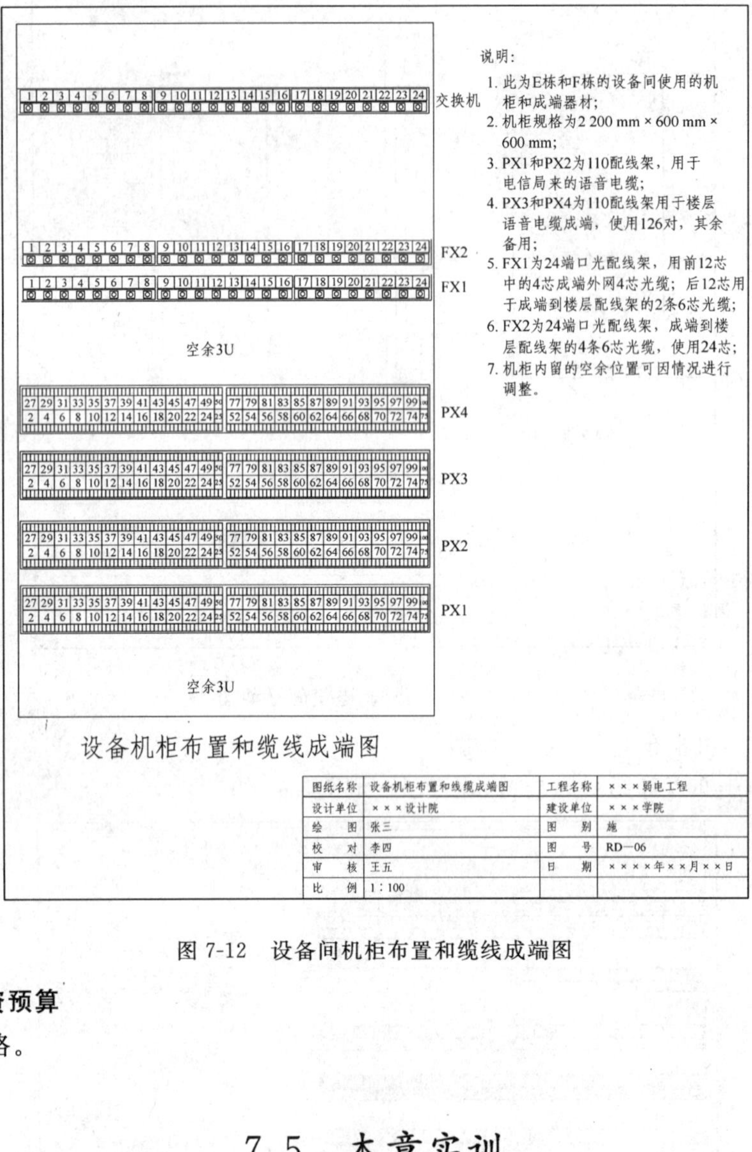

图 7-12　设备间机柜布置和缆线成端图

21. 投资预算

此项从略。

7.5　本章实训

1. 实训目的

掌握综合布线工程的基本设计方法。能根据不同用户的业务需求和建筑物的实际情况，熟悉设备间、管理、工作区、配线子系统、干线子系统和建筑群子系统的设计要求、原则和注意事项，在此基础上完成布线工程的设计方案。

2. 实训内容

完成教学楼或学生宿舍的结构化综合布线工程设计。

3. 实训步骤

1）设计依据和设计要求

(1) 了解该建筑物的概况，例如建筑物的规模、层数、结构、业务需求等；

(2) 确定信息种类和信息点的数量；

(3) 确定设备间和电信间的位置；

(4) 明确系统设计要求和设计标准。

2）确定设计方案

(1) 依据用户实际需要，结合建筑物的具体情况，确定系统有哪些范围需要设计。例如：只有一幢楼时，就不考虑建筑群子系统设计，当建筑物范围比较小时，可以考虑设备间和电信间合用一个房间。

(2) 确定工作区的设计内容

① 工作区的数量、面积、用途和建筑结构；

② 设计等级。

(3) 确定配线子系统设计

① 配线布线路由；

② 配线缆线的类型和长度；

③ 楼层配线架的数量、规格和位置，如果信息点数量较少，可以考虑是否合用一个配线架。

(4) 确定干线子系统设计

① 选择主干路由；

② 确定布线方式；

③ 考虑缆线的保护和屏蔽接地。

(5) 确定设备间和电信间设计

① 设备间位置和面积；

② 建筑物配线架位置、规格、型号和数量；

③ 确定管理方案。

(6) 确定管槽设计方案

① 根据缆线的数量，选择水平线槽类型、位置、规格和数量；

② 如有条件在垂直方向宜选择桥架敷设缆线。

(7) 确定与有关系统的配合和连接

① 与用户交换机网络系统的配合和连接。

② 与计算机网络系统的配合和连接。

3）绘制图纸

绘制综合布线工程设计的结构方案图和施工图。

4）确定布线产品

5）列出系统材料清单，确定布线工程量

6）编制综合布线工程设计文档

4. 实训总结

通过本章的实训，应掌握综合布线工程的设计步骤、设计要求、设计原则和设计内容。学会对简单建筑物的布线系统进行设计。需要强调的是，在实际设计中，应根据建筑物和用户的要求，灵活选择系统的配置、路由和设计等级。

思考与练习

一、填空题

1. 综合布线工程设计一般可以采用一阶段设计，即________，对于规模特大的情况亦可采用两阶段设计，即________和________。

2. 综合布线工程设计主要采用两种制图软件：________和________。

3. 综合布线系统结构设计主要完成布线系统的________和________设计。

4. 综合布线系统的光纤信道应采用标称波长为________和________的多模光纤及标称波长为________和________的单模光纤。

5. 在综合布线工程设计中，Excel 主要用于________。

二、选择题

1. 综合布线工程设计一般采用一阶段设计，即(　　)。

A. 方案设计　　B. 施工图设计　　C. 初步设计　　D. 概要设计

2. 用户信息需求调查的范围有两种含义，即(　　)。

A. 地理范围和空间范围　　B. 地理范围和时间范围

C. 布线范围和设计范围　　D. 设计区域范围和信息种类范围

3. 综合布线工程施工图一般应包括(　　)。

A. 网络拓扑结构图　　B. 布线系统结构图

C. 管线路由与楼层信息点平面分布图　　D. 机柜配线架信息点布局图

三、判断题

1. 布线路由设计包括配线子系统路由、干线子系统路由和建筑群子系统路由设计；进线间、设备间、电信间位置和机柜安装位置设计等。　　(　　)

2. 识图、绘图能力是综合布线工程设计与施工组织人员必备的基本功。　　(　　)

3. 布线产品是决定综合布线系统工程质量的关键因素，在综合布线系统工程设计时应尽量选用最先进的产品。　　(　　)

四、名词解释

1. 方案设计

2. 施工图设计

五、简答题

1. 试述综合布线系统工程设计步骤。

2. 用户需求调查主要包括哪些内容？

3. 试述综合布线系统产品选型原则。

第8章 综合布线工程概预算

【教学提示】

本章主要讲述综合布线工程概预算。综合布线工程概预算是综合布线工程设计文件的重要组成部分。

【重点内容】

定额及其类别、费用定额及费用构成和概预算文件的组成及编制。

【难点内容】

概预算的编制。

8.1 综合布线工程概预算定义

综合布线工程概预算和一般通信工程概预算相同。它是根据各个不同设计阶段的深度和建设内容，按照国家主管部门颁发的概预算定额，设备、材料价格，编制方法、费用定额、费用标准等有关规定，对建设项目、单项工程按实物工程量法预先计算和确定的全部费用文件。

建设项目是指按一个总体设计进行建设，经济上实行统一核算，行政上有独立的组织形式，实行统一管理的建设单位。一个建设项目一般可以包括一个或若干个单项工程。单项工程是指具有单独的设计文件，建成后能够独立发挥生产能力或效益的工程。

在我国，一般的大中型建设项目从建设前期工作到建设、投产要经过项目建议书、可行性研究、初步设计、年度计划安排、施工准备、施工图设计、施工招投标、开工报告、施工、初步验收、试运转、竣工验收、交付使用等环节。

8.2 通信建设工程定额

所谓定额，就是在一定的生产技术和劳动组织条件下，完成单位合格产品在人力、物力、财力的利用和消耗方面应当遵守的标准。它反映行业在一定时期内的生产技术和管理水平，是企业搞好经营管理的前提，也是企业组织生产、引入竞争机制的手段，是进行经济核算和贯彻"按劳分配"原则的依据。

8.2.1 定额分类

(1) 按建设工程定额反映的物质消耗内容分类，可以把建设工程定额分为劳动消耗定额、机械消耗定额和材料消耗定额三种。

劳动消耗定额简称劳动定额，是指完成一定合格产品（工程实体或劳务）所需消耗活劳动的数量标准。由于劳动定额大多采用工作时间消耗量来计算劳动消耗的数量，所以劳动定额的主要表现形式是时间定额，但同时也表现为产量定额。

材料消耗定额简称材料定额，是指完成一定合格产品所需消耗材料的数量标准。材料是指工程建设中使用的原材料、成品、半成品、构配件等。

机械消耗定额简称机械定额，是指为完成一定合格产品所需消耗的施工机械的数量标准。机械消耗定额的主要表现形式是机械时间定额，但同时也以产量定额表现。在我国，机械消耗定额主要是以一台机械工作一个工作班（8 小时）为计量单位，所以又称为机械台班定额。

(2) 按主编单位和管理权限分类，建设工程定额可以分为行业定额、地区性定额、企业定额和临时定额 4 种。

行业定额，是各行业主管部门根据其行业工程技术特点以及施工生产和管理水平编制的、在本行业范围内使用的定额，如矿井建设工程定额、通信建设工程定额。

地区性定额（包括省、自治区、直辖市定额），是指地区主管部门考虑本地区特点而编制的，在本地区范围内使用的定额。

企业定额，是施工企业根据本企业具体情况，参照行业或地区性定额的水平编制的定额。只在本企业内部使用，是企业素质的一个标志。企业定额水平一般应高于行业或地区现行施工定额，才能满足生产技术发展、企业管理和市场竞争的需要。

临时定额，是指随着设计、施工技术的发展，在现行各种定额不能满足需要的情况下，为了补充缺项由设计单位会同建设单位所编制的定额。临时定额只能一次性使用，并需向有关定额管理部门报备，作为修补定额的基础资料。

(3) 按定额的编制程序和用途分类，可以把建设工程定额分为施工定额、预算定额、概算定额、投资估算指标和工期定额 5 种。

施工定额，是施工单位直接用于施工管理的一种定额。是编制施工作业计划、施工预算、计算工料、向班组下达任务书的依据。

预算定额，是编制预算时使用的定额。是确定一定计量单位的分部分项工程或结构构件的人工（以工日来度量）、机械（以台班来度量）和材料的消耗数量标准。每一项分部分项工程的定额都规定有工作内容，以便确定该项定额的适用对象，而定额本身则规定有人工工日数、各种材料的消耗量和机械台班数量等 3 方面的实物指标。

概算定额，是编制概算时使用的定额。是确定一定计量单位扩大分部分项工程或结构构件的工、料和机械台班消耗量的标准。其内容和预算定额相似，但项目划分较粗，没有预算定额的准确性高。

投资估算指标，是在项目建议书可行性研究阶段编制投资估算、计算投资需要量时使用的一种定额。往往以独立的单项工程或完整的工程项目为计算对象。其编制基础离不开预算定额、概算定额。

工期定额，是为各类工程规定施工期限的定额天数。包括建设工期定额和施工工期定额两个层次。建设工期是指建设项目或独立的单项工程在建设过程中所耗用的时间总量，是从开工建设时起，到全部建成投产或交付使用为止所经历的时间。施工工期一般是指单项工程从开工到完工所经历的时间。

8.2.2　预算定额和概算定额

1. 预算定额的作用

(1) 预算定额是编制施工图预算,确定和控制建筑安装工程造价的计价基础;

(2) 预算定额是落实和调整年度建设计划,对设计方案进行技术经济比较、分析的依据;

(3) 预算定额是施工企业进行经济活动分析的依据;

(4) 预算定额是编制标底、投标报价的基础;

(5) 预算定额是编制概算定额和概算指标的基础。

2. 预算定额编制的原则及方法

(1) 贯彻国家有关政策精神,结合行业特点认真调查研究、细算粗编,坚持实事求是,做到科学、合理、便于操作和维护。

(2) 贯彻执行"控制量"、"量价分离"、"技普分开"的原则。

① 控制量是指预算定额中的人工、主材、机械台班消耗量是法定的,任何单位和个人不得擅自调整。

② 量价分离是指预算定额中只反映人工、主材、机械台班的消耗量,而不反映其单价。单价由主管部门或造价管理归口单位另行发布。

③ 技普分开是指为了适应社会主义市场经济和通信建设工程的实际需要取消综合工。凡是由技工操作的工序内容均按技工计取工日,凡是由非技工操作的工序内容均按普工计取工日(军民共建通信工程中的普工,均按成建制普工计取工日)。

对于设备安装工程均按技工计取工日(即普工为零)。

通信线路(或通信管道)工程按上述相关要求分别计取技工工日、普工(或成建制普工)工日。

(3) 预算定额子目编号规则。

定额子目编号由三部分组成,第一部分为汉语拼音缩写(字母),表示预算定额的名称;第二部分为一位阿拉伯数字,表示定额子目所在章的章号;第三部分为三位阿拉伯数字,表示定额子目在章内的序号。

例如:① DSX——×××,表示电信设备安装工程预算定额×章×××子目序号。

② TXX——×××,表示通信线路工程预算定额×章×××子目序号。

③ YZX——×××,表示邮政设备安装工程预算定额×章×××子目序号。

(4) 预算定额子目中的人工工日及消耗量的确定。

预算定额中的人工消耗量是指完成定额规定计量单位所需要的全部工序的用工量,一般应包括基本用工、辅助用工和其他用工。

① 基本用工

由于预算定额是综合性的定额,每个分部、分项定额都综合了数个工序内容,各种工序用工工效应根据施工定额逐项计算,因此,完成定额单位产品的基本用工量包括分项工程中主体工程的用工量和附属于主体工程的各项工程的加工量,是构成预算定额人工消耗指标的主要组成部分。一般应按劳动定额的时间定额乘以该工序的工程量计算确定。即:

$$L_{基} = \sum (I \times t)$$

式中:$L_{基}$ 为定额项目基本用工;I 为工序工程量;t 为时间定额。

② 辅助用工

辅助用工是指劳动定额未包括的工序的用工量,包括施工现场某些材料临时加工用工和排除一般障碍、维持必要的现场安全用工等，是施工生产不可缺少的用工，应以辅助用工的形式列入预算定额。

施工现场临时材料加工用工量计算，一般是按加工材料的数量乘以相应时间定额确定的。

③ 其他用工

其他用工是指劳动定额中未包括而在正常施工条件下必然发生的零星用工量，是预算定额的必要组成部分，编制预算定额时必须计算。内容包括：

- 在正常施工条件下各工序间的搭接和工种间的交叉配合所需的停歇时间；
- 施工机械在单位工程之间转移及临时水电线路在施工过程中移动所发生的不可避免的工作停歇；
- 工程质量检查与隐蔽工程验收而影响工人操作的时间；
- 场内单位工程之间操作地点的转移，影响工人操作的时间，施工过程中工种之间交叉作业的时间；
- 施工中细小的难以测定的不可避免的工序和零星用工所需的时间等。

其他用工一般按预算定额的基本用工量和辅助用工量之和的10%计算。

(5) 预算定额子目中的主要材料及消耗量的确定

主要材料是指在建筑安装工程中或产品构成中形成产品实体的各种材料。

主要材料消耗量是根据编制预算定额时选定的有关图纸、测定的综合工程量数据、主要材料消耗定额、科学实验资料、有关理论计算公式等逐项综合计算得出的。计算公式是：

$$Q = W + \sum r$$

式中：Q 为完成某工程量的主要材料消耗定额(实用量)；W 为完成某工程量实体所需主要材料净用量；$\sum r$ 为完成某工程量最低损耗情况下各种损耗量之和。

① 主要材料净用量

指不包括施工现场运输和操作损耗，完成每一定额计量单位产品所需某种材料的用量。

② 主要材料损耗量

a. 施工过程中多次周转使用的材料，每次施工完成之后还可以再次使用，但在每次用过之后必然发生一定的损耗，经过若干次使用之后，此种材料报废或仅剩残值，这种材料就要以一定的摊销量分摊到部分分项工程预算定额中，通常称为周转性材料摊销量。

例如：管道沟挡土板所用木材，一般按周转10次摊销。在预算定额编制过程中，对周转性材料应严格控制周转次数，以促进施工企业合理使用材料，充分发挥周转性材料的潜力，减少材料损耗，降低工程成本。

预算定额的一次摊销材料量的计算公式如下：

$$R=[Q\cdot(1+P)]/N$$

式中：R 为周转性材料的定额摊销量；Q 为周转性材料分项工程一次施工需用量；P 为材料损耗率；N 为规定材料在施工中所需周转次数。

b. 主要材料损耗率

主要材料损耗率是指材料在施工现场运输和生产操作过程中不可避免的合理损耗量，要根据材料净用量和相应的材料损耗率计算。

完成每一定额计量单位产品材料损耗量的计算公式是：

$$P = \sum r/W$$

式中：P 为材料损耗率；W 为净用量；r 为损耗量。

(6) 预算定额子目中的施工机械台班消耗量的确定

通信工程中凡是可以计取台班的施工机械，定额子目中均给定了台班消耗量。计算公式为：

$$施工机械台班消耗量=1/每台班产量$$

例如，用一辆 5 吨汽车起重吊车，立 9 米水泥杆，每台班产量为 25 根，则每根所需台班消耗量为：

$$1/25=0.04\ 台班$$

(7) 现行通信建设工程预算定额的构成

现行《通信建设工程预算定额》(共三册)由总说明、册说明、章节说明、定额项目表和附录构成。

① 总说明

总说明不仅阐述定额的编制原则、指导思想、编制依据和实用范围，同时还说明编制定额时已经考虑和没有考虑的各项因素以及有关规定和使用方法等。部分主要条目如下。

a. 通信建设工程预算定额包括第一册电信设备安装工程、第二册通信线路工程和第三册邮政设备安装工程共三册。

b. 本定额适用于新建、扩建工程，改建工程可参照使用。用于扩建、拆除工程时应按有关分册章节说明执行。

c. 高原地区施工时，本定额人工工日、机械台班量乘以表 8-1 中的系数。

表 8-1　高原地区调整系数表

海拔高度/m		2 000 m 以上	3 000 m 以上	4 000 m 以上
调整系数	人工	1.13	1.25	1.37
	机械	1.29	1.54	1.84

d. 原始森林地区(室外)及沼泽地区施工时人工工日、机械台班乘以系数 1.3。

e. 非固定沙漠地带，进行室外施工时，人工工日乘以系数 1.10。

② 册说明

册说明阐述该册的内容、编制基础和使用该册应注意的问题及有关规定等。第二册通信线路工程册说明的部分主要条目如下。

a.《通信线路工程》预算定额主要适用于通信管道、长途通信光缆线路、海底通信光缆线路、市内通信光(电)缆线路的新建工程。当用于扩建工程时，其扩建部分的工日定额乘以系数 1.10；用于拆除工程时，按下列说明执行。

拆除光、电缆，各种钢管及铁件，线路设备等，通信线路工程预算定额中有规定的，按规定执行，没有规定的按下述规定执行：

拆除再使用——拆除工日及台班定额按相应新建工程定额工日及台班量的 60% 计取。拆除的器材应符合入库要求。

拆除不再使用——拆除工日及台班定额按相应新建工程定额工日及台班量的 30% 计取。

b. 市话通信线路工程，当工程规模较小时，以总工日为基数按下列规定系数进行调整。

(a) 工程总工日在 100 工日以下时，增加 15%。

(b) 工程总工日在 250 工日以下时，增加 10%。

③ 章节说明

章节说明主要说明分部、分项工程的工作内容，工程量计算方法和本章节有关规定，计量单位，起迄范围，应扣除和应增加的部分等。第二册《通信线路工程》中第八章的通信线路工程预算定额的补充定额规定，建筑群子系统架空、管道、直埋、墙壁及暗管敷设光、电缆工程，应执行现行通信线路工程预算定额的相关子目定额。第一册《电信设备安装工程》中第三章章说明为：

第三章　布放设备电缆及导线

说　明

一、本章适用于通信设备之间布放电缆、导线和跳线。

二、布放电缆和导线只适用于在电缆走道、槽道及机房内地槽中。

三、中间配线架塑料跳线长度计算见表 8-2。

表 8-2　中间配线架塑料跳线长度计算表

项　目	单　位	架　数									
中间配线架	架	1	2	3	4	5	6	7	8	9	10
100 条跳线长	m	190	220	250	280	310	340	370	400	430	460

④ 定额项目表

定额项目表是预算定额的主要内容，项目表列出了分部分工程所需的人工、主材、机械台班的消耗量。例如，第二册通信线路工程中第八章第一节的定额项目表见表 8-3。

表 8-3　第二册《通信线路工程》中第八章第一节的定额项目表

第一节　综合布线设备安装

一、敷设管路

工作内容：1. 敷设钢管：管材检查、配管、锉管内口、敷管、固定、试通、接地、伸缩及沉降处理、做标记等。

2. 敷设硬质 PVC 管：管材检查、配管、锉管内口、敷管、固定、试通、做标记等。

3. 敷设金属软管：管材检查、配管、敷管、连接接头、做标记等。

定额编号			TX8-001	TX8-002	TX8-003	TX8-004	TX8-005
项目			敷设钢管/100 m		敷设硬质 PVC 管/100 m		敷设金属软管/根
			Φ25 mm 以下	Φ50 mm 以下	Φ25 mm 以下	Φ50 mm 以下	
名称		单位	数　量				
人工	技工	工日	2.63	3.95	1.76	2.64	-
	普工	工日	10.52	15.78	8.04	10.56	0.40
主要材料	钢管	m	103.00	103.00	-	-	-
	硬质 PVC 管	m	-	-	105.00	105.00	-
	金属软管	m	-	-	-	-	*
	配件	套	*	*	*	*	*
机械	交流电焊机(21 kV·A 以内)	台班	0.60	0.90	-	-	-

(8) 定额项目的选用原则

在选用预算定额项目时要注意以下几点。

① 设计概预算的计价单位划分应与定额规定的项目内容相对应，才能直接套用。定额数量的换算，应按定额规定的系数调整。

② 编制预算定额时，为了保证预算价值的精确性，对许多定额项目，采用了扩大计量单位的办法。如：挖填光电缆沟及接头坑，以 100 m^3 为单位，在使用定额时必须注意计量单位的规定，避免出现小数点定位的错误。

③ 定额中的项目划分是根据分项工程对象和工种的不同、材料品种不同、机械的类型不同而划分的，套用时要注意工艺、规格的一致性。

④ 注意定额项目表下的注释，因为注释说明了人工、主材、机械台班消耗量的使用条件和增减的规定。

3. 概算定额的作用

(1) 概算定额是初步设计阶段编制建设项目概算和技术设计阶段编制修正概算的依据；

(2) 概算定额是设计方案比较的依据；

(3) 概算定额是编制主要材料需要量的计算基础。便于在施工图设计之前提出供货计划，为材料的采购、供应做好准备；

(4) 概算定额是编制概算指标和投资估算指标的依据；

(5) 概算定额是工程招标承包制中，对已完工工程进行价款结算的主要依据。

4. 概算定额的编制原则和依据

(1) 概算定额的编制原则

概算定额应贯彻社会平均水平和简明实用的原则。由于概算定额和预算定额都是工程计价的依据，所以应符合价值规律和反映现阶段生产力水平。在概预算定额水平之间应保留必要的幅度差，并在概算定额的编制过程中严格控制。为了满足事先确定造价，控制项目投资，概算定额要尽量不留活口或少留活口。

(2) 概算定额的编制依据

① 现行的设计标准规范；

② 现行建筑和安装工程预算定额；

③ 国务院各有关部门和各省、自治区、直辖市批准颁发的标准设计图集和有代表性的设计图纸等；

④ 现行的概算定额及其编制资料；

⑤ 编制期人工工资标准、材料预算价格和机械台班费用等。

8.3 通信建设工程费用定额

费用定额是指工程建设过程中各项费用的计取标准。通信建设工程费用定额依据通信建设工程的特点，对其费用构成、定额及计算规则进行了相应的规定。

通信建设工程项目总费用由各单项工程总费用构成，如图 8-1 所示。

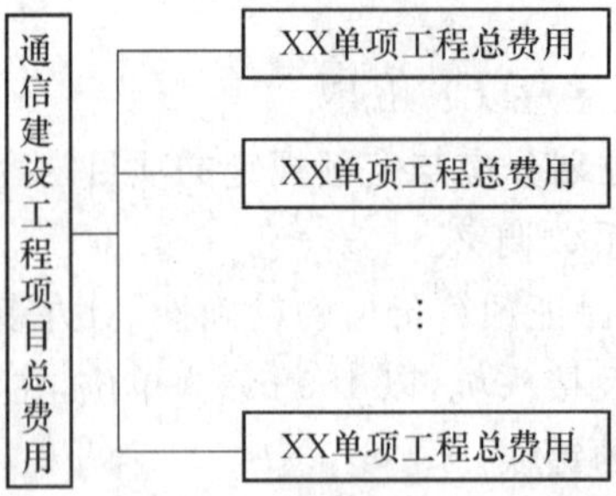

图 8-1　通信建设工程项目总费用构成

8.3.1　建筑安装工程费用内容、相关定额及计算规则

建筑安装工程费由直接工程费、间接费、计划利润和税金组成。其中直接工程费又由直接费、其他直接费和现场经费构成。

1. 直接工程费

(1) 直接费

直接费是指施工过程中耗用的构成工程实体和有助于工程实体形成的各项费用，包括人工费、材料费和机械使用费。

① 人工费

人工费是指为直接从事建筑安装工程施工的生产人员开支的各项费用。内容包括：基本工资(岗位工资和技能工资)、工资性补贴(物价、煤、气、交通和住房补贴)、辅助工资(培训和假期工资等)、职工福利费和劳动保护费(劳动保护用品的购置费和修理费、防暑降温)等。其标准及计算规则为：

通信建设工程不分专业和地区工资类别，综合取定每日人工费标准：一、二级施工企业技工为 24.00 元；三、四级施工企业技工费标准为一、二级施工企业技工费的 70%。一、二、三、四级企业普工及成建制普工为 11.00 元。计算公式如下。

概(预)算人工费＝技工费＋普工费

概(预)算技工费＝技工单价×概(预)算技工总工日

概(预)算普工费＝普工单价×概(预)算普工总工日

② 材料费

材料费是指施工过程中耗用的构成工程实体的原材料、辅助材料、构配件、零件、半成品的费用和周转使用材料的摊销(或租赁)费用。材料费计费标准及计算规则如下：

材料费＝主要材料费＋辅助材料费

主要材料费＝材料原价＋供销部门手续费＋包装费＋运杂费＋采购及保管费＋运输保险费

辅助材料费＝主要材料费×辅助材料费系数

式中：

- 材料原价——指出厂价格或指定的交货地点的价格。
- 供销部门手续费——指供销部门筹供器材所发生的手续费。为材料原价×供销部门手续费费率 1.8%。
- 包装费——指需要再包装方能转运的器材包装时发生的费用。应根据具体情况按实计算。

- 运杂费——指器材自发货地点至工地集配点或装机地点的运输、装卸、搬运所发生的费用(这中间包括火车、汽车、水上等各种运输工具和人力搬运装卸的一切费用)。为器材原价×器材运杂费费率,见表 8-4。
- 采购及保管费——指在组织采购、供应、运屯和保管过程中所发生的费用。为材料原价×采购及保管费费率,见表 8-5。
- 运输保险费——指器材经国内运输部门运输时发生的保险费用。为材料、器材原价×保险费费率 0.1%

表 8-4　器材运杂费费率表(单位为%)

运距/km	光缆	电缆	钢材及其他	塑料及塑料制品	木材及木制品	水泥及水泥制品
100 以下	1.0	1.5	3.6	4.3	8.4	18.0
101～200	1.1	1.7	4.0	4.8	9.4	20.0
201～300	1.2	1.9	4.5	5.4	10.5	23.0
301～400	1.3	2.1	4.8	5.8	11.5	24.5
401～500	1.4	2.4	5.4	6.5	12.5	28.0
501～750	1.7	2.6	6.3		14.7	
751～1 000	1.9	3.0	8.2		16.8	—
1 001～1 250	2.2	3.4	8.1		18.9	
1 251～1 500	2.4	3.8	9.0	—	21.0	
1 501～1 750	2.6	4.0	9.6	—	22.4	
1 751～2 000	2.8	4.3	10.2		23.8	
2 000 km 以上每增 250 km 增加	0.2	0.3	0.6		1.5	

注:a. 编制概算时,光缆、电缆、钢材及其他、木材及木制品的运输距离按 1 500 km 计算;水泥及水泥制品、塑料及塑料制品的运输距离按 500 km 计算。

b. 编制预算时,按主要器材的实际平均运距计算(工程中所需器材品种很多,在编制预算时不可能都知道所有器材实际运距,运距只能按其中占比例较大的、价值较高的器材运距计算)。

表 8-5　材料采购及保管费费率表

名称	计算基础	费率(%)
通信设备安装工程	材料原价	1.0
通信线路工程	材料原价	1.0
通信管道工程	材料原价	2.8

- 辅助材料费系数

a. 通信线路工程、通信管道工程辅助材料费系数为 0.8%;

b. 通信设备安装工程中电信设备安装工程采用国产设备的,辅助材料费系数为 5%。

引进设备工程辅助材料费按国内主要材料费为基数乘以5%加上以国外主要材料费为基数乘以0.1%之和计算。

③ 机械使用费

机械使用费是指使用施工机械作业所发生的机械使用费以及机械安、拆和进、出场费用。计算规则为：

概(预)算机械台班量＝定额×台班量×工程量

机械使用费＝机械台班单价×概(预)算机械台班量

(2) 其他直接费

其他直接费是指直接费以外施工过程中发生的费用，包括冬雨季施工增加费、夜间施工增加费、工程干扰费、特殊地区施工增加费、新技术培训费、仪器仪表使用费、生产工具用具使用费、工程车辆使用费、工地器材搬运费、流动施工津贴、人工费差价、工程点交场地清理费、施工用水电蒸气费等。

① 冬雨季施工增加费

指在冬雨季施工时所采取的防冻、保温、防雨安全措施及工效降低所增加的费用。此费用标准按常年摊销综合取定，不分地区、不分季节均按规定计列。计费标准和计算规则为：

冬雨季施工增加费＝概(预)算人工费×冬雨季施工增加费费率6%

此项费用只限于通信线路工程、通信管道工程、工矿线路工程、通信设备安装工程中的天线、馈线安装工程。

② 夜间施工增加费

指在夜间施工时所采用的措施(包括照明设施的搭设、维修、拆除和摊销费用)、夜餐补助和工效降低所增加的费用。通信设备安装工程和通信管道、市话线路及工矿线路工程可取此费。计费标准和计算规则为：

夜间施工增加费＝概(预)算人工费×夜间施工增加费费率4%

③ 工程干扰费

指在市区施工的线路、管道工程由于受交通干扰、园林绿化、人流密集、市政配合、输电线等影响所采取的安全措施及降效补偿费用。通信管道、市话线路及工矿线路工程可取此费。计费标准和计算规则为：

工程干扰费＝概(预)算人工费×工程干扰费费率10%

④ 特殊地区施工增加费

指通信工程在原始森林地区、海拔2 000 m以上的高原地区、化工区、核污染地区、沙漠地区、山区无人值守微波站等特殊地区施工时所增加的费用。计费标准和计算规则为：

特殊地区施工增加费＝(技工工日＋普工工日)×1.6元/工日

施工地点同时存在两种及以上情况的只能计算一次，不得重复计列。

⑤ 新技术培训费

指为特定的新技术工程施工企业培训施工人员所发生的费用。计费标准和计算规则为：

新技术培训费＝概（预）算技工费×新技术培训费费率 1％

新技术培训费需经建设主管部门同意方可计列。

⑥ 仪器仪表使用费

指通信工程中使用的属于固定资产的仪器仪表费用的摊销和维护费用。通信线路工程仪器仪表使用费标准见表 8-6。

表 8-6　通信线路工程仪器仪表使用费标准表

名　称		计算基础	计费标准
市话及工矿线路工程		技工费	4％
长途光缆线路工程	光缆纤芯 24 芯以下	芯公里	11 元
	光缆纤芯 24 芯以上	芯公里	9 元

⑦ 生产工具用具使用费

指施工所需的不属于固定资产的工具用具等的购置、摊销、维修费。此费用不分专业一律计列。计费标准和计算规则为：

生产工具用具使用费＝技工费×12％＋普工费×2％

⑧ 工程车辆使用费

指通信工程施工中发生的机动车车辆使用费。包括生活用车、接送工用车和其他零星用车，不含直接生产用车。直接生产用车包括在机械使用费和工地器材搬运费中。计费标准和计算规则为：

工程车辆使用费＝计算基础×工程车辆使用费费率

工程车辆使用费费率见表 8-7。

表 8-7　工程车辆使用费费率表

名　称	计算基础	费率（％）
微波通信设备安装工程 市话线路、工矿线路工程 移动通信工程、通信管道工程	技工费	13
长途线路工程（直埋光、电缆，架空线路）	技工费	13
	成建制普工费	13
	普工费	3

⑨ 工地器材搬运费

指通信线路工程施工中由工地集配点至施工现场之间的材料搬运所发生的费用。计费标准和计算规则为：

工地器材搬运费＝概（预）算技工费×工地器材搬运费费率

工地器材搬运费费率见表 8-8。

表 8-8 工地器材搬运费费率表

名称	计算基础	费率(%)
市话线路、工矿线路、长途架空线路工程	技工费	12
长途光、电缆(直埋)线路工程	技工费	7
通信管道工程	技工费	5

⑩ 流动施工津贴

指施工单位流动施工期间技工、成建制普工的津贴及部分特殊地区的长途光缆线路工程中非成建制普工津贴。计费标准和计算规则为：

技工流动施工津贴＝4.8 元/工日(即流动施工津贴标准)×技工总工日

成建制普工流动施工津贴＝4.8 元/工日×成建制普工总工日

特殊地区省际光缆线路工程的计费标准和计算规则为：

普工流动施工津贴＝3.2 元/工日×非成建制普工总工日

⑪ 人工费差价

指由于国家政策性调整产生的属于工资性的差价和地区性津贴。计费标准和计算规则为：

技工费差价＝8.80 元/工日(即技工费差价单价)×技工总工日

普工、成建制普工费差价＝4.00 元/工日(即普工、成建制普工费差价单价)×普工总工日

⑫ 工程点交、场地清理费

指按规定编制竣工图及资料、工程点交、施工场地清理等发生的费用。计费标准和计算规则为：

工程点交、场地清理费＝概(预)算技工费×工程点交、场地清理费费率

工程点交、场地清理费费率见表 8-9。

表 8-9 工程点交、场地清理费费率表

名称	计算基础	费率(%)
通信设备安装工程	技工费	6
通信管道、市话线路及工矿线路工程	技工费	6
长途线路工程(直理光、电缆,架空线路)	技工费	8

⑬ 施工用水电蒸气费

指施工生产过程中使用水、电、蒸气所发生的费用。计费标准和计算规则为：

在编制概预算时,有规定的按规定计算;无规定的根据工程具体情况计算;如果建设单位无偿提供水电蒸气的则不应计列此项费用。

(3) 现场经费

指施工企业在现场组织施工生产和管理所需费用,包括临时设施费和现场管理费。

① 临时设施费

指施工企业为进行建筑安装工程施工所需的生产和生活用的临时建筑物和其他临时设施的费用,包括临时设施的搭设、维修、拆除费和摊销费。计费标准和计算规则为：

临时设施费＝计算基础×临时设施费费率

临时设施费费率见表 8-10。

表 8-10　临时设施费费率表

<table>
<tr><th rowspan="2">名称</th><th rowspan="2">计算基础</th><th colspan="2">工程距施工企业基地</th></tr>
<tr><th>26 km 以内</th><th>26 km 以外</th></tr>
<tr><td>通信设备安装工程</td><td>技工费</td><td>11%</td><td>22%</td></tr>
<tr><td rowspan="2">市话线路工程
工矿线路工程</td><td>技工费</td><td>11%</td><td>22%</td></tr>
<tr><td>普工费</td><td>5%</td><td>10%</td></tr>
<tr><td rowspan="2">通信管道工程</td><td>技工费</td><td>9%</td><td>17%</td></tr>
<tr><td>普工费</td><td>5%</td><td>10%</td></tr>
<tr><td rowspan="3">长途线路工程
(直埋光、电缆,架空线路)</td><td>技工费</td><td>10%</td><td>20%</td></tr>
<tr><td>成建制普工费</td><td>10%</td><td>20%</td></tr>
<tr><td>普工费</td><td>2%</td><td>4%</td></tr>
</table>

注:如果建设单位无偿提供临时设施则不计此项费用。

② 现场管理费

指施工企业在施工现场为组织和管理工程施工所需的费用。计费标准和计算规则为:

现场管理费＝计算基础×现场管理费费率

现场管理费费率见表 8-11。

表 8-11　现场管理费费率表

<table>
<tr><th rowspan="2" colspan="2">名称</th><th rowspan="2">计算基础</th><th colspan="4">费率(%)</th></tr>
<tr><th>一类工程</th><th>二类工程</th><th>三类工程</th><th>四类工程</th></tr>
<tr><td rowspan="2">通信设备安装工程</td><td>电信设备</td><td>技工费</td><td>40</td><td>37</td><td>34</td><td>30</td></tr>
<tr><td>邮政设备</td><td>技工费</td><td>34</td><td>32</td><td>30</td><td>28</td></tr>
<tr><td rowspan="2" colspan="2">市话线路工程
工矿线路工程
通信管道工程</td><td>技工费</td><td>40</td><td>37</td><td>34</td><td>32</td></tr>
<tr><td>普工费</td><td>37</td><td>34</td><td>32</td><td>30</td></tr>
<tr><td rowspan="3" colspan="2">长途线路工程
(直埋光、电缆,架空线路)</td><td>技工费</td><td>47</td><td>43</td><td>40</td><td>37</td></tr>
<tr><td>成建制普工费</td><td>43</td><td>40</td><td>37</td><td>34</td></tr>
<tr><td>普工费</td><td>43</td><td>40</td><td>37</td><td>34</td></tr>
</table>

注:工程类别的划分按原邮电部[1995]945 号文有关规定执行。

2. 间接费

间接费由企业管理费和财务费构成。

(1) 企业管理费

指施工企业为组织施工生产经营活动所发生的管理费用。计费标准和计算规则为:

企业管理费＝概(预)算技工费×企业管理费费率

企业管理费费率见表 8-12。

表 8-12　企业管理费费率表

名称		计算基础	费率(%)			
			一类工程	二类工程	三类工程	四类工程
通信设备安装工程	电信设备	技工费	66	59	53	48
	邮政设备	技工费	48	44	40	38
市话线路工程 工矿线路工程 通信管道工程		技工费	66	59	53	48
长途线路工程 (直埋光、电缆,架空线路)		技工费	84	74	66	59

(2) 财务费

指企业为筹集资金而发生的各项费用,包括企业经营期间发生的短期贷款利息净支出、汇兑净损失、调剂外汇手续费、金融机构手续费,以及企业筹集资金发生的其他财务费用。计费标准和计算规则为:

财务费＝概(预)算技工费×财务费费率

财务费费率见表 8-13。

表 8-13　财务费费率表

名称		计算基础	费率(%)			
			一类工程	二类工程	三类工程	四类工程
通信设备安装工程	电信设备	技工费	6.5	5.5		
	邮政设备	技工费	3.9	3.3		
市话线路工程 工矿线路工程 通信管道工程		技工费	8.4	6.3		
长途线路工程 (直埋光、电缆,架空线路)		技工费	8.4	6.3		

3. 计划利润

计划利润是指为维护国家和企业的利益按规定应计入建筑安装工程造价的利润。依据工程类别实行差别利润率。计费标准和计算规则为:

计划利润＝概(预)算人工费×计划利润率

计划利润率见表 8-14。

表 8-14　计划利润率表

名称		计算基础	利润率/%			
			一类工程	二类工程	三类工程	四类工程
各种通信工程	人工费	60	55	35	30	

注:军民共建时,成建制普工不计取计划利润。

4. 税金

税金指按国家税法规定应计入建筑安装工程造价内的营业税、城市维护建设税及教育费附加。计费标准和计算规则为：

税金＝营业税＋城市维护建设税＋教育费附加

＝(直接工程费＋间接费＋计划利润)×税率 3.41%

8.3.2　通信设备、工器具购置费用内容、相关定额及计算规则

设备、工器具购置费是指根据设计提出的设备、工器具(包括必须的备品备件)清单，按设备原价、供销部门手续费、包装费、运杂费、采购及保管费、保险费计算的费用。

设备、工器具购置费用是由需要安装设备购置费和不需要安装设备、工器具、维护用工器具仪表购置费组成。计费标准和计算规则为：

设备、工器具购置费＝设备、工器具原价＋供销部门手续费＋包装费＋运杂费＋采购及保管费＋运输保险费

其中：

(1) 设备、工器具原价指国产设备制造厂的交货价；进口设备的到岸价。

(2) 供销部门手续费＝设备、工器具原价×供销部门手续费费率(供销部门手续费费率按两级中转的为 1.5%；不需中转的为 1%)

(3) 运杂费＝设备、工器具原价×设备、工器具运杂费费率

设备、工器具运杂费费率见表 8-15。

表 8-15　设备、工器具运杂费费率表

运输里程/km	取费基础	费率(%)	运输里程/km	取费基础	费率(%)
100 以内	设备原价	0.8	1 250 以内	设备原价	2.0
200 以内	设备原价	0.9	1 500 以内	设备原价	2.2
300 以内	设备原价	1.0	1 750 以内	设备原价	2.4
400 以内	设备原价	1.1	2 000 以内	设备原价	2.6
500 以内	设备原价	1.2	2 000 以上 每增 250 增加	设备原价	0.1
750 以内	设备原价	1.5			
1 000 以内	设备原价	1.7			

(4) 运输保险费＝设备、工器具原价×保险费费率 0.4%；

(5) 采购及保管费＝设备、工器具原价×采购及保管费费率(采购及保管费费率，需要安装的设备为 0.5%；不需要安装的设备、仪表、工器具为 0.25%)。

维护用工器具、仪表等不需安装的设备费用，根据有关规定不纳入建设成本，按运营费处理。

8.3.3　工程建设其他费用内容、相关定额及计算规则

通信建设工程其他费用系指根据有关规定应在固定资产投资中支付并列入建设项目总

概预算或单项工程概预算的，除工程费和预备费之外的费用。包括建设用地和综合赔补费、研究试验费、勘察设计费、生产准备费、引进技术及进口设备其他费、供电贴费、施工队伍调遣费、大型施工机械调遣费、定额编制管理费、工程质量监督费、建设期投资货款利息、建设单位管理费、工程监理费、运土费、其他费用等。

(1) 建设用地及综合赔补费

建设用地及综合赔补费指建设用地所发生的征地费及安置补助、青苗、道路、树木、坟墓、鱼塘、地面建筑物及构筑物等的赔补费。计费标准和计算规则为：

根据地方政府的规定，结合工程勘察具体情况计列。

(2) 研究试验费

研究试验费指为本建设项目提供或验证设计参数、数据等进行必要的实验所需费用。包括自行或委托其他部门研究试验费，支付的科技成果、先进技术的一次性技术转让费等。计费标准和计算规则为：

研究试验费由设计单位根据建设项目实验验证的内容和要求计列。

(3) 勘察设计费

勘察设计费指为本建设项目提供项目建议书、可行性研究报告及设计文件等所需费用。计费标准和计算规则：

勘察设计费按通信建设工程勘察设计相关规定的标准执行。

(4) 生产准备费

生产准备费指生产维护单位在工程施工中对维护人员培训以及熟悉工艺流程、设备性能等在生产前做准备所发生的费用。计费标准和计算规则为：

按设计新增定员人数的60%计算。每人按2000元计列，按运营费处理。

(5) 引进技术及进口设备其他费

引进技术及进口设备其他费的计费标准和计算规则为：

根据国家有关部门规定，由设计单位根据工程具体情况计列。

(6) 供电贴费

供电贴费指为本建设项目按规定应缴付的供电工程贴费。计费标准和计算规则为：

按相关部门的规定，由设计单位根据工程具体情况计列。

(7) 施工队伍调遣费

施工队伍调遣费指因建设任务需要，应支付给施工队伍往返的调遣费用。包括调遣人员的差旅费、调遣期间的工资、施工工具、用具等的运费。计费标准和计算规则为：

编制概预算时，按技工总工日、成建制普工总工日分别确定调遣人数(见表8-16)，调遣里程按施工企业基地至工程所在地的里程确定调遣费定额(见表8-17)，调遣费定额是单程标准，使用时应按往返计列。

施工人员调遣费＝调遣人数×调遣费标准×2

当施工企业基地距工程所在地不足26 km时，不计施工队伍调遣费。非成建制普工不计列施工队伍调遣费。

表 8-16　施工队伍调遣人数表

通信设备安装工程		通信线路工程			
概(预)算技工总工日数/工日	调遣人数/人	概(预)算技工总工日数/工日	调遣人数/人	概(预)算成建制普工总工日数/工日	调遣人数/人
	5	500 以下	5	1 000 以下	7
	10	1 000 以下	10	2 000 以下	15
	17	2 000 以下	17	4 000 以下	23
	24	3 000 以下	24	6 000 以下	31
4 000 以下	30	4 000 以下	30	8 000 以下	38
5 000 以下	35	5 000 以下	35	10 000 以下	46
		6 000 以下	40	12 000 以下	55
		7 000 以下	45	14 000 以下	64
		8 000 以下	50	16 000 以下	73
		9 000 以下	55	18 000 以下	80
		10 000 以下	60	20 000 以下	90
		15 000 以下	80		
		20 000 以下	95		
		25 000 以下	105		
		30 000 以下	120		
5 000 以上时，每增加 1 000 增加	3	30 000 以上时，每增加 5 000 增加	3	20 000 以上时，每增加 5 000 增加	3

表 8-17　施工队伍每人单程调遣费定额表

调遣里程/km	定额/元		调遣里程/km	定额/元		调遣里程/km	定额/元	
	技工	成建制普工		技工	成建制普工		技工	成建制普工
26～200	91	73	1 601～1 800	509	455	3 201～3 400	855	—
201～400	105	95	1 801～2 000	548	494	3 401～3 600	891	—
401～600	215	180	2 001～2 200	600	—	3 601～3 800	917	—
601～800	251	215	2 201～2 400	629	—	3 801～4 000	946	—
801～1 000	325	289	2 401～2 600	703	—	4 001～4 200	1 002	—
1 001～1 200	399	350	2 601～2 800	738	—	4 201～4 400	1 034	—
1 201～1 400	429	375	2 801～3 000	754	—	4 400 以上每增加 400 增加	52	2 000 以上每增加 400 增加 42 元
1 401～1 600	464	410	3 001～3 200	821	—			

(8) 大型施工机械调遣费

大型施工机械调遣费指大型施工机械调遣所发生的费用。计费标准和计算规则为：

按工程实际需要的机械计算大型机械总吨位。

大型施工机械调遣费＝单程吨公里运价(光缆线路仪表车等大型施工机械的调遣费为 0.4 元)×大型施工机械调遣总吨位(见表 8-18)×2×调遣里程

表 8-18 大型施工机械吨位数

机械名称	吨位	机械名称	吨位
光缆线路仪表车	1.5	顶管机械	5
立水泥杆机械	5	电动卷扬机	2
布放光(电)缆机械	8	挖冲机(敷设水线机械)	10
水泵冲槽机械	5		

(9) 定额编制管理费

定额编制管理费指为加强通信行业管理,有效地控制工程造价进行定额编制、管理的费用。计费标准和计算规则为:

定额编制管理费=建筑安装工程费×0.1%

(10) 工程质量监督费

工程质量监督费指工程质量监督机构对通信工程进行质量监督所发生的费用。计费标准和计算规则为:

通信线路、管道等工程按建筑安装工程费的0.15%计取。通信设备安装工程按建筑安装工程费的0.25%计取。此项费用在建设单位管理费中列支。

(11) 建设期投资贷款利息

建设期投资贷款利息指建设项目投资中利用银行信贷资金所发放的投资货款分年度使用银行贷款部分,在建设期内应归还的贷款利息。计费标准和计算规则为:

建设期投资贷款利息由设计单位按工程投资额、用款计划和银行贷款利率计算利息列入概预算中。

(12) 建设单位管理费

建设单位管理费指建设项目从立项、筹建、建设、竣工验收交付使用及之后评估等全过程发生的管理费用。计费标准和计算规则为:

建设单位管理费=工程费×建设单位管理费费率(见表8-19)

表 8-19 建设单位管理费费率表

名称 / 费率(%) / 工程费/万元	通信设备安装工程	通信线路工程	通信管道工程
100 以下	1.5	2.1	4.2
300 以下	1.4	2.0	4.0
500 以下	1.2	1.8	3.8
1 000 以下	1.0	1.6	3.6
2 000 以下	0.9	1.4	3.4
3 000 以下	0.8	1.2	
5 000 以下	0.7	0.8	
5 000 以上	0.5	0.6	

注:工程成立筹建机构或委托监理时按表中费率100%计取,不成立筹建机构也不委托监理时按表中费率50%计取。编制概算时按100%计取。

(13) 工程监理费

工程监理费指委托工程监理部门实施工程监理所需费用。计费标准和计算规则为：

工程监理费＝工程费×监理费费率

工程监理费计费标准见表 8-20。

表 8-20 通信建设工程监理费计费标准

费率(%) 项目名称 / 工程费 M/万元	设计阶段 a (含设计招标)	施工(含施工招标)及保修阶段 b		
		通信管道工程	通信线路工程	通信设备安装工程
M＜50	＞0.40	b＞4.40	b＞4.00	b＞2.80
50≤M＜100	0.40≥a＞0.30	4.40≥b＞3.85	4.00≥b＞3.50	2.80≥b＞2.45
100≤M＜300	0.30≥a＞0.25	3.85≥b＞3.30	3.50≥b＞3.00	2.45≥b＞2.10
300≤M＜500	0.25≥a＞0.20	3.30≥b＞2.75	3.00≥b＞2.50	2.10≥b＞1.75
500≤M＜800	0.20≥a＞0.17	2.75≥b＞2.48	2.50≥b＞2.25	1.75≥b＞1.58
800≤M＜1 000	0.17≥a＞0.15	2.48≥b＞2.20	2.25≥b＞2.00	1.58≥b＞1.40
1 000≤M＜3 000	0.15≥a＞0.13	2.20≥b＞1.87	2.00≥b＞1.70	1.40≥b＞1.19
3 000≤M＜5 000	0.13≥a＞0.10	1.87≥b＞1.54	1.70≥b＞1.40	1.19≥b＞0.98
5 000≤M＜8 000	0.10≥a＞0.09	1.54≥b＞1.43	1.40≥b＞1.30	0.98≥b＞0.91
8 000≤M＜10 000	0.09≥a＞0.08	1.43≥b＞1.32	1.30≥b＞1.20	0.91≥b＞0.84
10 000≤M＜30 000	0.08≥a＞0.06	1.32≥b＞1.10	1.20≥b＞1.00	0.84≥b＞0.70
30 000≤M＜50 000	0.06≥a＞0.05	1.10≥b＞0.88	1.00≥b＞0.80	0.70≥b＞0.56
50 000≤M＜100 000	0.05≥a＞0.03	0.88≥b＞0.66	0.80≥b＞0.60	0.56≥b＞0.42
M≥100 000	a≤0.03	b≤0.66	b≤0.60	b≤0.42

注：监理费中不包括工程监理范围以外的前期所发生的费用，如需监理单位参与前期工作，监理费由双方协商增列。

(14) 运土费

运土费指在通信线路直埋光(电)缆工程、通信管道工程施工中，需要从远离施工地点取土及必须向外运出土方所发生的费用。计费标准和计算规则为：

运土费＝工程量(单位为吨·公里)×运费单价(单位为元/吨·公里)

工程量由设计单位按实际发生计列，运费单价按工程所在地物价部门规定的运价计列。

(15) 其他费用

其他费用指根据建设任务的需要，必须在建设项目中列支的其他费用。计费标准和计算规则为：

由建设单位提出，并经主管部门批准。

8.3.4 预备费用内容、相关定额及计算规则

(1) 预备费

预备费指在初步设计及概算内难以预料的费用。计费标准和计算规则为：

预备费＝(工程费＋工程建设其他费)×预备费费率

预备费费率见表 8-21。

表 8-21 预备费费率表

名　称	计费基础	费率(%)
通信设备安装工程	工程费＋工程建设其他费	3
通信线路工程	工程费＋工程建设其他费	4
通信管道工程	工程费＋工程建设其他费	5

(2) 施工项目承包费

施工项目承包费是指施工总承包企业对全线工程的组织协调、因部分设计变更引起的施工费增加和材料价变化(包工包料方式的累计不超过建安费总额20%;包工不包料方式的累计不超过施工费总额2%)其计费标准如下:

① 工程采用包工包料方式的,施工项目承包费＝建安工程费×承包费费率

施工项目承包费费率见表8-22。

表 8-22 施工项目承包费费率表(包工包料方式)

名　称	计算基础	费率(%)
电信设备安装工程	建筑安装工程费	3
通信线路工程	建筑安装工程费	4

② 工程采用包工不包料方式的,施工项目承包费＝(建安工程费－材料费)×承包费费率

施工项目承包费费率见表8-23。

表 8-23 施工项目承包费费率表(包工不包料方式)

名　称	计算基础	费率(%)
电信设备安装工程	建筑安装工程费-材料费	3
通信线路工程	建筑安装工程费-材料费	4

施工项目承包费在施工图设计预算中计列,由于此项费用已含在概算预备费中,概算中不再单独计列。

8.3.5 通信建设工程类别的划分

通信建设工程按建设项目、单项工程划分为一类工程、二类工程、三类工程和四类工程。

1. 按建设项目划分

(1) 符合下列条件之一者为一类工程

① 大、中型项目或投资在5 000万元以上的通信工程项目;

② 省际通信工程项目;

③ 投资在2 000万元以上的部定通信工程项目。

(2)符合下列条件之一者为二类工程

① 投资在2 000万元以下的部定通信工程项目;

② 省内通信干线工程项目;

③ 投资在2 000万元以上的省定通信工程项目。

(3)符合下列条件之一者为三类工程

① 投资在 2 000 万元以下的省定通信工程项目；

② 投资在 500 万元以上的通信工程项目；

③ 地市局工程项目。

(4) 符合下列条件之一者为四类工程

① 县局工程项目；

② 其他小型项目。

2. 按单项工程划分

(1)通信线路工程类别划分(见表 8-24)

表 8-24　通信线路工程类别划分

序　号	项目名称	一类工程	二类工程	三类工程	四类工程
1	长途干线	省际	省内	本地网	
2	海缆	50 km 以上	50 km 以下		
3	市话线路		中继光缆或 2 万门以下市话主干线路	局间中继电缆线路或 2 万门以下市话主干线路	市话配线工程或 4 千门以下线路工程
4	有线电视网		省会及地市级城市有线电视网线路工程	县以下有线电视网线路工程	
5	建筑楼综合布线工程		1 万平方米以上建筑物综合布线工程	5 千平方米以上建筑物综合布线工程	5 千平方米以下建筑物综合布线工程
6	通信管道工程		48 孔以上	24 孔以上	24 孔以下

(2) 通信设备安装工程类别划分(见表 8-25)

表 8-25　电信设备安装工程类别划分

序号	项目名称	一类工程	二类工程	三类工程	四类工程
1	市话交换	4 万门以上	4 万门以下	1 万门以下	4 千门以上
2	长途交换	2 500 路端以上	2 500 路端以下	500 路端以下	
3	通信干线传输及终端	省际	省内	本地网	
4	移动通信及无线寻呼	省会局移动通信	地市局移动通信	无线寻呼设备工程	
5	卫星地面站	C 频段天线直径 10 m 以上及 ku 频段天线直径 5 m 以上	C 频段天线直径 10 m以下及 ku 频段天线直径 5 m 以下		
6	无线铁塔		铁塔高度 100 m 以上	铁塔高度 100 m 以下	
7	数据网、分组交换网等非话业务网	省际	省会局以下		
8	电源	一类工程配套电源	二类工程配套电源	三类工程配套电源	四类工程配套电源

8.4 综合布线工程概预算的编制

建设工程项目的设计概预算是初步设计概算和施工图设计预算的统称。设计概预算实质上是工程的计划价格。设计的概预算是以初步设计和施工图设计为基础编制的，它不仅是考核设计方案的经济性和合理性的重要指标，而且也是确定建设项目建设计划、签订合同、办理贷款、进行竣工决算和考核工程造价的主要依据。

设计概算是用货币形式综合反映和确定建设项目从筹建至竣工验收的全部建设费用。设计概算具有以下作用：

(1) 概算是确定和控制固定资产投资、编制和安排投资计划、控制施工图预算的主要依据；

(2) 概算是核定贷款额度的主要依据；

(3) 概算是考核工程设计技术经济合理性和工程造价的主要依据；

(4) 概算是筹备设备、材料和签订订货合同的主要依据；

(5) 概算在工程招标承包制中是确定标底的主要依据。

施工图预算是设计概算的进一步具体化。它是根据施工图设计算出的工程量、依据现行预算定额及取费标准、签订的设备材料合同价或设备材料预算价格等，进行计算和编制的工程费用文件。施工图预算具有以下重要作用：

(1) 预算是考核工程成本，确定工程造价的主要依据；

(2) 预算是签订工程承、发包合同的依据；

(3) 预算是工程价款结算的主要依据；

(4) 预算是考核施工图设计技术经济合理性的主要依据。

设计单位必须严格按照批准的初步设计总概算进行施工图设计预算的编制，施工图预算不应突破设计概算。

1. 总则

通信建设工程概预算的编制应按原邮电部(1995)626 号文发布的《通信建设工程概算、预算编制办法及费用定额》等标准(以下简称“626 编制办法”或“626 费用定额”)执行。编制总则如下。

(1) 通信设备安装、通信线路的新建、扩建工程按“626 编制办法”编制工程概预算，改建工程可参照使用。通信建筑安装工程中涉及土建、市电等项目时，应按工程所在地有关部门和各省、自治区、直辖市计委(建委)颁发的有关工程概算、预算定额和费用定额编制工程概算、预算。

(2) 其他直接费、现场经费、间接费做为可变费用，其费用内容、开支水平可根据工程规模、技术难度、施工场地、工期长短及企业资质等级而不同。各企业根据工程情况可自行确定报价。因为这几项费用可通过加强企业管理，提高生产人员和管理人员素质完全可以超过规定的标准，所以将这几项费用作为竞争性费用。现行通信建设工程费用定额所规定的计费标准均为上限标准，工程合同确定的收费标准不得超过规定的标准。

(3) 根据国家规定，为维护国家和企业利益，对工程项目的不同投资来源或工程类别，实行在计划利润基础上的差别利润率。通信建设工程采用按工程类别实行的差别利润率。

(4) 施工企业承包本企业资质等级范围内的工程时，应按相应的工程类别费率标准取费，施工企业经批准越级承包工程时，不得越级取费。

(5) 军民共建系指在通信建设时，将部队所需要的传输电路纳入到地方通信传输光(电)缆工程中一并建设，同时部队参与施工的情况，“626编制办法”规定“成建制普工”仅指“军民共建部队参与施工”的工程项目的部队工。成建制普工不计取计划利润。

(6) 通信建设工程概预算，必须由持有勘察设计证书的单位编制，编制人员必须持有通信工程概预算资格证书。

(7) 概算是初步设计文件的重要组成部分。在编制概算时，应严格按照批准的可行性研究报告和其他有关文件进行编制。

(8) 预算是施工图设计文件的重要组成部分。编制预算时，应在批准的初步设计文件概算范围内进行编制。

(9) 初步设计概算和施工图设计预算应按单项工程编制。

2. 概预算的编制依据

一个建设项目，如有几个设计单位共同设计时，总体设计单位负责统一概算编制原则和依据，并汇编总概算；分设计单位负责所承担项目的概算编制工作。主体设计单位要组织有关单位做好概算编制前基础资料的收集和确认工作。概预算人员应深入现场进行实地调查，收集可靠的资料。调查前应充分了解设计意图和初步设计方案及有关规范、规定，并拟定调查提纲，而后赴现场逐一收集。如所需资料收集不足时，可参考当地已建或在建项目的有关资料据此编制概算，并将这些基础资料打印成册分发给有关设计单位的相关设计人员，作为该项工程编制概算的依据。

(1) 初步设计概算编制依据

编制概算应以现行规定和咨询价格为依据，不能随意套用作废或停止使用的资料和依据，以防概算失控、不准。概算编制的主要依据有：

① 批准的可行性研究报告；

② 初步设计或技术设计图纸、设备材料表等有关技术文件；

③ 有关主管部门发布的设备、材料、工器具等价格文件；

④ 通信建设工程概算定额及编制说明；

⑤ 通信建设工程费用定额及有关文件；

⑥ 建设项目所在地政府发布的有关土地征用和赔补费用规定。

(2) 施工图设计预算编制依据

① 批准的初步设计概算或技术设计的修正概算及有关文件；

② 施工图、通用图、标准图及说明；

③ 国家有关部门发布的设备、材料、工器具价格及相关文件；

④ 通信建设工程预算定额及有关文件；

⑤ 通信建设工程费用定额及有关文件；

⑥ 建设项目所在地政府发布的有关土地征用和赔补费规定。

3. 概预算文件组成

概预算文件由编制说明和概预算表组成。

(1) 编制说明

编制说明一般应由以下几项内容组成。

① 工程概况，说明项目规模、用途、概(预)算总价值、产品品种、生产能力、公用工程及项目外工程的主要情况等。

② 编制依据，主要说明编制时所依据的技术、经济文件、各种定额、材料设备价格、地方政府的有关规定和主管部门未作统一规定的费用计算依据和说明。

③ 投资分析，主要说明各项投资的比例及与类似工程投资额的比较、分析投资额高低的原因、工程设计的经济合理性、技术的先进性及其适宜性等。

④ 其他需要说明的问题，如建设项目的特殊条件和特殊问题，需要上级主管部门和有关部门帮助解决的其他有关问题等。

(2) 概预算表格

Ⅰ. 概预算表格的组成

通信建设工程概预算表格统一使用下面 5 种共 8 张表格。

①《概预算总表》见表 8-26，供编制建设项目总费用或单项工程总费用使用。

表 8-26 概预算总表

建设项目名称：×××

单项工程名称：××× 建设单位名称：××× 表格编号：××××

序号	概预算表编号	工程或费用名称	概预算价值/元或外币/							
			建筑工程	需要安装的设备	安装工程	不需安装的设备、工器具	其他费用	预备费	总价值	
									人民币/元	其中外币/
1	2	3	4	5	6	7	8	9	10	11
1		工程费		√	√				√	
2		工程建设其他费					√		√	
3		小计		√	√		√		√	
4		预备费						√	√	
5		施工项目承包费						√	√	
6		小型建筑费	√						√	
7		合计	√	√	√		√	√	√	
8		运营费				(√)	(√)		(√)	
9		回收费用							(√)	

设计负责人：××× 审核：××× 编制：××× 编制日期：××××年××月

注：i. 凡由企业运营费列支的项目，不计入总价值，其数字加括号以示区别。

ii. 施工项目承包费和预备费不能同时在表中存在。当编制概算和一阶段设计预算时，应填写预备费一栏；对于有总承包的工程，当编制施工预算时应填写施工项目承包费一栏。

②《建筑安装工程费用概预算表》见表 8-27，供编制建筑安装工程费使用。

表 8-27　建筑安装工程费用概预算表

单项工程名称：×××　　建设单位名称：×××　　表格编号：××××

序号	费用名称	依据和计算方法	技工费/元	普工费/元	合计/元
1	2	3	4	5	6
	建筑安装工程费	√			√
一	直接工程费	√			√
(一)	直接费	√			√
1	人工费	√			√
(1)	技工费	√	√		√
(2)	成建制普工费	√		√	√
(3)	普工费	√		√	√
2	材料费	√			√
(1)	主要材料费	√			√
(2)	辅助材料费	√			√
3	机械使用费	√			√
(二)	其他直接费	√			√
1	冬雨季施工增加费	√			√
2	夜间施工增加费	√			√
3	工程干扰费	√			√
4	特殊地区施工增加费	√			√
5	新技术培训费	√	√		√
6	仪器仪表使用费	√			√
7	生产工具用具使用费	√	√		√
		√		√	√
8	工程车辆使用费	√	√		√
		√		√	√
9	工地器材搬运费	√	√		√
10	流动施工津贴	√	√	√	√
11	人工费差价	√	√		√
		√		√	√
12	工程点交、场地清理费	√			√
13	施工生产用水电蒸汽费	√			√
(三)	现场经费	√			√
1	临时设施费	√	√		√
		√		√	√
2	现场管理费	√	√		√
		√		√	√
二	间接费	√			√
(一)	企业管理费	√	√		√
(二)	财务费	√	√		√
三	计划利润	√			√
四	税金	√			√

设计负责人：×××　　审核：×××　　编制：×××　　编制日期：××××年××月

③《建筑安装工程量概预算表》见表 8-28，供编制建筑安装工程量使用。

表 8-28　建筑安装工程量概预算表

单项工程名称：×××　　建设单位名称：×××　　表格编号：××××

序号	定额编号	项目名称	单位	数量	单位定额值/工日		概预算值/工日	
					技工	普工	技工	普工
1	2	3	4	5	6	7	8	9
1	×××-×××	×××	√	√	√	√	√	√
2	×××-×××	×××	√	√	√	√	√	√
		合计					√	√

设计负责人：×××　　审核：×××　　编制：×××　　编制日期：××××年××月

④《建筑安装工程施工机械使用费概预算表》见表 8-29，供编制建筑安装工程机械台班

费使用。

表 8-29　建筑安装工程施工机械使用费概预算表

单项工程名称：×××　　建设单位名称：×××　　表格编号：××××

序号	定额编号	项目名称	机械名称	单位	数量	单位定额值		概预算值		备注
						数量/台班	单价/元	数量/台班	合价/元	
1	2	3	4	5	6	7	8	9	10	11
1	××-××	×××	×××	√	√	√	√	√	√	
2	××-××	×××	×××	√	√	√	√	√	√	
			合计					√	√	

设计负责人：×××　　审核：×××　　编制：×××　　编制日期：××××年××月

⑤《器材概预算表》见表 8-30，供编制需要安装的设备、主要材料和不需要安装的仪表、工具、器具的概预算费用使用。

表 8-30　器材概预算表

（　　　　表）

单项工程名称：×××　　建设单位名称：×××　　表格编号：××××

序　号	名　称	规格程式	单　位	数　量	单　价	合计	备　注
1	2	3	4	5	6	7	8
1	×××	×××	√	√	√	√	
2	×××	×××	√	√	√	√	
	小计					√	
	供销部门手续费					√	
	采购及保管费					√	
	运杂费					√	
	运输保险费					√	
	包装费					√	
	合计					√	

设计负责人：×××　　审核：×××　　编制：×××　　编制日期：××××年××月

⑥《引进工程器材概预算表》见表 8-31，供引进工程使用。

表 8-31　引进工程器材概预算表

（　　　　　　　　表）

单项工程名称：×××　　建设单位名称：×××　　表格编号：××××

序号	中文名称	外文名称	单位	数量	单价		合价	
					外币	折合人民币/元	外币	折合人民币/元
1	2	3	4	5	6	7	8	9
1	×××	×××	√	√	√		√	√
2	×××	×××	√	√	√		√	√
3	小计(CIF)						√	√
	合计						√	√

设计负责人：×××　　审核：×××　　编制：×××　　编制日期：××××年××月

注：小计(CIF)之后还应计列关税、增值税、外贸代理费、银行手续费、港杂费等各项费用。

⑦《工程建设其他费用概预算表》见表 8-32，供编制建设项目（或单项工程）的工程建设其他费用。

表 8-32　工程建设其他费用概预算表

单项工程名称：×××　　建设单位名称：×××　　表格编号：××××

序号	费用名称	单位	数量	单价	合计	备注
1	2	3	4	5	6	7
1	建设用地及综合赔补费					
2	研究试验费					
3	勘察设计费					计算式
4	生产准备费					运营费
5	供电贴费					
6	施工队伍调遣费					
(1)	技工调遣费					
(2)	成建制普工调遣费					
7	大型施工机械调遣费					
8	定额编制管理费					
9	建设期投资贷款利息					
10	建设单位管理费					
	其中：工程质量监督费					
11	工程监理费					
(1)	设计阶段					
(2)	施工及保修阶段					
12	运土费					
13	其他费用					
	合计					

设计负责人：×××　　审核：×××　　编制：×××　　编制日期：××××年××月

⑧《引进工程其他费概预算表》见表 8-33，供引进工程专用。

表 8-33 引进工程其他费用概预算表

建设项目名称：×××

单项工程名称：××× 建设单位名称：××× 表格编号：××××

序号	费用名称	单位	数量	单价		合价		备注
				外币	折合人民币/元	外币	折合人民币/元	
1	2	3	4	5	6	7	8	9
1	×××			√	√	√	√	
2	×××					√	√	
	合计					√	√	

设计负责人：××× 审核：××× 编制：××× 编制日期：××××年××月

Ⅱ. 概预算表格填表说明

（Ⅰ）表 8-26：概预算总表，供编制建设项目总概算、预算及单项工程概预算之用。建设项目或单项工程的全部费用在本表中汇总。

A. 用于建设项目概预算编制时，应按各单项工程的表 8-26 汇总总表将单项工程的各项费用内容分别填入与表 8-26 相对应的费用项目中。然后将相同费用项目汇总，最后汇总成建设项目总费用。填表方法如下。

① 第 2 栏根据单项工程概预算表及工程建设其他费用概预算表的表格编号填写。

② 第 3 栏按单项工程及工程建设其他费用的名称填写。

③ 第 4～9 栏根据单项工程概预算的相应各栏费用的合计填写。

④ 第 10 栏为 4～9 栏之和。

⑤ 第 11 栏列出上列各栏合计中引进技术和设备的工程应填写的外币合计。

⑥ 编制概算时，将预备费填入第 9 栏中。

⑦ 在施工项目总承包时，将施工项目承包费填入第 9 栏（预备费和施工项目承包费不能同时存在）。

⑧ 工程有回收金额时，在总计下计列"其中回收费用"的金额填入表第 10 栏，不冲减总费用。

⑨ 表首尾按要求填写。

B. 用于单项工程的概预算汇总时，可按建筑安装工程费、需要安装的设备费、不需要安装的设备工器具费、工程建设其他费、预备费分别依次列出，将每项费用内容分别填入与之对应费用的名称下面，然后汇总成单项工程的总费用。填表方法如下。

① 第 2 栏根据单项工程各概预算表，工程建设其他费用概预算表的表格编号填写，如表 8-27、表 8-29、表 8-30 的表格编号分别填写。

② 第 3 栏按工程概预算及工程建设其他费用的名称填写，如工程费用、工程建设其他费用等分别填写。

③ 第 4～9 栏应按工程概预算表费用项目类别分别填写，如建筑工程、需要安装的设备、安装工程、不需要安装的设备、工器具、其他费用等。

④ 第 10 栏为第 4～9 栏之和。

⑤ 第 11 栏列出上列各栏合计中引进技术和设备的工程应填写的外币合计。

⑥ 编制概算时,将预备费填入第 9 栏。

⑦ 有工程回收金额时,在总计之下计列“其中回收费用”的金额填入表第 10 栏,不冲减总费用。

⑧ 表首尾按要求填写。

(Ⅱ) 表 8-27:建筑安装工程费用概预算表

① 表格首尾按要求填写。

② 第 2 栏按工程要求的费用名称逐一填写。

③ 第 3 栏各项费用的计算依据和计算方法分别列出。

④ 第 4～5 栏主要填写技工费、普工费(或成建制普工费)。

⑤ 第 6 栏为 4～5 栏之和或直接写入,如直接工程费、间接费、计划利润、税金等合计为建筑安装工程费。

(Ⅲ) 表 8-28、表 8-29:建筑安装工程量概预算表分为表 8-28、表 8-29 两表,表 8-28 为建筑安装工程量概预算表,表 8-29 为机械使用费概预算汇总表。

A. 表 8-28 填写说明:

① 表首尾按要求填写;

② 表 2～4 栏按概预算定额相应定额子目编号、项目名称、单位填写;

③ 第 5 栏按概预算的工程量填写;

④ 第 6～7 栏按定额值填写技工工日、普工工日;

⑤ 第 8～9 栏分别为第 5 栏与 6、7 栏之积。表示概预算技工工日值和普工工日值。

B. 表 8-29 填写说明:

① 表首尾按要求填写;

② 第 2～5 栏按相应定额子目填写编号、机械名称、单位项目名称;

③ 第 6 栏按概预算的工作量填写;

④ 第 7 栏按相应定额子目填写定额台班量;

⑤ 第 8 栏填写机械台班单价;

⑥ 第 9 栏为第 6 栏与第 7 栏之积;

⑦ 第 10 栏为第 8 栏与第 9 栏之积;

⑧ 第 11 栏为需要说明的问题。

(Ⅳ) 表 8-30、表 8-31:器材概预算表分为表 8-30、表 8-31 两表,表 8-30 为国内单项工程的主要材料、设备和工器具等的数量和费用概预算表;表 8-31 为引进技术、设备的器材概预算表。

A. 表 8-30 填写说明:

① 表首括号内根据需要填写主要材料或需要安装设备或不需要安装的设备、工具、器具、仪表等;

② 第 2～6 栏分别填写主要材料或需要安装设备或不需要安装的设备、工具、器具、仪表的名称、规格、单位、数量、单价;

③ 在第 7 栏合计之后计列下列费用:a. 合计;b. 供销部门手续费;c. 包装费;d. 运杂

费;e. 采购及保管费;f. 保险费;g. 小计;h. 总计。计算主要材料时,b～g 要按主材料类型分别计算后再计算总计。

B. 表 8-31 为引进工程的器材概预算表。填写时应该分别写明外币金额及折合人民币的价格,并按引进工程的有关规定填写相应计列的费用。其他与表 8-30 相同。

(Ⅴ) 表 8-32、表 8-33:工程建设其他费用概预算表分为表 8-32、表 8-33 两表,表 8-32 为国内工程计列工程建设其他费用表,表 8-33 为引进工程计列工程建设其他费用表。

A. 表 8-32 填写说明:

① 第 2 栏为费用名称;

② 第 3、4、5 栏根据费用内容要求填写;

③ 第 6 栏为 4 与 5 栏之积或直接填入。

B. 表 8-33 按建设单位主管部门要求填写。

4. 概预算的编制程序

建筑安装工程概预算编制程序如图 8-2 所示。

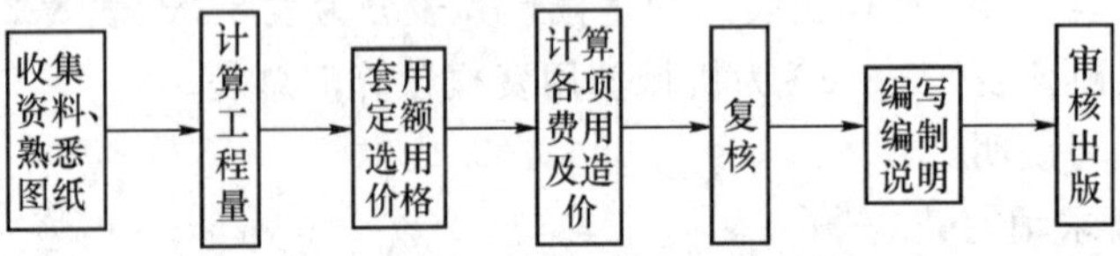

图 8-2　建筑安装工程概预算编制程序

(1) 收集资料、熟悉图纸

在编制概预算前,针对工程具体情况和所编概预算内容收集有关资料,包括概预算定额、费用定额以及材料、设备价格等。对施工图做一次全面的检查,图纸是否完整,明确设计意图,检查各部分尺寸是否有误,有无施工说明。

(2) 计算工程量

这是一项工作量很大而又十分细致的工作。工程量是编制概预算的基本数据,计算的准确与否直接影响到工程造价的准确度。工程量计算时要注意以下几点:

① 要先熟悉图纸的内容和相互关系,注意搞清有关标注和说明;

② 计算的单位一定要与编制概预算时依据的概预算定额单位相一致;

③ 计算的方法一般可依照施工图顺序由下而上,由内而外,由左而右依次进行;

④ 要防止误算、漏算和重复计算;

⑤ 最后将同类项加以合并,并编制工程量汇总表。

(3) 套用定额,选用价格

工程量经复核无误方可套用定额。套用定额时应核对工程内容与定额内容是否一致,以防误套。

(4) 计算各项费用

根据"626 费用定额"的计算规则、标准分别计算各项费用,并按通信建设工程概预算表格的填写要求填写表格。

(5) 复核上述表格内容,进行一次全面检查。检查所列项目、工程量、计算结果、套用定额、选用单价、取费标准以及计算数值等是否正确。

(6) 编写说明

复核无误后，进行对比、分析，编写编制说明。凡概预算表格不能反映的一些事项以及编制中必须说明的问题，都要用文字表达出来，以供审批单位审查。

(7) 审核出版

审核，领导签署，印刷出版。

8.5　综合布线工程工程量计算规则

首先，工程量的计算应按工程量的计算规则进行，也就是说，工程量项目的划分、计量单位的取定、有关系数的调整换算等，都应按相关专业的计算规则要求确定。

其次，通信建设工程无论初步设计，还是施工图设计都要依据设计图纸统计计算工程量，按实物工程量编制通信建设工程概预算。工程量计算应以设计规定的设计范围和设计分界线为准，布线走向和部件设置以施工验收技术规范为准，工程量的计量单位必须与定额计量单位相一致。

再次，工程量应以施工安装数量为准，所用材料数量不能作为安装工程量，因为所用材料数量和安装实用的材料数量(即工程量)有一个差值。

依照通信线路工程实际，具体工程量计算规则如下：

1. 开挖(填)土(石)方

(1) 光(电)缆接头坑个数取定

① 埋式光缆接头坑个数：初步设计按 2 km 标准盘长或每 1.7～1.85 km 取一个接头坑；施工图设计按实际取定。

② 埋式电缆接头坑个数：初步设计按每千米 5 个取定；施工图设计按实际取定。

(2) 挖光缆沟长度计算

光缆沟长度＝图末长度－图始长度－(截流长度＋过路顶管长度)

(3) 施工测量长度计算

管道工程施工测量长度＝各人孔中心至人孔中心长度之和

光缆工程施工测量长度＝路由图末长度－路由图始长度

(4) 缆线布放工程量的取定

缆线布放工程量为缆线施工测量长度与各种预留长度之和，不能按主材使用长度计取工程量。

(5) 计算人孔坑挖深

通信人孔设计示意图如图 8-3 所示。

$$人孔坑挖深\ H=h_1-h_2+g-d$$

式中：h_1 为人孔口圈顶部高程；h_2 为人孔基础顶部高程；g 为人孔基础厚；d 为路面厚度。h_1、h_2、g、d 单位均为 m。

(6) 计算管道沟深

管道沟挖深和通信管道设计示意图如图 8-4 所示。

$$管道沟深(平均埋深，不含路面厚度)H=[(h_1-h_2+g)_{人孔1}+(h_1-h_2+g)_{人孔2}]/2-d$$

式中：h_1 为人孔口圈顶部高程；h_2 为管道基础顶部高程；g 为管道基础厚；d 为路面厚度。

h_1、h_2、g、d 单位均为 m。

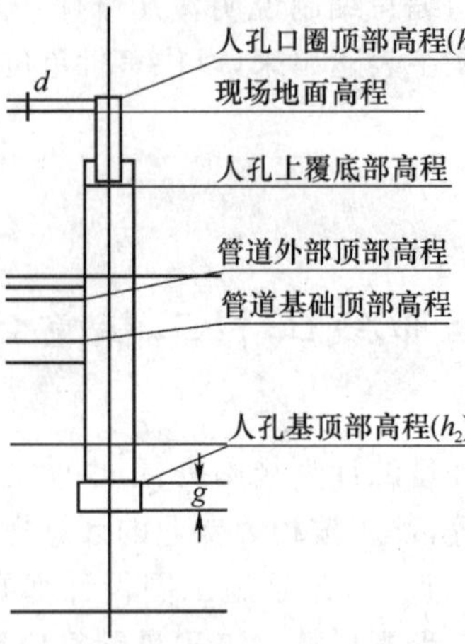

图 8-3　通信人孔设计示意图

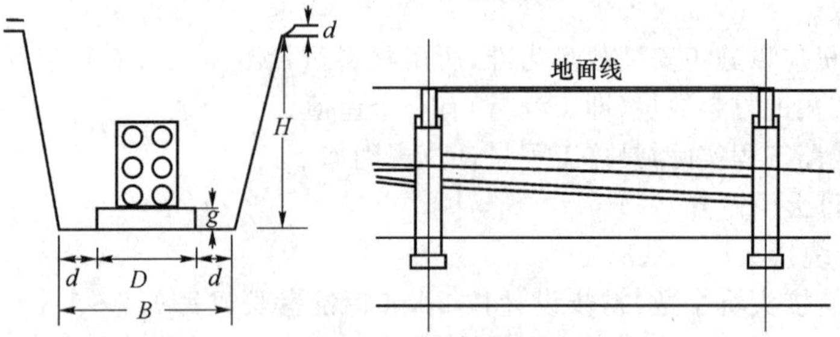

(a) 管道沟挖深　(b) 通信管道设计

图 8-4　管道沟挖深和通信管道设计示意图

注：应在沟的两端分别计算后，求平均沟深，再减去路面厚度。

(7) 计算开挖路面面积工程量 A(单位为 100 m²)

① 开挖管道沟路面面积工程量(不放坡)

$$A=B\cdot L/100$$

式中：L 为管道沟路面长(两相邻人孔坑边间距)；B 为沟底宽度。L、B 单位均为 m。

沟底宽度 B＝管道基础宽度 D＋施工余度 $2d$

式中：施工余度的值为当管道基础宽度＞630 mm 时，为 0.6 m；当管道基础宽度≤630 mm 时，为 0.3 m。D、d 单位为 m。

② 开挖管道沟路面面积工程量(放坡)

$$A=(2Hi+B)\cdot L/100$$

式中：H 为沟深；i 为放坡系数(由设计按规范确定)；B 为沟底宽度(沟底宽度 B＝管道基础宽度 D＋施工余度 $2d$)；L 为管道沟路面长(两相邻人孔坑边间距)。H、B、L 单位均为 m。

③ 开挖一个人孔坑路面面积工程量(不放坡)

人孔坑开挖土石方示意图如图 8-5 所示。

$$A=a\cdot b/100$$

式中：a 为人孔坑底长度(单位为 m)(坑底长度＝人孔外墙长度＋0.8 m＝人孔基础长度＋

0.6 m)；b 为人孔坑底宽度(单位为 m)(坑底宽度＝人孔外墙宽度＋0.8 m＝人孔基础宽度＋0.6 m)。

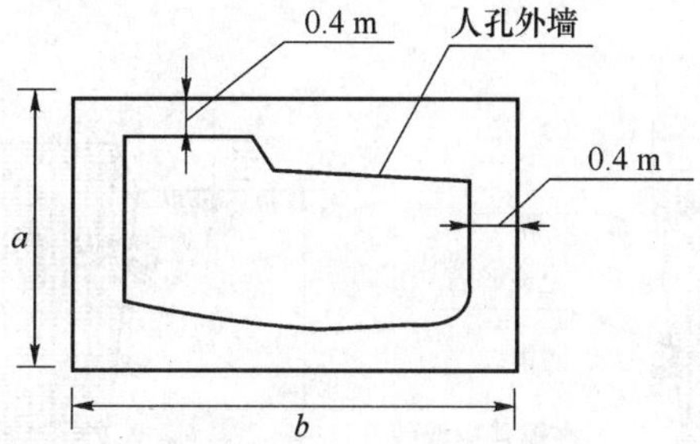

图 8-5　人孔坑开挖土石方示意图

④ 开挖人孔坑路面面积工程量(放坡)

$$A=(2Hi+a)\cdot(2Hi+b)/100$$

式中：H 为坑深(不含路面厚度)；a 为人孔坑底长度；i 为放坡系数(由设计按规范确定)；b 为人孔坑底宽度。H、a、b 单位均为 m。

⑤ 开挖路面总面积

总面积＝各人孔开挖路面总和＋各管道沟开挖路面面积总和

(8) 计算开挖土方体积工程量 V(单位为 100 m^3)

① 挖管道沟土方体积(不放坡)

$$V=B\cdot H\cdot L/100$$

式中：B 为沟底宽度；H 为沟深(不包含路面厚度)；L 为沟长(两相邻人孔坑坑口边间距)。B、H、L 单位均为 m。

② 不放坡挖一个人孔坑土方体积

$$V=a\cdot b\cdot H/100$$

式中：a 为坑底长度；b 为坑底宽度；H 为坑深(不含路面厚度)。a、b、H 单位均为 m。

③ 挖管道沟土方体积(放坡)

$$V=(Hi+B)\cdot H\cdot L/100$$

式中：H 为平均沟深(不含路面厚度)；B 为沟底宽度；i 为放坡系数(由设计按规范确定)；L 为沟长(两相邻人孔坑坑坡中点间距)(m)。H、B、L 单位均为 m。

④ 挖一个人孔坑土方体积(不放坡)

$$V=a\cdot b\cdot H/100$$

式中：a 为坑底长；b 为坑底宽；H 为坑深(不含路面厚度)。a、b、H 单位均为 m。

⑤ 挖一个人孔坑土方体积(放坡)

$$V=[ab+(a+b)Hi+4/3H^2i^2]\cdot H/100$$

式中：H 为人孔坑深(不含路面厚度)；i 为放坡系数；a 为人孔坑底长度；b 为人孔坑底宽度。H、a、b 单位均为 m。

⑥ 总开挖土方体积(在无路面情况下)

总开挖土方量＝各人孔开挖土方总和＋各段管道沟开挖土方总和

⑦ 光(电)缆沟土石方开挖工程量(或回填量)

石质和土质光(电)缆沟结构示意图如图 8-6 所示。

$$V=(B+0.3)H\cdot L/2/100$$

式中：B 为缆沟上口宽度；0.3 为沟下底宽；H 为电缆沟深度；L 为电缆沟长度。B、H、L 单位均为 m。

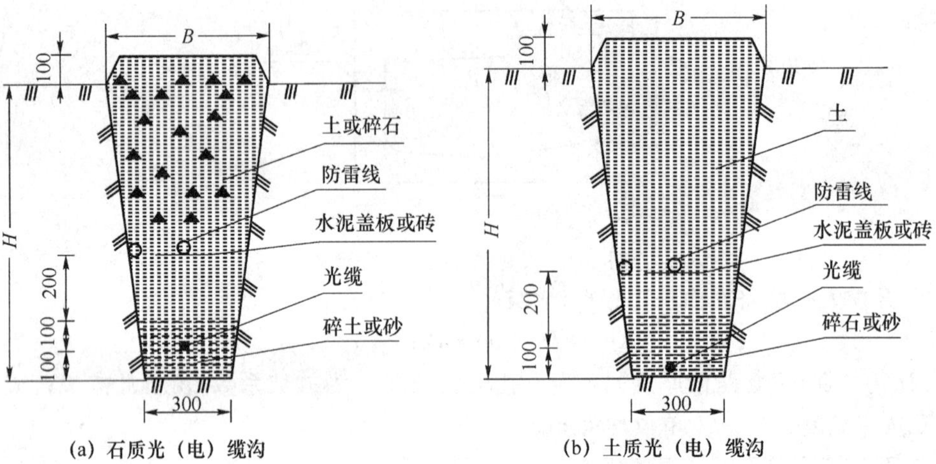

图 8-6　石质和土质光(电)缆沟结构示意图

(9) 回填土(石)方工程量

① 通信管道工程回填工程量等于“挖管道沟与人孔坑土方量之和”减“管道建筑体积(基础、管群、包封)与人孔建筑体积之和”

② 埋式光(电)缆沟土(石)方回填量等于开挖量，光(电)缆体积忽略不计。

(10) 通信管道余土方工程量等于管道建筑体积(基础、管群、包封)与人孔建筑体积之和。

2. 通信管道工程

(1) 混凝土管道基础工程量 N(单位为 100 m)

$$数量\ N=\sum_{1}^{m}L_i/100$$

式中：$\sum_{1}^{m}L_i$ 为 m 段同一种管群组合的管道基础总长度；L_i 为第 i 段管道基础的长度。$\sum_{1}^{m}L_i$ 单位为 m。

注：分别按管群组合系列计算工程量。

(2) 铺设水泥管道工程量 n(单位为 100 m)

$$数量\ n=\sum_{1}^{m}L_i/100$$

式中：$\sum_{1}^{m}L_i$ 为 m 段同一种组群管道的总长度；L_i 为第 i 段管道的长度(两相邻人孔中心间距)。$\sum_{1}^{m}L_i$ 单位为 m。

注：铺设钢管、塑料管管道的工程分别按管群组合系列计算工程量。

(3) 通信管道包封混凝土工程量

管道包封示意图如图 8-7 所示。包封体积数量 n(单位为 m^3)的计算公式为：

$$n=(V_1+V_2+V_3)$$

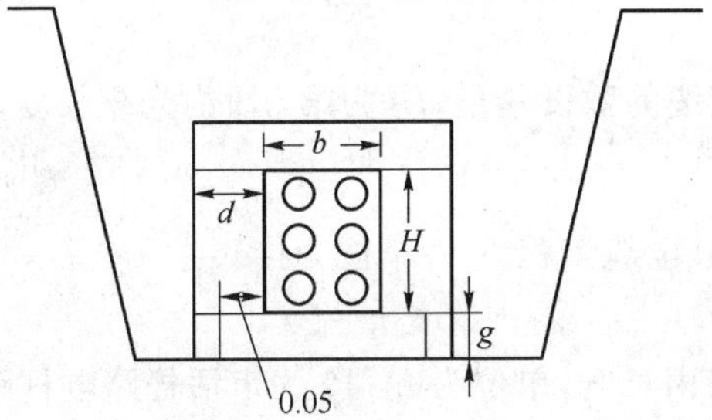

图 8-7　管道包封示意图

式中：V_1 为管道基础侧包封混凝土体积(单位为 m^3)；计算公式为：

$$V_1=(d-0.05)\cdot g\times 2\cdot L$$

式中：d 为包封厚度；0.05 为基础每侧外露宽度；g 为管道基础厚度；L 为管道基础长度(相邻两人孔外壁间距)。d、g、L 单位均为 m。

V_2 为基础以上管群侧包封混凝土体积(单位为 m^3)；计算公式为：

$$V_2=2d\cdot H\cdot L$$

式中：d 为包封厚度；H 为管群侧高；L 为管道基础长度(相邻两人孔外壁间距)。d、H、L 单位均为 m。

V_3 为管道顶包封混凝土体积(单位为 m^3)；计算公式为：

$$V_3=(b+2d)\cdot d\cdot L$$

式中：B 为管道宽度；d 为包封厚度；L 为管道基础长度(相邻两人孔外壁间距)。B、d、L 单位均为 m。

(4) 无人孔部分砖砌通道工程量 n(单位为 100 m)

$$\text{数量 } n=\sum_{1}^{m}L_i/100$$

式中：$\sum_{1}^{m}L_i$ 为 m 段同一种型号通道总长度；L_i 为第 i 段通道长度 = 两相邻人孔中心间距减去 1.6 m。$\sum_{1}^{m}L_i$ 单位为 m。

(5) 混凝土基础加筋工程量 n(单位为 100 m)

$$\text{数量 } n=L/100$$

式中：L 指除管道基础两端 2 m 以外的需加钢筋的管道基础长度，L 单位为 m。

3. 光(电)缆敷设

(1) 敷设光缆长度计算

$$\text{敷设光缆长度}=\text{施工丈量长度}\times(1+K‰)+\text{设计预留}$$

式中：K 为自然弯曲系数，埋式光缆 $K=7$；管道和架空光缆 $K=5$。

(2) 光缆使用长度计算

$$\text{光缆的使用长度}=\text{敷设长度}\times(1+\delta\%)$$

式中：δ 为光缆损耗率，埋式光缆 $\delta=5$；架空光缆 $\delta=7$；管道光缆 $\delta=15$。

(3) 槽道、槽板、室内通道敷设光缆工程量 N(单位为 100 m)

$$数量\ N=\sum_{1}^{m} L_i N_i/100$$

式中:$\sum_{1}^{m} L_i N_i$ 为各段内光缆的敷设总量;L_i 为第 i 段内光缆长度,单位为 m;N_i 为第 i 段内光缆条数,单位为条。

(4) 整修市话线路移挂电缆工程量 n(单位为档)

$$数量\ n=L/40$$

式中:L 为架空移挂电缆路由长度,单位为 m;40 为市话杆路电杆距离,单位为 m。

4. 光(电)缆保护与防护

(1) 护坎

护坎示意图如图 8-8 所示。护坎工程量以 V 表示(单位为 m^3)。一处护坎数量计算方法如下。

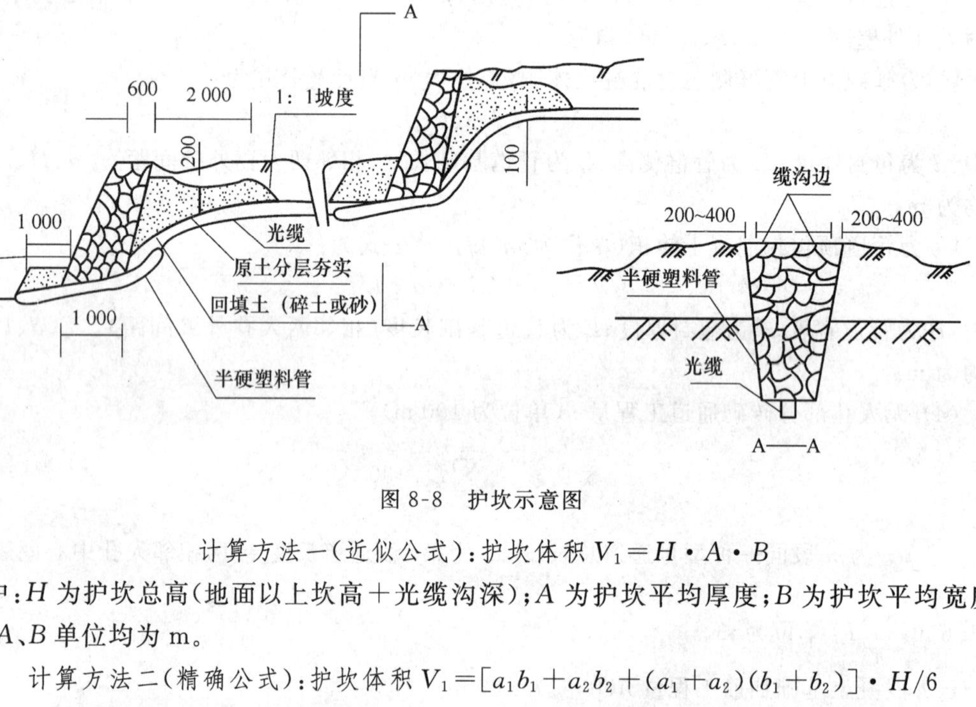

图 8-8 护坎示意图

计算方法一(近似公式):护坎体积 $V_1=H\cdot A\cdot B$

式中:H 为护坎总高(地面以上坎高+光缆沟深);A 为护坎平均厚度;B 为护坎平均宽度。H、A、B 单位均为 m。

计算方法二(精确公式):护坎体积 $V_1=[a_1b_1+a_2b_2+(a_1+a_2)(b_1+b_2)]\cdot H/6$

式中:a_1 为护坎上宽;b_1 为护坎上厚;a_2 为护坎下宽;b_2 为护坎下厚;H 为护坎总高。a_1、b_1、a_2、b_2、H 单位均为 m。

注:护坎方量按“石砌”、“三七土”分别计算工程量。

(2) 护坡工程量以 V_2 表示(单位为 m^3)

一处护坡数量 $V_2=H\cdot L\cdot B$

式中:H 为护坡高;L 为护坡宽;B 为平均厚度。H、L、B 单位均为 m。

(3) 堵塞

光(电)缆沟堵塞示意图如图 8-9 所示。堵塞工程量以 V_3 表示(单位为 m^3)。一处堵塞数量计算方法如下。

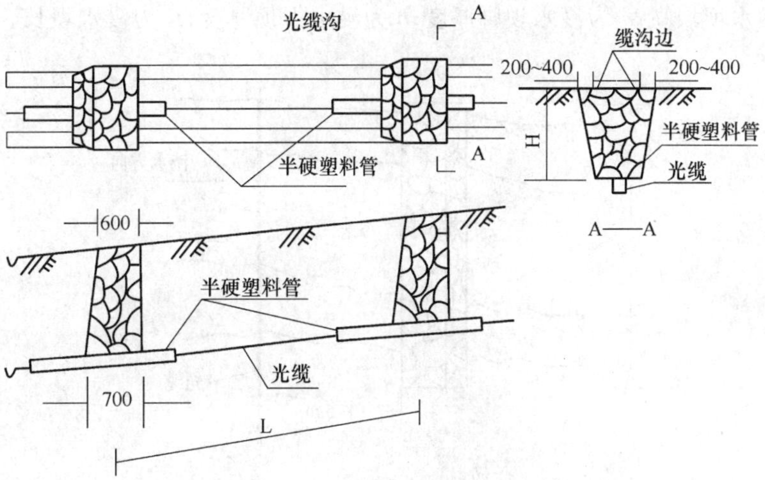

图 8-9　光(电)缆沟堵塞示意图

计算方法一(近似公式):堵塞体积 $V_3 = H \cdot A \cdot B$

式中:H 为光缆沟深;A 为堵塞平均厚;B 为堵塞平均宽。H、A、B 单位均为 m。

计算方法二(精确公式):堵塞体积 $V_3 = [a_1 b_1 + a_2 b_2 + (a_1 + a_2)(b_1 + b_2)] \times H/6$

式中:a_1 为堵塞上宽;b_1 为堵塞上厚;a_2 为堵塞下宽;b_2 为堵塞下厚;H 为堵塞总高(相当于光缆埋深)。a_1、b_1、a_2、b_2、H 单位均为 m。

(4) 水泥砂浆封石沟

水泥砂浆封石沟示意图如图 8-10 所示。水泥砂浆封石沟工程量以 V_4 表示(单位为 m^3)。计算公式为:

$$数量\ V_4 = h \times a \times L$$

式中:h 为封石沟水泥砂浆厚;a 为封石沟宽度;L 为封石沟长度。h、a、L 单位均为 m。

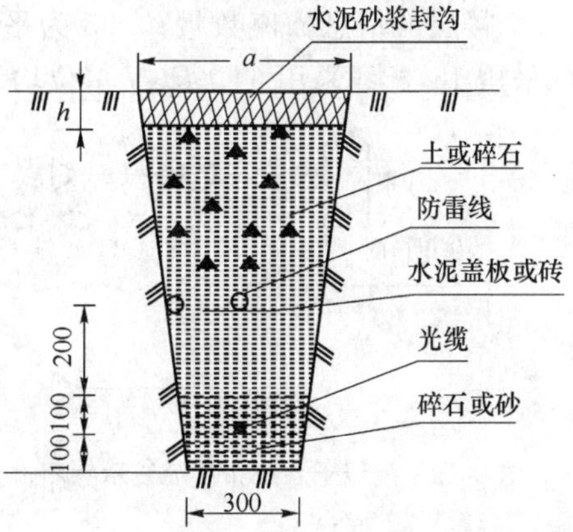

图 8-10　水泥砂浆封石沟示意图

(5) 漫水坝

漫水坝结构示意图如图 8-11 所示。漫水坝工程量以 V_5 表示(单位为 m^3)。一处漫水坝数量即漫水坝体积 V_5 的计算公式为:

$$V_5 = H \cdot (a+b)/2 \cdot L$$

式中：H 为漫水坝坝高；a 为漫水坝脚厚度；b 为漫水坝顶厚度；L 为漫水坝长。H、a、b、L 单位均为 m。

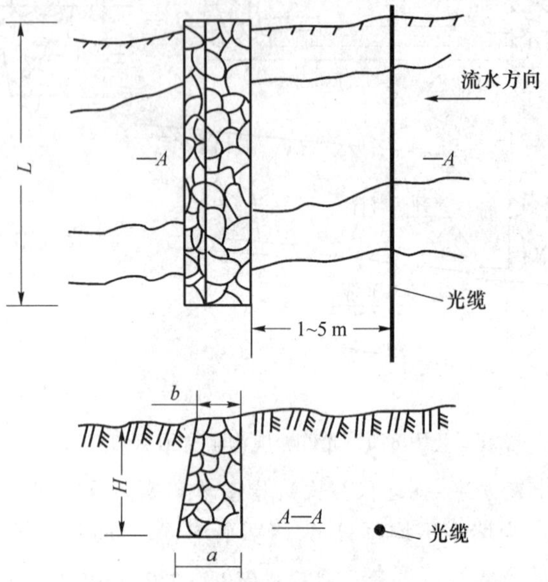

图 8-11　漫水坝结构示意图

5. 综合布线工程

(1) 配线子系统布放缆线

配线子系统布放缆线示意图如图 8-12 所示。配线子系统布放缆线工程量以 S 表示(单位为 m)。每楼层的布线工程量即布线总长度 S 的计算公式为：

$$S=[0.5\times(F+N)+0.5\times(F+N)\times 10\%+6]\cdot C=[0.55\times(F+N)+6]\cdot C$$

式中：F 为最远的信息插座距电信间的最大可能路由距离；N 为最近的信息插座距电信间的最大可能路由距离；C 为每个楼层的信息插座数量；0.55 为平均电缆长度＋备用部分；6 为配线端接容差，常数(主干采用 15，配线采用 6)。F、N 单位均为 m。

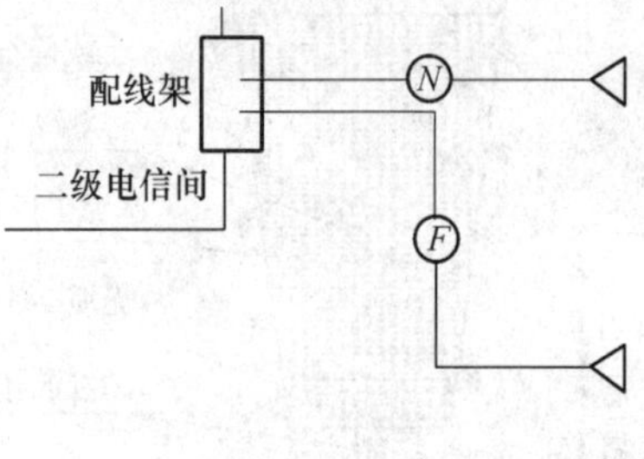

图 8-12　配线子系统布放缆线示意图

(2) 信息插座数量估值

信息插座数量估值以 C 表示，计算公式为：

$$每个楼层信息插座数量\ C=A/P\times W$$

式中：A 为每个楼层布线区域工作区的面积；P 为单个工作区所辖的面积，一般取值为 9 m^2；W 为单个工作区的信息插座数，一般取值为 1、2、3 或 4(个)。

注：计算订购电缆长度时，应考虑每箱(盘、卷)长度。

8.6　通信管道单项工程施工图设计预算实例

×××配套通信管道单项工程一阶段施工图设计预算

一、已知条件

（一）工程概况

本设计为××局配套通信管道单项工程一阶段施工图设计。其中新建六孔（6×1）Φ114 钢管管道 17.5 m；新建六孔塑料管道（3×2）Φ110 39.5 m；新建特殊手孔（1.2 m×1.7 m×1.8 m（内宽×内长×内高））#1，#2 共 2 个；钢管管道下方有污水沟其基础应加筋；塑料管道基础不加筋；开人孔窗口一个。

（二）本工程采用一阶段设计。

（三）主材运距：钢材按 1 500 km 计取；水泥、塑料制品按 500 km 计取；主材单价见表 8-34。

（四）本工程为四类工程；施工企业为四级，其驻地距施工现场 26 km。

（五）施工用水电蒸汽费按 200 元估列。

（六）勘察设计费核定为 1 123.28 元。

（七）建设用地及综合赔补费：总计 21 190 元。

（八）本工程不计列生产准备费、运土费、供电贴费、研究实验费、特殊地区施工增加费；本工程不成立筹建机构，也不委托监理。

（九）设计图纸及说明（如图 8-13～图 8-16 所示）。

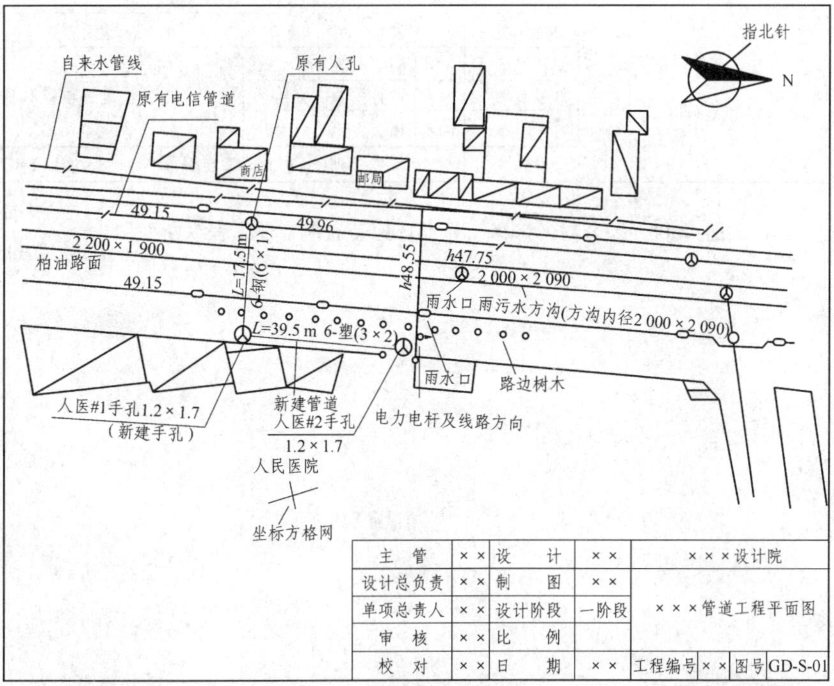

图 8-13　××局××××光缆环配套通信管道工程平面图

1. ××局××××光缆环配套通信管道工程平面图(图号:GD-S-01)。
2. ××局××××光缆环配套通信管道工程纵断面图(图号:GD-S-02)。
3. 1.2 m×1.7 m×1.8 m=(内宽×内长×内高)手孔图(图号:GD-S-03)。
4. 6 孔(6×1)钢管管道、6 孔(3×2)塑料管道横断面图(图号:GD-S-04)。

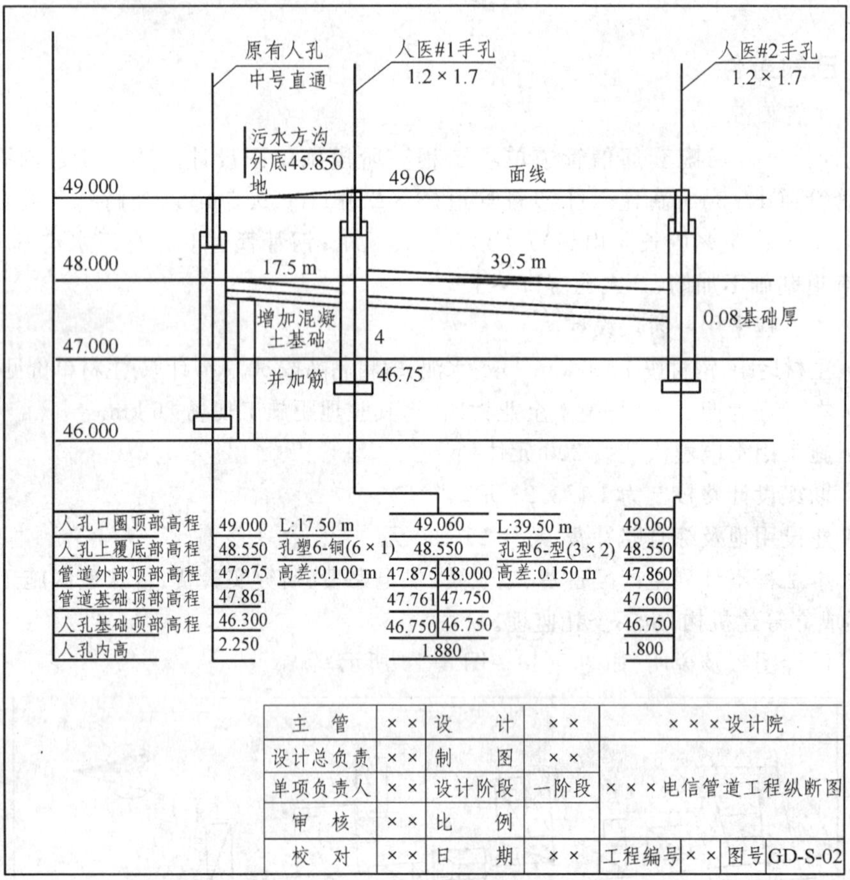

图 8-14　××局××××光缆环配套通信管道工程纵断面图

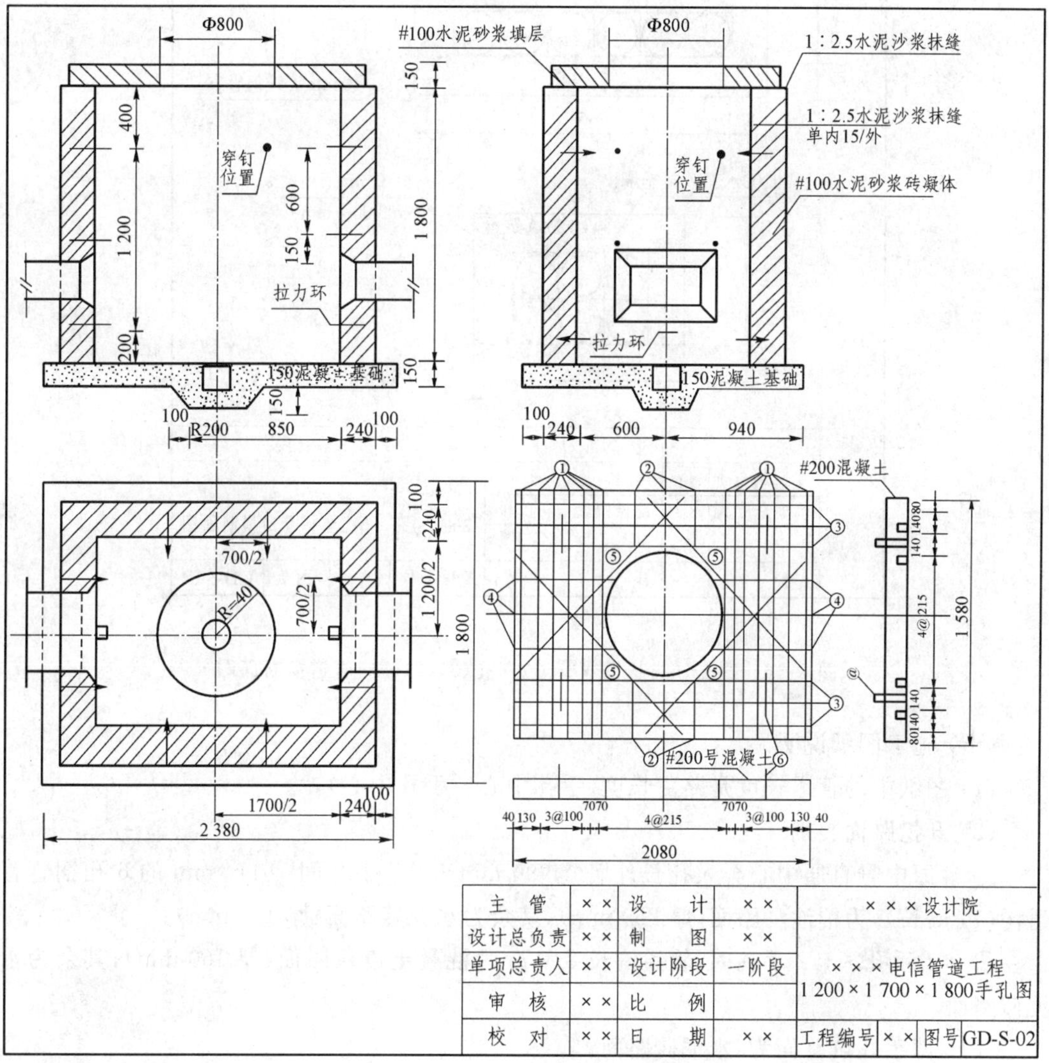

图 8-15　1.2 m×1.7 m×1.8 m=(内宽×内长×内高)手孔图

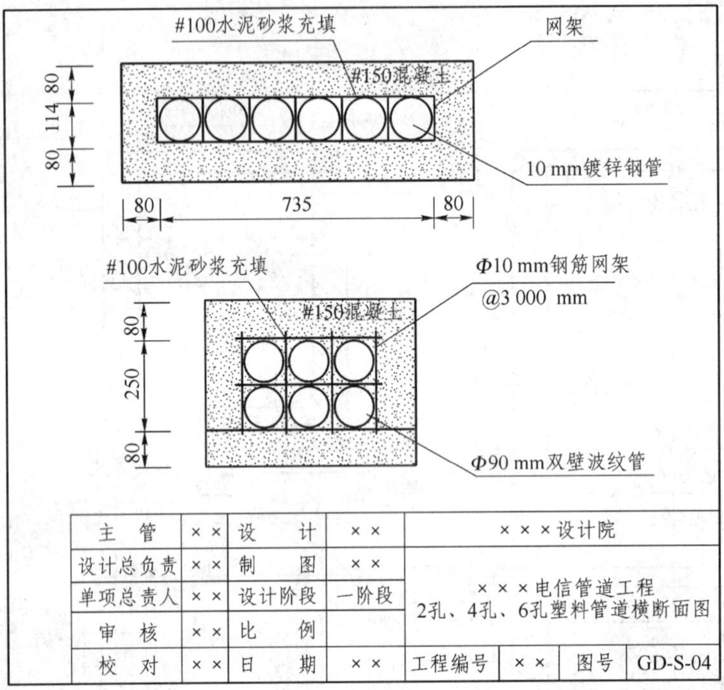

图 8-16　六孔(6×1)钢管管道、六孔(3×2)塑料管道横断面图

(十) 施工图纸说明

(1) 图纸中的管道长度是路由长度(手孔中心～手孔中心)。

(2) 开挖路面类别。

① ＃原中号直通中心至人孔长外墙壁 990 mm～＃1 手孔间:Φ114 mm 的 6 孔钢管管道沟(14 m 长),为柏油马路面(厚 250 mm),其余为水泥砖路面(厚 100 mm)。

② ＃1 手孔～＃2 手孔间:管道沟长 8.0 m 为混凝土砌块路面(厚 150 mm);其余为水泥砖路面。

③ ＃两手孔坑路面为:水泥砖路面。

(3) ＃原人孔开窗口 1 处。

(4) 人孔坑、管道沟土质为硬土,放坡系数为 0.33;管道基础厚 80 mm。

(5) 手推车倒运土,设计按实际情况核定为 18 m^3。

(6) 6 孔钢管管道固定用 Φ10 mm 圆钢,按 6 孔塑料管道 Φ10 mm 圆钢定额用量的1.11 倍计取。

(7) 塑料管道填水泥砂浆工程量的用工用料,是由设计估列取定的。为普工工日 2.4/100 m;＃325 水泥为 0.228 t,粗砂为 1.136 t。

(8) 本工程用的主材单价表,见表 8-34。

表 8-34　主材单价表

序号	主材名称	规格程式	单位	单价/元		备注
				原价	预算价	
1	钢筋	Φ6 mm	kg	2.72		本单价是按××市电信管理局物资处编制的《电信建设工程概(预)算常用电信器材基础价价格目录》取定的
2	钢筋	Φ10 mm	kg	2.72		
3	螺纹钢	Φ12 mm	kg	2.80		
4	镀锌焊接钢管	Φ114 mm×4 mm×6 000 mm	根	201.81		
5	钢管管箍		个	1.02		
6	人孔盖	车行道用、含口圈	套	688.00		
7	电缆托架	120 cm	根	28.30		
8	电缆托架	60 cm	根	15.30		
9	托架穿钉	M16	付	3.35		
10	积水罐(带盖)		套	21.95		
11	拉力环		个	8.65		
12	机制砖	24 cm×12 cm×5 cm	千块		236.00	
13	粗砂		t		30.90	
14	卵石	0.5～3.5 cm	t		29.11	
15	双壁波纹塑料管	Φ100 mm×6 000 mm	根	66.50		
16	胶圈		个	0.95		
17	木材(板方材)	Ⅱ等	m^3	1 300.00		
18	普通硅酸盐水泥	＃325	t	268.00		

二、工程量计算

（一）管道施工图测量工程量计算

路由总长度＝17.5＋39.5＝57(m)＝0.57(100 m)

（二）手孔坑体积的计算

1. 手孔坑深度的计算

根据纵断面图(图号:GD-S-02)，手孔坑深度：

$$H=H_1=H_2=49.06-46.75+0.15=2.46\ \mathrm{m}$$

注：手孔上方无路面。

2. 手孔坑底面积的计算

根据手孔图(图号:GD-S-03)，手孔坑底面积：

$$S=S_1=S_2=a\cdot b=(\text{手孔外壁长}+0.4\times2)\times(\text{手孔外壁宽}+0.4\times2)$$

$$=(2.18+0.8)\times(1.68+0.8)=2.98\times2.48=7.390\ \mathrm{m}^2$$

3. 手孔坑上口面积的计算

根据手孔坑结构图和已知条件，手孔坑上口面积：

$$A=A_1=A_2=(a+2H_i)\cdot(b+2H_i)$$

$$=[(2.18+0.8)+2\times2.46\times0.33]\times[(1.68+0.8)+2\times2.46\times0.33)]$$

$$=4.60\times4.10=18.86\ \mathrm{m}^2$$

4. 手孔坑体积的计算：因＃1与＃2手孔坑相关几何尺寸相同，则：

(1) 手孔坑体积

$$V=V_1=V_2=H/3[ab+(a+2H_i)\cdot(b+2H_i)+\sqrt{ab(a+2H_i)(b+2H_i)}]$$
$$=H/3(S+A+\sqrt{SA})=2.46/3\times(7.39+18.86+\sqrt{7.39\times18.86})$$
$$=2.46/3\times38.06=31.21\ m^3$$

(2) ＃1手孔坑与＃2手孔坑体积之和

$$V_{坑}=V_1+V_2=2V=2\times31.21=62.42\ m^3$$

(三) 管道沟体积的计算

1. ＃原人孔～＃1手孔间管道沟体积的计算

(1) 管道沟平均深度的计算

沟平均深度＝(＃原人孔处沟深＋＃1手孔处沟深)/2，即：

$$H_{平均}=(H_{原}+H_1)/2=(1.219+1.379)/2=1.299\ m$$

式中：$H_{原}$＝＃原人孔盖高程－管道基础顶面高程＋管道基础厚度＝1.219 m；H_1＝＃1手孔顶盖高程－管道基础顶面高程＋管道基础厚度＝1.379 m。

(2) 管道沟底宽度计算

当沟底宽度＞630 mm时，两侧操作空间为60 cm(每侧各30 cm)；当沟底宽度＜630 mm时，两侧操作空间为30 cm(每侧各15 cm)。

根据设计，6孔钢管管道基础宽度为735 mm，大于规定要求的630 mm，所以开挖沟底宽度为：

$$B=0.735+0.3\times2=0.735+0.60=1.335\ m$$

(3) 管道沟长度的计算

管道沟长度L按＃原人孔外壁至＃1手孔坑坡中点间距计取，即：

$$L=17.50-0.99-(0.84+0.40+2.46\times0.33/2)=14.864\ m$$

(4) 管道沟体积的计算

$$V_1=(B+H_{平})H_{平}\cdot L=(1.335+1.299\times0.33)\times1.299\times14.864$$
$$=1.764\times1.299\times14.864=34.06\ m^3$$

2. ＃1手孔～＃2手孔间管道沟体积的计算

(1) 管道沟平均深度的计算

沟平均深度＝(＃1手孔处沟深＋＃2手孔处沟深)/2，即：

$$H_{平均}=(H_2+H_3)/2=(1.390+1.54)/2=1.465\ m$$

式中：H_3＝＃2手孔盖高程－管道基础顶盖高程＋管道基础厚度＝49.06－47.60＋0.08＝1.54 m；H_2＝49.06－47.75＋0.08＝1.39 m。

(2) 管道沟底宽度计算

根据通信管道工程规范规定：

基础宽＝0.52 m(小于0.63 m)时，管道沟底宽度B_2＝0.52＋0.15×2＝0.82 m。

(3) 管道沟长度的计算

沟长L_2＝＃1坑坡中点至＃2坑坡中点间距，即：

$$L_2=39.5-(1.09+0.4+2.46\times0.33/2)-(1.09+0.4+2.46\times0.33/2)$$
$$=39.5-3.792=35.708\ m$$

(4) 1 手孔～♯2 手孔管道沟体积的计算

$$V_2=(B_2+H_{平i})H_{平}\cdot L_2=(0.82+1.465\times0.33)\times1.465\times35.708$$
$$=1.303\times1.465\times35.708=68.163\ \text{m}^3$$

3. ♯原～♯1～♯2 管道沟体积合计

$$V_{管}=V_1+V_2=34.06+68.163=102.223\ \text{m}^3$$

(四) 路面层面积及体积的计算

1. 路面层面积的计算

(1) 6 孔钢管管道路面面积

① 柏油路面面积

根据给定已知条件,柏油路面厚度为 250 mm,长度 $L=14.00$ m;钢管管道沟路面宽度为:

$b=(0.735+0.3\times2)+2H_i=1.335+(2\times1.299\times0.33)=1.335+0.857=2.192$ m

柏油路面面积则为:

$$A_1=b\cdot L=2.192\times14.00=30.688\ \text{m}^2;$$

② 水泥砖路面面积

根据已知条件,路面宽度为:

$$b=2.192\ \text{m}(同上)$$

路面长度为:

$L=$♯原人孔与♯1 手孔中心间距－♯原人孔外壁宽的一半－♯1 手孔坑上口宽的一半－柏油路面长
$=17.50-0.99-2.052-14.00=0.458$ m

式中:0.99 为给定已知条件;$2.052=0.84+0.40+2.46\times0.33$

水泥砖路面面积则为:

$$A_2=b\cdot L=2.192\times0.458=1.004\ \text{m}^2$$

(2) 6 孔塑料管道沟路面面积

① 混凝土砌块路面面积

根据已知条件,沟路面宽为:

$$b=(0.52+0.15\times2)+2H_i=0.82+2\times1.465\times0.33=1.787\ \text{m}$$

沟路面长为:

$$L=7.00\ \text{m}(已知)$$

则混凝土砌块路面面积为:

$$A_3=b\cdot L=1.787\times7.00=12.51\ \text{m}^2$$

② 水泥砖路面面积

根据已知条件,沟路面宽为

$$b=(0.52+0.15\times2)+2H_i=1.787\ \text{m}$$

沟路面长为:

$L=$(♯1 坑边～♯2 坑边)$-7.00=39.5-(2.18+0.4\times2+2\times2.46\times0.33)-7.00$
$=39.5-4.604-7.00=27.896$ m

水泥砖路面面积则为:

$$A_4=b\cdot L=1.787\times27.896=49.850\ \text{m}^2$$

(3) 手孔坑路面面积

根据已知条件和手孔图得知#1手孔坑与#2手孔坑尺寸相同,且均为水泥砖路面;

① 手孔坑水泥砖路面长:

$b=2.18+0.40\times2+2H_i=2.18+0.80+2\times2.46\times0.33=4.604\ \text{m}$;

② 手孔坑水泥砖路面宽:

$a=1.68+0.40\times2+2H_i=1.68+0.80+2\times2.46\times0.33=4.104\ \text{m}$;

③ 两手孔坑水泥砖路面面积:

$$A_5=(a\times b)\times2=4.104\times4.604\times2=37.790\ \text{m}^2。$$

(3) 水泥砖路面总面积

$$A_{水}=A_2+A_4+A_5=1.004+49.850+37.79=88.644\ \text{m}^2$$

2. 路面层体积计算

(1) 柏油路面层体积

① 柏油路面面积:$A_1=30.688\ \text{m}^2$。

② 柏油路面厚:$h_1=0.25\ \text{m}$。

③ 柏油路面层体积:$V_1=A_1\times h_1=30.688\times0.25=7.672\ \text{m}^3$。

(2) 混凝土砌块路面层体积

① 路面面积:$A_3=12.51\ \text{m}^2$。

② 路面厚:$h_3=0.15\ \text{m}$。

③ 路面层体积:$V_3=12.51\times0.15=1.877\ \text{m}^3$。

(3) 水泥砖路面层体积

① 水泥砖路面总面积:$A_{水}=88.644\ \text{m}^2$。

② 水泥砖路面层厚度:$h_2=0.10\ \text{m}$。

③ 水泥砖路面层体积:$V_2=A_{水}\times h_2=88.644\times0.10=8.864\ \text{m}^3$。

(4) 路面层总体积

$$V_{层}=V_1+V_2+V_3=7.672+1.877+8.864=18.413\ \text{m}^3$$

(五) 开挖总土方量(硬土)

$V_{总}$=(手孔坑总体积+管道沟总体积)−路面层总体积

$=V_{坑}+V_{管}-V_{层}=62.42+102.223-18.413=146.23\ \text{m}^3=1.462(100\ \text{m}^3)$

(六) 夯回填土方量体积

1. 两手孔体积

$$V_1=(2.18\times1.68\times2.10)\times2=15.382\ \text{m}^3$$

式中:2.10 m为上覆顶至基础底间距。

2. 6孔钢管管道体积

(1) 宽:$b=0.895\ \text{m}$

(2) 高:$h=0.114+0.08\times2=0.274\ \text{m}$

(3) 长:L=#原人孔外壁至#1手孔外壁间距$=17.50-0.99-0.84=15.67\ \text{m}$

(4) 钢管管道体积:$V_2=b\times h\times L=0.895\times0.274\times15.67=3.843\ \text{m}^3$

3. 6孔塑料管道体积

(1) 宽:$b=0.52\ \text{m}$

(2) 高：$h=0.250+0.08\times2=0.41$ m

(3) 管道长：$L=$ #1 手孔外壁至 #2 手孔外壁间距 $=39.5-1.09\times2=37.32$ m

(4) 塑料管道体积：$V_3=b\times h\times L=0.52\times0.41\times37.32=7.957\ m^3$

4. 夯回填原土总体积

$V_{回}=$ 开挖总土方量 $-$（手孔体积 $+$ 管道体积）

$=V_{总}-(V_1+V_2+V_3)=146.23-(15.382+3.843+8.957)=119.048\ m^3=1.190(100\ m^3)$

（七）做钢管管道混凝土基础（#150）

钢管管道基础长：$L=17.50-0.99-0.84=15.67$ m $=0.157(100$ m$)$。

钢管基础宽 $=0.895$ m，折合 TX_2-012 子目基础宽（0.880 m）的系数为 $0.895\div0.880=1.02$。

（八）做塑料管道混凝土基础（#150）

塑料管管道基础长：$L=$ #1 手孔外壁至 #2 手孔外壁间距 $=39.5-2.18=37.32$ m $=0.373(100$ m$)$

塑料管道基础宽 0.52 m，折合 TX_2-004（基础宽 460 mm）的系数为 $520\div460=1.13$。

（九）钢管管道基础加筋

钢管管道加筋基础长度：$L=15.67-2.00\times2=11.67$ m $=0.117(100$ m$)$

式中：15.67 m 为钢管管道基础总长度。

（十）铺钢管管道工程量

铺设管长长度：$L=17.50$ m $=0.175(100$ m$)$

注：$L=$ # 原人孔中心至 #1 手孔中心间距，不计取主材损耗量。

（十一）铺设塑料管道工程量

铺设管道长度：$L=39.5$ m $=0.395(100$ m$)$

（十二）塑料管道填水泥砂浆

填砂浆长度：$L=$ 管道基础长度 $=37.32$ m $=0.373(100$ m$)$

（十三）管道混凝土包封（#150）工程量

1. 6 孔钢管管道包封混凝土体积

(1) 侧包封

$$V_1=\text{厚}\times\text{高}\times L\times2=0.08\times0.114\times15.67\times2=0.286\ m^3$$

(2) 顶包封

$$V_2=\text{厚}\times\text{宽}\times L=0.08\times0.895\times15.67=1.122\ m^3$$

(3) 钢管管道包封混凝土合计

$$V_{钢包}=V_1+V_2=1.408\ m^3$$

2. 6 孔塑料管道包封混凝土工程量

(1) 管群两侧包封

$$V_1=\text{厚}\times\text{高}\times L\times2=0.08\times0.25\times37.32\times2=1.493\ m^3$$

(2) 管群顶包封

$$V_2=\text{厚}\times\text{高}\times L=0.08\times0.52\times37.32=1.553\ m^3$$

(3) 塑料管道包封混凝土体积

$$V_{塑包}=V_1+V_2=1.493+1.553=3.046\ m^3$$

3. 管道包封混凝土合计

$$V_{包}=V_{钢包}+V_{塑包}=1.408+3.046=4.454\ m^3$$

（十四）＃100 水泥砂浆砖砌体工程量

因为两个特深手孔由深 1.2 m 到 1.8 m 所增加的手孔砖砌体方量：1.95 m^3

$$V=(2.18\times0.24\times2+1.2\times0.24\times2)\times(1.8-1.2)\times2$$
$$=1.622\times0.60\times2=1.947\ m^3$$

（十五）水泥砂浆抹面（1：2.5 水泥砂浆）

因为两特殊未加深手孔由于增深 0.60 m 所增加的手孔内外抹面工程量：16.22 m^3

1. 抹面面积

$$A_1=(1.7+1.2)\times2\times0.6\times2=6.96\ m^3$$

2. 外抹面面积

$$A_2=(2.18+1.68)\times2\times0.60\times2=9.26\ m^3$$

3. 合计

$$A=A_1+A_2=6.96+9.26=16.22\ m^3$$

（十六）砖砌手孔 2 个（给定）

手孔尺寸：1.7 m×1.2 m×1.8 m（长×宽×高）

（十七）人孔壁开窗口

1 处（砖墙）

（十八）手推车倒运土方

0.18（100 m^3）（给定）

根据以上统计计算，本工程的工程量汇总见表 8-35。

表 8-35　工程量汇总表

序号	工程量名称	单位	数量	备注
1	施工测量	100 m	0.570	通信管道工程施工测量
2	开挖柏油路面（250 mm 以内）	100 m^2	0.307	＃原人孔～＃1 手孔之间 14 m 长
3	开挖混凝土砌块路面（厚 150 mm）	100 m^2	0.125	＃1～＃2 手孔间长 7 m
4	开挖水泥砖路面（厚 100 mm）	100 m^2	0.886	2 手孔坑、＃原人孔～＃1 间 0.88 m 长，＃1～＃2 之间 28.74 m 长
5	人工开挖管道沟及人孔坑土方（硬土）	100 m^3	1.462	不含路面厚度
6	手推车倒运土方	100 m^3	0.180	给定
7	回夯填原土	100 m^3	1.192	
8	做（3×2）塑料管道基础（＃150 混凝土）	100 m	0.373	基础厚 0.08 m 宽 0.52 m
9	做（6×1）镀锌钢管管道基础（＃150 混凝土）	100 m	0.157	基础厚 0.08 m 宽 0.894 m
10	铺设（3×2）塑料管道	100 m	0.395	Φ100 mm 双壁波纹管
11	铺设（6×1）镀锌钢管管道	100 m	0.175	Φ114 钢管（镀锌焊接）带螺丝口
12	通信管道包封混凝土（＃150）	m^3	4.454	
13	砖砌手孔（现场浇灌上覆）	个	2.000	长 1.7 m 宽 1.2 m 高 1.8 m
14	钢管管道基础加筋	100 m	0.117	加筋长度＝基础长－4 m

续 表

序号	工程量名称	单位	数量	备注
15	砂浆砖砌体(＃100)	m^3	1.947	手孔增深 0.6 m 所增加的砖砌体
16	砂浆(1：2.5)抹面	m^2	16.220	手孔增深 0.6 m 所增加的手孔内外壁抹面面积
17	人孔壁开窗口	处	1	给定
18	塑料管道(3×2)填水泥砂浆	100 m	0.373	管间缝隙填水泥砂浆

三、主材用量统计计算见表 8-36、8-37。

表 8-36　主材统计表

序号	项目名称	定额编号	工程量	主材名称	规格型号	单位	主材使用量
1	做钢管管道混凝土基础(＃150)	TX_2-012	0.157/100 m	普通水泥	＃325	t	2.035×0.157×1.02＝0.326
				粗砂		t	4.632×0.157×1.02＝0.742
				卵石	0.5～3.5 cm	t	9.659×0.157×1.02＝1.547
				圆钢	Φ6 mm	kg	3.10×0.1572＝0.487
				圆钢	Φ10 mm	kg	19.56×0.157＝3.071
				板方材	Ⅱ等	m^3	0.114×0.157×1.02＝0.018
2	做塑料管道混凝土基础(＃150)	TX_2-004	0.373/100 m	普通水泥	＃325	t	1.064×0.373×1.13＝0.448
				粗砂		t	2.421×0.373×1.13＝1.020
				卵石	0.5～3.5 cm	t	5.049×0.373×1.13＝2.128
				圆钢	Φ6 mm	kg	1.54×0.373＝0.574
				圆钢	Φ10 mm	kg	9.78×0.373＝3.648
				板方材	Ⅱ等	m^3	0.099×0.373×1.13＝0.042
3	通信管道包封混凝土(＃150)	TX_2-060	4.454/m^3	普通水泥	＃325	t	0.289×4.454＝1.287
				粗砂		t	0.658×4.454＝2.931
				卵石	0.5～3.5 cm	t	1.372×4.454＝6.111
				板方材	Ⅱ等	m^3	0.06×4.454＝0.267
4	塑料管道填水泥砂浆	设计估列	0.16/100 m	普通水泥	＃325	t	0.228
				粗砂		t	1.136

续 表

序号	项目名称	定额编号	工程量	主材名称	规格型号	单位	主材使用量
5	砖砌手孔(1.2 m×1.7 m×1.2 m现场浇灌上覆)	TX_2-098	2.00/个	普通水泥	＃325	t	0.65×2=1.300
				粗砂		t	2.100×2=4.200
				卵石	0.5～3.5 cm	t	1.300×2=2.600
				圆钢	Φ6 mm	kg	2.10×2=4.20
				圆钢	Φ10 mm	kg	8.64×2=15.28
				圆钢	Φ12 mm	kg	15.37×2=30.74
				板方材	Ⅱ等	m^3	0.02×2=0.04
				人孔口圈	车行道	套	1.01×2=2.02
				积水罐		套	1.01×2=2.02
				电缆托架	60 cm	根	4.04×2=8.08
				电缆托架	120 cm	根	4.04×2=8.08(按图计取)
				托架穿钉	M16	根	8.08×2×2=32.32(按图计取)
				拉力环		个	2.02×2=4.04
				机制砖		千块	1.08×2=2.16
6	钢管管道基础加钢筋	TX_2-127	0.117/100 m	圆钢	Φ6 mm	kg	108.64×0.117=12.590
				圆钢	Φ10 mm	kg	679.17×0.117=79.463
7	砂浆砖砌体	TX_2-137	1.947/m^2	普通水泥	＃325	t	0.105×1.947=0.205
				粗砂		t	0.322×1.947=0.627
				机制砖		千块	0.560×1.95=1.092
8	砂浆抹面(1:2.5)	TX_2-138	16.220/m^2	普通水泥	＃325	t	14.34×16.22÷1 000=0.233
				粗砂		t	44.00×16.22÷1 000=0.714
9	铺设(3×2)塑料管道	TX_2-036	0.395/100 m	PVC塑料管	Φ100 mm	根	39.5÷6×6=39.5
				接续胶圈		个	39.5×1=40.0
				圆钢	Φ10 mm	kg	44.72×0.395=18.66
10	铺设(6×1)镀锌钢管管道	TX_2-051	0.175/100 m	镀锌钢管/6 m	Φ114 mm	根	18.5×6÷6=18.5
				管箍	Φ114 mm	个	120×0.175=21.00
				圆钢	Φ10 mm	kg	44.72×1.11×0.175=8.69(按已知计取)

表 8-37　×××光缆环配套管道单项工程主材用量汇总表

序号	主材名称	单位	新建手孔1.7×1.2×1.8	铺设塑料管道(3×2)	铺设镀锌钢管(6×1)	塑料管道填水泥砂浆	手孔内外壁抹面	手孔加深砖砌体	塑料管道基础(3×2)＃150	钢管管道基础(6×1)＃150	钢管管道基础加筋	管道包封混凝土＃150	合计
			2个	0.395/100 m	0.175/100 m	0.373/100 m	16.22/m^2	1.947/m^3	0.373/100 m	0.157/100 m	0.117/100 m	4.454	
1	钢筋Φ6	kg	4.20						0.574	0.487	12.590		18.851
2	钢筋Φ10	kg	15.28	18.66	8.69				3.648	3.071	79.643		128.992
3	钢筋Φ12	kg	30.74										30.74
4	镀锌钢管	根			18.50								18.50
5	管箍	个			21.00								21.00
6	人孔盖(含口圈)	套	2.02										2.02
7	电缆托架120 cm	根	8.08										8.08
8	电缆托架60 cm	根	8.08										8.08
9	托架穿钉(M16)	根	32.32										32.32
10	积水罐	套	2.02										2.02
11	拉力环	个	4.04										4.04
12	机制砖	千块	2.16					1.092					3.252
13	粗砂	t	4.20			1.136	0.714	0.627	1.020	0.742		2.931	11.370
14	卵石	t	2.60						2.128	1.547		6.111	12.386
15	双壁波纹管Φ100	根		39.5									39.50
16	胶圈	个		40.00									40.00
17	板方材Ⅱ等	m^3	0.04						0.042	0.018		0.267	0.367
18	水泥＃325	t	1.30			0.228	0.233	0.205	0.448	0.326		1.287	4.027

四、预算编制

×××配套通信管道单项工程一阶段施工图预算。

(一) 预算编制说明

1. 工程概况

本设计为×××配套通信管道新建工程一阶段施工图设计，新建各种通信管道全长57管程米，折合0.342孔千米。其中：新建6孔(3×2)塑料管管道39.5管程米，折合0.237孔千米;新建6孔(6×1)镀锌钢管管道18.5管程米,折合0.105孔千米。新建加深手孔(1.7 m×1.2 m×1.8 m)2个。预算总值为46 349.48元。总工日为202.07工日,其中:技工工日40.06工日,普工工日162.01工日。

2. 编制依据及有关取费标准及计算方法的说明

(1) 原邮电部(1995)626号文"关于发布《通信建设工程概算、预算编制办法及费用定额》等标准的通知及附件";

(2) 原邮电部(1992)403号文"关于发布《通信行业工程勘察、设计收费工日定额》的通知";

(3) ××市电信管理局物资处编制的《电信建设工程概算、预算常用电信器材基础价格目录》;

(4) ××市电信管理局,电信建发(1998)556号文《关于通信管道工程概算、预算编制中有关赔偿费规定的通知》;

(5) 原邮电部(1996)582号文"关于发布《通信建设工程施工机械费用定额》等两个定额标准的通知";

(6) 原邮电部(1997)52号文《关于明确通信建设工程概算、预算中"流动施工津贴标准"的通知》;

(7) 原邮电部(1995)945号文"关于发布《通信建设工程类别划分标准》的通知";

(8) 有关费用与费率的取定:

① 本工程为一阶段施工图设计,总预算中计列"预备费",费率为5%;

② 人工费标准:技工费单价16.80元/工日;普工费单价11.00元/工日,普工为非成建制普工;

③ 水泥运杂费费率为27%;钢材运杂费费率为9%;塑料制品运杂费费率为6.5%;木制品运杂费费率为21%;砖、砂、石、地材为地方预算价,不再计取其他有关费用。

④ 主材不计包装费;

⑤ 施工用水、电、蒸汽费按200元计取。

3. 工程技术经济指标分析

本工程预算投资46 349.48元,其中建安费20 468.77元,工程建设其他费23 673.59元,预备费2 208.12元;新建通信管道57管程米,折合0.342孔千米。平均每孔千米135 524.80元。

4. 其他需要说明的问题(略)

(二) 预算表格

1. 预算总表(表8-38)。

2. 建筑安装工程费用预算表(表8-39)。

3. 建筑安装工程量预算表(表8-40)。

4. 建筑安装工程施工机械使用费预算表(表8-41)。

5. 器材预算表〔表8-42(主要材料表)〕。

6. 工程建设其他费用预算表(表8-43)。

表 8-38　预算总表

单项工程名称：××局通信管道工程　　建设单位名称：××××　表格编号：GD-Z

序号	概预算表编号	工程或费用名称	概预算价值/元或外币/							
			建筑工程	需要安装的设备	安装工程	不需安装的设备、工器具	其他费用	预备费	总价值	
									人民币/元	其中外币
1	2	3	4	5	6	7	8	9	10	11
1	GD-JAE	建筑安装工程费			20 468.77				20 468.77	
2	GD-QT	工程建设其他费					23 673.59		23 673.59	
3		小计			20 468.77		23 673.59		44 142.36	
4		预备费(小计×5%)						2 208.12	2 208.12	
5		单项工程费用合计			20 468.77		23 673.59	2 208.12	46 349.48	

设计负责人：×××　审核：×××　编制：×××　编制日期：××××年××月××日

注：凡由企业运营费列支的项目，不计入总价值，其数字加括号以示区别。

表 8-39　建筑安装工程费用预算表

单项工程名称：×××　通信管道工程　　建设单位名称：×××　表格编号：GD-JAF

序号	费用名称	依据和计算方法	技工费/元	普工费/元	合计/元
1	2	3	4	5	6
	建筑安装工程费	一～四之和			20 468.77
一	直接工程费	(一)+(二)+(三)			18 734.22
(一)	直接费	1～3 之和			15 852.75
1	人工费	(1)+(3)			2 455.12
(1)	技工费	技工工日×16.8 元/工日	673.01		673.01
(2)	成建制普工费				
(3)	普工费	普工工日×11 元/工日		1 782.11	1 782.11
2	材料费	(1)+(2)			13 348.00
(1)	主要材料费	表 8-42			13 241.07
(2)	辅助材料费	主材费×0.8%			105.93
3	机械使用费	表 8-41			50.63
(二)	其他直接费	1～13 之和			2 161.80
1	冬雨季施工增加费	人工费×6%			148.31
2	夜间施工增加费	人工费×4%			98.20
3	工程干扰费	人工费×10%			245.51
4	特殊地区施工增加费	无			
5	新技术培训费	无			
6	仪器仪表使用费	无			
7	生产工具用具使用费	技工费×12%+普工费×2%	80.76	35.64	116.40
8	工程车辆使用费	技工费×13%			88.49
9	工地器材搬运费	技工费×5%			33.65
10	流动施工津贴	4.8 元×技工工日			192.29
11	人工费差价	8.8 元×技工工日+4 元×普工工日	352.53	640.04	1 000.57

续 表

单项工程名称:×××　通信管道工程　　建设单位名称:××××　表格编号:GD-JAF

序号	费用名称	依据和计算方法	技工费/元	普工费/元	合计/元
12	工程点交、场地清理费	技工费×6%			40.38
13	施工生产用水、电、蒸汽费	估列			200.00
(三)	现场经费	(1)+(2)			719.67
(1)	临时设施费	技工费×9%+普工费×5%	60.57	89.11	149.68
(2)	现场管理费	技工费×32%+普工费×30%	215.36	354.63	569.99
二	间接费	(一)+(二)			323.04
(一)	企业管理费	技工费×48%			323.04
(二)	财务费	无			
三	计划利润	人工费×30%			736.54
四	税金	一～三之和×3.41%			674.97

设计负责人:×××　审核:×××　编制:×××　编制日期:××××年××月××日

表 8-40　建筑安装工程量预算表

单项工程名称:×××　通信管道工程　建设单位名称:××××　表格编号:GD-GCL

序号	定额编号	项目名称	单位	数量	单位定额值/工日		概预算值/工日	
					技工	普工	技工	普工
1	2	3	4	5	6	7	8	9
1	TX_1-001	施工测量	100 m	0.570	3.85		2.19	
2	TX_1-006	开挖柏油(250 mm)路面	100 m²	0.307	6.90	62.10	2.12	19.07
3	TX_1-009	开挖混凝土砌块路面	100 m²	0.125	0.60	5.40	0.08	0.68
4	TX_1-010	开挖水泥砖路面	100 m²	0.886	0.50	4.50	0.44	3.99
5	TX_1-013	人工开挖管道沟及人孔坑(硬土)	100 m³	1.462		43.00		62.87
6	TX_1-024	手推车倒运土方	100 m³	0.180	1.00	12.00	0.18	2.16
7	TX_1-019	回夯填原土	100 m³	1.192		26.00		30.99
8	TX_2-004	做(3×2)塑料管道混凝土基础#150	100 m	0.373	6.96×1.13	10.43×1.13	2.93	4.40
9	TX_2-012	做(6×1)钢管管道混凝土基础#150	100 m	0.157	11.06×1.02	16.60×1.02	1.77	2.66
10	TX_2-036	铺设(3×2)塑料管管道	100 m	0.395	3.04	4.56	1.20	1.80
11	TX_2-051	铺设(6×1)镀锌钢管管道	100 m	0.175	3.46	5.20	0.61	0.91
12	TX_2-060	通信管道的混凝土包封#150	m³	4.454	1.74	1.74	8.75	8.75
13	TX_2-098	(1.7×1.2)砖砌手孔(现场浇灌上覆)	个	2.000	8.67	8.33	18.34	16.66
14	TX_2-127	(6×1)钢管管道混凝土基础加筋	100 m	0.117	1.42	2.12	0.17	0.25
15	TX_2-137	砂浆砖砌体#100	m³	1.947	0.85	1.28	1.66	2.49
16	TX_2-138	砂浆(1:2.5)抹面	m³	16.22	0.10	0.15	1.62	2.43
17	TX_2-139	原人孔壁开窗户	处	1.00		2.00		2.00
18	XB-0038(一次性定额)	塑料管道(3×2)填水泥砂浆	100 m	0.373		2.40		0.90
19		1～18 合计			.		40.06	162.01

设计负责人:×××　审核:×××　编制:×××　编制日期:××××年××月××日

表 8-41　建筑安装工程量预算表

单项工程名称：×××　通信管道工程　　建设单位名称：××××　表格编号：GD-JX

序号	定额编号	项目名称	机械名称	单位	数量	单位定额值		概(预)算值		备注
						数量/台班	单价/元	数量/台班	合价/元	
1	TX_1-006	人工开挖柏油路面(250 mm 以下)	路面切割机	100 m^2	0.31	0.70	230.13	0.22	50.63	

设计负责人：×××　编制：×××　审核：×××　编制日期：××××年××月××日

表 8-42　器材预算表

（主要材料表）

单项工程名称：×××　通信管道工程　　建设单位名称：××××　表格编号：GD-ZC

序号	名称	规格程式	单位	数量	单价/元	合计/元	备注
1	2	3	4	5	6	7	8
1	钢筋	Φ6 mm	kg	18.851	2.72	48.55	
2	钢筋	Φ10 mm	kg	128.992	2.72	348.14	
3	钢筋(螺纹)	Φ12 mm	kg	30.74	2.80	86.07	
4	镀锌焊接钢管	Φ114 mm×4 mm×6 000 mm	根	18.50	201.81	3 531.68	
5	钢管管箍		个	21.00	1.02	21.42	
6	人孔盖(车行道、含口圈)		套	2.02	688.00	1 389.76	
7	电缆托架	120 cm	根	8.08	28.30	228.66	
8	电缆托架	60 cm	根	8.08	15.30	123.62	
9	电缆托架穿钉	M16 mm	付	32.32	3.35	108.27	
10	积水罐(带盖)		套	2.02	21.95	44.34	
11	拉力环		个	4.04	8.65	34.95	
12	小计(1)	1～11 之和				5 965.46	
13	供销部门手续费	小计(1)×1.8%				108.38	
14	包装费	无					
15	运杂费	小计(1)×9%				536.89	
16	采购及保管费	小计(1)×2.8%			、	168.03	
17	运输保险费	小计(1)×0.1%				5.97	
18	合计(1)	12～17 之和				6 782.73	
19	机制砖	24 cm×12 cm×5 cm	千块	3.252	236.00	768.47	预算价
20	粗砂		t	11.37	30.90	351.33	预算价
21	卵石	0.5～3.5 cm	t	12.386	29.11	360.56	预算价
22	合计(2)	19～21 之和				1 479.36	预算价
23	双壁波纹塑料管	Φ1 00×6 000 mm	根	39.50	66.50	2 626.75	
24	接续密封胶圈		个	40.00	0.95	38.00	
25	小计(3)	23～24 之和				2 664.75	

设计负责人：×××　审核：×××　编制：×××　编制日期：××××年××月××日

续 表

序号	名称	规格程式	单位	数量	单价/元	合计/元	备注
1	2	3	4	5	6	7	8
26	供销部门手续费	小计(3)×1.8%				48.97	
27	运杂费	小计(3)×6.5%				173.21	
28	采购及保管费	小计(3)×2.8%				74.61	
29	运输保险费	小计(3)×0.1%				2.66	
30	合计(3)	25～29之和				2 963.20	
31	木材	板方材Ⅱ等	m^3	0.367	1 300.00	478.10	
32	小计(4)					478.10	
33	供销部门手续费	小计(4)×1.8%				8.59	
34	运杂费	小计(4)×21%				100.19	运距1 500 km以内
35	采购及保管费	小计(4)×2.8%				13.36	
36	运输保险费	小计(4)×0.1%				0.48	
37	合计(4)	36～40之和				599.72	
38	普通硅酸盐水泥	♯325	t	4.027	268.00	1 075.21	
39	小计(5)					1 075.21	
40	供销部门手续费	小计(5)×1.8%				19.35	
41	运杂费	小计(5)×27%				290.31	运距500 km以内
42	采购及保管费	小计(5)×2.8%				30.11	
43	运输保险费	小计(5)×0.1%				1.08	
44	合计(5)	43～47之和				1 416.06	
45	主材费总计	合计(1)～合计(5)之和				13 241.07	

设计负责人：××× 审核：××× 编制：××× 编制日期：××××年××月××日

表 8-43　工程建设其他费用预算表

单项工程名称：×××　通信管道工程　　　建设单位名称：××××　表格编号：GD-QT

序号	费用名称	单位	数量	单价	合计/元	备注
1	2	3	4	5	6	7
1	建设用地及综合赔补费				21 190.00	给定
2	研究试验费					无
3	勘察设计费				1 123.28	给定
4	生产准备费					无
5	供电贴费					无
6	施工队伍调遣费				910.00	91×2×5=910元
(1)	技工调遣费	元/人	5	182.00	910.00	技工单程调遣费定额为91元
(2)	成建制普工调遣费					本工程为非军民共建工程

续表

序号	费用名称	单位	数量	单价	合计/元	备注
7	大型施工机械调遣费					无
8	定额编制管理费				20.47	建安工程费×0.1%
9	建设期投资贷款利息					无
10	建设单位管理费				429.84	工程费×4.2%×50%
	其中:工程质量监督费				30.70	建安工程费×0.15%
11	运土费					无
12	其他费用					无
13	总计(1+3+6+8+10)				23 673.59	其中含质监费 31.83

设计负责人:×××　审核:×××　编制:×××　编制日期:××××年××月××日

8.7　本章实训

1. 实训目的

学会编制综合布线工程概预算。

2. 实训内容

为 7.4 节的设计实例(×××学校学生宿舍楼群综合布线工程施工图设计)编制预算或为教学楼综合布线系统设计编制概算。

3. 实训过程

第一步:确定布线工程的工程量,如果有的话只需要核实。

第二步:编制预算说明。

第三步:编制预算表格。

4. 实训总结

通过本次实训,学员应掌握综合布线工程概预算文件的组成,初步掌握综合布线工程概预算的编制方法。

思考与练习

一、填空题

1. 按建设工程定额反映的物质消耗内容分类,可以把建设工程定额分为________、________和________3 种。

2. 现行《通信建设工程预算定额》由________、________、________、________和________构成。

3. 建筑安装工程费由________、________、________和________组成。

4. 通信建设工程按建设项目、单项工程划分为________、________、________和________。

5. 概预算文件由________和________组成。

二、选择题(答案可能不止一个)

1. 按主编单位和管理权限分类,建设工程定额可以分为________4种。

A. 劳动消耗定额和经济消耗定额

B. 机械消耗定额和材料消耗定额

C. 行业定额、地区性定额

D. 企业定额和临时定额

2. 工程项目的设计概预算是指________的统称。

A. 初步设计概算和施工图设计预算

B. 初步设计预算和施工图设计概算

C. 初步设计概算和方案设计预算

D. 初步设计预算和方案设计概算

3. 安装工程费中的直接工程费不包括________。

A. 直接费　B. 设备材料费　C. 其他直接费　D. 现场经费

4. 通信建设工程概预算文件使用的概预算表格统一使用________。

A. 5种共5张表格　B. 5种共6张表格

C. 5种共7张表格　D. 5种共8张表格

5. 下面有关定额的描述,正确的是________。

A. 通信建设工程定额属于行业定额

B. 企业定额只在本企业内部使用,是企业素质的一个标志

C. 地区性定额(包括省、自治区、直辖市定额)只在本地区范围内使用

D. 临时定额可多次使用,但需向有关部门报备,作为修、补定额的基础资料

三、判断题

1. 按编制程序和用途分类,建设工程定额分为施工定额、预算定额、概算定额、投资估算指标和工期定额5种。　(　)

2. 省际通信工程项目为二类工程。　(　)

四、名词解释

1. 综合布线工程概预算

2. 定额

3. 定额项目表

4. 费用定额

五、简答题

1. 简述综合布线工程概预算编制依据。

2. 试述建筑安装工程概预算编制程序。

3. 试述综合布线工程工程量计算规则。

第9章 综合布线工程管理

【教学提示】

本章主要讲述综合布线工程招投标和监理等内容。通过本章的学习，要求掌握招标方式，工程项目招，投标的概念，程序；会编写标书；理解工程监理的作用、职责，掌握各阶段的监理工作内容和监理要点。

【重点内容】

工程招投标的概念、方式，程序及标书的编写要求，工程监理职责、作用及各阶段的监理工作内容。

【难点内容】

标书的编写。

9.1 综合布线工程招投标

工程项目招投标的目的是为了在建设市场中引入竞争机制，也是国际上采用的较为完善的工程项目承包方式。综合布线工程招投标可以是建筑弱电系统项目中的子项，也可以作为独立的项目进行，其单项主要包括设计、施工和监理。

9.1.1 招投标概述

工程项目招标是指业主对自愿参加工程项目投标的投标人及其所提供的投标书进行审查、评议，确定中标单位的过程。业主对项目的建设地点、规模容量、质量要求和工程进度等予以明确后，向社会公开招标、邀请招标或邀请议标，根据投标人的资质、业绩、技术方案、工程报价、技术水平、人员组成及素质、施工能力和措施、工程经验、企业财务及信誉等方面进行综合评价、全面分析、择优选择中标单位。投标人是响应招标、参加投标竞争的法人或其他组织。

1. 招标方式

工程招标的方式主要有公开招标和邀请招标两种形式。

(1) 公开招标

公开招标即无限竞争招标，指招标单位通过在国家指定的报刊、信息网络或其他媒介发布招标公告，所有符合招标要求的法人或其他组织均可参加投标的招标方式。这种招标方式为所有系统集成商提供了一个平等竞争的平台，有利于选择优良的施工单位，有利用于控制工程的造价和施工质量。但由于投标单位较多，因此，会增加资格预审和评标的工作量。

(2) 邀请招标

邀请招标属于有限竞争招标，是招标单位向其认为有承建能力、资信良好的承建单位直接发出投标邀请书的招标方式。根据工程的大小不同，一般邀请5～10家单位参加投标，但不能少于3个单位参加，条件许可的话，应邀请不同地区、不同系统的承建单位参加。这种招标方式存在一定的局限性，但会显著地降低工程评标的工作量，因此目前综合布线工程的招标还是以邀请招标方式为主。

2. 招标程序

任何一种招标方式，业主都必须按照规定的程序进行招标，并要制定统一的招标文件。

招标程序包括编制招标文件、投标人资格预审、发放招标文件、开标、评标与定标、签订合同5个步骤。

3. 投标程序

投标程序包括从填写资格预审表开始至将正式投标文件交付业主为止的全部工作。主要包括以下内容：

(1) 购买招标书；

(2) 分析招标文件、进行现场勘察、编制方案，确定工程投标报价；

(3) 编制投标文件；

(4) 封送投标书；

(5) 参加开标(及问题解答)。

4. 招标公告实例

××大学学生宿舍校园网综合布线工程招标公告

招标编号：ABC—GC—2008—23

经学校研究同意，××大学招标工作办公室就“××大学学生宿舍校园网综合布线工程”进行公开招标，欢迎具有相应资质条件的单位参加竞标。

一、工程概况

1. 项目内容：包含综合布线、机柜安装等；
2. 项目地点：××大学××校区；
3. 建设规模：约2 500个信息点。

二、投标人资格及要求

1. 投标人必须具有独立法人资格；
2. 投标人需具有类似工程施工业绩，拟承建本工程的项目经理必须是投标人正式职工；
3. 资质要求：具有信息产业部(厅)或省级建设行政主管部门颁发的信息集成或网络综合布线施工四级(含四级)以上资质(以资质证书为准)。

三、报名

1. 报名时间：2008年4月20日上午9:30～下午16:00。

2. 报名地点：××大学招标工作办公室。

3. 投标人报名时出具下列相关资料：营业执照、企业资质证书（均为复印件加盖单位公章）；投标人委托书、投标代理人身份证（均为原件）。

4. 投标人委托书需打印，并注明招标编号。

四、招标人及其通信地址

招标人：××大学招标工作办公室

地址：××省××市××大学（南区）1＃行政楼

联系人：陈小姐　　　电　话：×××××××××

E-mail：×××　　　　传　真：×××××××××

××大学招标工作办公室

2008年3月21日

9.1.2　招标文件的编制

《中华人民共和国招标投标法》第十九条规定：招标人应当根据招标项目的特点和需要编制招标文件。招标文件应当包括招标项目的技术要求、对投标人资格审查的标准、投标报价要求和评标标准等所有实质性要求和条件以及拟签订合同的主要条款。

1. 招标文件的编制原则

工程招标文件是由建设单位编写的用于项目建设招标的文档，它是投标单位编制投标书的依据，评标的准绳。编制招标文件必须做到系统、完整、准确、明了。其编制原则如下。

(1) 按照《中华人民共和国招标投标法》规定，招标单位应具备下列条件：

① 是依法成立的法人或其他组织；

② 有与招标工程相适应的经济；

③ 招标项目按照国家有关规定需要履行项目审批手续的，应当先履行审批手续，取得批准。

(2) 招标文件必须符合国家的合同法、经济法、招投标法等多项有关法规。

(3) 招标文件应准确、详细地反映项目的客观真实情况，减少签约和履约过程中的争议。

(4) 招标文件涉及投标者须知、合同条件、规范、工程量表等多项内容，力求统一和规范用语。

(5) 坚持公正原则，不受部门、行业、地区限制，招标单位不得有亲有疏，特别是对于外部门、外地区的投标单位应提供方便，不得借故阻碍。

(6) 在编制招标技术文件的部分，综合布线系统应作为一个单项子系统分列。

2. 招标文件内容

招标文件是招标人向承包商提供的书面文件，旨在为其提供编写投标文件所需的资料，并向其通报招标、投标将依据的规则和程序等内容。招标文件主要包括：投标邀请书、投标者须知、合同条款、规范、图纸、工程量、投标文件格式、补充资料表、合同协议书及各类保证等。就其内容大致分为3部分：一是关于编写和提交投标文件的规定；二是关于投标文件的评审标准和方法；三是主要合同条款。其中，招标项目的技术要求、对投标人资格审查的标准、投标报价要求和评标标准等是招标文件的实质性要求和条件。

(1) 投标邀请书

投标邀请书应包含以下内容:

① 建设单位招标项目性质;

② 资金来源;

③ 工程简况(综合布线系统功能要求、信息点数量及分布情况);

④ 技术规格。招标项目的技术规格或技术要求是招标文件中最重要的内容之一,是指招标项目在技术、质量方面的标准。技术规格或技术要求的确定,往往是招标能否达到预期的具有竞争性目的的技术制约因素。因此,世界各国和有关国际组织都普遍要求,招标文件规定的技术规格应采用国际或国内公认、法定的标准。

⑤ 发售招标文件的时间、地点、售价;

⑥ 投标书送交的地点、份数(正本和副本)和截止时间;

⑦ 提交投标保证金的规定额度和时间;

⑧ 开标的日期、时间和地点;

⑨ 现场考察和召开项目说明会议的日期、时间和地点。

(2) 投标人须知

投标人须知是招标文件的重要内容,每个条款都是投标人应该知晓和遵守的规则的说明。包括:

① 资格要求,包含投标人的资质等级要求、投标人的施工业绩、设备及材料的相关证明、施工技术人员的相关资料等;

② 投标文件要求,包括投标书及其附件、投标保证金、辅助资料表等;

③ 投标报价,是招标人评标时衡量的重要因素,一般应要求投标人对要完成的项目做出明确报价,作为今后合同履行的价格;

④ 投标有效期,从投标截止日起到中标日为止的一段时间;

⑤ 投标保证,一般根据项目的规模要求投标方在开标前预交部分资金作为竞标的保证,一般不超过投标总价的2%,中标人确定后,对落标的投标人应在七天内及时将其投标保证金退还给他们;

⑥ 评标的标准和方法,给出评标时将采用的评判方式,如低价中标、综合评分高者中标等。

(3) 主要合同条款

合同条款应明确要完成的工程范围、供货范围。其中主要是商务性条款,有利于投标人了解中标后签订合同的主要内容,明确双方各自的权利和义务。除一般合同条款之外,合同中还应包括招标项目的特殊合同条款。

3. 招标文件实例

××大学楼宇综合布线工程招标文件

××大学中心校区(××路××号)院内8栋教学楼:教1号、教2号、教3号、教4号、教5号、教6号、科技馆、图书馆,要进行综合布线改造,约1 500个点左右,具备招标条件。为加快工程建设速度,确保工程质量,保护承发包双方的合法权益,本工程采取招标的形式择优确定中标人(即合同中的承包人)。现将有关事宜说明如下：

一、综合说明

1. 工程名称：××大学楼宇综合布线工程

2. 工程地点：××大学校园内(××路××号)

3. 招标单位：××大学

4. 承包方式：包工包料

5. 招标联系人：王老师

6. 联系电话/传真：××××××××

二、工程内容

1. 要求：该系统的目标在于建立一套先进、完善的数据配线系统，既能满足现在的需要，又能考虑到将来发展的需要，使系统达到配置灵活、易于管理、易于维护、易于扩充的目的。楼内如设置两个以上电信间，电信间数据主干采用多模8芯以上光缆连接，其他相关产品按超5类配置，选用的缆线及其连接配件必须采用知名品牌产品，谨慎施工，避免干扰，要求做到传输速度快、容量大。

(1) 供货要求

① 综合布线系统的设计，应包含实现整个系统工程目的所需的工作区、配线子系统、管理、干线子系统、设备间全系列布线产品(包括各种电缆、光缆、配线架、模块、面板、插座、插头和用于产品本体安装的配套施工安装器材、每电信间1个19″标准2 m机柜等)。

② 为工程提供的主要产品必须是由同一厂商生产的全系列产品(包括缆线、配线架、模块、面板、插座、插头等)。

③ 用户面板要符合相应规范的安装要求。

④ 布线系统要有易于安装维护的明显识别标志。

(2) 综合布线系统具体技术要求

① 网络信息点基本确定，投标方提前考察施工现场，参与投标时应根据各单体楼的实际情况绘制各层平面图、综合布线设计图纸(CAD图纸)和配线图；

② 施工完成后提供所有信息点Fluke DTX系列专用检测仪器的测试报告(纸质文件3份及所有信息点的电子文件)。

(3) 线槽基本要求

① 各种弱电线槽布局、走向、做法等由投标人设计提出，可采用明装/暗装方式；

② 主干线槽建议采用喷塑金属线槽或不锈钢线槽，局部区域可采用优质PVC线槽，室内采用优质PVC线槽；

③ 信息盒安装位置：教室信息盒装在与电源插座同水平线有黑板的墙上；

④ 所有管材必须使用正规厂家的优质产品，以确保有较长的使用时间；

⑤ 线槽安装应尽量整齐、规范，要横平竖直；

⑥ 需要在建筑物开孔等施工，在线槽铺设完毕后要按原样恢复。

(4) 空调要求

在行政楼03房间内(设备间)安装空调一台，房间面积20 m^2 左右，高度约3 m。

2. 材料产地、规格：各集成商根据现有实际情况设计各楼宇的综合布线系统。

3. 报价：各报价单位根据设计做法，做出详细材料报价分析表及详细报价(包括单价、总价)。

三、投标须知

1. 投标价格：投标单价、合价以及报价汇总表中的价格应包括施工设备、劳务、管理、材料、安装、维护、保险、利润、税金、政策性文件规定及合同包含的风险等所有费用。

2. 答疑和现场考查时间：2008 年 4 月 10 日上午 9：00 在中心校区行政楼前集中去现场，测绘工具自备。

3. 报价标书应于 2008 年 6 月 20 日上午 9：00 前送达中心校区行政楼(会议室待定)。

4. 投标单位在投标过程中的一切费用均由投标单位自负。

四、付款方式

合同签订后付合同价款的 20%作为预付款；货到工地验收合格付至 60%，工程安装完毕验收优良付至 80%，结算审计后付至总造价的 90%；验收后一年内无质量问题付清全部工程款。

五、投标文件的编制

投标单位的投标文件应包括下列内容：

- 投标书；
- 投标书附录；
- 营业执照副本复印件并加盖企业公章；
- 税务登记证副本复印件并加盖企业公章；
- 法定代表人授权委托书及授权代理人的身份证复印件；
- 投标书综合说明、企业简介、近两年主要相关业绩；
- 投标单价、总价；
- 辅助资料表；
- 施工组织设计或施工方案；
- 专项工程设计证书；
- 相关施工资证；
- 产品厂家授权的分销或代理证书及项目授权书；
- 产品鉴定入网证书；
- 其他资料：项目经理证书、各种奖励证书、证明(要求在正本内提供，副本不作要求)；
- 投标人认为需要提交的其他资料；
- 投标文件的份数和签署。

投标单位按本须知规定，编制一份投标文件“正本”和四份“副本”。投标文件正本与副本均应打印或复印件，应标明正本、副本并加盖法人单位公章和法定代表人或授权代表的印鉴。

六、投标保证金

1. 投标单位应在取招标文件之前，提供 50 000 元人民币的投标保证金。标书费用 200 元人民币(不退还)。如果投标单位中途退出、或者发现投标书出现雷同、或者投标单位之间出现串标现象、或者中标单位不及时商谈、签订合同，投标保证金将不再退还。

2. 投标保证金应在递交投标文件前以银行汇票、支票、电汇等形式提交(开户单位：××大学财务处财务核算一室，开户银行：××行××支行，账号：××××××)，以电汇的形式提交的应提前 1 天将电汇底单传真至××大学；为方便投标人，投标保证金也可于开标前与投标文件同时递交。

七、履约保证金

1. 中标人的投标保证金在宣布中标结果后将转为中标人的合同履约保证金。

2. 履约保证金用于补偿甲方因乙方不能完成其合同义务而蒙受的损失。

3. 履约保证金在最终验收合格后 10 天内无息退还。

八、投标文件的递交

1. 投标文件的密封与标志

(1) 投标单位应将投标文件的正本和副本分别注明"正本"或"副本"。

(2) 投标文件应按要求包封。包封上应注明工程名称、投标单位名称，正面及封口处加盖法人单位公章和法定代表人印鉴。投标截止以后，投标单位不能撤回投标文件，否则其投标保证金将被没收。

2. 投标文件有下列情况之一者将视为无效：

(1) 投标文件未按规定标志密封；

(2) 未加盖投标单位公章或法定代表人或授权代表印鉴(签字)；

(3) 未按规定的格式填写，内容不全或字迹模糊辨认不清；

(4) 投标截止时间以后送达的投标文件；

(5) 提供虚假材料的；

(6) 违反有关法律法规规定的；

(7) 应提供而未提供有关证书的。

九、评标：投标文件的评价与比较

评审的因素包括投标报价、工期、质量标准、施工方案、投标人及项目经理业绩，特别是类似工程的业绩等。

十、合同协议书的签署

中标单位应按招标单位规定的日期、时间和地点，由法定代表人或授权代表前往与建设单位代表商谈、签订合同。如果中标单位不及时商谈、签订合同，招标单位将有充分的理由废除授标，并没收其投标保证金。

对于未中标单位，如在投标过程中没有违规行为，××大学将在一周内退还 50 000 元人民币保证金,对未中标原因不做任何解释。

十一、合同价款及调整

合同价款在协议书内约定后,任何一方不得擅自改变。除以下规定以外,合同总价不做调整。

- 建设方同意的设计更改引起的工程量变化。
- 建设方要求的承包范围以外的附加工程量。
- 建设方签认的设备、材料的审核单。
- 建设方确认的其他费用。

十二、工程竣工验收一个月内,无偿提供三套完整的竣工图纸及相关技术资料

××大学信息网络中心

2008 年 3 月 26 日

9.1.3 投标文件的编制

根据《招投标法》第二十七条规定,投标人应当按照招标文件的要求编制投标文件,并做出实质性的响应。所谓投标文件的实质性响应就是投标文件应该与招标文件的所有实质性要求相符,无显著差异或保留。如果投标文件与招标文件规定的实质性要求不相符,即可认定投标文件不符合招标文件的要求,招标人可以拒绝该投标,并不允许投标人修改或撤销其不符合要求的差异或保留使之成为实质性响应的投标。

1. 投标文件的组成

投标文件的组成通常包括:投标书、投标书附件、投标保证金、法定代表人资格证明书、授权委托书、具有标价的工程量清单与报价表、完成项目的组织计划、资格审查表、对招标文件中的合同协议条款内容的确认与响应和招标文件规定提交的其他资料。

2. 投标文件的编制

(1) 编写前的准备

投标文件是承包商参与投标竞争的重要凭证;是评标、中标和订立合同的依据;是投标人素质的综合反映和能否获得经济效益的重要因素。因此,投标人对投标文件的编制应引起足够的重视。

① 现场考察

要结合招标书调查了解工程主体情况、工地及周边环境、电力情况、本工程与其他工程间的关系和工地附近住宿及加工条件,然后分析招标文件、校核工程量、编制完成工程的组织计划。

② 研究招标文件

应重点考虑投标须知、合同条款、设计图纸和工程量。

③ 工程量确定

投标人根据工程规模核准工程量,并作询价与市场调查,根据自己的情况对于工程的费用做出正确核算,以便做出合适的报价。

④ 编制完成工程的组织计划

编制完成工程的组织计划一般包括人力、物力组织计划和采取的方法、工程进度安排、组织制度等,原则是在保证工程质量与工期的前提下,如何降低成本和增长利润。

(2) 编制投标文件

投标人应严格按照招标文件的投标须知,合同条款附件的要求编制投标文件,逐项逐条回答招标文件,顺序和编号应与招标文件一致,一般不带任何附加条件,否则将导致投标作废。投标文件对招标文件未提出异议的条款,均被视为接受和同意。

投标文件一般包括商务部分与技术方案部分,需特别注重技术方案的描述。技术方案应根据招标书提供的建筑物平面图及功能划分,信息点的分布情况;布线系统应达到的等级标准;推荐产品的型号、规格;遵循的标准与规范;安装及测试要求等方面充分理解和思考作出较完整的论述。技术方案应具有一定的深度,可以体现布线系统的配置方案和安装设计方案,还要提出建议性的技术方案,供业主与评审评议。切记避免过多地对厂家产品进行繁琐的全文照搬。对布线系统的图纸,要基本上达到满足施工图设计的要求,应反映出实际的内容。

投标书应根据建筑物的具体类型,作出具有特点和切实可行的技术方案。系统设计应遵循先进性、成熟性、实用性原则,服务性和便利性原则,经济合理性、标准化原则,灵活性、开放性和集成与可扩展性原则。

(3) 注意事项

① 技术方案

在与招标书相符的情况下,技术方案力求描述详细一些,主要提出方案的考虑原则、思路和各方案的比较,其中建议性的方案不可缺少。此项内容占整个分数的比重较大,也是评委成员评审的重点。

② 工程投标报价

在招标书的要求下,投标人应作充分的市场分析和经济评估,工程造价应有单价,并反映出中档的造价水平,以免产生盲目报价和恶性竞争的局面。报价应进行单价、利润和成本分析,并选定定额,确定费率,投标的报价应取在适中的水平,一般应考虑综合布线系统的等级、产品的档次及配置量。工程报价可包括:根据器材清单计算的设备与主材价格、根据相关预算定额取定的工程安装调测费、酌情考虑的工程其他费、优惠价格和工程总价。

③ 施工实施措施与施工组织、工程进度

施工实施措施与施工组织、工程进度主要体现在工程施工质量、工期和目标的保证体系上,占有一定的分数比例。

④ 售后服务与承诺

售后服务与承诺主要体现在工程价格的优惠条件及备品备件提供、工程保证期、项目的维护响应、软件升级、培训等方面的承诺。优惠条件应切实可行。

⑤ 企业资质

企业必须具备工程项目相应的等级资质,注重是否存在虚伪资质证明材料。

⑥ 评优工程与业绩

一般要体现近 3 年的具有代表性的工程业绩,应反映出工程的名称、规模、地点、投资情况、合同文本内容和建设单位的工程验收与评价意见,对于获奖工程应有相应的证明文件。

⑦ 建议方案

在招标书要求的基础上，主要对技术方案提出建设性情况意见，并阐述充分的理由（建议方案必须在基本方案的基础上另行提出）。

⑧ 推荐的产品

推荐的产品应体现产品的性能、规格、技术参数、特点，具体内容可以用附件形式表示。

⑨ 图纸及技术资料、文件

投标书的文本质量应体现清晰、完整及符合格式要求。图纸应有实际的内容和达到一定的深度，并不完全强调篇幅的多少。

⑩ 封送投标书

在招标文件要求提交的截止日期前，将准备妥当的所有投标文件密封递送到招标单位。如果需要，可以在截止日期前修改、补充或撤回所提交的投标文件。

⑪ 评标

在评标过程中，评委会要求投标人针对某些问题进行答复。因为时间有限，投标人应组织项目的管理和技术人员对评委所提出的问题作简短、实质性的答复，尤其对建设性的意见阐明观点，不要反复介绍承包单位的情况和与工程无关的内容。

9.1.4 开标与合同签订

在投标截止时间前，投标单位必须将投标文件递交到招标单位。招标单位要注意检查所接收的投标文件是否按照招投标的规定进行密封，并在开标之前妥善保管好投标文件资料。

1. 开标

开标由招标单位或招标管理机构组织，所有投标单位代表在指定时间内到达开标现场。首先，招标单位或招标管理机构以公开方式拆除各单位投标文件密封标志，然后逐一报出每个单位的竞标价格；然后，由招标单位或招标管理机构组织的评标专家对各单位的投标文件进行评审，即评标；最后确认中标单位，即定标。

评审的主要内容包括投标单位是否符合招标文件规定的资质和投标文件是否符合招标文件规定的技术要求等。专家根据评分原则给各投标单位评分，根据评分分值大小推荐中标单位顺序。

2. 签订合同

通过开标、评标，确定中标单位之后，招标单位应及时以书面形式通知中标单位，并要求中标单位在指定时间内签订合同，同时招标单位应在一周内通知未中标单位，并退回投标保函和投标保证金，未中标单位在收到投标保函后，应迅速退回招标文件。合同应包含工程造价、施工日期、验收条件、付款日期、售后服务承诺等重要条款。

9.2 综合布线工程监理

根据国家、地方建设行政主管部门制定的有关工程建设和工程监理的法律、法规的规定，工程施工必须执行工程监理制度，以确保工程的施工质量，控制工程的投资。

建设工程监理是指受建设单位委托的具有相应监理资质的监理单位，依据国家有关法律、法规，以及建设单位的项目建设文件、监理委托合同和相应的其他合同（采购、施工等），对项目建设实施的专业化监督管理。工程建设监理具有服务性、独立性、公正性、科学性，其中心任务是控制工程项目的投资、进度和质量三大目标。实行建设工程监理的目的是提高工程建设的投资效益和社会效益。

9.2.1　综合布线工程监理的职责和服务范围

1. 综合布线工程监理的职责

2000 年国家出台了《建设工程监理规范》GB 50319—2000。此后，各相关行业行政主管部门和地方建设主管部门相继制定了工程建设监理制度，规范监理工作。工程建设监理正逐步按照守法、诚信、公正、科学的准则发展。综合布线工程监理必须依据综合布线工程建设的行政法规和技术标准，综合运用法律、经济、行政、技术标准和有关政策，约束建设行为的随意性和盲目性，对综合布线工程建设项目的投资、质量、进度目标进行有效的控制，达到维护建设单位和施工单位双方的合法权益，实现合同签订的要求及建设项目最佳综合效益的目的。综合布线工程监理的主要职责是受建设单位（业主）委托，对项目建设的全过程实施专业化监督管理，包括质量控制、进度控制、投资控制，合同管理和信息管理，以及协调有关单位间的工作关系。为此，可将综合布线工程监理的职责概括总结为："三控制"、"二管理"、"一协调"。

2. 综合布线工程监理的服务范围

监理的服务范围是指工程的实施阶段和规模容量。监理的工作内容是指在工程的实施阶段和工程的规模容量内监理单位应做的具体工作。建设工程监理工作的基本服务范围如下。

(1) 工程管理方面

① 对建设单位签订的各个合同进行履约和风险分析，预测各合同履行过程中可能出现的问题或纠纷。

② 提醒或协助建设单位履行合同，如对具备验收条件的工程进行验收。

③ 根据建设单位的授权，发布开工、停工和复工指令。

④ 公正处理承建商提出的索赔。

⑤ 组织工程协调会，协调有关各方的关系，公正调解合同争议。

⑥ 进行工程质量控制和验收。

⑦ 进行工程进度控制和检查。

⑧ 进行工程计量、支付的审查。

⑨ 提交有关阶段的专项报告和工程监理总结报告。

⑩ 审核承建商提交的竣工资料和结算文件。

⑪ 做好监理记录，受理工程监理档案。

(2) 工程质量控制方面

① 检查承建商的质量管理体系（机构管理制度和人员素质，如特殊工种上岗证）和进场工具设备。

② 审查分包单位的资质。

③ 审查承建商提交的施工组织设计、技术方案。

④ 检查工程所用材料、半成品、构件和设备的数量和质量、出厂产品合格证，必要时进行现场测试，并做好测试记录签证。

⑤ 现场检查用于工程的各种材料配合比的准确程度。

⑥ 审查测量放样工序，并对现场放样进行检查和复核。

⑦ 对施工工艺过程进行控制，对工程工序质量进行验收。

⑧ 对工程的所有隐蔽工程及时进行验收，并办理签证手续。

(3) 工程进度控制方面

① 审查并确认承建商报送的各种进度计划，包括总体、分项进度计划、季进度计划、月进度计划、周进度计划等。

② 定期检查工程进度，并对比进度计划分析原因。

③ 根据实际情况提出进度控制措施。

(4) 工程造价控制方面

① 对实际完成工程量进行计量。

② 对工程计量进行计价。

③ 审核工程付款申请，重点审核工程进度。

④ 确定工程变更的价款。严格审核工程变更方案是否合理，依据是否充分，图纸是否与实际相符，预算表格各项数据、统计计算是否正确等。

9.2.2　综合布线工程项目监理机构

项目监理机构是监理单位对项目实施监理的全权代表。由总监、总监代表、专业监理工程师和监理员等组成。监理任务完成后监理机构可以撤销。其行为规范如下。

(1) 监理机构必须理顺参与工程建设的各单位之间的关系，在授权范围内独立开展工作，科学管理；既要确保建设单位的利益，又要维护承建商的合法权益。

(2) 监理机构必须坚持原则，热情服务，采取动态与静态相结合的控制方法，抓好关键点，确保工程顺利完成。

(3) 监理机构不得聘用不合格的监理人员承担监理业务。

(4) 监理机构必须廉洁自律，严禁行贿受贿。不得让承包单位管吃管住。严禁监理机构、建设单位或承包单位串通、弄虚作假、在工程上使用不符合设计要求的器材和设备，降低工程质量。

(5) 监理机构应实事求是，不向建设单位隐瞒机构人员的状况，以及可能影响服务质量的因素。

(6) 监理机构中的监理人员不得经营或参与该工程承包施工、设备材料采购或经营销售业务等有关活动，也不得在政府部门、承包单位、设备供应单位任职或兼职。

1. 总监理工程师

总监理工程师由监理单位任命，全权负责项目监理机构的工作。在授权范围内总监是建设单位的代表，是准仲裁员。总监理工程师必须持有专业工程师以上资格证、行业监理工程师资格证书和岗位证书，并具有两个以上工程监理经验；有一定的管理知识，具备一定的管理素质和才能；有良好的工作作风和生活作风；具有良好的决策能力、组织指挥能力、调动控制能力、交际沟通能力、谈判能力、说服他人的能力和必要的妥协能力；掌握开会的艺术。总监的职责如下。

① 组织编制监理规划。

② 组织监理人员进行施工图设计会审。

③ 审批施工组织设计(方案)。

④ 审批施工分包单位资质，开、停(复)工报告，会同业主签发开、停(复)工指令。

⑤ 组织编制工程监理日、周、月报。

⑥ 组织工地监理例会，协调监理实施中相关各方面工作。

⑦ 签署重要工程设计变更、洽商。

⑧ 组织处理工程重大质量事故。

⑨ 审定工程延期和索赔费用、审核工程结算。

⑩ 定期巡视施工现场，并做好巡视记录。

⑪ 组织工程预验，参加竣工验收，签署验收、交接证书。

⑫ 组织编写监理报告、审查竣工结算。

2. 总监代表(助理)

总监代表(助理)由总监任命，向总监负责。在总监授权范围内工作，总监离岗期间代理总监工作。

3. 专业监理工程师

专业监理工程师由总监任命，向总监负责。专业监理工程师必须持有行业监理工程师资格证和岗位证书，且具有该专业的工程师以上资格证。热爱本职工作，忠于职守，认真负责，具有对建设单位和工程项目高度的责任感；严格按照工程合同来实施对工程的监理，既要保护建设单位的利益，又要公正地对待承包单位的利益；模范地遵守国家及地方的各种法律、法规和规定，也要求承包商模范遵守，从而保护建设单位的正当权益；廉洁奉公，不接受所支付酬金外的报酬和任何回扣、提成、津贴或其他间接报酬；对了解和掌握的有关建设单位的事业情报资料，必须保守秘密，不得有丝毫的失密行为。其职责如下。

① 参加《施工图设计》会审和《施工组织设计(方案)》的审查，并提出审查意见。

② 组织监理员检验进场器材、设备，进行巡视、旁站，实施工程质量控制。

③ 审查施工单位的质量保证和技术管理体系，并监督其完善和落实。

④ 检查工程关键部位，不合格的及时发《监理通知》，限令施工单位及时整改。

⑤ 搜集掌握工程质量、进度、投资相关情况。

⑥ 组织召开现场监理例会，分析总结质量、进度情况，提出改进意见。

⑦ 审查竣工文件及完工交验报告，组织工程预验。

⑧ 参加竣工验收，负责工程遗留问题的监理。

⑨ 记录监理日记，编写本专业范围内的监理总结。

4. 监理员

监理员人选由总监确定。必须持有行业培训合格证，且具有监理专业的技术员以上资格证。有良好的职业道德和敬业精神；熟悉通信工程的基本知识和施工规范，具有一定的施工管理经验和处理实际问题的能力；有较好的工作方法(工作提倡“四勤”和“四自”：腿勤、嘴勤、手勤、脑勤；自信、自尊、自重、自爱)。监理人员的职责如下。

① 检验进场器材、设备，实施质量控制。

② 进行工程沿线巡视检查，重点部位实行旁站监理。

③ 对隐蔽工程进行随工检查签证。

④ 核实设计变更工作量，会同业主随工代表、施工单位代表及时办理变更手续。

⑤ 对工程施工现场的安全生产、文明施工实行监督、检查。

⑥ 掌握责任段落的工程质量、进度情况，随时向专业监理工程师汇报。

⑦ 发现质量、安全隐患、事故苗头和异常情况要及时提醒施工单位，并向专业监理工程师汇报。

⑧ 坚持记监理日记，及时如实填报原始记录。

5. 资料员

资料员必须具有计算机操作能力，懂得计算机管理监理工作的基本知识。

9.2.3 建设单位、监理单位、承建商之间的关系

1. 建设单位与监理单位的关系

建设单位和监理单位之间的关系是委托与被委托的合同关系，具体表现如下。

① 项目监理机构向建设单位提供监理服务，服务的内容包括监理合同所约定的服务内容和及时向建设单位报送有关报告和资料。

② 建设单位向监理机构提供必要的工作条件，包括授权和及时提供有关技术资料。如设计文件及图纸、勘察报告、工程实施的各种合同等；提供合同约定的办公、通信、交通和生活设施；组织设计交底、技术交底会和第一次工地会议；支持项目监理机构在职权范围内的监理工作，维护监理人员的威信。

③ 建设单位与监理机构在项目管理中职责分工不同，但目标是一致的，决定了相互配合工作的关系。

2. 项目监理机构与承建商的关系

① 项目监理机构与承建商在项目建设中是平行平等的关系。

② 项目监理机构与承建商是在项目监理机构与建设单位签订的监理合同和承建商与建设单位签订的施工承包合同关系上建立起来的监理与被监理的关系。

③ 承建商有义务向项目监理机构报送有关建设方案。承包单位在完成隐蔽工程施工和材料进场时应报请项目监理机构现场进行验收，这是项目监理机构的权力和义务，也是保证监理成效的重要手段。

④ 承建商应接受项目监理机构的指令。对总监或总监代表或专业监理工程师发出的监理指令，若承建商认为不合理时，应在合约时间内书面要求监理工程师进行确认或修改。如果监理工程师仍决定维持原指令，承建商应执行原指令。

3. 项目监理机构与设计单位的关系

项目监理机构与设计单位没有合同关系，也没有建设单位所授权的监理关系，是一种需要相互配合工作的关系。

① 设计单位应对设计文件进行技术交底，监理应领会设计文件的意图。

② 监理在工作中发现设计文件中存在缺陷或错误时，有义务通过建设单位向设计单位提出。

③ 工程需要进行设计变更时，经监理审核同意后，应通过建设单位提交设计单位修改设计或出版工程变更设计。

9.2.4　综合布线工程监理阶段及工作内容

综合布线系统工程的监理应该对综合布线工程建设项目采取全过程、全方位、多目标的方式，进行公正客观和全面科学的监督管理。也就是说，在综合布线工程项目的工程设计、安装施工、竣工验收、工程保修等阶段组成的整个过程中，对其投资、工期和质量等多个目标，在事先、事中(又称过程)和事后进行严格控制和科学管理。

1. 工程设计阶段的监理

设计招标是综合布线系统工程的首要环节，能否选择出合适的设计单位，将直接影响到整个综合布线系统的后续工作。方案选定后，要尽快签订设计合同书，并严格监督管理合同的实施情况。

在设计合同实施阶段，工程监理要依据设计任务批准书编制设计资金使用计划、设计进度计划、设计质量标准要求，与设计单位协商，达成一致意见，贯彻建设单位的意图。对设计工作进行跟踪检查、阶段性审查；设计完成后，要对设计文件进行全面审查，主要内容有：

(1) 设计文件的完整性，标准是否符合规范规定要求，技术的先进性、科学性、安全性和施工的可行性；

(2) 设计概算及施工图预算的合理性以及建设单位投资能力的许可性；

(3) 全面审查设计合同的执行情况，核定设计费用。

在设计之前确定项目投资目标，设计阶段开始对投资进行宏观控制，持续到工程项目的正式动工。设计阶段的投资控制实施得是否有效，将对项目产生重大影响。同时，设计质量将直接影响整个项目的安全可靠性、实用性，并对项目的进度、质量产生一定的影响。

2. 安装施工阶段的监理

在工程安装施工阶段，监理要协助建设方编制标书、组织施工招标、投标、开标和评标等活动，并对工程实施全过程专业化监督管理。因此，又可将工程施工阶段的监理分为施工招投标阶段、施工准备阶段和施工阶段 3 个阶段。

施工招标阶段工程监理的主要工作有：审查招投标单位的资格；参与编制招标文件；参加评标与定标；协助签订施工合同等。实际情况是很多设计单位同时也是施工单位。

中标单位选定并签定施工合同后，进入施工准备阶段。监理人员要参加由建设单位组织的设计文件会审，提出设计中存在的问题；总监理工程师组织监理工程师审查施工单位报送的施工组织设计方案和施工技术方案；审核施工单位现场项目管理机构的质量管理体系、技术管理体系和质量保证体系；审核分包单位资质；审核施工单位报送的工程开工报审表及相关技术资料，由总监理工程师签发开工指令，并报建设单位。组织建设单位、设计单位、施工单位进行现场技术交底。

施工阶段工程监理的主要任务是对工程质量、工程造价和工程进度进行控制，达到合同规定的目标。监理应该以现场旁站方式为主，及时现场检查所用设备材料质量和安装质量，尤其是隐蔽工程质量，记录当日工作量，严格控制变更内容，定期组织现场协调会。

(1) 质量控制

工程质量包括施工质量和系统工程质量，工程质量控制可通过施工质量控制和系统工程检测验收来实现。必须遵照《建筑与建筑群综合布线系统工程验收规范》GB 50312—2007 执行，确保工程质量。其监理要点如下。

① 开工后的工程监理要点

- 协助审核确定合格分承包方；
- 明确设备器材的分类；
- 明确设备器材进货检验规程；
- 明确本工程所用的缆线以及连接硬件的规格、参数、质量，核查器材检验记录；
- 本工程所用的缆线型号是否符合设计合同的要求，缆线识别标志、出厂合格证是否齐全；组织进行电缆电气性能抽样测试，做好记录，严禁不合格产品进入现场；
- 明确施工单位的质量保证体系和安全保证体系；
- 审查承包商提交的细部施工图。

② 在缆线布放前的监理要点

- 各种型材、管材和铁件的材质、规格、型号是否符合设计要求，其表面是否完好；
- 各种线槽、管道、孔洞的位置、数量、尺寸是否与设计文件一致；抽查各种管道口的处理情况是否符合设计要求，引线、拉线是否到位；信息插座附近是否有电源插座，距地高度是否协调一致；
- 各种电缆桥架的安装高度、距顶棚或其他障碍物的距离是否符合规范要求；线槽在吊顶安装时，开启面的净空距离是否符合规范要求；
- 各种地面线槽交叉、转弯处的拉线盒，以及因线槽长度太长而安装的拉线盒与地面是否平齐，是否采取防水措施；各种预埋暗管的转弯角度及其个数和暗盒的设置情况；暗管转弯的曲率半径是否满足施工规范要求；暗管管口是否有绝缘套管，是否进行了封堵保护，管口伸出部位的长度是否满足要求；
- 当桥架或线槽水平敷设时，支撑间距是否符合规范要求，垂直敷设时其固定在建筑物上的间距是否符合规范要求；当利用公用立柱布放缆线时，检查支撑点是否牢固。

③ 缆线敷设时的监理要点

- 各种缆线布放是否自然平直，是否产生扭绞、打圈等现象；路由、位置是否与设计相一致；抽查缆线起始、终端位置的标签是否齐全、清晰、正确；
- 电源线、信号电缆、对绞电缆、光缆以及建筑物其他布线系统的缆线分离情况，其最小间距是否满足规范要求；
- 缆线在电信间、设备间、进线间、工作区的预留长度是否满足设计和规范要求；大对数电缆、光缆的弯曲半径是否满足规范要求，在施工过程中其弯曲半径是否满足要求；
- 缆线布放过程中，吊挂缆线的支点、牵引端头是否符合要求；水平线槽布放时，线在进出线槽部位、转弯处是否绑扎固定；垂直线槽布放时，缆线固定间隔是否满足规范要求；线槽、吊顶支撑柱布线时，缆线的分束绑扎情况及线槽占空比是否满足规范要求。在钢管、线槽布线时，严禁缆线出现中间接头。

④ 设备安装的监理要点

- 机柜、机架底座位置与成端电缆上线孔是否对应，如偏差较大，通知施工单位进行矫正，检查跳线是否平直、整齐；机柜直列上下两端的垂直度，如偏差超过 3 mm，通知施工单位进行矫正；检查机柜、机架的底座水平度，如偏差超过 2 mm，也应通知承包商进行矫正；检查机柜的各种标志是否齐全、完整；

- 总配线架是否按照设计规范要求进行抗震加固；其防雷接地装置是否符合设计或规范要求，电气连接是否良好。

⑤ 缆线终接的监理要点

- 缆线中间不允许有接头、缆线的标签和颜色是否相对应，检查无误后，方可按顺序终接；
- 检查缆线终接是否符合设备厂家和设计要求；终接处是否卡接牢固、接触良好；电缆与插接件的连接是否匹配，严禁出现颠倒和错接。

⑥ 对绞电缆终接的监理要点

- 对绞电缆终接时，应抽查电缆的扭绞长度是否满足施工规范的要求；剥除电缆护套后，抽查电缆绝缘层是否损坏。认准线号、线位色标，不得颠倒和错接；
- 对绞电缆与信息插座的模块化插孔连接时，检查色标和线对卡接顺序是否正确；对绞电缆与信息插座的卡接端子连接时，检查卡接的顺序是否正确（先近后远、先下后上）；对绞电缆与接线模块（1DC、RJ45）卡接时，检查卡接方法是否满足设计和厂家要求；
- 屏蔽电缆的屏蔽层与插接件终端处屏蔽罩是否可靠接触，接触面和接触长度是否符合施工要求。

⑦ 光缆芯线终接的监理要点

- 光纤连接盒中，光纤的弯曲半径至少应为其外径的 15 倍；光纤连接盒的标志应清楚、安装应牢固；
- 光纤熔接或机械接续完毕，熔接或接续处是否牢固，是否采取保护措施；光纤的接续损耗测试是否满足规范要求，必要时应抽查；
- 光跳线的活动连接器是否干净、整洁，适配器插入位置是否与设计要求相一致。

⑧ 系统测试的监理要点

- 测试用的仪表应具有计量合格证，验证有效性。否则不得在工程测试中使用；测试仪表功能范围及精度应符合规范规定，满足施工及验收要求；
- 测试仪表应能存储测试数据并可输出测试信息；
- 进行系统测试前，复查设备间的温度、湿度和电源电压是否符合要求；
- 系统安装完成后，施工单位应进行全面自检，监理人员抽查部分重要环节；
- 测试发现不合格，要查明原因，及时改正，直至符合设计和规范要求；
- 测试记录应真实，打印清晰，整理归档；

电缆敷设完毕，除进行导通测试、感官检验外，还应进行综合性校验测试，其现场测试的参数按标准和设计文件执行；测试完毕，如实填写系统综合性校验测试记录表。

(2) 工程进度控制

工程进度控制的主要内容包括：

① 建立工程监理日志制度，详细记录每日完成的工程量；

② 督促施工单位及时提交施工进度月报表，并在审查认定后写出监理月报；

③ 定期召开例会和相关工程（如机电安装、装饰）进度会，对进度问题提出监理意见，协

调处理影响进度的问题。

(3) 工程造价控制

工程造价控制的主要内容包括：

① 严格控制设计变更,减少不必要的投资；

② 按实际情况核准设备、材料的用量,杜绝虚报、假报的情况发生；

③ 按施工承包合同规定的工程付款办法审核工程量,并签发付款凭证(包括工程进度款、设计变更及洽商款、索赔款等),然后报建设单位。

3. 竣工验收阶段的监理

工程完工后,所有进货检验、过程检验、系统测试均完成,结果已满足设计及规范规定要求,才可以进行最终的竣工验收。施工单位应在竣工验收前,将全套文件、资料按规定的份数交给建设单位。竣工资料应内容齐全、数据准确、保证质量、外观整洁。

这一阶段监理工作的主要内容如下：

(1) 检查审核竣工技术文件是否完整、真实、准确,一般应包括:工程质量监督机构核定文件、竣工资料和技术档案、随工验收记录、工程洽商记录、系统测试记录、工程变更记录、隐蔽工程签证,安装工程量及设备器材明细表等；

(2) 组织建设单位、设计单位、施工单位、质监部门进行竣工验收,必要时邀请有关专业专家参加,综合各方意见对工程做出全面评价,签署竣工文件；

(3) 验收如果有遗留问题出现或不合格,则应查明原因,分清责任、提出解决办法,并责成责任单位限期整改。

由于各种原因,施工中遗留一些零星项目暂不能完成的要妥善处理,但不能影响办理整体验收手续,应按内容及工程量留足资金,限期完成。

4. 工程保修阶段的监理

工程竣工通过总验收后,工程将移交业主投入开通使用,工程进入保修阶段,在此阶段监理工程师督促承建商完成下列工作内容：

(1) 尽快完成竣工时尚未完成的工程；

(2) 按监理工程师要求,对尚存在的一些质量缺陷作修补处理以使工程完全满足合同的质量要求；

(3) 监理工程师定期对工程的重要部位的质量进行回访,发现问题应及时处理；

(4) 监理工程师在缺陷责任期终止前,对工程进行全面检查,若承建方未完成全部工程,或尚有部分缺陷未修复,监理工程师在缺陷责任期终止日之后 14 天内,根据终止以前检查的结果要求承建方完成未完成的工程和修补尚未修复的质量缺陷；

(5) 在上述工作完成,并得到监理工程师的满意后,监理工程师在缺陷期终止日之后 28 天内签发缺陷责任终止证书。

(6) 保修期结束,提交监理业务手册。

9.2.5 监理大纲、监理规划和监理细则

1. 监理大纲

监理大纲又称监理方案,是监理单位为获得监理任务在监理投标阶段编制的项目监理方案性文件,它是监理投标书的组成部分。其目的是要使建设单位信服,若采用本监理单位

的监理方案，能实现建设单位的投资目标和建设意图。其作用是为监理单位经营目标服务，起承揽监理任务的作用。对于单项工程一般不编写监理大纲，只编写监理规划，有必要时再编写监理细则。

监理大纲的内容包括：监理单位拟派往从事项目监理的主要监理人员，并对他们的资质情况进行介绍；监理单位根据业主所提供的和自已初步掌握的工程信息制定准备采用的监理方案（监理组织方案、各目标控制方案、合同管理方案、组织协调方案）；明确说明将定期提供给业主的反映监理阶段成果的文件等。

2. 监理规划

监理规划是在监理委托合同签订后，由项目总监主持，根据监理合同在监理大纲的基础上，结合项目的具体情况，在广泛收集工程信息的情况下制定的指导整个项目组织开展监理工作的技术组织文件。从内容范围上讲，监理大纲与监理规划都是围绕着整个项目监理组织所开展的监理工作来编写的，但监理规划的内容要比监理大纲详实、全面。

（1）监理规划的编制程序与依据

在收到委托监理合同和设计文件后，由总监理工程师主持、专业监理工程师参加，共同编制监理规划，编完后必须经监理单位技术负责人审核批准，并应在召开第一次工地会议前报送建设单位。编制监理规划应依据建设单位的相关法律、法规、项目审批文件，与建设工程项目有关的标准规范、设计文件、技术资料，监理大纲、委托监理合同文件以及与建设该工程项目相关的合同文件。

（2）监理规划应包括的主要内容

① 工程项目概况：工程建设主要内容、工期（开、竣工日期）、设计单位、施工单位。

② 监理工作范围：工程建设主要内容的施工阶段监理。

③ 监理工作内容。

④ 监理工作目标：在总工期内根据建设单位要求进行调整。

- 质量控制目标，依据监理合同的要求和施工合同有关质量的规定，将工程设计文件以及相关技术规范、操作规程和验收标准，作为本工程的质量控制目标。
- 进度控制目标，施工合同中确定的日期为工程进度控制总目标。
- 投资控制目标，按施工合同控制价款，以项目总价款为投资控制目标。若因设计变更，政策性调价按实调整的，一般按合同总价增加 5% 的预备费作为投资控制的目标。

⑤ 监理工作依据：

- 建设工程监理规范 GB 50319—2000；
- 通信工程施工监理暂行规定，原邮电部(1994)75 号文；
- 经有关部门批准的工程项目文件和设计文件；
- 建设单位与承建单位签订的工程建设施工合同；
- 建设单位与供货单位签订的工程器材、设备采购合同；
- 建设单位和监理单位签订的工程建设监理合同；
- 专业相关技术标准、规范、文件。

⑥ 项目监理机构的组织形式：明确组织机构和组成成员资料，如：在××设立本工程现场监理部：项目总监×××（电话×××××），总监助理（电话×××××），下设两个监理

组：监理一组组长××，监理二组组长×××。

⑦ 项目监理机构的人员配备计划：组织机构及监理人员配置表。

⑧ 项目监理机构的人员岗位职责；总监、总监助理、专业监理工程师、监理员等人的职责。

⑨ 监理工作程序(附图)：包括主要材料工地接货验收流程图、工序交接检验流程图、设计变更流程图和施工索赔流程图等。

⑩ 监理工作方法及措施：工程项目目标控制。主要是进度、质量、投资三控制和协调管理。

⑪ 监理工作制度。

⑫ 监理设施，明确配备的车辆和其他器具。

在监理工作实施过程中，如实际情况或条件发生重大变化而需要调整监理规划时应由总监理工程师组织专业监理工程师研究修改，按原报审程序经过批准后报建设单位。

3. 监理细则

监理实施细则是在监理规范指导下，在落实了各专业监理的责任后，由专业监理工程师针对具体情况制定的更具有实施性和可操作性的业务文件。它起着具体指导监理工作的作用，按监理规范中对本专业项目的要求，进行分解细化，使其更加具有操作性。包括适应本专业的监理控制表格和事件处理程序。如本专业的：

(1) 质量控制实施细则

具体阐明适用范围、编制依据(检验标准、施工规范、设计文件、招投标文件、承包合同中的规定等)、控制要点(控制点设置及预控措施)、控制程序、资料管理、有关附录等。

(2) 进度控制实施细则

施工组织设计及工程进度计划审查，计划(出图计划、供应计划、人员计划)，控制点，控制措施，周、月度计划，协调会议等。

(3) 投资控制实施细则

涉及工程款支付、合同外费用增加、合同变更、索赔处理、竣工决算、工程结算等各个细节的控制。

9.2.6 监理总结和监理月报

1. 监理总结

监理工作总结应由总监组织编写，签认后报单位技术总负责人审定。监理总结应在工程初验通过后开始编写，在工程竣工验收前报送业主验收组。监理总结的主要内容如下：

(1) 工程概况；

(2) 监理组织和监理设施；

(3) 监理合同履行情况；

(4) 监理工作成效(质量控制、进度控制、投资控制、合同管理、信息管理)；

(5) 监理工作的经验、教训和建议；

(6) 工程遗留问题处理意见；

(7) 工程投资情况；

(8) 工程总体评价；

(9) 工程照片(有必要时附)。

2. 监理月报

监理月报应由总监理工程师组织编制，签认后报建设单位和监理单位。施工阶段的监理月报内容如下：

(1) 本月工程概况；

(2) 本月工程形象进度；

(3) 工程进度(①本月实际完成情况与计划进度比较；②对进度完成情况及采取措施效果的分析)；

(4) 工程质量(①本月工程质量情况分析；②本月采取的工程质量措施及效果)；

(5) 工程计量和工程款支付(①工程量审核情况；②工程款审批情况及月支付情况；③工程款支付情况分析；④本月采取的措施及效果)；

(6) 合同其他事项的处理情况(①工程变更；②工程延期；③费用索赔)；

(7) 本月监理小结(①对本月进度、质量、工程款支付等方面情况的综合评价；②本月监理工作情况；③有关本工程的意见和建议；④下月监理工作的重点)。

9.2.7 监理方法

在工程实施中，监理工程师应经常对承包单位的技术操作工序进行巡视或操作进行面对面、不间断地监督。《建设工程质量管理条例》第 38 条规定："监理工程师应当按照工程监理规范的要求采取旁站、巡视和平行检验等形式，对建设工程实施监理"。

1. 旁站和巡视

(1) 旁站

旁站是指在关键部位或关键工序的施工过程中，监理人员在施工现场所采取的监督活动。它的要素有：

① 旁站是针对关键部位或关键工序并为保证这些关键工序或操作符合相应规范的要求所进行的；

② 旁站是监理人员在施工现场进行的；

③ 旁站是一个监督活动，并且一般情况下是间断的。视情况的需要，可以是连续的，可以通过目视、也可以通过仪器进行。

(2) 巡视

巡视相对于旁站而言，是对于一般的施工工序或施工操作所进行的一种监督检查的手段。项目监理机构为了了解施工现场的具体情况(包括施工的部位、工种、操作机械、质量等情况)需要每天巡视施工现场。

(3) 旁站和巡视的区别

首先，旁站和巡视的目的不同。巡视以了解情况和发现问题为主，巡视的方法以目视和记录为主；旁站是以确保关键工序或关键操作符合规范要求为目的，除了目视外，必要时还要辅以采用的检查工具。其次，实施旁站的监理人员主要以监理员为主，而巡视是所有监理人员都应进行的一项日常工作。

2. 见证和平行检验

(1) 见证

见证也是监理人员现场监理工作的一种方式，是指承包单位实施某一工序或进行某项工作时，应在监理人员的现场监督之下进行。见证的适用范围主要是质量的检查工作、工序验收、工程计量以及有关按合同实施人工工日、施工机械台班计量等。如监理人员在承包单位对工程材料的取样送检过程中进行的见证取样，又如通信建设监理人员对承包单位在通信设备加电过程中所作的对加电试验过程的记录。

对于见证工作，项目监理机构应在项目的监理规划中确定见证工作的内容和项目并通知承包单位。承包单位在实施见证的工作时，应主动通知项目监理机构有关见证的内容、时间和地点。

(2) 平行检验

平行检验是项目监理机构独立于承包单位之外对一些重要的检验或试验项目所进行的检验或试验。它是监理机构独立利用自有的试验设备或委托具有试验资质的实验室来完成的。

9.2.8 监理实施过程

综合布线工程监理实施步骤主要分为：施工图设计会审，施工组织设计审批，分包单位资格审批，开工报告审批，开工指令签发，进场器材、设备检测，隐蔽工程随工签证，监理例会，重大工程质量事故调查，设计变更签证，工程款支付签证，工程索赔签证，工程验收，工程结算审核制度，工程保修等。

1. 施工图设计会审

(1) 审查《施工图设计》的设计深度能否指导施工；主要电气指标和技术标准是否明确；设计说明与施工图纸是否相符；施工图纸是否齐全、有否差错、矛盾；设计预算所列主要器材、设备数量是否与设计说明、施工图纸相符，有否重列或漏项。

(2) 总监在设计会审前，应组织监理人员审查设计中存在的问题、错误，提出建议，整理成文字材料报送业主。

(3) 施工图设计会审会议，一般由业主主持召开，业主、设计、施工、监理单位的工程主管和相关人员参加。

(4) 会审提出的问题、意见和建议所形成的《会审纪要》通常由业主或监理记录整理、打印盖章后分发有关各方。

(5) 如设计文件分期分批供图，在《会审纪要》上应明确设计单位供图时限，以保证工程进度。

(6)《会审纪要》的全部内容，将视同设计的补充或修改，在施工、监理中应严格执行。

2. 施工组织设计审批

施工单位应于开工前(一般为开工前七天)，填写《施工组织设计报审表》，将《施工组织设计》报送监理单位。总监组织监理工程师审查，具体审查《施工组织设计》的工期、进度计划、质量目标是否与施工合同、设计文件相一致；施工方案、施工工艺应符合设计文件要求；施工技术力量、民工人数，应能满足工程进度计划的要求；施工机具、仪表、车辆配备应能满足所承担施工任务的需要；质量管理、技术管理体系健全，措施切实可行且有针对性；安全、环保、消防和文明施工措施切实可行并符合有关规定。

3. 分包单位资格审批

总包单位对工程实行分包必须符合施工合同的规定，总包单位应填写《分包单位资格报审表》,并附分包单位有关资料。分包单位的资质应符合有关规定并满足施工需要,在征得业主同意后,由总监签发《分包单位资格报审表》予以确认。分包合同签订后,总包单位应将《分包合同》副本一份报监理备案。

4. 开工报告审批

施工单位应于开工前填写《开工申请报告》送监理单位、业主,《开工申请报告》中应注明开工准备情况和存在的问题,以及提前或延期开工的原因。监理单位接到施工单位的《开工申请报告》后,应审查其开工条件是否具备,如已基本具备,会同业主签发《开工指令》;如某项条件还不具备,则应协调相关单位处理,使之尽快具备开工条件。

5. 进场器材、设备检测

监理和施工单位应对所有进场的器材、设备(包括业主采购部分在内)进行清点检测,并填写《器材、设备报验申请表》(附:出厂证明、测试记录、入网证明等资料)。对进口器材、设备,供货单位应报送进口商检证明文件,并按事先约定,由业主、施工、供货、监理单位进行联合检查。对于检验不合格的器材、设备要分开存放,严禁运往工地,并请供货商到现场复验认定。

6. 工序报验与隐蔽工程随工签证

坚持上道工序不经检查验收,不准进行下道工序。上道工序完成后,先由施工单位自检合格后,填写《工序报验单》,通知监理人员到现场会同检验,检验合格签证后,方可进行下道工序。通信管道、线路工程的工序繁多,但最关键的工序有以下几个:挖沟、布管、试通、回填、路面恢复、光(电)缆单盘检测、缆线布放、接头、成端等。

7. 监理例会

由总监根据工程进展需要召集业主、施工单位(必要时请设计单位)等举行监理例会,检讨工程进展情况,对存在的技术、经济、质量、进度等问题进行协调,提出解决办法与建议,并形成《会议纪要》。现场监理例会则由监理工程师每周定期主持召开,检查监理例会《会议纪要》执行情况,商讨当前待解决的问题,安排下一步实施计划。

8. 重大工程质量事故调查

施工单位在施工中发生重大工程质量事故时,施工单位应在事故发生 24 小时内,将《重大工程质量事故报告表》报送业主和监理各一份。总监或监理工程师应组织质量事故的调查,分析质量事故的原因及责任方(人),提出事故处理建议,编写《质量事故调查报告》报送业主。

9. 设计变更、洽商单签证

由于多种原因,施工、设计、业主都有可能提出设计变更,无论哪方提出,均应按《设计变更程序》办理,经施工、设计、监理、业主四方洽商签证后,方可执行。对于一些不影响工程质量标准和费用调整的局部设计变更,例如:线路工程短于 300 米的路由改道等,经设计单位授权和业主同意,可简化设计变更手续,由施工单位技术负责人、监理工程师、业主工地代表在《洽商记录单》上签认后即可实施。对设计变更引起工程量的增减和费用调整的,监理人员应据实核定施工单位提出的费用追加减表。

10. 工程款支付签证

监理应根据工程进度,核定施工单位完成的实物工作量,按施工合同条款开具工程进度款拨付证明。

11. 工程索赔签证

由于非施工单位的原因，造成工期延误、返工或自然灾害等损失，监理单位应对施工单位提出的索赔费用清单进行核定。

12. 工程验收

每个单项工程完工后，施工单位应整理编制竣工文件，并填报《完工报验单》，由监理工程师组织工程预验。通过工程预验，监理工程师应对该单项工程作出预验合格或不合格的结论意见。如不合格则限令施工单位进行整改，合格后通知业主验收。

总监、监理工程师参加业主组织的单项工程验收，由总监或监理工程师签认工程交接、验收文件。工程验收后（一般在15天内），向业主提交《监理报告》。

13. 工程结算审核

依据施工合同、设计文件、《设计会审纪要》、竣工资料、设计变更签证、概预算规定等，对施工单位提交的《工程结算》进行审核，将审核意见以书面形式提交给业主。

14. 工程保修

在保修期内监理单位应对施工单位的维修工程量进行监理，并见证造成该维修工程量的责任方。

9.3 本章实训

1. 实训目的

（1）了解综合布线工程招标、投标、评标的基本过程；

（2）学会编制工程招投标涉及的招标文件和投标文件。

2. 实训内容

以综合布线实训室建设为例，模拟综合布线工程招投标过程（大约三天时间）。

3. 实训过程

第一步：确定招标内容、编制招标文件（星期一）。

第二步：编制投标文件（星期二、三上午）。

第三步：开标、评标与定标（星期三下午）。

4. 实训总结

通过本次实训，学员应了解掌握综合布线工程招标、投标、评标的基本过程，初步掌握综合布线工程招投标文件的编制方法。

思考与练习

一、填空题

1. 常用的招标方式有________和________两种形式。

2. 工程项目招标文件编制质量的高低，不仅是投标者进行________的依据，也是

________工作成败的关键，编制施工招标文件必须做到________、________、________、________。

3. 工程项目的招标文件主要包括：________、________、________、规范、图纸、工程量、投标文件格式、补充资料表、合同协议书及各类保证等。

4. 根据建设工程项目的招投标文件规定，参加投标的单位必须提供投标保证金，其额度一般不超过投标总价的________。

5. 工程建设监理制对于确保________、控制________和加快建设工期以及在协调参与各方的权益关系中都发挥了重要的作用。

6. 建设工程监理规范是________。

二、选择题(答案可能不止一个)

1. 招标文件不包括________。

A. 投标邀请书　B. 投标人须知　C. 合同条款　D. 施工计划

2. GCS工程监理的主要职责是受建设单位(业主)委托，对项目建设的全过程进行监督管理，主要包括________。

A. 质量控制和进度控制　B. 投资控制

C. 合同管理和信息管理　D. 协调有关单位间的工作关系

3. 监理实施细则是在监理规划指导下，在落实了各专业监理的责任后，由专业监理工程师针对具体情况制定的更具有实施性和可操作性的业务文件。包括________。

A. 进度控制实施细则　B. 项目控制实施细则

C. 质量控制实施细则　D. 投资控制实施细则

4. 综合布线工程施工合同应包含的重要条款有________。设：

(1)工程造价(2)施工日期(3)验收条件(4)付款日期(5)售后服务承诺

A. (1)(2)(3)(4)　B. (1)(2)(3)(5)

C. (1)(2)(3)(4)(5)　D. (1)(3)(4)(5)

5. 下列描述正确的是________。

A. 投标人是响应招标、参加投标竞争的法人或其他组织

B. 综合布线系统招标是指综合布线工程施工招标

C. 公开招标属于有限竞争招标

D. 邀请招标属于无限竞争招标

6. 下面有关编制投标文件的描述，正确的是________。

A. 投标文件应逐项逐条回答招标文件，顺序和编号应与招标文件一致

B. 投标文件可以带附加条件，只要阐明合适的理由

C. 投标文件对招标文件未提出异议的条款，均被视为接受和同意

D. 投标文件一般包括商务部分与技术方案部分

7. 投标文件的技术方案应具有一定的深度，可以体现布线系统的配置方案和安装设计方案，也可以提出建议性的技术方案，以供业主评审评议。下列选项中属于技术方案应该包括的内容是________。

A. 布线系统达到的等级标准

B. 推荐产品的型号、规格;遵循的标准与规范

C. 满足施工图设计要求的布线系统图纸

D. 对厂家产品进行全文照搬,使得业主对产品有全面的了解

8. 某施工单位线路施工过路顶管,采购的是有缝钢管,监理问其原因,施工单位认为设计没有明确用什么钢管,且设计所列费用为有缝钢管的价格,所以采购有缝钢管。对此监理正确的做法是________。

A. 施工单位理解没错,同意用有缝钢管

B. 先使用有缝钢管,顶不过去再更换

C. 工程中顶管应使用无缝钢管,材料差价按追加处理

D. 视情况而定

三、判断题

1. 按照国家《招投标法》的有关规定,对勘察、设计、施工、监理以及工程建设有关重要设备、材料等的采购,必须进行招标。 (　　)

2. 监理规范与监理细则都是围绕着整个项目监理组织所开展的监理工作来编写的,但监理细则的内容要更翔实、全面。 (　　)

3. 建设单位和监理单位之间的关系是委托与被委托的合同关系。 (　　)

4. 投标程序包括编制招标文件,投标人资格预审,发放招标文件,开标、评标与定标和签订合同五个步骤。 (　　)

5. 综合布线工程招投标只能作为建筑弱电系统项目中的一个子项。 (　　)

四、简答题

1. 简述工程施工招标文件的编制原则。

2. 简述参加某项综合布线工程投标应做的主要工作。

3. 简述 GCS 工程监理的主要职责。

4. 监理工作的依据是什么?

5. 简述监理实施步骤。

参考文献

[1] 禹禄君. 综合布线技术实用教程. 北京:电子工业出版社,2007

[2] GB 50311—2007 综合布线系统工程设计规范

[3] GB 50312—2007 综合布线系统工程验收规范

[4] 通信建设工程概预算人员培训教材. 信息产业部通信工程定额质监中心,2001

[5] GB/T 50314—2006 智能建筑设计标准